战略性新兴领域"十四五"高等教育系列教材

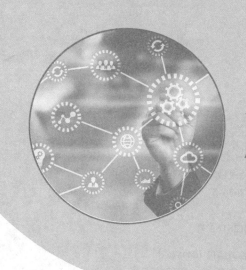

智能制造工程管理

U0331559

杨善林　陈学东　刘心报　江志斌　主编

全书知识图谱

机 械 工 业 出 版 社

本书在分析新一代信息技术环境下智能制造工程管理模式和产业生态重大变革的基础上，既融入了团队在智能制造工程管理理论、方法、技术等方面的研究成果，又将智能制造工程管理技术与智能产品设计生产运维全生命周期过程中的管理思想、管理理论与管理方法深度融合，以形成内容丰富、结构合理、特色鲜明的智能制造工程管理体系。

本书共分为 7 章，第 1 章阐述智能制造工程管理的辩证思维、基本特征、基本理论和发展趋势；第 2 章介绍高端装备研发过程管理、生产过程管理、运维过程管理、供应链管理和企业生态系统管理等智能制造工程全生命周期管理理论与方法；第 3 章分析智能制造新模式与新业态及智能制造新模式新业态下的管理创新与变革；第 4~7 章分别详细介绍制造工程管理中的优化与决策技术，数字化、网络化、智能化技术，绿色化管理技术和服务化技术；总结与展望部分提出了智能制造工程管理的基础性、前沿性、战略性问题。

本书旨在帮助读者建立智能制造工程管理的辩证思维和多元价值目标，并培养其良好的创新能力，为工程管理的相关工作提供思想、理论与方法的指导。

本书可作为高等院校工程类、经济管理等专业本科生或研究生的教材，也可供广大企业或科研院所从事智能制造工程管理的相关技术和管理人员阅读和参考。

图书在版编目（CIP）数据

智能制造工程管理／杨善林等主编. -- 北京：机械工业出版社，2024. 12. --（战略性新兴领域"十四五"高等教育系列教材）. -- ISBN 978-7-111-77634-5

Ⅰ. TH166

中国国家版本馆 CIP 数据核字第 2024R2S162 号

机械工业出版社（北京市百万庄大街 22 号　邮政编码 100037）

策划编辑：丁昕祯　　　　　　责任编辑：丁昕祯　章承林

责任校对：樊钟英　王　延　　封面设计：王　旭

责任印制：任维东

北京中兴印刷有限公司印刷

2024 年 12 月第 1 版第 1 次印刷

184mm×260mm · 22 印张 · 544 千字

标准书号：ISBN 978-7-111-77634-5

定价：75.00 元

电话服务　　　　　　　　　　网络服务

客服电话：010-88361066　　　机 工 官 网：www.cmpbook.com

　　　　　010-88379833　　　机 工 官 博：weibo.com/cmp1952

　　　　　010-68326294　　　金 书 网：www.golden-book.com

封底无防伪标均为盗版　　机工教育服务网：www.cmpedu.com

为了深入贯彻教育、科技、人才一体化推进的战略思想，加快发展新质生产力，高质量培养卓越工程师，教育部在新一代信息技术、绿色环保、新材料、国土空间规划、智能网联和新能源汽车、航空航天、高端装备制造、重型燃气轮机、新能源、生物产业、生物育种、未来产业等领域组织编写了战略性新兴领域"十四五"高等教育系列教材。本套教材属于高端装备制造领域。

高端装备技术含量高，涉及学科多，资金投入大，风险控制难，服役寿命长，其研发与制造一般需要组织跨部门、跨行业、跨地域的力量才能完成。它可分为基础装备、专用装备和成套装备，例如：高端数控机床、高端成形装备和大规模集成电路制造装备等是基础装备；航空航天装备、高速动车组、海洋工程装备和医疗健康装备等是专用装备；大型冶金装备、石油化工装备等是成套装备。复杂产品的产品构成、产品技术、开发过程、生产过程、管理过程都十分复杂，例如人形机器人、智能网联汽车、生成式人工智能等都是复杂产品。现代高端装备和复杂产品一般都是智能互联产品，既具有用户需求的特异性、产品技术的创新性、产品构成的集成性和开发过程的协同性等产品特征，又具有时代性和永恒性、区域性和全球性、相对性和普遍性等时空特征。高端装备和复杂产品制造业是发展新质生产力的关键，是事关国家经济安全和国防安全的战略性产业，其发展水平是国家科技水平和综合实力的重要标志。

高端装备一般都是复杂产品，而复杂产品并不都是高端装备。高端装备和复杂产品在研发生产运维全生命周期过程中具有很多共性特征。本套教材围绕这些特征，以多类高端装备为主要案例，从培养卓越工程师的战略性思维能力、系统性思维能力、引领性思维能力、创造性思维能力的目标出发，重点论述高端装备智能制造的基础理论、关键技术和创新实践。在论述过程中，力图体现思想性、系统性、科学性、先进性、前瞻性、生动性相统一。通过相关课程学习，希望学生能够掌握高端装备的构造原理、数字化网络化智能化技术、系统工程方法、智能研发生产运维技术、智能工程管理技术、智能工厂设计与运行技术、智能信息平台技术和工程实验技术，更重要的是希望学生能够深刻感悟和认识高端装备智能制造的原生动因、发展规律和思想方法。

1. 高端装备智能制造的原生动因

所有的高端装备都有原始创造的过程。原始创造的动力有的是基于现实需求，有的来自潜在需求，有的是顺势而为，有的则是梦想驱动。下面以光刻机、计算机断层扫描仪（CT）、汽车、飞机为例，分别加以说明。

光刻机的原生创造是由现实需求驱动的。1952 年，美国军方指派杰伊·拉斯罗普（Jay W. Lathrop）和詹姆斯·纳尔（James R. Nall）研究减小电子电路尺寸的技术，以便为炸弹、炮弹设计小型化近炸引信电路。他们创造性地应用摄影和光敏树脂技术，在一片陶瓷基板上沉积了约为 $200\mu m$ 宽的薄膜金属线条，制作出了含有晶体管的平面集成电路，并率先提出了"光刻"概念和原始工艺。在原始光刻技术的基础上，又不断地吸纳更先进的光源技术、高精度自动控制技术、新材料技术、精密制造技术等，推动着光刻机快速演进发展，为实现半导体先进制程节点奠定了基础。

CT 的创造是由潜在需求驱动的。利用伦琴（Wilhelm C. Röntgen）发现的 X 射线可以获得人体内部结构的二维图像，但三维图像更令人期待。塔夫茨大学教授科马克（Allan M. Cormack）在研究辐射治疗时，通过射线的出射强度求解出了组织对射线的吸收系数，解决了 CT 成像的数学问题。英国电子与音乐工业公司工程师豪斯费尔德（Godfrey N. Hounsfield）在几乎没有任何实验设备的情况下，创造条件研制出了世界上第一台 CT 原型机，并于 1971 年成功应用于疾病诊断。他们也因此获得了 1979 年诺贝尔生理学或医学奖。时至今日，新材料技术、图像处理技术、人工智能技术等诸多先进技术已经广泛地融入 CT 之中，显著提升了 CT 的性能，扩展了 CT 的功能，对保障人民生命健康发挥了重要作用。

汽车的发明是顺势而为的。1765 年瓦特（James Watt）制造出了第一台有实用价值的蒸汽机原型，人们自然想到如何把蒸汽机和马力车融合到一起，制造出用机械力取代畜力的交通工具。1769 年法国工程师居纽（Nicolas-Joseph Cugnot）成功地创造出世界上第一辆由蒸汽机驱动的汽车。这一时期的汽车虽然效率低下、速度缓慢，但它展示了人类对机械动力的追求和变革传统交通方式的渴望。19 世纪末卡尔·本茨（Karl Benz）在蒸汽汽车的基础上又发明了以内燃机为动力源的现代意义上的汽车。经过一个多世纪的技术进步和管理创新，特别是新能源技术和新一代信息技术在汽车产品中的成功应用，汽车的安全性、可靠性、舒适性、环保性以及智能化水平都产生了质的跃升。

飞机的发明是梦想驱动的。飞行很早就是人类的梦想，然而由于未能掌握升力产生及飞行控制的机理，工业革命之前的飞行尝试都以失败告终。1799 年乔治·凯利（George Cayley）从空气动力学的角度分析了飞行器产生升力的规律，并提出了现代飞机"固定翼+机身+尾翼"的设计布局。1848 年斯特林费罗（John Stringfellow）使用蒸汽动力无人飞机第一次实现了动力飞行。1903 年莱特兄弟（Orville Wright and Wilbur Wright）制造出"飞行者一号"飞机，并首次实现由机械力驱动的持续且受控的载人飞行。随着航空发动机和航空产业的快速发展，飞机已经成为一类既安全又舒适的现代交通工具。

数字化网络化智能化技术的快速发展为高端装备的原始创造和智能制造的升级换代创造了历史性机遇。智能人形机器人、通用人工智能、智能卫星通信网络、各类无人驾驶的交通工具、无人值守的全自动化工厂，以及取之不尽的清洁能源的生产装备等都是人类科学精神和聪明才智的迸发，它们也是由于现实需求、潜在需求、情怀梦想和集成创造的驱动而初步形成和快速发展的。这些星星点点的新装备、新产品、新设施及其制造模式一定会深入发展和快速拓展，在不远的将来一定会融合成为一个完整的有机体，从而颠覆人类现有的生产方式和生活方式。

2. 高端装备智能制造的发展规律

在高端装备智能制造的发展过程中，原始科学发现和颠覆性技术创新是最具影响力的科技创新活动。原始科学发现侧重于对自然现象和基本原理的探索，它致力于揭示未知世界，拓展人类的认知边界，这些发现通常来自于基础科学领域，如物理学、化学、生物学等，它们为新技术和新装备的研发提供了理论基础和指导原则。颠覆性技术创新则侧重于将科学发现的新理论新方法转化为现实生产力，它致力于创造新产品、新工艺、新模式，是推动高端装备领域高速发展的引擎，它能够打破现有技术路径的桎梏，创造出全新的产品和市场，引领高端装备制造业的转型升级。

高端装备智能制造的发展进化过程有很多共性规律，例如：①通过工程构想拉动新理论构建、新技术发明和集成融合创造，从而推动高端装备智能制造的转型升级，同时还会产生技术溢出效应。②通过不断地吸纳、改进、融合其他领域的新理论新技术，实现高端装备及其制造过程的升级换代，同时还会促进技术再创新。③高端装备进化过程中各供给侧和各需求侧都是互动发展的。

以医学核磁共振成像（MRI）装备为例，这项技术的诞生和发展，正是源于一系列重要的原始科学发现和重大技术创新。MRI 技术的根基在于核磁共振现象，其本质是原子核的自旋特性与外磁场之间的相互作用。1946 年美国科学家布洛赫（Felix Bloch）和珀塞尔（Edward M. Purcell）分别独立发现了核磁共振现象，并因此获得了 1952 年的诺贝尔物理学奖。传统的 MRI 装备使用永磁体或电磁体，磁场强度有限，扫描时间较长，成像质量不高，而超导磁体的应用是 MRI 技术发展史上的一次重大突破，它能够产生强大的磁场，显著提升了 MRI 的成像分辨率和诊断精度，将 MRI 技术推向一个新的高度。快速成像技术的出现，例如回波平面成像（EPI）技术，大大缩短了 MRI 扫描时间，提高了患者的舒适度，拓展了 MRI 技术的应用场景。功能性 MRI（fMRI）的兴起打破了传统的 MRI 主要用于观察人体组织结构的功能制约，它能够检测脑部血氧水平的变化，反映大脑的活动情况，为认知神经科学研究提供了强大的工具，开辟了全新的应用领域。MRI 装备的成功，不仅说明了原始科学发现和颠覆性技术创新是高端装备和智能制造发展的巨大推动力，而且阐释了高端装备智能制造进化过程往往遵循着"实践探索、理论突破、技术创新、工程集成、代际跃升"循环演进的一般发展规律。

高端装备智能制造正处于一个机遇与挑战并存的关键时期。数字化网络化智能化是高端装备智能制造发展的时代要求，它既蕴藏着巨大的发展潜力，又充满着难以预测的安全风险。高端装备智能制造已经呈现出"数据驱动、平台赋能、智能协同和绿色化、服务化、高端化"的诸多发展规律，我们既要向强者学习，与智者并行，吸纳人类先进的科学技术成果，更要持续创新前瞻思维，积极探索前沿技术，不断提升创新能力，着力创造高端产品，走出一条具有特色的高质量发展之路。

3. 高端装备智能制造的思想方法

高端装备智能制造是一类具有高度综合性的现代高技术工程。它的鲜明特点是以高新技术为基础，以创新为动力，将各种资源、新兴技术与创意相融合，向技术密集型、知识密集型方向发展。面对系统性、复杂性不断加强的知识性、技术性造物活动，必须以辩证的思维方式审视工程活动中的问题，从而在工程理论与工程实践的循环推进中，厘清与推动工程理念与工程技术深度融合、工程体系与工程细节协调统一、工程规范与工程创新互相促进、工程队伍与工程制度共同提升，只有这样才能促进和实现工程活动与自然经济社会的和谐发展。

　　高端装备智能制造是一类十分复杂的系统性实践过程。在制造过程中需要协调人与资源、人与人、人与组织、组织与组织之间的关系，所以系统思维是指导高端装备智能制造发展的重要方法论。系统思维具有研究思路的整体性、研究方法的多样性、运用知识的综合性和应用领域的广泛性等特点，因此在运用系统思维来研究与解决现实问题时，需要从整体出发，充分考虑整体与局部的关系，按照一定的系统目的进行整体设计、合理开发、科学管理与协调控制，以期达到总体效果最优或显著改善系统性能的目标。

　　高端装备智能制造具有巨大的包容性和与时俱进的创新性。近几年来，数字化、网络化、智能化的浪潮席卷全球，为高端装备智能制造的发展注入了前所未有的新动能，以人工智能为典型代表的新一代信息技术在高端装备智能制造中具有极其广阔的应用前景。它不仅可以成为高端装备智能制造的一类新技术工具，还有可能成为指导高端装备智能制造发展的一种新的思想方法。作为一种强调数据驱动和智能驱动的思想方法，它能够促进企业更好地利用机器学习、深度学习等技术来分析海量数据、揭示隐藏规律、创造新型制造范式，指导制造过程和决策过程，推动制造业从经验型向预测型转变，从被动式向主动式转变，从根本上提高制造业的效率和效益。

　　生成式人工智能（AIGC）已初步显现通用人工智能的"星星之火"，正在日新月异地发展，对高端装备智能制造的全生命周期过程以及制造供应链和企业生态系统的构建与演化都会产生极其深刻的影响，并有可能成为一种新的思想启迪和指导原则。例如：①AIGC能够赋予企业更强大的市场洞察力，通过海量数据分析，精准识别用户偏好，预测市场需求趋势，从而指导企业研发出用户未曾预料到的创新产品，提高企业的核心竞争力。②AIGC能够通过分析生产、销售、库存、物流等数据，提出制造流程和资源配置的优化方案，并通过预测市场风险，指导建设高效灵活稳健的运营体系。③AIGC能够将企业与供应商和客户连接起来，实现信息实时共享，提升业务流程协同效率，并实时监测供应链状态，预测潜在风险，指导企业及时调整协同策略，优化合作共赢的生态系统。

　　高端装备智能制造的原始创造和发展进化过程都是在"科学、技术、工程、产业"四维空间中进行的，特别是近年来从新科学发现、到新技术发明、再到新产品研发和新产业形成的循环发展速度越来越快，科学、技术、工程、产业之间的供求关系明显地表现出供应链的特征。我们称由科学－技术－工程－产业交互发展所构成的供应链为科技战略供应链。深入研究科技战略供应链的形成与发展过程，能够更好地指导我们发展新质生产力，能够帮助我们回答高端装备是如何从无到有的、如何发展演进的、根本动力是什么、有哪些基本规律等核心科学问题，从而促进高端装备的原始创造和创新发展。

　　本套教材由合肥工业大学负责的高端装备类教材共有十二本，涵盖了高端装备的构造原理和智能制造的相关技术方法。《智能制造概论》对高端装备智能制造过程进行了简要系统的论述，是本套教材的总论。《工业大数据与人工智能》《工业互联网技术》《智能制造的系统工程技术》论述了高端装备智能制造领域的数字化网络化智能化和系统工程技术，是高端装备智能制造的技术与方法基础。《高端装备构造原理》《智能网联汽车构造原理》《智能装备设计生产与运维》《智能制造工程管理》论述了高端装备（复杂产品）的构造原理和智能制造的关键技术，是高端装备智能制造的技术本体。《离散型制造智能工厂设计与运行》《流程型制造智能工厂设计与运行：制造循环工业系统》论述了智能工厂和工业循环经济系统的主要理论和技术，是高端装备智能制造的工程载体。《智能制造信息平台技术》论述了产品、制造、工厂、供应链和企业生态的信息系统，是支撑高端装备智能制造过程的信息系统技术。《智能制造实践训练》论述了智能制造实训的基本内容，是培育创新实践能力的关键要素。

编者在教材编写过程中，坚持把培养卓越工程师的创新意识和创新能力的要求贯穿到教材内容之中，着力培养学生的辩证思维、系统思维、科技思维和工程思维。教材中选用了光刻机、航空发动机、智能网联汽车、CT、MRI、高端智能机器人等多种典型装备作为研究对象，围绕其工作原理和制造过程阐述高端装备及其制造的核心理论和关键技术，力图拓宽学生的视野，使学生通过学习掌握高端装备及其智能制造的本质规律，激发学生投身高端装备智能制造的热情。在教材编写过程中，一方面紧跟国际科技和产业发展前沿，选择典型高端装备智能制造案例，论述国际智能制造的最新研究成果和最先进的应用实践，充分反映国际前沿科技的最新进展；另一方面，注重从我国高端装备智能制造的产业发展实际出发，以我国自主知识产权的可控技术、产业案例和典型解决方案为基础，重点论述我国高端装备智能制造的科技发展和创新实践，引导学生深入探索高端装备智能制造的中国道路，积极创造高端装备智能制造发展的中国特色，使学生将来能够为我国高端装备智能制造产业的高质量发展做出颠覆性、创造性贡献。

在本套教材整体方案设计、知识图谱构建和撰稿审稿直至编审出版的全过程中，有很多令人钦佩的人和事，我要表示最真诚的敬意和由衷的感谢！首先要感谢各位主编和参编学者们，他们倾注心力、废寝忘食，用智慧和汗水挖掘思想深度、拓展知识广度，展现出严谨求实的科学精神，他们是教材的创造者！接着要感谢审稿专家们，他们用深邃的科学眼光指出书稿中的问题，并耐心指导修改，他们认真负责的工作态度和学者风范为我们树立了榜样！同时，要感谢机械工业出版社的领导和编辑团队，他们的辛勤付出和专业指导，为教材的顺利出版提供了坚实的基础！最后，特别要感谢教育部高教司和各主编单位领导以及部门负责人，他们给予的指导和对我们的支持，让我们有了强大的动力和信心去完成这项艰巨任务！

杨善林

合肥工业大学教授

中国工程院院士

2024 年 5 月

　　智能制造工程管理是智能产品设计、生产、运维过程中的决策、计划、组织、指挥、协调与控制的活动和过程。智能制造工程管理能够实现产品全生命周期资源的优化配置，通过一体化管理，缩短产品的迭代周期，提高产品全生命周期质量，降低产品全生命周期成本与风险，有利于引领制造业高质量创新发展，对于国家在全球竞争格局中占据主动地位具有深远意义。为了加强卓越工程师培养，教育部组织编写了战略性新兴领域"十四五"高等教育系列教材，我们有幸承担了其中的《智能制造工程管理》一书的编写任务。本书在内容组织上既融入了团队在智能制造工程管理理论、方法、技术等方面的研究成果，又将智能制造工程管理技术与智能产品设计、生产、运维全生命周期过程中的管理思想、管理理论与管理方法深度融合，形成了内容丰富、结构合理的智能制造工程管理体系。

　　我们力求将编者在智能制造工程管理的辩证思维、多元价值目标、工程管理技术，以及智能制造工程管理实践等方面的研究成果融入书中，以充分反映高端装备智能制造工程管理的国际前沿进展和工程管理的中国特色，帮助读者建立智能制造工程管理的辩证思维和多元价值目标，掌握智能制造工程管理技术，并运用到具体实践中。所谓辩证思维就是：以辩证的思维方式审视现代工程管理活动中的问题，在工程管理理论与实践的循环推进中，推动工程管理理念与技术的深度融合、工程管理体系与细节的协调统一、工程管理规范与创新的互相促进、工程管理队伍与制度的共同提升，进而促进和形成工程管理活动与自然经济社会的和谐发展。所谓多元价值目标就是：在高端装备智能制造体系中，科学合理的工程管理需要能够从战略统筹高度整合工程实践的自然价值目标、社会价值目标、经济价值目标、科技价值目标、人的价值目标、文化价值目标等多元价值目标。所谓工程管理技术就是：新一代信息技术环境下智能制造工程管理中的优化与决策技术、数字化网络化智能化技术、绿色化管理技术和服务化技术等，这些技术的应用和发展又进一步成为智能制造工程管理理论发展的重要驱动力。同时我们还将高端装备全生命周期工程管理应用实践方面的部分研究成果形成教学案例，力求通过理论与实践的融合加深读者对智能制造工程管理内涵的理解。

　　智能制造工程管理将工程管理技术与智能制造全生命周期过程中的管理思想、管理理论和管理方法深度融合，从而提升智能制造的效率与质量。本书在分析新一代信息技术环境下智能制造的新模式与新业态的基础上，分析了高端装备设计生产运维全生命周期和关键环节的管理问题，系统地阐明了智能制造工程管理的优化与决策技术、数字化网络化智能化技术、绿色化管理技术和服务化技术，这些技术不仅为智能制造全生命周期管理提供了实现手段，同时也为智能制造全生命周期工程管理理论的形成与发展提供了动力。智能制造工程管理技术与智能制造全生命周期工程管理思想、理论、方法相互融合，相辅相成，它们之间呈现出相互促进、螺旋式上升的关系。

本书由杨善林、陈学东、刘心报、江志斌担任主编，杨善林、陈学东院士对本书架构进行了系统规划，确定了编写大纲，并指导了本书的编写，刘心报、江志斌教授组织了本书具体的编写工作。编写分工如下：第 1 章由杨善林、刘心报、郑锐共同编写；第 2 章由裴军、付超、杨颖、赵菊、钱晓飞共同编写；第 3 章由傅为忠、李锐、杜先进、孙见山、周志平共同编写；第 4 章由李凯、许启发共同编写；第 5 章由柴一栋编写；第 6 章由焦建玲、周开乐、杨冉冉、李晶晶共同编写；第 7 章由江志斌、王康周、王鑫、周利平共同编写；结论与展望由刘心报、周志平共同编写。

在本书的整体方案设计、知识与能力图谱构建、编写与审稿、编审出版过程中，编者得到了多方人士的支持和帮助，特此向他们表示最真诚的敬意和由衷的感谢！感谢所有参考文献作者，他们的研究成果对本书的编写发挥了非常重要的作用！感谢审稿专家们，他们严谨的科学态度和高尚的学者风范为我们树立了榜样！感谢国家自然科学基金基础科学中心项目"智能互联系统的系统工程理论及应用"（项目编号：72188101）的支持，该项目成果对本书的研究工作提供了重要基础！

由于本书内容涉及范围较广，相关技术发展迅速，加上编者水平所限，书中难免存在不妥之处，欢迎广大读者给予批评指正。

编　者

2024 年 6 月

目 录

第1章

绪　论

章知识图谱　　说课视频

1.1　引言

制造业是立国之本、兴国之器、强国之基。当前，互联网、大数据、云计算、人工智能，特别是生成式人工智能等一系列新一代信息技术与制造业深度融合，催生了以工业互联网为纽带，以工业软件为新着力点，以云端服务、边缘计算、人工智能为特征的智能制造系统，逐渐形成了以"知识+数据+算法+算力"为核心的新智能制造体系。大规模个性化定制、数字化制造、社会化制造、网络化协同制造等一系列全新的生产制造模式的涌现，使得智能制造也逐步从数字化制造、数字化网络化制造迈向数字化网络化智能化的新一代智能制造。新一代信息技术深度融入高端装备制造全生命周期的设计、生产、运维等活动的各个环节，开展知识表达与学习、信息感知与分析、智能决策与执行，实现制造过程、制造系统、制造装配、制造服务的知识推理、动态感知与自主决策，使得高端装备制造过程具备自感知、自学习、自决策、自执行、自适应等智能制造特征。高端装备智能制造是新一代信息技术与高端装备制造深度融合的新型产业形态，已经成为高端装备制造产业变革和发展的重要方向，并推动高端装备向智能化、互联化、服务化演进，也进一步引发高端装备智能制造工程的组织方式和管理模式发生重大变革，推动高端装备制造业新一轮重大技术创新和工程管理创新。

工程管理是高端装备智能制造的核心科学与技术之一。高端装备智能制造工程管理是指从需求分析、装备论证、系统设计、工程研制、试验定型、生产部署、运维保障到退役处理的高端装备制造全生命周期中的决策、计划、组织、指挥、协调与控制的活动和过程。在这个过程中，需要将机械制造、材料成型、自动化控制、信息技术等工程技术，与产品研发管理、生产运营管理、运维服务保障、组织管理、财务管理、质量管理等领域的管理思想、管理理论与管理方法深度融合，以形成高端装备智能制造工程管理体系。例如，波音公司将其在飞机研制过程中积累形成的管理思想、管理理论、管理方法、管理技术（如集成产品开发思想、整机和零部件设计优化方法及关键管理知识经验等）工具化，开发形成7000多款管理软件，并与从市场购买的1000多款商业软件集成一体、融会贯通，构成波音公司特有的工程管理技术支撑体系，从而形成波音公司的核心竞争力。总之，高端装备智能制造工程管理是一个复杂的系统体系，可以从工程管理的辩证思维、智能制造工程管理的基本特征、智能制造工程管理的基本理论和智能制造工程管理的发展趋势等方面，深入理解其辩证性、系统性、协同性和复杂性等。

新一代信息技术与高端装备制造业的深度融合，呈现装备产品智能化、制造资源全球化、制造协同多维化、制造全生命周期服务化、信息系统云边化等一系列新的特征，由此促使高端装备智能制造资源组织方式、制造全过程管理方式、工程管理服务化模式、信息服务与智能决策模式等发生根本性变革。首先，在高端装备制造业中，制造资源组织方式正在经历从静态到动态网络化的变革，通过数字技术实现了全球范围内的资源整合和共享，使企业能够在社会化网络中进行资源共享、协作创新、协同生产和综合运维；其次，制造全过程管理方式也在经历着数据驱动的决策变革，随着管理信息系统中数据量的增加，数据科学和计算智能成为决策的重要依托，改变了管理决策的范式；此外，在工程管理服务化模式方面，全球化的制造业发展促使企业从企业角度转向用户角度，更加注重产品的使用体验和服务质量，以及设计创新和服务创新；最后，在信息服务与智能决策系统方面，云计算、边缘计算、工业互联网和5G的快速发展，使得组织的信息环境和决策环境发生了极大的变化，信息架构与决策范式也随之向基于云网端的智能化架构转变。综上，新一代信息技术整体上驱动了高端装备智能制造资源组织方式和系统运行机制发生根本性变革。在这个背景下，如何组织全球化制造资源，实现跨业务主体、跨生命周期的资源优化配置？如何构建多维度、跨层次的全过程系统管理机制，提高制造系统运行效率？如何通过制造与服务融合，协调与控制大规模多模态制造服务运作过程？如何构建基于云网端融合的智能化决策支持系统，提升人机协同的制造系统管理能力？这些问题是当前自主开发与构建我国高端装备智能制造工程管理技术与工程管理系统所面临的重大挑战。

本章在详细探究工程管理的辩证思维的基础上，阐述智能制造工程管理的基本特征，然后从智能制造的全生命周期管理，智能制造新模式与新业态，制造工程管理中的优化与决策技术，制造工程管理中的数字化、网络化、智能化技术，制造工程管理绿色化技术、制造工程管理中的服务化技术等方面阐释智能制造工程管理的基本理论，并分析新一代信息技术环境下智能制造工程管理的发展趋势。

1.2 智能制造工程管理的辩证思维

说课视频

工程是一个有组织、有目的的群体性活动，它是人类为了改善自身生存和生活条件，并根据当时对自然规律的认识而进行的物化劳动的过程。工程管理是对工程所进行的决策、计划、组织、指挥、协调与控制。通过对工程进行科学的管理，能够较好地协调工程所需的人力、物力和财力等资源，协调工程组织中的各个部门和各个单位，直到每个人的工程活动和利益分配，从而能够更好地达到预期的工程目标。工程管理是自然属性与社会属性的统一体。自然属性是工程管理的生产力属性，即通过工程管理要处理好人与自然的关系；社会属性是工程管理的生产关系属性，即通过工程管理要处理好人与人之间的关系。

现代工程的鲜明特点是以高新技术为基础，以创新为动力，打破了传统的农业工程、工业工程固有的边界，将各种资源、新兴技术与创意相融合，向技术密集型、知识密集型方向发展。面对系统性、复杂性不断加强的知识、技术性造物活动，合理、科学的工程管理能够使工程实践中的科技效应以乘数，甚至以指数效应倍增，并能以战略统筹的高度整合工程实践的多元价值目标。因为现代工程管理活动已远远超出了经济与技术的范畴，成为一项复杂的综合活动，立足于时代的高度，需要从更高的维度对工程管理活动予以关注与思考，以辩证的思维方式审视现代工程管理活动中的问题，从而在工程管理理论与工程管理实践的循环推进中，厘清并推动工程管理理念与工程管理技术深度融合、工程管理体系与工程管理细节协调统一、工程管理规范与工程管理创新互相促进、工程管理队伍与工程管理制度共同提升，只有这样才能促进和维持工程管理活动与自然经济社会和谐发展。

1.2.1　工程管理理论与工程管理实践循环推进

工程世界是一个人化世界，工程管理理论是以人作为管理主体，以人造活动设施为管理客体，以人造活动设施的计划、组织、控制等为管理载体，来提高人造设施的效果、效率和效益为目标而形成的一种新型管理理论。工程管理理论的起点和落脚点均指向工程管理实践，工程管理实践是以现有客观事物为基础，将工程管理理论作用于工程规划、设计、投资、建设、使用等部分，在主体作用于客体的过程中，促成理论由潜在的生产力向现实的生产力转化，达成人类预设的"成物"与"成人"的目标。

现代工程管理过程依循"实践-认识-再实践-再认识"的辩证路径，工程管理理论与实践不断实现着交互作用，并在双向互动性重构与建构中协同发展，循环推进，使两者在新的历史条件与环境下达到新的更高水准的统一，这也正是唯物辩证法过程论的真谛所在。故而，有必要对具体的工程管理经验由抽象分析进而予以辩证综合，将其上升到哲学思维高度，从中提炼出一些普适性与规律性的东西。

首先，工程管理实践是工程管理理论的现实基础，工程管理理论是在实际的工程管理实践中滋生发展和总结出来的。从源头上讲，没有工程管理实践就没有工程管理理论。原始人类以构木为巢、掘土为穴、削木为棒、磨石为器等作为其必需的生存工程实践，在以生存为目的的实践中，工程活动与生产活动、生命延续需要"原始综合"在一起，活动本身多少带有"先验自发"的因素，这中间有管理因子的存在，但显然还没有形成清晰的理论形态。随着人类生产力的积淀和生存技艺的提高，生活的内容变得丰富了，生活的水准也提高了，在物质享受的同时融入了精神元素，大一些的古代工程开始出现，这些工程具备了一定的复杂性，与原始的生存工程活动相比，它的正常运作呼唤着工程管理理论的诞生。从管理学历史来看，管理作为一种社会活动的出现也是工厂出现后产生的现实需要，当工厂面临内外各种关系需要协调，各类问题需要专门的人员进行解决的时候，即迫使早期的工厂主对管理的重要性和必要性开始有了自觉的意识，许多学者开始尝试将管理作为一门独立的知识领域乃至独立的知识体系来研究和发展。对此，科学管理的创始人泰勒就提出过"管理实践先于理论"的观点，他非常重视科学调查、研究和试验，强烈地希望按照客观事实改进和改革事物。他所倡导的工作定额原理理论、标准化原理理论、差别计件工资制理论等，无一不是管理实践的产物。他曾经说"我所知道的所有同科学管理有关的人都准备随时抛弃任何方法和理论，而支持能找到的其他的更好的方法和理论。"故而，不满足于理论的现状，不满足于已经取得的理论成果，不断地切入实践，在实践中不断地修正原有的理论，创立契合时代的新理论既是历史的启迪，也是每一位理论工作者的追求。据此，工程管理理论首要的任务是在对现有的工程管理实践做一番完整、全面、系统的分析和考察的基础上，依据工程实践需要抽象出基本概念、基本原理，找出它们之间的内在联系，最终有机耦合生成具有逻辑完整性的工程管理理论。

其次，在工程管理实践中创立的工程管理理论，一经形成就具有了方法论的意义，它在创立磨砺中融有的实践因子，内在决定了它对未来工程管理实践的指导意义。以辩证唯物主义认识论的观点来看，实践需要以正确的认识作为先导，没有理论指导的实践是盲目的实践。正确的理论指导会使实践顺利进行，达到预期的效果；错误的理论指导就会对实践产生消极乃至破坏性的作用，甚至导致实践失败。理论作为实践的"对立面"，并不仅仅在于理论的"观念性"和实践的"物质性"，更在于理论的"理想性"和实践的"现实性"。人是现实性的存在，但人又总是不满足于自己存在的现实，而总是要求把现实变成更加理想的现实。理论正是以其理想性的世界图景和理想性的目的性要求而超越于实践，并促进实践的自我超越。而理论之所以能够"反驳"实践并促成实践的自我超越，是因为理论自身具有三重特性：其一，理论具有"向上的兼容性"，即理论是人类认识史的积淀和结晶，因而它能够以"建立在通晓思维的历史和成就的基础上的理论思维"去反观现实的实践活动；其二，理论具有"时代的容涵性"，即理论是"思想中的时代"，因而它能够以对时代的普遍性、本质性和规律性的把握去批判地反思实践活动和规范地矫正实践活动；其三，理论具有"概念的体系性"，即理论是概念的逻辑系统，因而它能够在概念的相互规定和相互理解中全面地观照实践活动，并引导实践活动实现自我超越。人类的任何实践活动，包括现今的工程实践活动，不同于动物的本能活动就在于人类在实施活动之前就以理论的模式计划着未来的行为和可能的结果。现代工程实践活动的复杂性和高科技性决定了其具有更多的选择性，也具有更高的风险性，稍有不慎即会带来无以弥补和恢复的破坏性，这些决定了科学的工程管理理论的导向、预测和促进作用在未来的工程管理实践中变得越来越重要。如今人们回顾20世纪人类的某些工程，依旧感慨良多。由于在早期决策论证阶段的理论指导中匮缺了工程建设多方面价值元素的考量，而导致这些工程未能达到预计的综合利用效益，反而带来了一系列的生态和社会问题。由此可见，一项工程建设在实施前的理论指导正确与否、完善与否已经"先验"地决定了它未来的命运。

再次，工程管理理论与工程管理实践在不断的检验、总结中螺旋式地发展，循环推进。人类对于事物本质和规律的认识受到多种条件的制约，不可能一蹴而就，需要经过实践、认识、再实践、再认识的多次反复才能达到一个相对比较正确的认识。这主要是因为：

其一，在工程建设过程中，工程管理者作为主体对被改造的客体的认识要受到客体本身的发展过程及其表现程度的限制。任何工程建设所面对的对象物作为系统都具有多方面、多层次的特性，诸多方面和层次间的交互作用使得事物不断地变化和发展，始终处于一个动态的过程，这也造成事物本质和规律的暴露表现为一个过程，人们对其本质和规律的把握相应也要有一个时间的沉淀，当工程建设对象物的现象未能最大限度地展现在人们面前的时候，人们的认识易于被对象物的假象所遮蔽，以致可能造成对对象物本质特征错误或片面的认识。

其二，在工程建设过程中，工程管理者作为主体对被改造客体的认识还受历史条件和科技水平的限制。任何时代的工程建设都建立在特定的生产力水平和社会意识水平的基础上，人们对于对象物的认识能力和改造能力都受到所处时代条件的制约，难以快速透过现象抓住本质，形成对对象物较为完整和全面的认识；同时人们对对象物的认识和改造还会受到政治、文化等意识形态等因素的影响，使认识过程失去其应有的客观性。

其三，在工程建设过程中，工程管理者作为主体对被改造客体的认识状态还受到工程管理者自身因素的限制。这些限制包括人的实践范围、知识水平、认识能力、实践能力、立场、观点、方法及生理素质等，人们只有在工程管理实践的推进中不断打破这些限制，其认识方可不断得到超越，工程管理理论才能不断发展和推进。

基于上述论述可以看到，工程管理理论与工程管理实践的关系不是简单的"实践-认识-实践"即告结束的闭合式关系，而是"实践-认识-再实践-再认识"的无限循环的关系，并且这种无限性不是简单的圆圈式循环，而是表现为螺旋式的上升过程。同时必须看到，在这一循环上升的过程中，人在工程实践活动中以主观意图和计划改造自然，建立人工自然，无疑已将主体的价值因素融入认识之中，即工程实践中往往表现出意图、计划和方案的先行，说明工程在具体实施前已经打上了主体的价值烙印，已经体现了真理和价值的统一。而这种统一的根本意义说到底是实现了人们在工程管理的理论与实践循环上升过程中所渴盼的主观与客观的统一。

总之，每一次新的工程实践飞跃都在相当程度上引发着人们对工程管理的思考，荡涤着人们的工程管理思维，催生出新的工程管理理论，进而促使人们运用新的工程管理理论指导工程管理实践，实现工程管理实践与工程管理认识的循环推进。目前，我国进行着的工程实践，所涉猎的工程领域和工程深度都是前所未有的，特别是众多重大工程的涌现可谓壮怀激烈。面对着工程实践的日新月异、突飞猛进，由实践而生的工程管理理论也面临着创新与突破，工程管理工作者应当立足于现代工程实践的大跨越、大发展不断进行新的理论总结和理论创新，用以指导工程管理实践，从而提升工程管理实践的效益和价值，在工程管理理论与工程管理实践的循环推进中持续收获我国工程建设的硕果。

1.2.2 工程管理理念与工程管理技术深度融合

工程管理理念是工程管理者思维的基本指针，它以有形规制或以弥漫渗透方式贯穿在工程管理的全过程，浸润于各级管理层行为之中，反映和决定着工程管理的规范、模式和效果。工程管理模式与工程管理方法相比较具有外显性，它是实现内在的工程管理理念而实施的管理方式，一般通过管理技术和管理工具进一步显现出来。工程管理理念与工程管理模式、工程管理方法、工程管理技术之间从形式上的意义来看是目的与手段的关系。

工程管理活动通过有目的、有计划地同特定的客观对象发生作用，使人类能够使用、享用客观对象的"效用价值"，一项工程的发生、发展的过程及其状态根本意义上在于是否具有科学的工程管理理念和思维方式。在当今生态危机、经济转轨、社会转型形成叠加效应的背景下，工程管理理念由单一经济价值追求向科学与人性交融的多重价值追求转变已成时代的必然，即工程管理活动必将会朝着人与自然和谐共处、人与社会和谐发展、人与人和谐相生的方向归依。

首先，工程管理必须满足人类生存与社会可持续发展需要的自然价值效应。近代以来，工程往往被视为是人的本质力量对象化，人类在工程项目实践中享受着"征服"的愉悦和快感，同时把利润增长作为工程建设唯一追求的目标，刻意追求表达上如数学式的简洁和美感，很少考虑人类经济活动所不能脱离的自然生态背景，对工程活动可能产生的生态效应估计不足，甚至为了局部利益有意地规避和忽略可能产生的生态代价，以致造成一些工程实践已经或潜藏着严重的生态危机和自然风险。新的工程管理理念应当是合规律性与合目的性的统一，是人与自然的协同共进。其次，工程管理理念必须满足工程建设所必需的利润价值效应。除了一些特殊的社会公益性工程之外，工程管理作为一种经济组织行为，其本性之一是"逐利"，它不能逾越其经济目的，应该而且必须要有盈利，因为利润是经济组织存在与发展的前提和基础，是经济组织行为的基本动因，一定量利润的实现有助于其未来经济和社会功能的承担。工程管理如果不能实现与投资相对应的利润，不仅工程自身将失去动力、难以为继，而且其社会功能将受到窒碍，与其社会功能相链接的大众利益和福祉也将成为奢谈。再次，工程管理理念必须满足维护社会有机体和谐运行发展的社会价值效应。任何工程建设都不是孤立的，它存在于错综复杂的社会关系中，尊重、协调处理好各种利益与关系，既是工程建设自身存在与发展的需要，也是工程建设作为经济组织内在应当具有的道德需要和道德责任。一个有道德责任感的工程管理组织，在决策和实施过程中，必须考虑公众的利益与情感，顾及社会的影响和反映，承担必要的道德义务，从而将可能发生的利益冲突消弭在萌芽状态。

工程管理理念不仅包含着管理活动追求的目的原则，同时它还蕴含着实现管理理念的管理模式、方法和技术原则，即以怎样的模式、方法和技术去达到人们的目的，它们之间应当是一种深度融合与螺旋推进的关系。即理念与目的规制模式、方法与技术，模式、方法与技术体现理念与目的。在历史的长河中，一定的管理理念孕育出相应的管理模式、方法和技术以及具体的管理工具，而在管理模式、方法和技术的运用实践中又会进一步刺激升腾出适应新的时代需要的管理理念，如此循环往复，螺旋发展，不断满足人类的物质与精神需要，提升人类的管理境界与管理水平。

19世纪末，一些实业家和工程师顺应管理实践的呼唤，吸取欧洲已有的经验管理思想中的科学管理因素，创立了科学管理理论。这一时期企业管理理念的人性假设是"经济人"，追求的是人机和谐，人附着于机器，以机器裁量人的活动。在人、财、物的组织和技术配置过程中追求管理的精确化和指挥的统一化，他们把生产组织的纪律性、稳定性和可靠性放在管理的突出地位，造就了那一时期最为典型的管理模式和方法是以"时间动作研究"和甘特表为代表的"胡萝卜加大棒"式的"重奖重罚"，以此促使人的行为与组织目标保持一致。毋庸置疑，科学管理开创了工业生产稳步发展，管理发展卓有成效的新时代。然而"科学管理"尽管能够以其非凡的技术控制力量牢牢地掌握物的边界，但是它却缺乏有效把握物质生产以外的世界，尤其是人的精神世界和价值追求的力量，其管理理念主要体现在通过人与物的关系协调，降低成本，获得最大利润，故而其理论深处潜藏着不容忽视的危机因素。

行为科学管理理论是对科学管理理论的辩证否定，它确立了"社会人"的人性假设。这一时期管理者们通过"霍桑实验"等管理技术实践，确立了劳动者不仅有经济和物质方面的需要，而且还有社会及心理方面的需要。同时，认识到在正式组织中还存在着"非正式组织"，它同正式组织相互依存，对生产率的提高有很大的影响。基于这些认识，行为科学管理理论采用的具体管理模式和方法也开始朝着人性化的路径发展，开始关注"物"之外的人的精神与心理，开始强调管理的方法应当：①更加关心人而不是关心生产；②告诫人们削弱管理机构的僵化程度以便更好地满足人们的需要；③减少对工资和效率的强调而更多地关心人际关系和激励因素；④更多地关心情感的非逻辑而不是效率的逻辑。但此时的管理过程，人仍然是作为实现提高利润效率这一管理目的的重要手段而被加以重视和开发，故而依旧具有浓厚的"物化"倾向。

事物的发展总是对立统一的，当科学管理的"严酷"管理模式和方法几乎使人之本性"失真"的时候，也便开始了对人性返真的突围，从行为科学管理理论以同样实证的方式将管理模式和方法拉回到对人及人与人关系的关注开始，经过众多学者的孜孜探索，逐渐发展至今日的人性化管理。它摒弃了传统的"以人为手段"的管理理念，将"人"回归到了其本真层面，是有血有肉、有情绪情感、有思维、有思想的生物有机体与社会存在物，而不单纯是劳作的机器、赢利的工具。可以说，人性化管理已经脱离了狭隘的时空疆域，摆脱了管理自古以来"现实关怀"的有限追求，赋予了对人类"终极关怀"的哲学意义。因此，管理方法也随之发生了非常明显的变化，出现了一个明显的梯度进化趋势，从强调管理必须责、权、利相互结合的"抽屉式管理"，发展到强调从人的心理方面来鼓励员工从事工作前就克服缺点的"完美式管理"，再到实行一分钟目标、一分钟赞美及一分钟惩罚以激发人的创造性的"一分钟管理"；从强调注重个人和整体配合、创造整体和个体高度和谐性，发展到让员工自己管理自己的"和谐式管理"，再到强调对员工宽容、理解，增加管理灵活性的"弹性式管理"；从人作为机器附庸的"流水线管理"，发展到解放人的体力和脑力的"自动化管理"，再到强调人机界面友好的智能化信息管理等，这些管理模式和方法的变化凸显了现代管理基本思想已经开始由视人为"手段"发展到了视人为"目的"的新阶段。

现代科学技术的发展，特别是信息科学与技术的发展，为工程管理提供了强有力的管理技术和工具，例如 Primavera Project Planner（项目计划管理软件）、PLM（产品生命周期管理）、ERP（企业资源计划）等。工程管理技术与工具具有开放性演进的旨趣，这种旨趣和意向使工程管理技术和工具成为负载工程管理理念、模式和方法的内在向度，任何时代的工程管理理念、模式和方法都深度融合于这些工程管理技术与管理工具中；而同时工程管理理念、模式和方法又会对工程管理技术和工具提出新的需求，促进工程管理技术和工具的发展。工程管理技术和工具本质上表现出了人的自我创造、自我展现的过程，工程管理技术和工具在实践中达成功能的同时，也深刻影响着人的思维方式，并进而影响人的精神和理念，所以任何新的工程管理技术和工具的出现，都会进一步促进工程管理理念、模式和方法的提升。

总之，以工程管理史视野的凝练，工程管理模式、方法与技术原则内在接受着理念与目的性原则的指导、检验、规范和约束，即工程管理活动是通过管理模式、方法和技术来发挥管理功能和作用的，管理模式、方法和技术必须合乎工程管理理念与价值的内在追求。而载负着一定工程管理理念的管理模式、方法和技术在具体贯彻实施中，不仅能在实践过程中得以"去粗存精、去伪存真"，还能在新的更高的平台上激活人们内心潜存的需要和期待，从而逐渐显化为新的理念和追求。实践、认识、再实践、再认识，这种形式，循环往复以至无穷，而实践和认识之每一循环的内容，都比较地进到了高一级的程度。工程管理理念与工程管理模式、工程管理方法和工程管理技术的发展轨迹正是如此。

1.2.3 工程管理体系与工程管理细节协调统一

工程管理体系是指在工程管理一定的时空疆域内，各种要素和各个环节按照一定结合方式而成的功能整体，**相应地**，工程管理细节则是构成工程管理体系的各种要素和各个环节。

工程管理体系与工程管理细节之间从空间上看是整体与部分的关系，从时间上看是过程与环节的关系，两者相互依赖，没有部分和环节，不会有整体和过程；没有整体和过程，也无所谓部分与环节。工程管理体系作为整体和过程是工程管理各个部分与环节的有机结合，其功能应当大于各个部分与环节机械相加之和，整体和过程具有部分和环节所没有的新功能，即当各部分、诸环节以有序、优化的结构形成整体和过程时，整体和过程的功能就会大于各部分、诸环节功能之和。而当部分和环节以无序、非优化的结构形成整体和过程时，各部分、诸环节原有的性能就得不到发挥，力量削弱，甚至相互抵消，使整体和过程功能小于各部分、诸环节功能之和。而且，工程管理某部分或某环节功能状态的低下，会显现"木桶效应"，成为工程管理体系的"瓶颈"，窒碍工程管理体系的过程畅通，削弱工程管理体系的整体功能。总之，工程管理各部分、诸环节的功能状态和结合方式决定了工程管理体系过程是否畅通，功能是否优异。

具体地说，工程管理体系最显著的特征是整体性和主导性，它规定着工程建设的主、客体地位、关系及各自权利、义务的基本界定，它也规定着自己特定的体系运行程序和方式，也有着与之相适应的特定的管理手段和方法。工程管理体系的结构构成侧重根本原则的廓清、基本方法的确立，而不是具体技术与业务细节的安顿。只有工程管理体系在整体上实现结构合理、过程畅通，各要素、诸环节才能各得其所、各安其分，并生成"整体功能大于部分之和"的系统效应。故而工程管理体系主导、匡正着工程建设过程中人们的各种作为，决定着工程建设过程中的各类管理细节。以当代的管理理论来界定，能否确立一个完整的工程管理体系是属于战略层面的工程管理考量。现代大规模复杂工程系统的结构正在出现由简单结构向复杂结构、层次结构向网络结构、静态结构向动态结构、显性结构向隐性结构等新的变化态势，这些都将对工程管理提出时代性的挑战。基于此，一个完善的工程管理体系的确立要具有高度的战略意识，通俗地说，要有宽阔的胸襟和长远的目光，以感性与理性交融的视野，冲破传统的束缚，抓住工程建设中不断变化和产生的深层问题、主要问题。围绕工程的决策管理、研发管理、计划管理、设计管理、施工管理、生产经营管理、产品管理、生态-环境管理等各部分的内容，厘清工程建设的现实市场需求及潜在市场需求、现实竞争对手及潜在竞争对手、现实生产资源及潜在生产资源、现实自身优势及潜在自身优势、现实核心问题及潜在核心问题等；同时，还须观照到这些问题之间的相互影响、相互依存、相互关联，因为各部分、诸环节的变化会作用影响到其他部分或环节，甚至可能改变整个体系的质态，必须高屋建瓴地将各部分、诸环节统摄为一个整体，才能形成一个完整规范且具有自组织生成能力的工程管理体系。一个"活"着的工程管理体系不是封闭的、孤立存在的，而是存在于不断变化的市场与行业环境之中的，它必须系统思考自身所处的环境状态，包括政策环境、社会环境、经济环境、技术环境等，并需要随着内外环境的变化做到及时调整。

进一步地讲，保持工程管理体系业已形成的良好质态并在过程中促成"质"的去粗存精、螺旋递进，除了整体始终保持与外部环境的能量互流以减少熵增外，它还在相当程度上依赖体系内各部分、诸环节的自身"活"性与它们之间的合理非线性作用。传统的工程管理体系也被称作是"阿波罗式"的工程管理体系，这种管理的有效性依赖于未来可以被预知，这种性格的工程管理体系"痛恨"变化，甚至在心理层面上会有意忽略已经发生的变化，或者把应对变化的方式与策略也进行"格式化"的安排。这种高度程序化、标准化的管理体系造成各部分、诸环节的不断孤立和僵化，即使外在环境有强大的能量刺激，也不会产生自组织行为和进化，以致组织在遭遇危机的时候各部分、诸环节也只是埋头恪守自己的一亩三分地，不敢也不愿越雷池一步，组织也因此在危机来临时丧失了"自组织"能力而丢失可能的一线生机。各部分、诸环节"活"性的生成，仅仅依赖自身的规定和建构是无法实现的，因为"特定生态中的任何价值因子，即使最卓越的因子，对其他异质生态来说，都不可能具有先验的和绝对的合理性，只有当这些因子成为新的生态中的有机构成，并确证了自己在异质生态中的存在现实性后，才能在与该生态的其他因子的健康互动中获得价值合理性。"所以各部分、诸环节"活"性的生成需要在各部分、诸环节之间建立起某种较为稳固的非线性相互作用的模式，各个组成部分或环节之间形成广泛而密切的联系，并通过不同方式的耦合，形成多重互动网络结构。这种非线性作用之于工程管理体系能在种种联系的综合中全新提升体系的整体性能，实现整体功能最大化的效应；对于各部分、诸环节则能在体系获得全新升级改造意义的基础上，同时被赋予某种合成新质而呈现"活"的生存与发展态势。

整体与部分、过程与环节的理论辩证在工程管理实践中表现为既要建立完善的工程管理体系，彰显清晰的管理思路与理念，同时又要有严格的细节管理，以细节管理激活各部分、诸环节的"活"性，从而达至以细节管理的"小善"博取体系管理的"大美"。

实现细节管理的前提需要对"细节"概念予以再诠释、再解读，并依据自身事物的时空特质做出再选择。百度百科词库里对细节的诠释表现出了二重性，一是"无关紧要的小事"，中国历史上对人的禀养要求就有"为人有大志，不修细节"的说法，以此路径，细节大致是可以忽略的，这种诠释在中国历史的宏观意境中，体现了人性追求的大气与不羁，具有历史的厚重；二是"以细微之处见端倪"，以此路径，显现了细节的唯美性，故而是不可忽略的，这种诠释显现了人在做微观具体处理中的精致，具有当下的慎重和规整。显然，工程管理环境与时空特质决定了它的细节意义场应该是后者，所以才有了管理学界"细节决定成败"的理论。在今天的工程管理中，人们对"细节"意义场的理解不同，其获得的内在感悟也表现出了对立性。当一个人能洞窥细节或细节行为的美与善时，他对细节的关注就会表现出乐趣和惬意，就会追求"把细节做到极致就是完美"的工作意境，并进一步使之内化为行为自觉；相反，如果无法发现、体味细节的"美感"，他就可能视细节行为为一种苦与累，一种外在的强制，在这种意义场中，他会表现出缺乏工作热情和主观能动性，僵硬而机械地工作。

现代工程的范围越来越广，它已超出了传统单纯的农业活动和工业活动的范围，变成了大规模创造人工物，涉及科学、技术、经济、军事、社会、文化、信息、审美、伦理、管理、自然等多元异质因素、多个不同层次组成的复杂系统。这种多维目标的达成，只有通过细节管理才能实现。从哲学与价值意义上审视工程建设的细节管理，它其实内含有一个具体与抽象的逻辑演进过程，即科学的工程建设细节管理一般需要经历"感性具体-抽象分析-理性具体"三个阶段。"感性具体"阶段，它是对工程建设细节管理的表象认知阶段，表现出对工程建设中各细节的具象行为的关注，是细节管理的开端；"抽象分析"阶段，表现出对工程建设细节管理的分析与综合，是在工程建设具体的感性行为中开始有了形而上的思考，是由外在行为向内在本质的迈进中介；经过"抽象分析"必然地上升到更高的"理性具体"阶段，此时人们对于工程建设细节管理完成了表象和内部关系的结合，上升到了整体性、过程性的本质层面的认识和把握。至此，可以发现细节管理不仅是一种行为，能带来客观的经济物质结果，它更是一种态度，能成就工程建设管理组织的精神与性格，促成工程管理体系由文字语言见诸行动，海尔、丰田、通用电气等许多成功的企业大多有这样的经历和努力。

总之，工程建设细节管理的魅力可谓"四两拨千斤"，一个细小的行为"物理量"能够产生庞大的"心理量""系统量"，并最终使工程管理体系由"开花"转为"结果"。

1.2.4　工程管理规范与工程管理创新互相促进

工程管理规范是工程管理中为实现其价值和目标而制定的各种管理条例、章程、制度、标准、办法、守则等的总称。它是用文字形式规定了工程管理活动的内容、程序和方法，是工程管理人员的行为准则。确立科学的工程管理规范在现代工程规模不断扩大，工程价值目标日趋多元的形势下，对于保证工程建设活动的正常可持续进行，提高工程管理水平有着重要的作用。

首先，科学的工程管理规范是工程建设达成既定价值目标的前提和基础。现代工程较之以往任何时代，其价值目标设定表现出的多元性更加明显。如何保证多元价值目标在复杂性不断提高的工程建设中均可彰显，轻重有致，缓急得体，它需要所有建设者的行为自觉受制于体现一定工程管理理念与价值的科学管理规范，在此基础上形成工程建设"合力"，实现预设的多元价值目标。其次，科学的工程管理规范是实现工程组织管理有效性的根本保障。现代工程日趋大型化、复杂化，可以说现代工程是一个具有复杂结构和功能的系统整体，以及包含诸多环节的过程复合体。其中的众多部分和诸多环节有着各自的质态特性、功能定位、运动轨迹和变化周期。管理者如何对这些部分和环节按照特定的目的进行整合，权衡和处理它们之间复杂的非线性作用关系，就需要工程组织管理的介入，通过制定一系列的工程管理规范来确定每个部分和环节的安排，渗透作用于每一个建设者的行为，以使各个部分和环节按照特定的目标合理展现、有效整合、协同运动。再次，科学的工程管理规范是实现科学管理，保障现代化工程建设安全运行的基本需要。现代工程建设较之以往，更多地采用了先进的、大型的技术装备，更多地运用机器体系和信息系统从事生产活动，具有高效、高速的特点，但同时也潜藏着更大的隐患因子，因而必须按照机器化和信息化工程建设的特点和规律制定出相应的工程管理规范，使生产得以安全、顺利、高效地进行。

毋庸置疑，科学合理的工程管理规范对于工程建设具有至关重要的意义，关键在于如何始终保证工程管理规范的科学性与合理性。工程管理规范不是一成不变的，随着时代的发展、科技的进步、管理水平的提高，工程管理规范也需要因时、因地、因人而不断地提升和完善。这一过程中的一个重要问题就是要正确处理"定"与"变"、"破"与"立"的关系，任何管理规范都应当具有相对稳定性，在一定的时间段内保持其连续性，不能朝令夕改，否则会造成员工的手足无措，无所适从。但以哲学的观点观照，"相对"毕竟是第二性的，是被第一性决定的，因此，工程管理规范的稳定是以不稳定的"破"为先兆、先存的，这个"破"到"立"的过程实质上就是工程管理规范不断创新的过程。

创新是人类认识世界、改造世界的主要思维和实践活动。当代管理学大师加里·哈默认为："我们的管理模式发展缓慢，但21世纪商业面临的环境已经发生了剧烈的变化。新的世纪虽然刚开始，但对现代管理提出了新的挑战，这些挑战大大有别于我们先辈们曾经面临过的挑战"。所以必须要进行管理创新，"管理创新是从根本上改变管理工作的方式，是一种显著地改变面向顾客的组织形式并最终推进组织目标的手段。简而言之，管理创新将改变管理者做事的方式，并增进组织的绩效。"以工程的内涵而言，它的本质是变化、是辩证法，是体现人类智慧成果的世界变化的典型代表。故而，工程管理在本质上应是创新管理，只有不断创新才能使得工程管理活动更加和谐、有序、高效，工程管理创新包括工程管理的理念、组织、制度、方法、技术、工具等诸多方面的创新，这些创新最终将落脚于工程管理规范的创新，体现于工程管理规范由"破"到"立"的动态过程中。

首先，工程管理规范的创新要体现生态社会的时代特质，"破"传统工业时代工程管理单一的经济效益观，"立"统筹兼顾的"经济-社会-生态"三维工程管理效益观。现代工程建设在发展过程中必须遵循经济、社会、生态统筹兼顾的效益逻辑，它是对工业文明时代单纯追求经济效益的辩证否定。为此，工程管理规范必须体现出天道原则和人道原则。天道原则要求工程管理与建设必须有利于维护天然自然演化的正常秩序；有利于促进天然自然的良性循环；有利于保护天然系统的稳定化。人道原则要求工程管理与建设必须合乎人道主义精神和社会伦理规范，既着眼于人类自身的整体利益与长远利益，又尊重一切生命，克服狭隘的人类中心主义，将人道主义关怀从工程内部扩展到工程外部，从当代人扩展到未来人，从人类社会扩展到生态圈有机体。

其次，工程管理规范的创新要体现人的需要结构的变化，"破"可看作人为手段的物化管理，"立"可看作人为资源和目的的人性化管理，从而摆脱当下的多种"囚徒困境"，增效现代工程的"管理力"。需要是人的个性倾向性，它是人的各种能动性的源泉和动力。人的需要具有无限性，原有需要满足了，又产生新需要，这个序列无止境。一般说来，需要是与满足需要的手段一同发展并且依靠这些手段发展的，然而当手段的力量极为有限的时候，其产生的物质能量寥寥，此时人的需要大多停留在满足人的自然本性层面。随着生产发展和科技进步，人的物质手段日益强化和多样化，所带来的物质能量不断放大，人的需要也日益过渡到了渴求社会性需要满足的层面。一般说来，被管理者总是希望约束越少越好，个人自由度越大越好，物质激励越多越好。而从工程建设角度则不尽然，为避免人员把事情做坏、做差，总是希望约束多一些。如何平衡这里的"收"与"放"的矛盾，它需要管理者具有对立基础上求统一的创新智慧，建立一个以人性为基础、能平衡组织和员工双方利益点的工程管理规范体系。只有这样才能最大限度地实现工程管理人性的价值追求，使人们在工程建设的发展过程中寻找到个体生活的意义和乐趣，提高他们实现工程建设目标的自觉性和主动性。

再次，工程管理规范的创新要体现知识经济时代"资产"构成的变化，"破"以有形资产管理方法统摄一切管理的简单性管理思维，"立"从有形资产的管理发展到以知识为核心的无形资产管理的过程性思维。从工程方法史的视角来看，现代工程发展已经进入到智力化、知识化时代，在资源配置上以智力资源、无形资产为第一要素，在生产和消费上以知识型产品为主，因此"知识财产"的价值不断加大，超过了房屋、机器、矿产等"有形财产"的价值，"无形资产"在很大程度上决定着主体竞争优势的强弱。科技的飞速进步使知识逐渐成为经济增长的首要资源，如果说以往工程建设是大量的物质资源与少量的知识结合而产生的人工事物，那么现代工程越来越多的是凝结大量科技与知识的人工事物。工程建设知识密集度的大大增加，使当代工程建设活动越来越显著地表现出知识为导向的经营实质，它迫切需要创新一种新的工程管理模式——知识经营工程管理模式。从一般管理学意义上讲，这种模式的主体对象是知识和潜力，它是创造、使用、保存并转让知识和智力的一种管理模式。工程管理者通过知识经营可以把人力资源的不同方面和信息技术、市场分析乃至工程建设的经营战略协调统一起来，共同为工程的发展服务，从而产生整体大于局部之和的现代工程经营效果。

最后，工程管理规范的创新要体现全球化视野，"破"醉于国内工程管理边界的狭隘工程管理范式，"立"适应日趋激烈的国际化竞争的工程管理范式。当代交通、通信等新兴技术的迅速发展促成了全球经济一体化，工程建设的世界市场也已经开始生成，它迫使工程管理者不得不把对自己的工程管理放置在国际大环境之中，面对瞬息万变的国际条件和激烈的国际竞争，在灵活、迅速的反应中寻求自身生存的机遇。它要求工程管理者们要熟悉国外的政治、经济、文化、历史，熟悉国际规范和国际惯例；能够通过换位思考促进国际理解，并以不同的身份代表各自的利益探讨解决这些问题；能够以俯视全球的高度、目及未来的旷远，以全球的意识和语义来分析问题和解决问题。只有这样才能在工程管理边界从清晰走向模糊的全球化时代取得并稳定占据自己的"生态位"。

总之，科学合理的工程管理规范可以保证现代工程建设活动的正常可持续进行，促进现代工程管理水平的提高。但任何工程管理规范都没有恒常的合理性与科学性，工程管理工作者必须适应现代工程建设的主体需要、客体对象、技术装备、规模状况、价值目标、资本构成、环境条件的变化对其加以提升和完善，使之获得创新与发展，从而实现工程管理规范与工程管理创新的相互促进，展开其具体性与普遍性、历史性与现实性相统一的辩证运动。

1.2.5　工程管理队伍与工程管理制度共同提升

工程管理是横跨自然科学和人文社会科学的交叉性综合学科，这一学科特质决定了工程管理人员应当具有工程专业知识，熟悉工程业务，又要具有管理能力，能够很好地协调上下左右的各种关系。对此，在培养工程管理人才的过程中必须充分认识人才成长规律，着力于以先进、科学的工程管理思想来熏染他们的综合理性思维方式，持续提升工程管理队伍的思想素质和业务水平。

综合理性是科技理性和价值理性的和谐统一，是两种理性力量的平衡和沟通。科技理性一般追求重经验、重实证、重分析的精神，具有讲究方法、注重操作、务求可行的倾向，是以合规律性作为其标杆和尺度的；而人文理性一般重理想信念、重伦理道德、重人的需要，具有对人生价值领悟、对人类终极意义的追寻趋向，是以合目的性作为其标杆和尺度的。这两种理性在本质上并不矛盾，它们共同指向于人及其生存的内外环境，故在本质上具有同一性，并进一步融合生成综合理性。众所周知，工程技术活动中既有科学性、技术性因素，也有功利性因素，还有社会价值性因素，它与科学、技术、经济、文化、政治、自然资源、环境等密切相关，这就要求工程管理人员必须打破专业界限，拓宽专业领域，注重学科交叉，立足综合理性的培养，只有这样才能消除科技知识和人文知识的二元对立，满足时代对复合型创新人才的需求。

如何提升工程管理人员的综合素质，除了需要不断提高我国高校工程管理教育的水准外，确立和不断完善工程管理制度是关键。人类的一切活动都与制度有关，可谓没有规矩不成方圆。任何一项制度的产生，都是社会成员相互博弈的结果，社会成员的博弈可能存在无数的均衡，一项制度的确立是其多种可能出现的均衡中成为现实的那一个结果。当它成为现实结果的时候，便开始了对其成员的规约和激励作用。现代工程建设的规模日益宏大，结构日趋复杂，系统日显集成，如果缺失工程管理制度的规范和润滑，整个工程建设就很难统摄为一个整体。科学合理的工程管理制度可以及时地处理和协调工程建设过程中各个部分、各个层面、各个环节的相互关系，将工程建设整合成高效有序、节奏明晰的人类实践活动。同时，科学合理的工程管理制度也是将个体能动作用凝聚成"合力"的必须。工程建设是众多工程建设者合力作用的结果，其能动作用的发挥表现为具有不确定性的"矢量"，如果没有工程管理制度的规整，就无法实现个体之间的合理分工与合作，个体的能动力量就会出现因无序、无向而发生相互抵消，甚至相互冲突背离的结果。

同时还应看到，工程管理队伍和工程管理制度是一个交互作用、共同提升的过程。工程管理制度能够规整和提升工程管理队伍的素质，而人员素质的提高又能进一步洞悉制度的"品质"，促成制度的与时俱进。制度的确立首先必须得到大多数建设者的理解和认同，大多数建设者的认同又能进一步使制度得到自我强化，使这些工程管理制度逐渐由外在的强制转变为内在的自觉。在这一过程中，制度本身的"良"与"善"会得到进一步的考量和廓清，促使制度安排以宜时、宜地、宜人的原则不断变化、发展，并最终形成工程管理制度不断演化与完善的合理路径。这样的实践与理论的逻辑升腾轨迹，是实现工程管理人员素质不断提高和工程管理制度不断完善的一条双赢道路。具体地说，从当代工程的特点出发，人们可以在四个方面形成努力。

首先，以严格的道德评价制度建设助扬工程管理队伍形成积极、崇高的价值取向，而积极、崇高的价值取向又能进一步助推工程管理队伍道德评价制度的"与时俱进"，形成交互作为、螺旋前进的良好发展态势。工程活动是对人类未来的一种谋划，是对人类生存状况的一种重建。而且现代工程在量上的迅速扩张，使得工程管理人员使命感和责任感大增，稍有不慎，即会对人类生存带来巨大的风险。基于此，现代工程管理必须建立起一整套完整的制度化的综合价值评价体系，使工程管理人员能够自觉地在"自然-社会-人文"的关联互动中观照到现代工程的地位和价值，避免工程建设在追求经济利润的过程中可能带来的其他向度道德行为的不确定性，这种道德行为的不确定性既可以指作为工程建设本身行为的不确定性，也可以指工程建设过程中的社会措施所引起的可能道德后果的不确定性。当然这种不确定性随着时空的变化其道德性质本身也具有不确定性，故而只有当工程管理队伍已然形成积极、崇高的价值取向时，他们才能对当下工程建设的道德评价制度，依据已经发生变化的形势做能动的调整，只有这样才能在不确定性日益凸显的动态过程中始终避免道德风险，承担道德责任。

其次，以必要的激励制度促成工程管理队伍具有博、专结合的认知特点和知识结构，良好的认知状况和知识结构又能使工程管理队伍制度激励的外在性内化为人格因素构成，提升制度的有效性和工程管理队伍践行制度的自觉性。21世纪的工程往往是多学科集成的复杂工程，单一的知识结构难以直面工程建设的各种问题，作为工程管理人员要具有工程管理的话语权，就要能够紧贴时代的变化，不断更新知识结构。美国的盖洛普调查显示：知识的"保质期"是10年，而"保鲜期"只有5年。基于此，工程建设过程中应当建立起促成工程管理人员"保质""保鲜"知识的制度规范，避免他们由于知识和技能逐渐过时而带来的工程风险，造就一支学习型工程管理人员队伍。在这一过程中切忌将激励制度固化甚至僵化，制度作为规范应该是"活"的，其"活"的推动力源于时代的变化和发展，必须根据这种变化和发展主动调整激励制度，只有这样才能形成良性的相互作用机制，才能使工程管理人员在知识爆炸和市场环境的激变中捕捉机会、成就事业。

再次，以人性化的工程管理制度推动工程管理队伍形成良好的人际沟通能力和团队组织能力，良好的人际沟通能力和团队组织能力能够敦促工程管理制度设计更趋灵活性和凝聚力。面对着一个高度全球化的世界，工程建设每时每刻都关乎着与自身员工、他人、群体和社会的联系，工程管理人员必须有能力沟通各种关系，避免和处理工程活动中的可能冲突。为此，必须建立起规范的危机、冲突应对条例，当工程建设遇有问题时能够及时、从容面对。团队合作指的是一群有能力、有信念的人在特定的团队中，为了一个共同的目标相互支持、合作奋斗的过程。也就是说，团队成员不是为了个人的业绩而努力，他们在工作中的每一次付出都是从整个团队的集体利益和共同目标出发的。为此，工程管理过程中应当建立起激励团队合作的制度规范，促使团队成员可以相互分享信息和资源、积极合作、取长补短、形成最大的合力。而当工程管理队伍在制度的作用下具有显性的团队效应时，表明他们的心理过程和个性特征趋于良性健康发展，此时他们的积极性、主动性就会被放大，不仅能够严格恪守制度的要求，而且能够在实践中完善工程管理制度，实现实践对理论的检验和校正。

最后，以有形制度与无形氛围相结合的工程管理制度模式助推、熏染工程管理人员形成厚实的人文底蕴与科技素养。厚实的人文底蕴与科技素养有利于工程管理人员在管理活动中形成独立的人格魅力，有利于工程管理人员对科学道德的遵循，也有利于他们社会责任感与使命感的形成，这样才能始终保持人与人之间、人与社会之间、人与自然之间的和谐相处。但是，人文知识并不等于人文素养，科技知识也并不等于科技素养，人文与科技素养所关注的侧重点是人生的意义与价值、人与社会及自然之间的本质联系、人类的安全、发展与命运等。事实上，任何现实的工程管理活动无不受到相应的价值伦理、道德文化等诸多人文因素的影响，人文与科技素养的差异，一定程度上决定着工程管理的特点。因此，充分重视人文与科技素养在管理活动中的作用，是工程建设实现综合目标的重要基础。但人文底蕴和科技素养的形成并非一朝一夕之事，有形的制度可以在显性意义上促使工程管理人员有意识的多阅读、多学习，期待以量变积累发生质变；而积极的组织文化与科技氛围则更能够影响工程管理人员的人文底蕴和科技素养，使他们的各种内在因素在不知不觉中就已经被改造、被熏染。具有厚实人文底蕴和科技素养的工程管理队伍在工程建设的实践中会自觉地以合理、科学的管理理念调整工程管理制度，并不断强化夯实组织的文化氛围，实现两者之间的相得益彰与循环推进。

总之，当代社会日益加速的科技进步和工程建设多元价值目标的不确定性加大，迫切需要大量优秀的德才兼备的工程管理人才的涌现。这种需要的实现只有借助于科学合理的制度作为推手，才能在较短的时间内培养造就出一支理念崇高、行动果敢、智商与情商并举的新型工程管理队伍。而高素质的工程管理队伍能够在更高的平台上、更宽阔的视野中审视并修正现有的工程管理制度，使工程管理制度永远保持"在途中"的理性思辨的姿态，确保它的科学性与合理性。

1.3　智能制造工程管理的基本特征

当前，世界发达国家和地区及我国政府都高度重视高端装备智能制造产业的发展，积极谋划加快高端装备智能制造产业发展的政策规划和技术布局。全球一流的高端装备制造企业也积极加大科技投入，积极抢占高端装备制造产业的技术制高点和竞争制高点。随着全球制造业的快速发展和智能化转型的深入推进，高端装备智能制造体系正成为引领未来产业发展的重要力量。在这一背景下，智能制造工程管理呈现出新的特征，例如智能制造工程管理的多元价值目标、智能制造的全生命周期多层级多维度管理及智能制造的质量、工期、成本、风险管理等。

1.3.1 智能制造工程管理的多元价值目标

在高端装备智能制造体系中，工程管理是一个多元价值目标相互耦合的集合体，主要体现在以下几个方面：第一，智能制造工程管理必须注重自然价值目标，使智能制造工程管理既具规律性又具目的性，在满足人类生存和社会可持续发展的基础上促进人与自然协同共进；第二，智能制造工程管理必须注重社会价值目标，考虑公众的利益情感需求，承担社会道德义务，消灭一切可能发生的利益冲突，从而促进整个社会的和谐与发展；第三，智能制造工程管理必须注重经济价值目标，由于工程管理的实质是经济组织行为，而利润是经济组织存在和发展的前提与基础，也是经济组织行为的基本动因，较好的利润有助于未来产品更好地实现经济职能和社会职能；第四，智能制造工程管理必须注重科技价值目标，先进的管理科学与管理技术是现代工程管理实践发展的前提和基础，而高端装备制造过程中往往会出现新的科学技术难题，这些难题在一定程度上推动着工程管理科学与技术的创新和发展；第五，智能制造工程管理必须注重人的价值目标，若没有通过了工程中重重考验的管理者，就不会有最终创造出的珍贵物质成果，这些管理者本身是工程创造出来的最为珍贵的成果，因此，复杂产品开发工程管理应该是一类"成物"与"成人"高度统一的实践过程；第六，智能制造工程管理必须注重文化价值目标，任何一项高端装备制造工程及其管理过程都离不开特定历史时期的人类文化、民族文化和组织文化的深刻影响，因此为了更好地实现工程目标，应该充分发挥先进文化的感召力、聚合力、创新力和组织力作用，同时还应该加强文化建设，注意文化积淀，以促进工程管理文化进一步发展。由此可见，在高端装备制造过程中，人们整合资源与技术，创造出知识技术与市场魅力兼具的复杂产品，而科学合理的高端装备智能制造工程管理又能够从战略统筹的高度整合开发工程实践的多元价值目标。

1.3.2 智能制造的全生命周期多层级多维度管理

在高端装备智能制造体系中，工程管理是一个覆盖产品全生命周期的多层级多维度的管理过程。面向高端装备的需求分析、装备论证、系统设计、工程研制、试验定型、生产部署、运维保障到退役处理的全生命周期，其制造过程可以抽象为制造资源的动态调度、服务资源的集成共享、制造过程的分级优化、制造系统的协同控制、业务过程集成与优化、制造数据集成与信息融合、全生命周期质量控制与可靠性管理、智能决策和信息系统管理等一系列多维度的管理活动，这些活动既涉及企业内部设备级、车间级和工厂级的多层级管理，又涉及与企业外部供应商、协作商、集成商之间的平台型供应链管理。以质量和可靠性为例，高端装备具有可靠性要求高、寿命长、系统级试验次数少、同型号同批次装备数量少等特点，同时面临故障数据少、全过程各阶段数据共享不足、可靠性预测精度低等问题。然而，新一代信息技术环境下，传感器网络、数字化设计、自动化制造、标准化技术、集成化技术等智能互联技术深度嵌入到制造服务系统的管理过程，促使高端装备的质量控制和可靠性管理在概念、机理和管理方法上均发生了变化。质量控制与可靠性管理过程不再局限于企业内部的研发与生产过程，也逐渐拓展到装备运营、售后服务及再制造等制造服务全生命周期阶段。针对智能互联环境下质量控制与可靠性管理的新需求、新挑战，围绕基于风险与寿命预测的高端装备设计制造理论、面向信息物理融合的协同质量评估与控制理论、高端装备制造过程的跨时空可靠性试验理论、高端装备制造全周期可靠性预测与运维优化理论等方面开展探索，以构建装备智能健康管理与可靠性管理新的理论体系，实现高端装备智能制造工程的质量全过程控制和全方位可靠性管理。

1.3.3　智能制造的质量、工期、成本、风险管理

首先，智能制造工程管理通过基于制造服务全过程视角构建多维度、跨层级的系统管理机制，从产品的研发与生产、装备运营、售后服务，直至再制造等阶段系统进行质量管理和质量控制。随着制造业全球化的发展，工程管理要求管理者的思考角度从企业角度转变为从用户角度思考，质量管理的目标从强调产品质量转向更重视服务质量。为确保产品质量的稳定性和持续提升，工程管理需要从多个方面入手：其一，建立严格的全过程质量管理体系，确保生产过程中的每一个环节都有明确的质量要求和控制措施；其二，加强人员培训和管理，通过培训提高全体员工的操作技能和质量意识，同时建立激励机制，鼓励全员积极参与质量改进活动；其三，强化设备维护和保养，智能制造设备是生产过程中的关键要素，必须保持设备的良好运行状态，定期进行维护和保养，确保设备的精度和稳定性；其四，实施严格的全过程质量检验和监控，通过设立质量检验岗位，对生产过程中的关键工序和成品进行严格的检验和测试，确保产品符合质量标准，同时利用现代信息技术手段，实现生产过程的实时监控和数据分析，及时发现和解决质量问题。

其次，智能制造的工期受到技术复杂性、工艺精细度等因素的影响。工期的延误不仅可能导致生产成本的增加，还可能影响整个供应链的效率，甚至导致企业失去市场竞争力。因此，在智能制造的背景下，从多个方面来确保工期的实现是智能制造工程管理的重要任务。一方面，通过产品的质量管理，整合产品设计、制造、销售、服务等各个阶段的数据和信息，实现数据的共享和协同，缩短产品的迭代周期；通过研制一体化，打破传统研发、制造、采购、销售等部门之间的壁垒，实现跨部门、跨领域的协同和合作，并建立集成化的研发平台，将产品设计、仿真、分析、测试等环节集成在一个平台上，提高研制效率。同时，引入敏捷开发和精益制造等先进理念和方法，快速响应市场变化和客户需求，实现产品的快速迭代和更新。通过运维数据分析，收集和分析产品在使用过程中的运维数据，了解产品的性能、故障率、客户满意度等指标，其中数据挖掘和分析技术，可发现产品设计和制造中的问题和不足，为产品的改进和优化提供依据；可将运维数据分析结果反馈到设计制造环节，指导新产品的设计和制造，有效避免类似问题的重复出现，同时，建立持续改进的闭环反馈机制，将运维数据分析、设计制造、市场反馈等环节紧密连接起来，形成一个持续改进的良性循环。另一方面，运用网络化将工厂网络与互联网连接，通过大数据应用和工业云服务实现价值链企业协同制造、产品远程诊断和维护等智能服务；建立高效的协同机制，确保研发设计过程中各部门之间的充分协同和配合；通过项目管理、任务分配、进度监控等手段，确保各部门之间的信息畅通和资源共享，这有助于制造企业快速响应市场变化，提高产品研制的灵活性和效率，并通过快速迭代和持续改进，不断满足市场变化和客户需求，缩短产品研制周期。

此外，在高端装备智能制造体系中，工程管理是一个与成本控制密切相关的管理过程。智能制造若想实现对成本控制的精细化管理，就要摒弃过去线上加线下的双重粗放式的成本管理方式，从设计成本、制造成本、使用成本等方面建立一套精细化的成本核算和管理体系，切实追踪每个工序、每个工作中心消耗的资源量，以确保成本的准确性和及时性。同时，智能制造要求实现成本控制的全面优化管理，即通过对生产流程、设备、工艺等方面的实时数据进行追踪、核算，对其持续优化和改进，帮助企业实现资源的合理配置和高效利用，减少浪费和损失，降低生产成本，提高生产效率。另外，智能制造要求实现对成本控制的深度信息化管理，即通过建立完善的信息化系统，将成本管理与高端装备智能制造的各个环节紧密相连、深度融合，实现成本的实时动态监控，促进信息的实时共享和高效传递，最大限度避免分析滞后性导致错误成本的出现。为了将智能制造的成本控制在合理范围内，智能制造工程管理需要从以下几方面着手：

1）在项目初期就进行详尽的成本预算，包括对项目的设计、规划等各个环节进行细致的成本分析，预测可能出现的成本变化，并制订相应的预算方案。通过精确的成本预算，在项目执行过程中实时跟踪成本的变化，及时发现并处理成本超支的问题。

2）在项目实施过程中注重成本控制，这要求工程管理团队严格监控成本支出，确保各项费用符合预算要求。

3）在项目执行过程中强调成本分析与评估，这要求工程管理团队定期进行成本分析，评估项目在各个阶段的成本效益，通过对比分析实际成本与预算成本，发现成本控制中的不足之处，并及时调整管理策略。

4）注重总结经验、持续改进与创新。在成本控制方面，工程管理团队应不断探索新的成本控制方法和技术，关注行业内的最新动态和趋势，以便及时调整和优化成本管理策略，以提高成本管理的效率和准确性。

最后，高端装备智能制造工程管理理论的研究与开发深度融合了新一代信息技术，正朝着数字化、智能化、网络化和服务化的方向发展，这不仅为高端装备智能制造带来了便利和优势，同时也带来了不可忽视的风险和挑战。

1）技术风险是智能制造面临的一个重要问题。虽然新兴技术和复杂系统的快速发展能为智能制造提供了强大的支持，但也对高端装备的智能制造体系带来了技术更新换代迅速、技术成熟度不一、系统集成难度大等风险。

2）智能制造系统通常涉及大量的数据交换和通信，极易面临网络安全威胁，这将导致包括生产数据、客户信息等相关信息的泄露，对企业的正常运营造成恶劣影响。

3）组织内部的管理风险也是智能制造不可忽视的一个方面。在智能制造系统的应用过程中，企业可能面临组织结构调整、人员培训不足、技术型人才稀缺、管理流程不顺畅等问题，进而导致智能制造系统的组织运行效率降低、生产线路中断、产品质量不稳定等严重后果。

4）组织外部环境的变化也可能给智能制造带来风险，如市场需求波动、政策调整、供应链中断等外部环境的变化往往具有不确定性和不可预测性，可能对企业的智能制造战略和投入产生负面影响。

在高端装备智能制造体系中，加强工程管理过程中的风险控制是重中之重。首先，要加强对企业内外的思想引导，营造融洽氛围，推动核心管理层和项目实施人员深刻了解智能制造的相关知识、良好适应智能制造的工程管理新模式。其次，工程管理应从人员层面加强风险控制，如合理配置项目团队的人力资源，保证团队成员具备相应的技能和经验；建立有效的沟通机制，确保项目信息及时、准确的传递；建立合理的激励机制，满足技术人才的发展需求，避免人才流失。此外，工程管理应从技术层面加强风险控制，对项目涉及的新技术或复杂技术进行充分的技术评估，确保技术的可行性和可靠性，并制定技术储备、技术培训等相应的技术风险应对策略。

综上，高端装备智能制造工程管理是思想性、科学性、技术性和工具性的统一体。通过科学合理的工程管理把科学技术创新、组织管理创新和体制机制创新有机融合起来，实现综合集成创新，可以更好地协调工程系统与工程环境的关系，协调工程所需的科技、人才和资金等资源，协调工程组织中的各个单位、各个部门及每个人的工程活动，从而更好地实现预期的工程目标，进而为用户提供功能完备、性能优良、质量精湛、成本合理、风险可控的高端装备和全生命周期集成服务。在新一代信息技术环境下，人们需要深刻洞察全球高端装备智能制造产业发展面临的机遇和挑战，深入剖析新一代信息技术对高端装备智能制造及其工程管理带来的深刻影响与变革，系统梳理高端装备智能制造工程管理面临的重大挑战和关键科学问题，研究构建高端装备智能制造工程管理理论与方法体系。

1.4　智能制造工程管理的基本理论

智能制造工程管理是当今制造业领域中的一项重要理论与实践，它融合了信息技术、智能化技术和制造工程管理方法，旨在提高生产效率、产品质量和企业竞争力。在智能制造时代，制造企业不再仅仅是简单地生产产品，而是需要通过智能化手段实现全面管理与优化，以适应市场需求的快速变化和产业结构的转型升级。智能制造全生命周期管理是智能制造工程管理的核心概念之一，它强调整个产品生命周期从设计、生产到服务的全方位管理和优化。智能制造催生了新模式与新业态，使得传统制造业的格局得以重塑，推动制造业向智能化、柔性化和定制化方向发展。在制造工程管理中，优化与决策技术是关键的研究领域，包括生产计划优化、资源调度优化、供应链管理优化等方面，通过运用数学建模、仿真分析和智能算法，实现生产过程的高效管理和优化。数字化网络化智能化技术是智能制造工程管理的重要支撑，包括物联网、大数据分析、人工智能等技术的应用，这些技术的发展为制造企业提供了更多的数据支持和智能化决策能力。制造工程绿色化管理技术是智能制造的重要方向之一，也就是在生产过程中强调减少资源消耗、降低环境污染，实现可持续发展和绿色制造。另外，制造工程管理中的服务化技术也是当前的研究热点，通过将产品与服务相结合，提供个性化定制、增值服务，实现生产向服务转型，满足消费者多样化的需求。综上所述，智能制造工程管理理论涵盖了多个方面，旨在推动制造业向智能化、绿色化、服务化方向发展，为企业创造更大的价值和竞争优势。

1.4.1　智能制造全生命周期管理

智能制造全生命周期管理不仅关注产品的物理属性，还涵盖产品的整个生命周期，包括产品的研发、生产、运维、再制造和报废处理等各个阶段,其核心目标是实现生命周期内各阶段信息的无缝连接和优化管理,提升生产力和创新能力,是高端装备研发、生产、运维的关键策略。智能制造全生命周期管理的内容广泛,涉及研发过程管理、生产过程管理、运维过程管理、供应链管理和企业生态系统管理等关键环节。在研发过程管理中,构建高效的研发工程体系,利用多源数据驱动的需求管理技术来精确把握市场和用户需求,是提升研发效率的关键。生产过程管理则侧重于通过先进的生产规划和组织管理方法,确保生产流程的合理化和资源配置的最优化。运维过程管理关注设备的寿命预测、故障诊断和成本预测,通过数据分析技术来优化设备维护计划和降低运维成本。供应链管理通过业务流程的协同优化和供应商的协同管理,提高整个生产和供应过程的效率和响应速度。企业生态系统管理则强调企业在复杂市场环境中的适应性和创新能力。

智能制造全生命周期管理是制造业应对第四次工业革命挑战的战略选择。《中国制造2025》强调加快产品全生命周期管理的推广应用,促进制造业的创新和升级。智能制造全生命周期管理通过整合研发、生产、运维、供应链和企业生态系统管理等关键环节,实现产品从概念到市场的全流程优化。这种管理策略不仅提升了企业的运营效率,还增强了企业的市场适应性和创新能力,对推动制造业的转型升级具有重要意义。随着信息技术的不断进步,智能制造全生命周期管理将更加智能化、精细化,为企业带来更大的价值创造空间。未来,企业应继续探索和深化全生命周期管理的实践,以实现更加高效、可持续的发展。

1.4.2 智能制造新模式与新业态

智能制造作为制造业发展的重要趋势,正在引领一场全新的工业革命。首先,智能制造价值链的重构强调了数据要素的引领作用,数据科技的运用正在推动传统产业的转型升级,通过整合信息技术、自动化技术和人工智能等先进技术,实现产品全生命周期的优化。其次,智能制造产业链的演化特征表现在价值共创维度、运作方式维度和决策体系维度的变革。智能制造企业正从传统的链式竞争优势转变为价值共生的生态优势,采用动态自组织的协同方式及短链路高频次的分布决策,以适应市场的快速变化。

在新型运作模式方面,云制造、大规模个性化定制、社群化制造、网络协同制造和共享制造等模式通过互联网平台实现资源共享和协同,满足消费者个性化需求,推动制造业向数字化、智能化和服务化方向发展。在管理创新方面,中台组织、平台型组织、自组织管理、虚拟化组织和动态企业联盟等新型组织模式通过构建共享服务平台、连接不同市场参与者、强调员工自主性和团队灵活响应、利用云计算技术支持去中心化合作,以及依靠快速形成的合作网络,应对市场变化和技术挑战。服务型智能制造作为智能制造服务新业态的典型代表,通过增强信息技术和客户互动改革传统制造业,提升资源效率及市场响应速度。智能制造的新模式和新业态为企业提供了转型升级的新路径,通过技术创新和管理变革,企业能够更好地适应市场变化,实现可持续发展。

1.4.3 制造工程管理中的优化与决策技术

智能制造工程管理作为现代制造业的关键组成部分,其核心在于通过优化与决策技术实现生产过程的自动化、信息化和智能化,从而提高生产效率、降低成本、保证产品质量,并快速响应市场变化。优化技术通过数学模型和算法,帮助企业在资源有限的条件下,找到最优的生产方案，在智能制造工程管理中发挥着至关重要的作用。决策技术涉及在不确定性和复杂性环境中做出科学决策的方法，是智能制造工程管理的另一大支柱。人工智能（Artifical Intelligent，AI）和机器学习（Machine Learning ML）技术为智能制造工程管理带来了革命性的变化。AI 和 ML 技术的应用，使得智能制造系统能够自动识别生产过程中的问题，并自动调整生产策略，实现自我优化和自我改进。大数据分析技术为智能制造工程管理提供了强大的数据支持。通过对生产数据、市场数据、供应链数据等的深入分析，企业可以更准确地掌握生产过程和市场动态，从而做出更加科学的优化和决策。

智能制造工程管理的优化与决策技术取得了显著进展，但仍面临数据安全、系统集成、人才培养等挑战。企业需要在确保数据安全的同时，实现不同系统和设备的有效集成，并培养能够适应智能制造需求的人才。未来的智能制造工程管理将更加注重跨学科的融合，以及人工智能、物联网、5G 等新技术的应用。这些技术的发展将进一步推动智能制造工程管理的优化与决策技术向更高水平发展。智能制造工程管理中的优化与决策技术是提升制造业竞争力的关键。企业需要不断学习和应用新的理论和方法，以适应快速变化的市场环境。通过不断研究和实践，智能制造工程管理将为企业带来更高的生产效率、更低的成本和更强的市场适应能力。

1.4.4　制造工程管理中的数字化、网络化、智能化技术

随着新一轮科技革命的推进，数字化、网络化和智能化技术已成为制造工程管理领域的核心技术，对于提升企业生产效率、优化资源配置以及实现智能化管理具有重要意义。首先，数字化技术作为制造工程管理的基石，通过将研发、生产和运维全过程生命周期中的内部资源和业务流程转化为数字编码形式，实现了数据的数字化储存、传输、加工、处理和应用。其中，智能感知技术作为数字化技术的核心，利用传感器技术和软传感器技术，实现了对制造过程中各种参数和状态的实时感知，为企业提供了精准的数据支持，有助于实现制造过程的精细化管理。其次，在数字化基础上，网络化技术通过实现研发、生产和运维全过程生命周期中人、机、物的互联互通，促进了跨企业（组织）的资源共享和协同制造。基于5G、云计算和区块链等先进技术，网络化技术使得远程监控、协同设计和供应链可视化成为可能，极大地提高了制造工程的协同性和效率。最后，智能化技术则是在数字化和网络化技术的基础上，实现了企业（组织）内外部生产要素的智能交互与赋能。通过应用机器学习和模式识别等技术，智能化技术可以实现对制造过程中生产要素和业务流程的科学精准化管理，如质量预测分析和产品寿命预测等。智能化技术的应用不仅提高了制造工程的智能化水平，还为企业带来了更高的生产效率和更低的运营成本。

数字化、网络化和智能化技术是制造工程管理领域的重要发展方向。通过应用这些技术，企业可以实现制造过程的精细化管理、提高生产效率和降低运营成本。未来，随着技术的不断进步和应用场景的拓展，数字化、网络化和智能化技术将在制造工程管理领域发挥更加重要的作用。

1.4.5　制造工程绿色化管理技术

制造工程绿色化管理技术，旨在推动制造业的高端化、智能化、绿色化发展，为中国制造业的绿色转型和升级提供理论支持和实践指导。绿色化管理技术主要包括能源管理技术、

环境管理技术和资源循环利用技术三个关键领域。其中，能源管理技术通过实时监测和优化能源使用，提高能源利用效率，减少能源消耗，涉及供给侧多能互补和需求侧用能优化两大策略。其中，供给侧多能互补侧重于优化能源组合，利用太阳能、风能等可再生能源与传统能源的互补性，提高能源利用效率，降低对单一能源的依赖，减少环境污染和碳排放；需求侧用能优化通过智能化技术和高效管理措施，精确控制和调整企业的能源需求。环境管理技术包括环境监测、环境风险管理和环境绩效评价。其中，环境监测通过收集和分析环境数据，提供在制造过程中可能对环境产生影响的了解；环境风险管理识别和评估潜在的环境风险，制定相应的管理措施，以预防或减轻这些风险的影响；环境绩效评价通过量化方式评估相关环境管理要素的有效性，为持续改进提供反馈。资源循环利用技术是实现循环经济的关键，它通过废物减量化、再利用和再循环技术来提高资源利用效率。其中，减量化技术关注于源头减少废物的产生；再利用技术强调对已有资源的直接再利用；而再循环技术涉及将废弃物转化为可再次使用的材料或能源。

制造工程绿色化管理技术在推动制造业可持续发展中发挥着重要作用。通过能源管理、环境管理和资源循环利用等方面的技术和方法的应用，制造企业可以实现对生产过程的全面管理和优化，提高资源利用效率，减少环境污染，实现经济效益和环保效益的双赢。

1.4.6 制造工程管理中的服务化技术

制造工程管理中的服务化技术是智能制造发展的重要组成部分，通过将传统的制造业转变为以服务为导向的模式，实现生产过程的智能化、个性化和高效化。服务化技术可以分为基础服务、增值服务和定制服务等不同类别，通过分类框架将不同类型的服务整合起来，为企业提供全方位的生产服务支持。其中，基础服务包括设备维护、数据监测等基本功能；增值服务则提供更高级的数据分析、预测维护等服务；定制服务则满足客户个性化需求，为企业定制专属的生产解决方案。产品服务系统优化技术是服务化技术中的重要组成部分，通过建立系统化的服务体系，优化产品与服务的结合，提高整体效益。新技术赋能的服务化技术是未来发展的趋势，通过引入新技术如大数据分析、人工智能等，实现服务化模式的升级和创新。

新技术赋能服务化框架将不断拓展服务化的边界，大数据在服务化中的应用则可以帮助企业更好地理解客户需求、优化服务流程，提高客户满意度。典型应用如智能客服系统、预测性维护等，将进一步推动智能制造服务化的发展，为企业带来更大的竞争优势和商业价值。综上所述，制造工程管理中的服务化技术在智能制造领域具有重要意义，通过不断创新和应用，将为企业带来更高效、智能和个性化的生产服务，推动制造业向智能化、数字化转型，实现可持续发展和提高竞争优势。

1.5 智能制造工程管理的发展趋势

随着新一代信息技术与高端装备制造业的深度融合，该领域正在经历深刻的转型。装备产品通过集成先进的传感器、控制技术和人工智能，正变得更加智能化，具备更强的自主决策和操作能力。同时，制造资源如设计、材料、资本和人才等正在全球范围内进行优化配置和协同工作，打破了传统的地理界限。在制造协同方面，不同部门和企业之间的合作变得更加紧密，甚至跨行业的协作也得以加强，这一切都得益于数字化平台的信息共享和流程整合能力。此外，制造全生命周期服务化的理念正在被广泛采纳，这意味着从产品设计到制造，再到运维阶段，企业都提供了全方位的服务支持，强调产品的整体价值和持续性能管理。在信息系统方面，云计算和边缘计算技术的结合使得数据处理更加高效和灵活，这为智能制造的实时分析和决策提供了有力支撑。这些转型特点催生了高端装备智能制造的资源组织方式、制造全过程管理方式、工程管理服务化模式及信息服务与智能决策模式等方面的根本性变革，如图 1-1 所示。

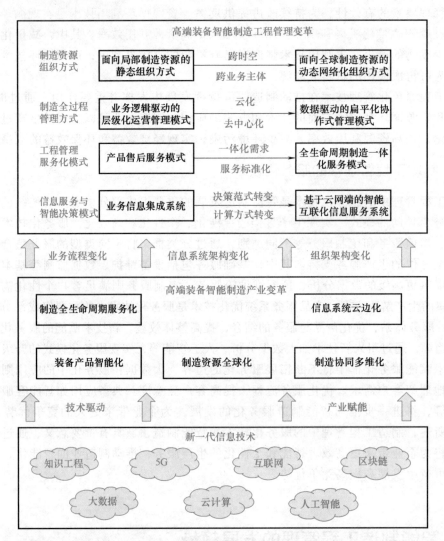

图 1-1　高端装备智能制造工程管理特征变革

1.5.1　制造资源组织方式

在新一代信息技术的推动下，高端装备制造业正在经历一场深刻的变革，特别是在制造资源组织方式上。传统以局部资源为中心的静态组织模式正在让位于一种全球化的动态网络化组织模式。这种转变得益于数字技术的革新，它不仅改变了产品的形态和生产方式，而且重塑了商业模式和组织形态，这些变化使得高端装备制造企业能够超越时间和空间的限制，实现资源的全球化聚集。制造资源的聚集模式已经从地理和区域聚集转向网络聚集。高端装备智能制造的生产运作方式已经演变为一种基于社会化网络的新型社会生产范式，这一范式涵盖了资源共享、协作创新、协同生产和综合运维等方面，为企业创造了新的价值。随着新一代信息技术的应用，高端装备智能制造的价值链不仅在企业内部纵向延伸，也在企业外部横向扩展，形成了一个新型的网络制造模式。这个模式以多层次的制造资源为参与主体，打破了传统供应链和价值链的区域性和局部性限制。在新一代信息技术环境下，高端装备智能制造展现出多生命周期特性，多粒度的制造资源通过网络化集成共享，在制造价值网络的各个阶段发挥作用。这种新型的制造主体及其参与方式、协作方式及它们在多生命周期中的发展演化，迫切需要跨生命周期、跨企业边界和跨业务层次的制造服务资源的动态网络化组织理论与方法的支撑。这不仅是为了适应当前市场的需求，更是为了在未来的竞争中保持领先地位。

1.5.2 制造全过程管理方式

在制造全过程管理方式的变革方面，人们目睹了从传统的业务逻辑驱动的层级化运营管理模式到数据驱动的扁平化协作式管理模式的转变。在大数据的背景下，管理决策的重心从依赖传统流程转向以数据为中心，各参与方的角色和信息流向变得更加多元和交互。这种新型管理决策范式在信息情境、决策主体、理念假设、方法流程上都经历了深刻的变化，展现出大数据驱动的全景式特征。随着管理信息系统中数据量的激增和决策任务的复杂化，依靠数据科学和计算智能进行基础决策已成为不可逆转的趋势。组织结构和管理方式也随着信息技术的进步而演变，从传统的塔式层次化组织架构，到矩阵型事业部结构，再到扁平化联盟型组织结构，决策层的控制幅度随着信息技术的发展而扩大，模块化、扁平化、全球化和智能化的趋势越发明显。新型的组织方式，如去层级、去中心化、云化及自组织等也开始显现。互联网和社会化网络的快速发展促进了高端装备制造生态系统中设备级、车间级和企业级等多层级的制造服务资源的快速汇聚，形成了一个基于社会化价值创造的共生型高端装备制造协同生态网络。这种网络强调各层级制造服务资源的网络化、扁平化协作，对传统的基于"泰勒主义"理念的管理思想和层级化的组织运营结构提出了挑战。同时，由多层级制造服务资源组成的协同生态网络产生的企业内部数据、外部制造资源数据、高端装备产品运行数据及社会化网络数据等全景化数据，能够突破单一企业内部数据源的限制，实现组织运营管控的全局优化。这种数据驱动的管理模式不仅提升了决策的效率和效果，还为企业带来了更加灵活和响应迅速的运营能力，从而在激烈的市场竞争中保持领先地位。

1.5.3 工程管理服务化模式

工程管理服务化模式的演进，正在从传统的售后服务模式向全生命周期制造一体化服务模式转变。随着制造业全球化的发展，制造企业越来越多地从用户的角度出发思考问题，强调用户体验过程而不仅仅是产品生产过程，重视服务质量超过产品质量，注重设计创新和服务创新多于技术创新，从而逐步转型为技术和服务密集型的服务型制造企业。这一转变的典型代表包括美国通用电气和德国西门子等制造企业，它们正在向数字化工业转型，并努力构建工业互联网。这种转型不仅颠覆了高端装备制造业的传统价值链和服务链，而且将制造服务的范围从传统的售后服务模式扩展到涵盖产品设计、研发、生产、使用、运维及再制造的全生命周期。在新一代信息技术环境下，高端装备智能制造需要集成各类分散、异构、多层次的制造服务资源。这要求制造企业在语义层次上为各类功能制造单元建立资源边界、功能、行为与互信等统一服务模型，形成服务化的管理体系。同时，制造企业还需要在制造服务与信息结构、系统架构上建立映射关系，构建基于新一代信息技术的服务运作机制和标准化管理架构。这些举措将为全生命周期制造一体化服务模式的高效运转提供坚实的支撑，确保制造企业能够在提供综合解决方案的同时，实现产品和服务的持续创新，满足客户需求，并在激烈的市场竞争中保持领先地位。

1.5.4　信息服务与智能决策支持系统

在信息服务与智能决策系统方面，人们正在见证传统业务信息集成系统向基于云网端智能互联化信息服务系统的演进。云计算、边缘计算、工业互联网及5G技术的迅速发展，极大地改变了信息组织的环境、空间、体系架构和决策环境。信息架构与决策范式也从传统架构、基于大数据的架构转变为基于云网端的智能化架构，强调在由人、机、物组成的三元数据空间中，实现环境感知、记忆与推理的自然智能与信息整理、搜索和计算的机器智能的交叉、融合与反馈。5G技术和芯片技术的迅速发展加速了云端计算和边缘端计算的融合，其核心在于合理配置和利用整个云网端资源，以实现高端装备智能制造工程管理体系内外部资源的最优利用。云计算、边缘计算和工业互联网技术推动了制造和服务资源的泛在互联、实时感知和深度智能化。这些技术促使分布在各地的多层次、多粒度的制造资源和创新资源相互连接，通过数据感知、数据分析和智能计算实现物理系统、虚拟系统和社会系统的深度融合。这种融合加速了机器之间、人机之间的实时连接和智能交互，形成了人机共融的制造新格局，具备信息深度自感知、智慧优化自决策、精准控制自执行的能力。为实现这些能力，制造服务系统需要突破企业内部业务信息系统的限制，基于面向感知的物联技术（如传感器、智能边缘终端、芯片）和面向分析的工业大数据分析技术，构建一个边缘与云网端协同的智能决策架构与功能体系。这样的系统能够实现高效的设计、操作、维护和安全保障，为高端装备制造业的持续发展提供强大的信息支持。

本章小结

本章从工程管理理论与实践的循环推进、理念与技术的深入融合、体系与细节的协调统一、规范与创新的相互促进、队伍与制度的共同提升等方面介绍了工程管理的辩证思维；从多元价值目标、质量、工期、成本、风险等方面阐述了智能制造工程管理的基本特征；从智能制造全生命周期管理、智能制造新模式与新业态、制造工程管理中的优化与决策技术、制造工程管理中的数字化网络化智能化技术、制造工程管理中的绿色化管理技术、制造工程管理中的服务化技术等方面阐释了智能制造工程管理的基本理论；从制造资源组织方式、制造全过程管理方式、工程管理服务化模式和信息服务与智能决策支持系统等方面分析新一代信息技术环境下智能制造工程管理的发展趋势。有助于读者树立正确的工程管理的发展观、系统观、价值观、和谐观和创新观，促进工程管理理论的进一步发展和工程管理水平的进一步提高。

💡思考题

1. 在新一代信息技术环境下,质量管理出现哪些新特征、新技术和新方法?
2. "跨生命周期管理"模式下的智能制造工程管理具有哪些新特征?
3. ChatGPT 对智能制造工程管理的发展所产生的影响表现在哪些方面?

第2章

智能制造的全生命周期管理

章知识图谱

2.1 引言

第四次工业革命，即工业 4.0，正在全球范围内引发一场深刻的产业变革。我国积极响应这一时代潮流，将推进信息化与工业化的深度融合作为重要战略任务之一，特别强调智能制造作为两化深度融合的主攻方向，致力于发展智能产品，推进行业智能化转型。随着智能化产业的逐步深入，全生命周期管理逐渐成为智能制造领域中的核心策略，旨在全面提升制造业的生产效率和创新能力。我国加快了产品全生命周期管理的推广应用，鼓励制造业企业增加服务环节投入，发展全生命周期管理。全生命周期管理策略正在重塑产业价值链体系，加速制造业的创新和升级。

在智能制造环境下，全生命周期管理的理念是指以生产经营为目标，通过实时数据监控、云技术和物联网等一系列的技术、经济、组织措施的应用，对产品的需求、规划、设计、制造、选型、购置、安装、使用、维护、维修、改造、更新直至报废的全过程进行有效管理。全生命周期管理不仅是高端装备研发、生产、运维的关键策略，更是提升生产力和创新能力的核心。它强调在产品生命周期的每一个阶段，通过跨部门协作和技术创新，确保信息流、资金流和物资流的高效运转，从而实现产品质量的提升和成本的优化。

在研发过程中，智能制造全生命周期管理着重于构建高效的研发工程体系，利用多源数据驱动的需求管理技术来精确把握市场和用户需求，同时基于集成产品开发的流程分级管理，强调项目组合的动态选择与多产品协同开发管理，确保研发过程的各个阶段都能高效有序地进行；生产过程全生命周期管理则侧重于通过先进的生产规划、优越的组织管理方法、精确的产线规划、合理的设施选址和高效的生产组织管理，确保生产流程的合理化和资源配置的最优化；运维过程全生命周期管理关注设备的寿命预测、故障诊断和成本预测，通过先进的数据分析技术来优化设备维护计划和降低运维成本；企业生态系统全生命周期管理的实施，如企业生态系统的构建和动态演化，进一步强化了企业在复杂市场环境中的适应能力和创新能力。

智能制造全生命周期管理在各个行业和领域中都有广泛的应用，全球许多知名企业已经成功实施了智能制造全生命周期管理，并取得了显著的成效。通用电气（General Electric，

GE）通过其 Predix 平台，成功将全生命周期管理应用于航空发动机的制造和维护中。该平台利用物联网和大数据分析技术，对发动机的运行状态进行实时监控和数据分析，实现了精确的预防性维护和寿命预测。博世（Bosch）作为全球知名的汽车零部件和工业技术供应商，在其智能工厂中广泛应用了全生命周期管理策略。通过物联网传感器和大数据分析技术，博世对生产设备和产品进行实时监控和数据分析，实现了生产过程的优化和资源利用的最大化。博世的智能工厂成功将生产效率提高了 25%，同时将库存成本降低了 30%。华为（Huawei）通过建设智能化生产线和应用先进的数据分析技术，实现了从产品设计、生产制造到售后服务的全程管理。华为的智能制造实践不仅提升了产品质量和生产效率，还显著缩短了产品上市时间。西门子（Siemens）在其数字化工厂中实施了全面的全生命周期管理，其利用数字孪生技术对产品的全生命周期进行了模拟和优化。通过虚拟调试和实时监控，西门子实现了生产效率和产品质量的双重提升，同时减少了资源浪费和环境污染。

尽管智能制造全生命周期管理在提升制造业效率和创新能力方面展现了巨大的潜力，但其在实际应用过程中，仍然面临诸多挑战。建立高效的研发工程体系并提炼出真实的产品开发需求是关键，但整合多源数据、优化研发流程以及高效管理项目组合往往面临较大困难。准确的产线规划和合理的设施选址存在数据不足和决策复杂等问题，而实现高效的生产调度和精细的库存管理也需要强大的信息技术和科学的管理方法支持。运维过程中，设备寿命预测和故障诊断技术存在技术门槛，运维成本预测和资源调度的优化也对企业提出了更高要求。供应商综合评价和供应商关系管理往往复杂且难以平衡，制定有效的供应链定价策略和建立合适的联合补货模型需要深入的市场分析和精确的模型计算。此外，建立和维护一个健康的企业生态系统需要协调多个利益相关者的关系，而协同创新和自适应策略的实施要求企业具备较强的战略管理能力和技术创新能力。

本章将系统地探讨智能制造中从研发过程管理、生产过程管理、运维过程管理到供应链管理和企业生态系统管理的关键过程，介绍智能制造全生命周期管理如何通过跨阶段、跨部门的技术和管理创新实现产品和生产过程的全面优化。

2.2　研发过程管理

高端装备的研发是一个跨专业跨领域的综合性体系工程，其研发过程包含了需求管理、数字化设计和制造等各个环节，是在并行和协同工作方法和理念的指导下，结合与之相适应的项目组织形式，实现整个研制过程中数据流和工作流同步与集成的过程。

2.2.1　高端装备研发体系工程管理

1. 体系及体系工程的相关概念

系统（System）是由相互作用、相互依赖的若干组成部分结合而成的，具有特定功能的有机整体，而且这个有机整体又是它从属的更大系统的组成部分。体系（System of Systems，SoS）则是一类由多个系统集成而形成的复杂大系统。目前，对体系的定义及概念的描述暂未统一。通常可以认为体系是相互关联起来实现指定能力的独立系统集合或阵列，其中任意组成部分的缺失都会使得整体能力严重退化。此外，体系也被定义为在多个独立机构的指挥下，能够提供多种独立能力来支撑完成多项使命的大型、复杂的独立系统的集合体。体系通常表现出复杂系统的行为，但并非所有复杂问题都属于体系领域，根据迈尔标准，区分孤立系统和体系的准则为：体系各组成部分独立运行；体系各组成部分独立管理，具有不同的功能和使命；地理上分布范围广泛；通过系统间的组合，形成新的行为或功能；随着需求的变化而不断发展和进化。

体系工程（System of Systems Engineering，SoSE）是用于解决体系研究与体系设计问题的方法。体系工程是对一个由现有或新开发系统组成的混合系统的能力进行设计、规划、开发、组织和集成的过程，强调通过发展和实现某种标准来推动成员系统间的交互与协作。体系工程的主要目标包括确保单个系统在体系中能够作为一个独立的成员运作并为体系贡献适当的能力；体系能够应对不确定的环境和条件；体系的组分系统能够根据条件变化来重组形成新的体系；整合多种技术与非技术因素来满足体系能力的需求。体系工程的方法必须面对更大规模和更加复杂的集成问题，要在高度不确定情况下完成成员系统之间的交互与协作，包括武器装备体系、重点装备等高端装备工程体系。

2. 研发体系工程的基本内容

研发体系工程专注于管理和协调相互关联的研发子系统（如技术研究、产品设计、试验验证、数据分析、项目管理等），设计、开发、部署、操作和更新体系以实现复杂的研发目标。研发体系工程强调各子系统的独立性和协同性，通过整合技术和非技术因素，确保研发体系能满足需求并应对不确定环境和条件。

研发体系工程的基本内容包括体系需求、体系集成、体系优化、体系演化、体系开发、体系管理、体系评估。研发体系需求强调明确描述研发体系目标、功能和结构的明确描述；研发体系开发涵盖对研发方法、体系结构和管理方式的全面规划与设计；研发体系集成涉及集成各研发组件的原理与方法，实现研发目标；研发体系管理探讨研发体系的开发与运行管理方法和理论，保障研发体系的开发策划取得明显效益；研发体系优化则探讨对研发体系结构和功能的优化，使其行为符合研发目标；研发体系演化研究研发体系的演变机制与规律，理解研发体系的行为和结构演化；研发体系评估通过对研发体系行为的评估，判断研发体系开发的效果。

3. 研发体系工程的结构框架

研发体系结构框架是指用于指导研发体系的整体规划、需求分析以及体系互联、互通、互操作等一系列的原则、方法和工具的集合。其通过明确系统组件、组件之间的相互关系及与环境的关系以及指导系统设计和演化的原则，运用规范化的方式来描述、设计、实现和维护系统的体系结构，帮助组织理解研发体系的复杂性和管理研发体系。国内外已有较多关于体系结构框架技术的研究，其中国防部体系结构框架（Department of Defense Architecture Framework，DoDAF）影响和应用较为广泛，可用于具体实现研发体系工程的目标。

DoDAF 是一个基于数据和产品组织的框架，通过一系列视角和视图与模型支持系统集成和对复杂信息系统的全面理解和分析，其发展历程如图 2-1 所示。DoDAF 的起源可以追溯到 20 世纪 90 年代的 C4ISR（指挥、控制、通信、计算机、情报、监视和侦察）计划，以统一已有的各种体系结构设计工作。1998 年，OSD 备忘录强制使用传达政策和指导原则，确保了架构的发展方向和实施的一致性，在 C4ISR 逐步演化为更加成熟和全面的体系结构框架 DoDAF 的发展过程中发挥了重要作用。2003 年 DoDAF 1.0 正式发布，体系结构包括作战视图、系统视图和技术标准视图，标志着该框架不再局限于 C4ISR 领域，而是开始转向"以数据为中心"的设计理念，并提出了根据预定用途来决定体系结构内容的指导方针。DoDAF 1.5 于 2007 年 4 月推出，特别强调以"网络为中心"的概念。2009 年，DoDAF 2.0 版本发布，引入了 8 个具体的视角和国防部元数据模型（DM2），并提高了决策数据的准确性。

图 2-1 DoDAF 发展历程

　　根据 DoDAF 的构想，研发体系工程可以通过采用标准化的方法论、促进互操作性、提供决策支持、可视化复杂信息、支持变革管理、促进资源共享和复用、实现持续改进和适应性、确保安全性和合规性，以及采用全面的视角来管理和优化复杂系统的设计、开发和维护过程，从而提高研发效率和项目成功率，帮助研发体系工程有效地管理复杂的信息系统架构，确保其能够满足当前和未来的任务需求。

　　DoDAF 2.0 为复杂的研发体系提供了一套全面的架构框架，该框架的核心内容包括 DoDAF 元模型和 DoDAF 视点和模型：①DoDAF 元模型：DoDAF Meta-Model（DM2）包括概念数据模型（CDM）、逻辑数据模型（LDM）和物理交换规范（PES），提供标准化的方式描述、组织和交换研发体系架构中使用的数据元素及其之间的关系，确保研发子系统数据的一致性和共享性，促进研发体系的顺利集成和协同工作；②DoDAF 视点和模型：DoDAF 2.0 框架定义了 8 种视图，包括全视图、能力视图、业务视图、服务视图、系统视图、标准视图、数据与信息视图和项目视图，每种视图都通过图形、表格或文本来描述体系结构的不同方面，共包含 52 种模型。全视图为描述研发体系体系概况，帮助了解研发体系的目标、范围和背景；能力视图描述研发体系能力要素、交付时间及部署后的能力；业务视图展示研发体系的业务流程和活动；服务视图列出研发体系性能、活动、服务及其交换规则；系统视图展示研发系统组件及其之间的关系；标准视图定义研发体系中需要遵循的标准和规范；数据与信息视图描述数据结构和信息流；项目视图规划研发体系中的项目和计划，管理项目进度、资源和风险。运用 DoDAF 的模型和视图来创建标准化的架构描述研发体系，可以支持研发体系在设计、开发、部署、操作和更新阶段的有效规划。

2.2.2 高端装备研发需求管理

　　高端装备的研发需求管理是企业根据社会经济发展趋势和企业发展战略不断发现并实现市场需求的过程。它不仅包含需求分析过程，还包含需求的实现和验证过程。随着产品用户不断参与到高端装备的研发过程，从用户的在线口碑和使用反馈等多源数据中获取用户需求正在成为研发需求管理中的重要环节。

1. 研发需求管理流程

　　研发需求管理是集成产品开发（IPD）模式中的一个重要组成部分，它通过对需求信息的搜集、整理和分析，使需求信息得到充分利用。需求管理负责快速响应客户的需求，牵引产品研发过程，从而保证客户的长远需求、近期需求和紧急需求等都能得到及时满足。企业是一个需求加工和实现的系统，高效的需求管理和实现是企业系统化和整体高效运作的本质要求。错误的需求理解和盲目创新，不仅浪费企业的战略资源，更造成大量库存或坏料积压。因此，需求管理不仅是产品技术层面的事情，更需要在战略思想和战略管控层面对其进行指导。

高端装备研发需求管理流程包括需求收集、分析、分发、实现和验证五个阶段。为了实现端到端的需求管理，每个阶段的重点任务各有侧重。

（1）需求收集　需求收集的主要任务是广泛了解客户需求，站在客户视角描述客户的痛点和期望。需求收集数据的来源不仅包括企业外部的客户、市场、行业会议、竞争对手等，也包括企业内部的 DFX（面向产品生命周期各环节的设计）需求、架构需求和关键技术落地需求等。

对客户深层次和潜在需求的挖掘，需要应用同理心或让用户深度参与。客户不知道企业应该开发什么产品，也不能提供他们没有体验过的实物信息，因此，要发现客户的隐形需求，也就是要比客户自身更了解客户。收集客户隐形需求的方式包括让客户参与产品开发、培养和管理粉丝用户、建立用户社区进行需求讨论。企业直接收集到的需求通常被称为原始需求，其信息零散，需要建立需求管理库对需求进行统一管理。

（2）需求分析　需求分析是一项专业性的技术工作，包括需求解释、需求过滤、需求分类和需求排序等过程。承担市场需求分析任务的团队通常是跨职能部门的组合，由系统工程师和来自研发、市场营销、销售、制造、采购、技术服务和质量管理等各领域的专家组成。

需求解释阶段是对原始需求进行确认、澄清和还原客户的真实场景，基于需求的可实现性，以准确的语言和标准的格式，完成从客户需求语言向内部规范描述语言的转换，形成初始需求。需求过滤阶段是去伪存真、去粗取精的过程，具体包括合并相同需求、清理冗余或不相干的无效需求、确认和标明已实现的需求、标明项目范围之外的需求等。此外，对于重要来源的无效需求会进行讨论，并再次检查需求列表过滤过程和交付件。需求分类阶段将需求按照业务领域、功能领域等分成多个类别以利于分工分析。例如，按照业务和系统对定义的需求进行分层和分类。需求排序则是按照后续业务和资源的匹配需求进行排序，以便后续的需求任务分发。例如，按照重要度、实现版本、实现难度等多个方面进行排序，从而确定投资顺序和优先级。

（3）需求分发　需求分发是将需求分析团队批准的并要求实现的初始需求，按照客户需求实现节奏的不同，恰当分配到不同版本的产品计划中，实现随需应变的产品开发和交付。根据需求实现节奏的不同类别，高端装备研发的需求分发过程包括以下三种途径：

1）列入产品规划。对于客户的中长期需求，包括产品长期需求和技术演进需求，经需求分析团队批准后，列入企业战略规划中并进行分析，最终列入产品路标管理中，用于指导企业未来的产品立项。

2）进入产品立项。对于客户的近期需求，即下个产品版本需要实现的需求，通过需求分析团队评审后，进入产品立项，由产品开发团队进行开发交付。

3）进入产品开发。对于管理层或高价值客户提出的紧急需求，经需求分析团队和产品开发团队评估可行性和资源后，直接并入现有的产品开发活动中，以项目变更通知的形式将紧急需求传递给产品开发部门。产品开发部门负责在产品开发过程中落实紧急需求或者开发补丁版本予以实现。

（4）需求实现和验证　需求实现包括产品包需求分解、设计实现和产品测试等多个环节。确认需求实现后即完成了需求验证。这部分活动主要在产品开发流程中实现。从整个需求的全生命周期来看，该过程包含了多种需求状态的转换，需要经过多个处理转化过程，如图 2-2 所示。

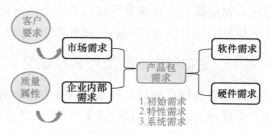

图 2-2　需求状态的转换过程

需求分析团队收集客户的要求，将市场需求和企业内部需求等客户的原始需求转化为产品包需求。产品包需求又包括初始需求、特性需求和系统需求三种需求状态。系统工程师与软件、硬件和结构工程师一起分析产品包需求，将需求分解成硬件、软件或结构子系统，再将其进一步分配到下一层子系统、部件或模块中，形成设计需求。需求分解中需要明确哪些需求由软件实现，哪些需求由硬件实现，哪些需求由结构实现。此外，软件、硬件和结构之间的接口也要定义清楚。

2. 多源数据驱动的需求分析方法

在市场需求分析阶段，从用户生成的大量在线评论中获取产品使用意见和反馈正在成为制造企业挖掘产品需求的一种新方法。相比于传统的调查问卷和客户访谈，在线评论具有样本量大、收集成本低等优势。此外，由于来自客户的主动分享而非被动问答，在线评论的数据信息更加丰富，也更能够反映客户的真实需求。因此，从包含用户在线评论在内的多源数据中分析用户对产品各个特性的偏好成为获取用户原始需求的一种主要的需求分析方法。多源数据驱动的需求分析方法主要包括产品特征提取、产品特征情感分析、客户需求排序等步骤。

（1）产品特征的提取　产品特征一般可以分为产品结构特征和产品功能特征。产品结构特征主要反映其产品组件的质量；产品功能特征主要反映产品性能的表现。例如，汽车产品的发动机属于产品结构特征，汽车的动力属于产品功能特征。发动机的在线评论内容主要涉及发动机运转过程中产生的噪声，动力的在线评论内容主要涉及汽车的起步和加速效果等。

（2）产品特征的情感分析　用户评论中包含了产品一个或多个方面的特征，依据其距离最近的情感术语的情感极性可以判断该产品特征的情感极性。考虑到每种产品的评论总数不一样，将产品特征的正负面情感次数在产品评论总数中的占比视为产品特征的正负面情感得分。所有产品特征的正负面情感得分共同组成了产品的特征情感。特征情感能够很好地反映产品在消费者心目中的品牌形象。

（3）产品参数设定　产品参数是用户购买前重要的参考信息。例如，智能汽车的新车故障数量、最大功率、最高时速、每百公里油耗以及排量等可以作为汽车产品的重要产品参数。其中，新车故障数量反映的是汽车产品质量的稳定性，最大功率体现汽车产品的动力性能。此外，排量也是客户重点考虑的参数。合适的排量参数不仅能提高动力水平，还可以提高燃油经济性和降低尾气排放。

（4）融合特征情感与产品参数的需求排序　从在线评论中获得的特征情感反映了产品

的市场口碑，影响着后续消费者的购买意愿，进而影响下一阶段的产品销量。再结合产品参数的调节作用，可以构建对产品销量产生影响的计量经济模型。在模型中因变量为产品在某时刻的销量排名，自变量系数代表了不同特征情感和产品参数对产品销量的影响程度。产品参数和特征情感融合作用系数能够更好地诠释产品参数和特征情感如何共同影响产品销量。

2.2.3　高端装备研发流程分级管理

高端装备的产品研发过程可划分为两个流程：一是主流程包括产品规划阶段、先期产品开发阶段和产品开发阶段；二是面向具体的核心活动过程的分流程，包括概念设计阶段、数字化设计制造阶段、测试和试验阶段等。

1. 研发主流程管理

产品研发主流程可以分为若干阶段，包括计划、产品概念开发、系统设计、细节设计、测试和改进、产品推出等。在 IPD 模式中，研发主流程被明确地划分为概念、计划、开发、验证、发布、生命周期六个阶段。该流程中包括多个定义清晰的决策评审点。从项目管理的视角可以将高端装备研发主流程分为项目概念阶段、项目规划阶段和项目实施阶段。

（1）项目概念阶段　项目概念阶段从新项目控制角度包含产品发展战略规划阶段和新项目研究与项目可行性分析阶段。产品发展战略规划阶段旨在获得某一具体产品的新项目研究指令，它是某一具体项目开始的标志，并在新项目研究指令的获得时结束；新项目研究与项目可行性分析阶段以新项目研究指令获得为起点，进而开展新产品预研工作，并以获得批准的新项目建议书为结束点。

（2）项目规划阶段　项目规划阶段主要进行项目规划与可行性分析，并根据可行性分析结果，进行产品概念设计。设计内容包括总布置方案设计、造型设计、模型制作、评审与冻结。该阶段的工作以模型冻结、获得项目工程启动指令为结束点，是整个项目正式启动的开始，也是整个新项目计时和考核的起点。

（3）项目实施阶段　该阶段是项目的具体实施阶段，主要根据项目规划阶段的输出结果进行详细的产品工程设计、设计验证和设计确认、产品型式认证等产品设计工程，进行过程同步开发和设计，进行人、机、料、法、环等方面的生产准备工作，进行供应商开发、零部件采购，进行上市准备和备件准备等工作。

为了确保产品开发项目在流程的每个阶段都能够达到目标，企业一般采用项目门评审的方式来驱动新产品开发过程。项目门的作用是确保新产品开发的质量、进度能够顺利推进并及时提供可以加快产品开发进度的建议。项目门评审是一个跨部门多功能的综合性决策活动，包括设计、市场、制造、采购、工程和财务、质量等多个部门的参与，由包含公司最高层在内的项目管理委员会进行统一协调管理。评审结果有三种状态，即可以通过、带条件通过或不通过项目门。

2. 概念设计流程管理

概念设计是由分析用户需求到生成概念产品的一系列有序的、可组织的、有目标的设计活动，它是一个由粗到精、由模糊到清晰、由具体到抽象的不断进化的过程。概念设计阶段在整个设计流程中发挥着重要作用。现代高端装备产品设计的趋势之一就是越来越重视概念设计阶段的作用。但是，这一阶段也存在着不确定性、数据信息相对缺乏等问题。需要从总体上把握产品的结构形式和各项性能指标，忽略具体细节的考虑。

高端装备产品概念设计阶段主要考虑产品的整机设计及其概念设计流程与活动，包括产品造型设计、效果图评审、造型评审和 CAD 设计评审等多个子阶段。每个环节都伴有各种形式的评审，可能需要进行反复迭代和循环进行调整。概念设计流程中主要的任务包括造型设计、效果图评审和 CAD/CAE 设计评审等。

（1）造型设计　造型设计是产品设计开发的关键环节，也是设计理论研究和辅助设计技术的重要应用领域。产品造型从属于产品造型设计的范畴，但由于高端装备产品往往具有多学科的技术复杂性、设计的多目标优化及用户需求的多样性、文化背景的丰富性，因此其造型不同于一般消费类产品的形体塑造，而具有更加独立的意义。

产品造型阶段的主要任务是确定设计主题，从而将创意与构思形成概念草图和效果图。产品造型的优劣，除去考虑组成高端装备产品的各部件的性能之外，在很大程度上取决于各造型设计元素的协调和配合。产品造型是由多个造型设计元素组成的整体，每个要素对整体的行为有影响，而且组成产品造型的各设计元素对产品造型整体的影响不是独立的。

（2）效果图评审　效果图是在概念草图的基础上绘制的较正规绘画，需要正确的比例、透视关系和质感表达。作为视觉表现形式的产品设计效果图，其主要作用是传递产品信息，它在产品形态、尺度、色彩、质感、肌理、构造、工艺等方面提供了直观的依据，能够帮助企业了解产品面貌和特性，为企业带来评判、加工、制造、生产、销售等方面的决策信息，达到设计师与受众在视觉上进行沟通的目的。效果图评审和造型评审有相同的评审流程和手段，两者常常交叉或同时进行。

（3）CAE/CAD 设计评审　效果图审批后，即可开始采集造型点数据。将模型放在三维坐标测量仪的测量台上，测出它表面上足够多点的空间三维坐标，用这些数据就可以在计算机中通过 CAE/CAD 技术建立三维模型。将测量出的数据输入计算机，就可以开始进行三维模型的制作，未来这些数据将用于控制数控机床。再根据三维外表面模型铣出 1∶1 的实体模型，其经过表面处理后可做成接近于真实的实体模型，后对此模型进行评审。通过评审即可基本确定高端装备产品造型和三维（3D）数字模型。

3. 数字化设计制造流程管理

数字化设计制造流程是在概念设计基础上，根据用户的需求，迅速收集资源信息，对产品信息、工艺信息和资源信息进行分析、规划和重组，实现产品设计、功能仿真及原型制造，进而快速生产出达到用户要求的产品的过程。高端装备的批量小、系统复杂等特点，使得其数字化设计与制造过程成本高、风险大，需要开展大量的单机、分系统和系统级的仿真、测试、试验和迭代优化。

高端装备的数字化设计制造流程管理是在并行和协同的工作模式下，结合与之相适应的企业资源和劳动生产组织，实现机构设置的扁平化和各部门流程的同步与协调。高端装备的数字化工程设计是由产品设计的各个部门，在生产、工艺、品质保证、供应商等各方面技术力量的协同支持下，采用各种分析方法创建出具有高端装备产品完整特征的三维数字模型，并在虚拟的三维世界里完成对产品的结构、性能等参数的仿真分析。高端装备的数字化设计制造是以产品设计为起点，包含工艺设计、工装设计与制造、零件制造、试验、装配调试和交付的一系列活动。

高端装备的研制过程既是一项庞大的系统工程技术，也是一种极其复杂的管理技术，其中的数据和过程管理对于整个研制过程尤为重要。如果数字化研制的流程不够清晰和规范，设计过程和结果难以重现，则单次设计循环的代价过高。而且，管理人员需要对业务活动的相关状态和工作进度进行监控，离不开清晰规范化的数字化设计与制造。下面以载人航天器为例分别介绍其数字化设计与制造流程，如图 2-3 所示。

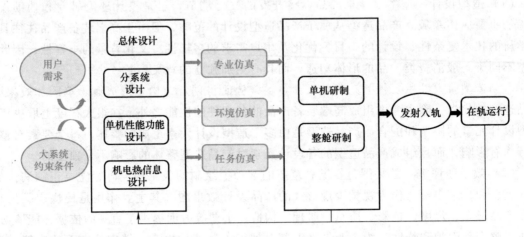

图 2-3 载人航天器的数字化设计与制造流程

（1）数字化设计阶段 载人航天器小批量、高成本的研制特点，要求航天器从设计仿真到加工生产的每个环节都要持续采用多学科仿真方法，对设计方案进行快速的一体化迭代优化，并逐步收敛方案。设计阶段的仿真与迭代流程包括总体设计、分系统设计、单机性能功能设计、机电热信息设计、多学科建模仿真、方案验证等阶段。其中，总体设计是根据用户需求和大系统的约束条件，继承已有产品的研制经验，开展航天器飞行轨道、构型与布局等方面的设计。多学科建模仿真则是在完成初步设计后，通过专业仿真、环境仿真和任务仿真，验证单机和整舱方案设计的正确性和匹配性。

（2）数字化制造阶段 在数字化制造阶段，产品型号转入生产部门进行单机研制和整舱研制。单机研制中需要进行单机生产、单机性能功能测试及结构、力和热学试验。在整舱研制阶段，需要通过多学科仿真辅助设计整舱的试验条件，确保其覆盖在轨工况和边界条件。同时，进行总装集成、综合测试、整舱试验和大系统接口试验。利用试验数据修改完善产品方案与仿真模型，进一步确认产品技术状态是否满足飞行任务要求。待载人航天器发射入轨后，还需要通过在轨飞行数据不断迭代优化产品的仿真模型，为航天器的运行维护、产品升级和扩展提供支持。

4. 测试与试验流程管理

产品测试与试验是研发机构和生产部门重要的工作内容，贯穿于产品全生命周期。在产品研发阶段、制造阶段、验收交付阶段都需要进行产品试验。新产品试验一般根据产品生产规模和批量大小及产品结构的复杂程度、重要性和质量水平的不同，具体确定是否对整机和部件进行全数、全项检测和试验，或进行抽样检验并确定样本的大小。大批量自动化生产的零件一般进行抽样检验。成品检验由质量检验部门的专职检验人员负责。

例如，载人航天器的测试与试验，按规模分为单机、分系统、系统和大系统级，其中，系统级综合测试持续时间长、工况复杂，整器状态最接近在轨状态。为提升测试质量和效率，保证测试有效性和覆盖性，需利用数字化方法提高综合测试自动化程度。载人航天器的自动化测试流程如图 2-4 所示。在测试准备阶段，利用自动化测试系统，将设计的参数表、指令表、测试判据等导入测试系统，生成参数指令库、判读库。在测试执行阶段，首先将测试大纲按要求转化为最小测试单元和测试程序，其次根据整器状态和约束条件，将测试单元组合为测试项目，生成每日测试计划，最后在测试过程中自动发送指令，存储遥测数据，并对指令和遥测数据进行实时判读。在测试评估阶段，利用自动化测试系统对指令覆盖性、参数曲线、关联性等进行综合分析与评价，确保测试有效性和覆盖性。

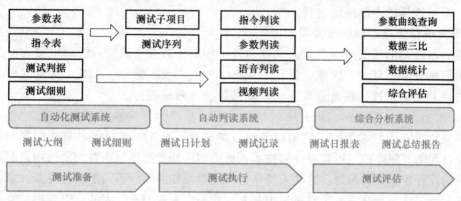

图 2-4 载人航天器的自动化测试流程

2.2.4 高端装备研发项目组合选择与过程管理

市场需求的多样化和日益激烈的竞争环境，使得企业在同一个时期内可能并行开发多种型号的高端装备产品。因此，企业需要从战略层规划高端装备产品项目组合，同时转变高端装备产品开发管理模式，管理重点从单个项目的实施转变为项目组合的动态选择与多产品协同开发管理，以实现企业资源利用和开发效率的最大化。

1. 研发项目组合选择

研发项目组合选择是在符合企业战略一致性的基础上，分别考虑项目间的依赖性、资源间的可转换性以及参与者的多技能性等方面进行最优项目组合选择的过程。研发项目组合选择问题通常被描述为受约束的优化问题。假定有多个备选的高端装备产品研发项目，对于每一个备选项目，都已知其对应的资源投入、预期收益值和成功概率，在给定的资源约束下，决策者需要从中选出一个项目组合以达到组合的整体期望收益值最大化。

（1）考虑项目间依赖性的项目组合选择 从生态学角度看，研发项目组合犹如生态系统中的生物群落，项目间的关系类似于生物种群之间的关系，因此，从种群生态学的角度可以将项目间的依赖关系分为竞争型、偏害型、捕食型、寄生型、偏利共生型、互利共生型、中性七种。根据不同依赖关系对项目管理目标的影响，可以将项目间的依赖性关系分为收益依赖、资源依赖、进度依赖和风险依赖四种类型。

（2）考虑资源转换的项目组合选择 企业资源通常可以通过外部租赁市场实现动态的双向流动。企业通过出租剩余资源获得收益，对于不足的资源又可以通过租借获得。在这种方式下，企业的各类资源就形成了一个整体，可以相互转换，而不是孤立分割。然而，在传统的项目组合选择模型中，对于资源约束仍然是按其相互独立的方式来处理的，只要有一条约束条件不满足就会出现约束违反的情况。但是，在考虑资源可转换的情况下，资源约束可以看作是一个整体约束，具有可相互转化的特点，原有违反的约束条件，在资源可转换条件下，未必会违反。

（3）项目组合的多期滚动选择　企业的经营和发展是长期的，但是项目却有明确的完成时间，所以一次的项目组合选择，并不是选择的终结，伴随着项目的陆续完成，所占用的资源会逐渐释放出来，这些资源又会投入新到达项目的选择之中，形成新一轮的产品开发项目组合。所以，企业的研发项目组合选择不是一个静态的过程，而是动态多期的，是资源不断释放、不断选择的多期滚动过程。

2. 研发项目管理的组织与协调

高端装备产品的研发过程复杂，其项目管理相对于其他产品项目管理也更为复杂。具体而言，项目的任务、环境、性能、质量、成本、时间、技术指标、人员、资源规划等具有更大的动态性和不确定性，使得管理活动难以持续、有效地进行。

（1）研发项目组织形式　研发项目的组织形式是指为了完成项目工作而组建起来的项目团队所采用的组织结构类型。它对产品研发的进度、成本、质量等具有重要影响。高端装备的研发过程需要很多部门不同专业的技术人员协同。开发过程中还有大量的用户和众多零配件供应商的设计生产人员参与。这些人员来自不同单位和部门、不同学科与专业，掌握不同技能和工具。为了将所有开发人员有机组织起来形成一个高效的开发团队，需要根据高端装备研发过程的特点，建立高效的项目管理体系，实现高端装备研发过程中的资源配置优化与协调。

目前，高端装备产品的研发组织模式一般采用包含虚拟组织的矩阵型组织结构。矩阵型组织结构能够有效地促进项目和职能部门间的合作，从而保证研发项目工作的顺利开展。项目组主要由来自各部门的专业人员组成，他们负责完成项目组分管的各项专业工作，并负责在各自部门内进行任务协调和控制等。项目经理对整个项目的质量、成本、进度等全面负责；组织召开项目工作例会，协调和推动相关部门的工作，保证项目目标的实现；向项目管理委员会汇报项目进度及风险；对涉及投资、时间进度、质量、技术、环保等方面的重大变更，向项目管理委员会提出申请。

（2）协同开发　高端装备产品开发过程包含众多的开发阶段、活动和任务工序，涉及诸多领域的设计开发人员，由于各类设计开发人员的知识背景、任务、经验和偏好等不尽相同，因而在产品开发过程中难免产生相互冲突和存在信息不一致的问题。在由不同部门、不同单位、不同领域的设计开发人员组成的开发团队中建立起有效的协作机制，对产品开发的质量和效率有着重大影响。

协同开发是通过交互完成的，根据交互双方的空间位置和应答方式，协同开发的工作方式分为面对面交互、异步交互、异步分布式交互及同步分布式交互四类。面对面交互是多个协作成员在同一时间、同一地点进行协同开发的方式，通常以会议的形式进行；异步交互是多个协作成员在同一地点、不同时间进行协同的开发方式，一般通过共享数据库实现；异步分布式交互是多个协作成员在不同时间、不同地点进行协同的开发方式，需要网络的支持，可通过文件管理、E-mail、分布式数据库等实现；同步分布式交互是多个协作成员在同一时间、不同地点进行协同的开发方式，一般需要通过分布式设计系统的支持，实现的难度较大。

3. 产品开发过程建模与任务分解

高端装备产品开发过程是一项复杂的系统工程，是多种知识的有效集成和耦合，常常需要经过多次迭代才能获得满意的结果。在产品设计信息不完备的情况下开展设计活动，会导致设计的更多次迭代。而产品的开发过程往往包含有成千上万个互相依赖或耦合的任务，因此，需要准确描述出高端装备产品开发过程的所有任务，确定各项任务间的相互信息关联及消除任务间的耦合。

产品开发过程管理模型由开发阶段维、工作流程维和组织方法维共同组成，形成一个立体结构。例如，在工作流程维的设计流程又可以细分为项目设计策划过程、产品设计和开发过程、过程设计和开发过程、质量体系保证过程、支持过程、管理过程、测量和监控过程等。在集成化的体系结构下，采用相应的建模方法和工具，就可以实现对高端装备产品开发过程的建模。常见的产品开发过程建模与任务分解方法有工作分解结构法和设计结构矩阵法。

（1）工作分解结构（Work Breakdown Structure，WBS）法　高端装备产品开发涉及产品设计、生产工艺、规划、试制试验、生产、质保、人力资源、采购、财务等诸多部门，是包括从技术和经济可行性论证开始，经过产品研制到最后产品定型、投入批量生产的一个复杂过程，只有对产品开发过程进行有效管理，才能保证项目开发的顺利完成。WBS 是对项目各项活动的基本定义，是制订项目进度计划的基础。作为一种项目管理的方法，WBS 能够保证项目结构的系统性与完整性，使项目的概况与组成更加明确清晰，能够确保项目中所有任务不被遗漏，同时也方便管理者观察、了解与控制整个项目工作过程。建立 WBS 能够使不同层次的信息按事先规定的线路传递，从而构建信息沟通的共同基础。

（2）设计结构矩阵（Design Structure Matrix，DSM）法　由于高端装备产品开发过程的复杂性，在开发过程中存在着设计过程迭代。通过国内外的研究发现，DSM 在减少产品设计迭代中具有重要的作用。传统的 DSM 称为布尔型设计结构矩阵或二元设计结构矩阵，能够简单地反映依赖关系的存在而非依赖关系的强弱程度。数值型设计结构矩阵（Numerical Design Structure Matrix，NDSM）既能表示依赖关系的存在又能定量反映依赖关系的强弱程度，是分析耦合任务集中的信息依赖关系的最佳工具，被广泛应用于产品开发任务解耦中。

2.3　生产过程管理

高端装备生产过程管理是通过打通装备制造产业链条的核心环节，使得高端装备制造企业、供应商、销售商和服务商在协同过程中，实现内部组织结构、流程、能力调整的同时，推动外部关联与合作关系，更好地融入全球组织制造与服务资源，缩短高端装备制造周期，显著提高高端装备制造业的资源利用效率。以下围绕智能互联环境下的高端装备企业生产过程管理，阐述高端装备生产规划与组织管理、高端装备生产计划管理、高端装备生产调度管理、高端装备库存管理及高端装备全生命周期质量管理。

2.3.1　高端装备生产规划与组织管理

生产规划与组织管理在提高生产效率、优化资源配置、确保产品质量、提升竞争力等方面具有不可替代的作用，高端装备制造企业应该重视生产规划与组织管理的建设和优化，以应对日益激烈的市场竞争和不断变化的市场环境。以下从高端装备产线规划、高端装备设施选址和生产组织管理三个方面来介绍高端装备生产规划与组织管理。

1. 高端装备产线规划

高端装备产线规划是指高端装备企业通过合理优化生产线布局、确定合理的工序和工作内容安排以及科学有效地分配生产资源和制订生产计划，从而实现生产过程的优化和提高生产效率的一种管理方法。基于高端装备多链交互协作、多级联动运作的特点，进行高端装备产线规划能够帮助高端装备制造企业提高生产效率、降低生产成本、缩短生产周期、增强市场竞争力。高端装备产线规划的内容具体包括生产线布局和生产线平衡。

（1）生产线布局　高端装备生产线布局是指对车间场地、机器、设备、物流运输、生产辅助设施等按照人流、物流、信息流的需求，进行合理布局，使得各种资源优化组合，实现生产线的具体功能和任务，创造良好有序的工作环境，从而安全、高效地为高端装备制造企业的生产运作服务，使高端装备制造企业效益最大化。

生产线的布局形式可以分为单行布局、双行布局、多行布局，根据生产的不同，采用不同的布局形式。其中，单行布局是最简单、最基础的布局方式，又可细分为线性布局、U 形布局和半圆形布局，U 形布局如图 2-5 所示。U 形布局的优点为单方向运转，控制管理方便；缺点为受工序限制，可能会出现零件生产效率降低的情况。大部分的双行布局都是沿着通道两侧布置工作区域，布局简单易懂，生产柔性度高。多行布局较为烦琐，受通道布局、各生产区域的间隙及工作人员空间等各个因素限制，需要严格把控各个区域尺寸。

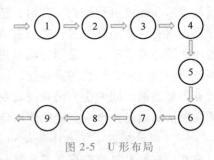

图 2-5　U 形布局

（2）生产线平衡　生产线平衡是对生产的全部工序进行平均化，调整作业负荷，以使各作业时间尽量相近。生产线平衡的关键在于找出生产线瓶颈，对所有影响因素进行优化，包括对生产线加工资源、加工参数的重新配置及工序流程的优化等，实现生产线各工序间加工能力的相对平衡，最大化生产线的产能。其中，生产线平衡率是评价生产线平衡好坏的指标。

生产线平衡率 P 是指整个高端装备生产系统中各个工位间时间和劳动负荷的均衡化程度。生产线平衡率 P 计算公式为

$$P = \frac{\sum\limits_{i=1}^{N} T_i}{\mathrm{CT}\, N} \times 100\% \tag{2-1}$$

式中，T_i 表示第 i 个工序的标准工时；N 表示整个高端装备生产线的工位数；CT 表示整个高端装备生产线中各个工位的最大标准工时。

2. 高端装备设施选址

P-中值问题（P-Median Problem）最早是由 Hakimi 提出来的，是从提供服务的场所对于需求点易于接近的角度考虑的。P-中值问题是指为几个候选地点选出最佳地点，使需求点到达高端装备工厂的成本最小，其中的 P 代表高端装备工厂的个数，P-中值问题也称为最小和问题。

设：

$i \in F$ 表示备选的高端装备工厂集；

$j \in D$ 表示供应商集；

$w_i d_{ij}$ 表示节点 i 和节点 j 之间的加权距离；

$$y_i = \begin{cases} 1, & \text{如果节点 } i \text{ 被选为高端装备工厂；} \\ 0, & \text{其他；} \end{cases}$$

$$x_{ij} = \begin{cases} 1, & \text{如果高端装备工厂 } i \text{ 供应；} \\ 0, & \text{其他；} \end{cases}$$

从而，可用整数规划模型来表示 P-中值问题：

$$\min \sum_{i \in F} \sum_{j \in D} w_i d_{ij} x_{ij} \tag{2-2}$$

$$\text{s. t.} \sum_{i \in F} x_{ij} = 1, \forall i \in F \tag{2-3}$$

$$x_{ij} \leq y_i, \forall i \in F, j \in D \tag{2-4}$$

$$\sum_{i \in F} y_i = p \tag{2-5}$$

$$x_{ij}, y_i \in \{0, 1\}, \forall i \in F, j \in D \tag{2-6}$$

目标函数（2-2）即求每个供应商与最近高端装备工厂的加权距离和的最小值；约束等式（2-3）可确保任意供应商的需求均可得到满足；约束不等式（2-4）表示只有建立的高端装备工厂才可服务供应商；约束等式（2-5）限定了建立高端装备工厂的数量。

3. 生产组织管理

生产组织管理是指为确保客户订单的顺利交付和客户要求得到响应，对公司的人力资源（人）、设备硬件（机）、生产物料（料）、制造产品所使用的方法（法）、产品制造过程中所处的环境（环）等，即人、机、料、法、环五大方面资源的组织管理。从高端装备企业组织发展的历程来看，高端装备企业组织结构的演变过程本身就是一个不断发展、不断创新的过程，先后出现了直线制、职能制、直线职能制、事业部制和矩阵制五类基本企业组织架构形式，现简要介绍如下：

（1）直线制　直线制是最简单的一种集权化的组织架构模式，高端装备企业内部自上而下实行垂直直线管理和领导，不设置职能部门。其优点在于权力高度集中、权责分明、不存在多头领导的现象，架构也较为简单，适合小型企业或组织。

（2）职能制　职能制是在各级管理层次内除了负责人外还设置了一些职能部门，比如在总经理下面设立职能部门和职能人员，将企业或组织的负责人从众多琐碎的事务中解放出来，把相应的管理职权下放给职能部门，有利于管理层集中主要的时间和精力在企业的重大决策和重大事项上，提高管理层的业务能力和企业的管理水平。

（3）直线职能制　直线职能制是结合直线制和职能制这两种组织架构模式的优点而形成的。具体表现在：直线职能制以直线制为基础，同时在各级主管负责人下再设相应的职能部门，但是不同于职能制，下设的这些职能部门和职能人员只是各级主管负责人的决策参谋，而不能代为领导下级。

（4）事业部制　事业部制是一种分层管理、单个核算、自负盈亏的形式，即一个高端装备企业按地区或者产品类别分成若干个单位，从产品设计、原料采购、成本核算、产品制造一直到产品销售整个过程，都由事业部的单位及所属工厂负责，实行独立经营、单独核算，公司总部只保留人事决策、预算控制和监督大权，并通过事业部单位利润等指标对事业部进行考核、控制。

（5）矩阵制　矩阵制组织结构是为了改进直线职能制横向联系差及缺乏弹性而产生的一种组织结构形式。它的特点主要在于围绕某项专门任务成立跨职能部门的专门机构，比如组成一个专门的项目攻关小组去从事某一项新产品的开发。

2.3.2　高端装备生产计划管理

狭义的生产计划管理是指以产品的基础生产过程为对象所进行的管理，包括生产过程组织、生产能力核定、生产计划与生产作业计划的制订执行以及生产调度工作等。广义的生产计划管理则有了新的发展，它是指以高端装备企业的生产系统为对象，包括所有与产品的制造密切相关的各方面工作的管理，也就是从原材料的准备、设备能力准备、人力、辅助系统等的输入开始，经过生产转换，直到产品输出为止的一系列管理工作。它是保证交付的重要管理手段，是高端装备企业良好生产运营的重要运维保障。以下从高端装备生产计划体系、主生产计划及物料需求计划三个方面进行介绍。

1. 高端装备生产计划体系

生产计划是高端装备企业生产经营的首要职能和内部控制的基础。根据周期长短不同，将生产计划分为长期计划、中期计划和短期计划三个层次，如图 2-6 所示。

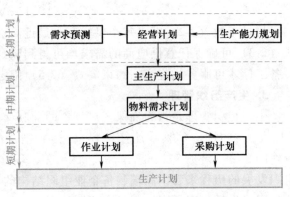

图 2-6　生产计划的层次结构

（1）长期计划　长期计划为第一层次，也叫战略计划，主要是根据高端装备企业发展战略，对高端装备生产厂房选址、厂房规模和布局、主要生产设备的购置、生产相关人力资源及计划辅助系统等进行规划；还包括市场销售预测和生产成本预算方面。长期计划由高端装备企业高层管理者进行设计，对下一层次计划进行指导。长期计划周期通常为 3~5 年，是相对粗略的但却是非常重要的计划。

（2）中期计划　中期计划为第二层次，也叫战术计划，主要是根据短期的市场需求预测输入进行具体的生产活动策划，包括生产批量、生产时间、物料采购量、库存量、生产员工安排等。中期计划由高端装备企业中层管理者进行策划，对下一层次计划进行指导。中期计划周期通常为一年，计划时间单位可以是月度和季度。中期计划具有中等不确定性。

（3）短期计划　短期计划为第三层次，也叫作业计划，主要是对生产活动中的具体任务、作业顺序等的设计。短期计划周期可为一周或一月，计划时间单位可以精确到每一天。短期计划的确定性最高。

2. 主生产计划

主生产计划是高端装备生产计划系统中的一个关键环节。高端装备企业一定时期内生产产品的种类和数量由主生产计划决定，主生产计划数据来源是订单和销售预测，具体化经营计划中的产品系列，通过主生产计划的运算得出物料需求计划及外购标准件的采购计划，它调和了客户需求和高端装备企业资源之间的矛盾，使计划得以顺利实施。根据主生产计划对象的不同，从而有不同的生产计划方式，一般分为四种：

（1）面向订单设计（Engineer to Order，ETO） ETO 的产品一般根据客户要求进行设计，订单量一般较小。ETO 的交期都很长，生产管理的重点是压缩设计周期，尽量使用已有标准模块，减少重复设计，从而缩短交货时间。

（2）面向订单生产（Make to Order，MTO） MTO 是指按照订单来生产最终产品。工厂可以提前安排物料采购，订单下达后，马上开始加工、组装、检验、发货，MTO 交期比 ETO 短，且质量能得以保证，利于高端装备企业提高竞争力。预测准确性是这种生产模式成败的关键，一般标准产品的生产会采用这种模式。

（3）面向订单装配（Assemble to Order，ATO） ATO 是指高端装备企业提前准备标准化模块，接到订单后，按照订单要求组装、发货。ATO 生产管理的重点是设计模块化物料清单，产品设计统型，尽可能多地使用相同功能模块，适用于标准模块复用率高的产品。

（4）面向库存生产（Make to Stock，MTS） MTS 是指高端装备制造企业自行生产最终成品放置在仓库中，接到订单后，可即时发货，交货期只包括发货时间。MTS 产成品库存高，缺乏柔性。

3. 物料需求计划（Material Requirement Planning，MRP）

MRP 是指根据产品结构各层次物品的从属和数量关系，以每个物品为计划对象，以完工时期为时间基准倒排计划，按提前期长短区别各个物品下达计划时间的先后顺序，是一种高端装备制造企业内物料计划管理模式。MRP 是根据市场需求预测和顾客订单制订产品的主生产计划，然后基于产品生成进度计划，根据物料清单和库存信息生产 MRP，从而确定采购计划和生产计划（如图 2-7）。以下从 MRP 的基本原理和 MRP 的输入与输出两个方面进行介绍。

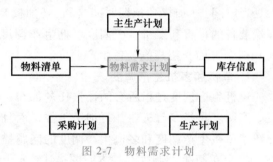

图 2-7 物料需求计划

（1）**MRP 的基本原理** MRP 的基本原理是根据产品的需求和对市场的预测来确定物料确切的供应时间和数量并制订相应的生产计划。MRP 是根据系统中产品的物料清单结构信息，将编制好的主生产计划按照产品物料清单层次结构逐层分解，得出产品所需要零部件的生产进度计划和采购进度计划，确定生产进度计划的投产时间与完工时间，采购件的订货采购和入库时间。

在高端装备制造企业进行生产的过程中，要满足市场的不确定性，保证生产的连续性与稳定性，就要利用 MRP 对原材料、产品的零部件、在制品、半成品进行合理的计划生产、采购和储备。高端装备企业通常为了资金周转流畅，保证生产运转良好，都尽量压低库存，使得高端装备企业能够扩大资本效益。MRP 作为一种较精确的生产计划系统，同时也是一种有效的物料控制系统，旨在满足生产需求的同时，将库存水平保持在最小值范围内。

（2）MRP 的输入与输出

1）MRP 的输入。MRP 的输入主要包括主生产计划、物料清单和库存记录。主生产计划是 MRP 的基本输入之一，也是 MRP 系统的驱动力量。主生产计划是确定每一种具体的最终产品在每一具体时间内生产数量的计划，这里的最终产品对于高端装备企业来说是指最终完成出厂的产品，必须具体到产品的品种型号。这里的具体时间段，通常是以周为单位，在有些情况下也可以是日、旬（十日为一旬）、月。主生产详细规定生产内容和时间，它是独立需求计划。主生产计划根据客户合同和市场预测，将经营计划或生产大纲中的产品系列具体化，使之成为展开 MRP 的主要依据，起到了从综合计划向具体计划过渡的承上启下作用。

2）MRP 的输出。MRP 的输出信息有零部件生产计划和原材料、外购件采购计划。其输出有两个方面：一方面是主要报告，它包括生产与库存控制用的生产指令下达的进度日程计划（零部件生产计划和原材料、外购件的采购计划）；另一方面是一些辅助报告，它包括紧急缺件报告以及效益控制报告。以上输出信息可以作为物料采购、生产能力平衡、车间作业控制管理的输入，它能启动各项管理工作。

2.3.3 高端装备生产调度管理

高端装备生产调度具体是指在一定的生产环境下，在尽可能地满足约束条件的前提下，按照一定的方法给既定的加工任务安排可利用的加工资源、加工次序和加工时间，以实现系统的既定目标。而常用的优化目标包括最小化最大完工时间、（加权）总完工时间之和、最大延迟时间、（加权）拖期时间之和、（加权）误工数之和、提前/拖期惩罚之和等。以下从高端装备的单机和多机生产调度、批生产调度及 Flowshop（流水车间）和 Jobshop（作业车间）三个方面介绍高端装备生产调度。

1. 单机和多机生产调度

单机生产调度是指所有的操作任务都在一台机器上完成，需要对任务进行优化排队；多机生产调度是指多台机器并行加工工件，而且并行加工的机器和工件都是类似的。下面具体介绍了单机生产调度和多机生产调度的问题描述以及数学模型。

（1）单机生产调度　基本问题描述：n 个相互独立的工件安排在一台机器上加工，机器进行连续处理，不允许抢占和中断。工件在机器上仅加工一次且加工顺序不预先设定。每个工件 j（$j=1$，2，$\cdots$，n）具有确定的处理时间（p_j）、权重（w_j）及交货期（d_j）等参数，在满足给定生产环境和约束的条件下寻求工件的最优加工顺序，使得相关生产指标达到最优。常用的性能指标有最大完工时间 $C_{\max}$、最大拖期 $T_{\max}$、加权延迟惩罚 $\sum W_j T_j$ 及提前/拖期惩罚 E/T $\sum\limits_{j=1}^{n}(\alpha_i \max\{0,\ d_i-C_i\}+\beta_i \max\{0,\ C_i-d_i\})$ 等。

（2）多机生产调度　问题描述：在一个加工车间中，有工件集合 $J=\{j_1,\ j_2,\ \cdots,\ j_n\}$ 中的 n 个工件被安排在车间机器集合 $S=\{s_1,\ \cdots,\ s_j,\ \cdots,\ s_m\}$ 中的 m 个阶段（或工序）的机器上加工，s_j（机器集合 S 中第 j 个阶段）的机器数量为 ss_j。其中，多个 $ss_j>1$（$j=1$，$\cdots$，m）且 $m\geqslant2$，该阶段的机器为等效机。m_{jk} 表示可以加工第 j 个工序的第 k 台并行机（$k=1$，$\cdots$，ss_j）；j_i 表示工件集合 J 中的第 i 个工件（$i=1$，2，$\cdots$，n），其释放时间为 r_i，权重为 w_i，完工时间为 C_i；工序 O_{ij} 表示工件集合 J 中第 i 个工件在机器集合中的第 j 道工序（$i=1$，2，$\cdots$，n；$j=1$，2，$\cdots$，m），它的加工时间表示为 p_{ij}，该道工序结束后的完工

时间为 C_{ij}, 性能目标为 TWC ($\sum_{i=1}^{n} w_i C_i$); X_{ijk} 表示 J 中的第 i 个工件是否在 m_{jk} 上加工, 是为 1, 否则为 0; Y_{ijl} 表示对于 J 中的第 i 个工件, 它的 j 工序是否在 l 工序之前, 是为 1, 否则为 0; Z_{igjk} 表示对于第 j 工序的第 k 台并行机, 工件 i 是否在工件 g 之前, 是为 1, 否则为 0。

其高端装备多机生产调度的数学模型如下:

$$\min \sum_{i=1}^{n} w_i C_i \tag{2-7}$$

$$\sum_{k=1}^{ss_j} X_{ijk} = 1 \tag{2-8}$$

$$Y_{ijl} + Y_{ilj} = 1 \tag{2-9}$$

$$Z_{igjk} + Z_{gijk} \leq 1 \tag{2-10}$$

$$(X_{ijk} + X_{gjk}) - (Z_{igjk} + Z_{gijk}) \leq 1 \tag{2-11}$$

$$(X_{ijk} + X_{gjk}) - 2(Z_{igjk} + Z_{gijk}) \geq 0 \tag{2-12}$$

$$C_{ij} \geq C_{gj} + \sum_{k=1}^{ss_j} X_{ijk} p_{ij} - M(1 - Z_{igjk}) \tag{2-13}$$

$$\sum_{j=1}^{m} \sum_{l=1, l \neq j}^{m} Y_{ijl} = \frac{m(m-1)}{2} \tag{2-14}$$

$$C_i \geq C_{ij} \tag{2-15}$$

$$C_{ij} \geq C_{il} + \sum_{k=1}^{ss_j} X_{ijk} p_{ij} - M(1 - Y_{ijl}) \tag{2-16}$$

$$C_{ij} \geq r_i + \sum_{k=1}^{ss_j} X_{ijk} p_{il} \tag{2-17}$$

式 (2-7) 表示该研究问题的目标函数为最小化 TWC。约束等式 (2-8) 表示工件只允许各工序在任意机器上加工一次。约束等式 (2-9) 表示同个工件的不同工序加工, 则必定存在加工的先后顺序。约束不等式 (2-10)~约束不等式 (2-13) 表示两个工件若在同工序的同机器上加工, 则工件之间存在先后顺序。约束等式 (2-14) 表示工件的所有工序之间的先后顺序关系总和为 C_m^2。约束不等式 (2-15) 表示工件的完工时间大于等于在单工序上的完工时间。约束不等式 (2-16) 表示工件在不同的两个工序之间完工时间关系。约束不等式 (2-17) 表示工件的单工序完工时间必须大于或等于其释放时间与该工序的加工时间之和。工件在加工过程中不允许抢占。

2. 批生产调度

批生产调度问题中工件一般先分为若干批次, 属于同一批次的工件一起进行加工。一般情况下批次的工件数量受限于机器的空间, 即同一批次中所有工件尺寸之和不大于批处理机的机器能力。批生产调度问题主要分为连续批生产调度和平行批生产调度两种加工方式。

(1) 连续批生产调度 连续批生产调度的特征是同批工件一个接着一个加工, 批次加工时间等于其包含所有工件的加工时间之和, 一般情况下连续批加工过程中每个批次在加工之前存在一个设置时间。

问题描述：有 n 个工件 $\{J_1,\ J_2,\ \cdots,\ J_n\}$ 到达供应商（即挤压厂），这些工件需要在供应商的挤压机器上进行加工。挤压机器属于连续批处理机，连续批加工要求同批的工件一个接一个加工，它们的完工时间等于该批次中最后一个工件的加工完成时间。工件 J_i 的尺寸和加工时间分别记为 s_i 和 p_i，到达供应商的时间记为 r_i。将批次 b_k 在供应商机器上的加工时间表示为 P^k，则有 $P^k = \sum_{J_i \in b_k} p_i (i=1,\ 2,\ \cdots,\ n)$。机器和车辆具有相同的能力，记为 c。任一批次 b_k 的所有工件尺寸之和不能超过 c，即 $\sum_{J_i \in b_k} s_i \leqslant c$。每个批次加工之前，存在批次安装时间 s。一个批次的准备时间为该批次中工件的最大到达时间。当某个批次在供应商中完工后，运载车辆立即将该批次运往制造商。

1）参数，各参数含义如下：

n 为工件总数；i 为工件序号，$i=1,\ 2,\ \cdots,\ n$；s_i 为工件 i 的尺寸，$i=1,\ 2,\ \cdots,\ n$；r_i 为工件 i 到达供应商的时间；p_i 为工件 i 在供应商机器上的加工时间；c 为批处理机和运载车辆的能力；L 为批次总数，$\left\lceil \sum_{i=1}^{n} \dfrac{s_i}{c} \right\rceil \leqslant L \leqslant n$；$k$，$f$ 分别为批次编号，$k,\ f=1,\ 2,\ \cdots,\ L$；s 为供应商机器上的批次安装时间。

2）决策变量，各决策变量含义如下：

① x_{ik}：若工件 i 分配到第 k 个批次，则 $x_{ik}=0$；否则 $x_{ik}=1$。

② y_{kf}：供应商机器上若第 k 个批次在第 f 个批次之前加工，则 $y_{kf}=0$；否则 $y_{kf}=1$。

③ P^k：供应商机器上第 k 个批次包含的工件加工时间之和。

④ S_{1k}：供应商机器上第 k 个批次的开工时间。

⑤ C_{1k}：供应商机器上第 k 个批次的完工时间。

基于上述假设和参数的定义，建立高端装备混合整数规划模型如下：

$$\min C_{\max} \tag{2-18}$$

$$\text{s.\,t.} \sum_{k=1}^{L} x_{ik} = 1, i=1,2,\cdots,n \tag{2-19}$$

$$\sum_{i=1}^{n} s_i x_{ik} \leqslant c, k=1,2,\cdots,L \tag{2-20}$$

$$S_{1k} \geqslant r_i x_i, i=1,2,\cdots,n; k=1,2,\cdots,L \tag{2-21}$$

$$C_{1k} = S_{1k} + s + \sum_{i=1}^{n} x_{ik} p_i, k=1,2,\cdots,L \tag{2-22}$$

$$C_{1k} - C_{1f} + s + P_f - (1-y_{kf})M \leqslant 0, k=1,2,\cdots,L, f=1,2,\cdots,L, k \neq f \tag{2-23}$$

$$x_{ik} \in \{0,1\}, \forall i,k \tag{2-24}$$

$$y_{kf} \in \{0,1\}, \forall k,f \tag{2-25}$$

该模型中，目标函数式（2-18）表示最小化制造跨度时间。约束条件式（2-19）表示任何工件只能被分配到一个批次中；约束条件式（2-20）表示任一批次中所有工件尺寸之和不能超过 c；约束条件式（2-21）表示供应商中一个批次的开工时间不小于该批次包含工件的最迟到达时间；约束条件式（2-22）表示供应商中一个批次的完工时间；约束条件式（2-23）表示供应商机器上工件加工过程中不存在重叠情况；约束条件式（2-24）和约束条件式（2-25）表示决策变量的取值范围。

（2）平行批生产调度　平行批生产调度是指批中的所有工件同时进行处理，批中所有工件同进同出，且同一批中所有工件具有相同的开工时间和完工时间。

在工件具有不同尺寸的最小化最大完工时间的批调度问题 $1\mid\text{batch},p_j,s_j\mid C_{\max}$ 中，基本假设及符号说明如下：

建立高端装备单机环境下平行批处理机调度的数学模型如下：

$$\min C_{\max} = \sum_{b \in B} P^b \tag{2-26}$$

$$\text{s. t.} \sum_{b \in B} x_{jb} = 1, \forall j \in J \tag{2-27}$$

$$\sum_{j=1}^{n} s_j x_{jb} \leq C, \forall b \in B \tag{2-28}$$

$$P^b \geq p_j x_{jb}, \forall j \in J, b \in B \tag{2-29}$$

$$x_{jb} \in \{0,1\}, \forall j \in J, b \in B \tag{2-30}$$

$$\left\lceil \sum_{j=1}^{n} \frac{s_j}{C} \right\rceil \leq |B| \leq n \tag{2-31}$$

该模型中，式（2-26）表示最小化制造跨度时间；式（2-27）表示一个工件必须且只能属于一个批；式（2-28）表示机器的容量约束，一批中所包含的工件尺寸之和应不超过机器容量 C；式（2-29）表示批的加工时间大于等于批中所有工件的最大加工时间；式（2-30）表示决策变量，$x_{jb}=1$ 表示工件 j 分配到批 b 中，否则 $x_{jb}=0$；式（2-31）为批的个数约束，其中 $\left\lceil \sum\limits_{j=1}^{n} \dfrac{s_j}{C} \right\rceil$ 为批数下界，n 为批数上界。

3. Flowshop 和 Jobshop

根据加工顺序的不同，高端装备制造企业将车间生产调度分为 Flowshop 和 Jobshop。Flowshop 是一批工件按照相同的机器加工顺序依次经过多台机器进行加工，每个工件在上一个工序加工结束后，且下一个工序所在机器空闲，才能进入下一个工序加工。Jobshop 是一批工件在多台机器上进行加工，每个工件有自己的加工顺序，需要在所有机器上进行加工。

（1）Flowshop　Flowshop 问题一般可以描述为有 n 个工件 $J = \{1, 2, \cdots, n\}$ 需要在 m 台机器 $M = \{1, 2, \cdots, j, \cdots, m\}$ 上加工。每个工件都包含 m 个工序，即必须依次通过机器 1、机器 2、直到机器 m 才能完成加工任务。每一个工件的加工顺序相同。工件 $\pi(i)$ $(i=1, 2, \cdots, n)$ 在机器 $j(j=1, 2, \cdots, m)$ 上的加工时间为 $p_{\pi(i)j}$。在任意时刻，每一台机器最多加工一个工件，每一个工件最多只被一台机器加工。工件的运输时间、加工准备时间都包含在工件加工时间内。在 Flowshop 问题中，如果每一台机器上的工件加工顺序也相同，则此问题变为置换 Flowshop 问题。目标为最小化最大完工时间 makespan 的包含 m 台机器的置换 Flowshop 问题可记 $F_m\mid\text{pemu}\mid C_{\max}$。

假设：

1）所有工件在零时刻都准备就绪，而且工件在机器上的加工时间是确定的。

2）工件在机器间的运送时间及设置时间包含在处理时间中。

3）每台机器在同一时刻只能处理一个工件，每一个工件在同一时刻只能在一台机器上进行加工。

4）不允许作业抢占，即在每台机器上工件一旦开始加工就不能中断。

5）机器之间的缓冲区容量无限大。

根据上面的假设可建立高端装备流水车间调度问题的数学模型如下：

$$\min\Big(\sum_{j=1}^{m-1}\sum_{i=1}^{n}x_{i1}p_{ij}+\sum_{i=1}^{n-1}I_{mi}\Big) \tag{2-32}$$

$$\sum_{i=1}^{n}x_{ik}=1,k=1,2,\cdots,n \tag{2-33}$$

$$\sum_{k=1}^{n}x_{ik}=1,i=1,2,\cdots,n \tag{2-34}$$

$$I_{jk}+\sum_{i=1}^{n}x_{ik+1}p_{ij}+W_{jk+1}-W_{jk}-\sum_{i=1}^{n}x_{ik}p_{ij+1}-I_{j+1k}=0,k=1,2,\cdots,n-1;j=1,2,\cdots m-1 \tag{2-35}$$

$$W_{j1}=0,j=1,2,\cdots,m-1 \tag{2-36}$$

$$I_{1k}=0,k=1,2,\cdots,n-1 \tag{2-37}$$

式（2-32）为目标函数，它的第一部分表示最后一台机器在加工第一个工件时的总等待时间，也是第一个工件前 $m-1$ 台机器的加工时间之和，第二部分则表示最后一台机器加工第一个工件到最后一个工件之间所有的空闲时间。值得注意的是最小化最大完工时间等价于最小化最后一台机器再加工过程中的总等待时间。式（2-33）的约束保证了在每个加工位置上只存在一个工件。式（2-34）的约束保证了每个工件只会在加工序列中出现一次。式（2-35）的约束则保证了机器在同一时刻只加工一个工件且工件在可以加工的时候不会等待，直接进行加工。式（2-36）的约束说明第一个工件加工时，在所有机器之间的等待时间为 0。式（2-37）的约束说明从第一个工件开始到最后一个工件在第一台机器上加工完成时，机器的空闲时间为 0。

（2）Jobshop　Jobshop 问题是研究 n 个工件在 m 台机器上的加工。已知每个工件在各个机器上的加工次序和每个工件的各个工序的加工时间。要求确定与工艺约束条件相容的各机器上所有工件的加工开始时间或完成时间或加工次序，使加工性能指标达到最优。各个工件和机器应满足以下约束：

1）在整个加工过程中每个工件只能被所有的机器都加工并且只加工一次。

2）各个工件必须按工艺路线以指定的次序在机器上加工。

3）加工过程不能间断。

4）每一时刻每一台机器只能加工一个工件。

Jobshop 问题的求解就是要找到一个合理的安排，使每个工件都能在满足工艺约束的条件下在各台机器上加工，使得总的加工时间最短。对于工件 i，c_{ik} 为第 i 工件在机器 k 上的完成时间，p_{ik} 为第 i 工件在机器 k 上的加工时间。L 是一个足够大的正数，其数学模型可描述如下：

$$\min\max_{1\leqslant k\leqslant m}\Big\{\max_{1\leqslant i\leqslant n}\{c_{ik}\}\Big\} \tag{2-38}$$

$$s.t.\ c_{ik}-p_{ik}+L(1-x_{ihk})\geqslant c_{ih},i,j=1,2,\cdots,n,k=1,2,\cdots,m \tag{2-39}$$

$$c_{jk} - c_{ik} + L\left(1 - y_{ijk}\right) \geqslant p_{jk}, i,j = 1,2,\cdots,n, k = 1,2,\cdots,m \tag{2-40}$$

$$c_{ik} \geqslant 0, i,j = 1,2,\cdots,n, k = 1,2,\cdots,m \tag{2-41}$$

$$x_{ihk} = 0 \text{ or } 1, i,j = 1,2,\cdots,n, k = 1,2,\cdots,m \tag{2-42}$$

$$y_{ijk} = 0 \text{ or } 1, i,j = 1,2,\cdots,n, k = 1,2,\cdots,m \tag{2-43}$$

式（2-38）表示目标函数；式（2-39）表示各工件操作的先后加工顺序；式（2-40）表示加工各个工件机器的先后顺序。

2.3.4　高端装备库存管理

库存管理是指在商品流通过程中管理的数量。在保证高端装备制造企业正常经营活动的前提下，保持商品的库存在合理水平，避免积压或短缺，减少库存占用空间，降低总成本。库存管理作为高端装备制造企业管理过程中必不可少的环节，是实现价值工程链增值的重要环节。库存管理的目的就是指满足按时交货的前提条件下，降低产品库存，达到降低企业库存成本，减少库存资金占用，并且还能够提升服务管理水平。以下从高端装备库存分类方法和高端装备库存管理模型两个方面进行介绍。

1. 高端装备库存分类方法

根据高端装备企业库存品种的特性与所占资金的多少将库存品类分为 A、B、C 三类，重要程度逐步降低，并采取不同的库存管理办法。

A 类物资属于最重要的物资，管理和控制要非常严格，高端装备制造企业一般可采取连续订货的方式进行管理，日常对库存数量进行查验，保证不会出现缺货现象，若发现库存量低于预设的安全库存量，立即进行订货来补充库存。另外，也要避免这类物资出现库存积压，在库存数量足以满足需求的情况下，通过多次、少量的方式采购订货，最大限度地减少库存量，减少库存资金占用及管理成本。例如，A 类物资约占库存总数的 5%～15%，但占库存资金的 60%～80%。

对于 B 类库存品类的库存管理相对 A 类来说可以适当放松，一般采用定期检查的方式进行控制，定期并按照经济批量订货方式进行订货，保证一定的库存数量，对于个别品类也可接受少量缺货的情况。例如，B 类物资约占库存总数的 15%～25%，占库存资金的 15%～25%。

C 类物资定义为不太重要的库存品类，管理办法更加粗犷。高端装备制造企业一般可以通过定量订货的方法批量采购，减少采购订货频次。例如，C 类物资约占库存总数的 60%～80%，占库存资金的 5%～15%。

2. 高端装备库存管理模型

高端装备库存管理模型包括经济订货批量模型、定量订货模型和定期订货模型。下面具体介绍这三种模型。

（1）经济订货批量（EOQ）模型　EOQ 是指在采购时的采购费用与储存费用之间进行权衡，从而在整个存货费用中，达到最优化的订购数量。经济订货批量是一种用于决定公司一次订购（购买或自产）订单批次模式。当企业按照经济订货批量来订货时，可实现仓储成本和进货成本之和最小化。EOQ 的应用基于以下基本假设：假定需求是常量且已知；假定订货提前期为零；假定不允许发生缺货；假定订货按照批量进行；假定只涉及一种备件。

$$TC = DC + \frac{SD}{Q} + H(\alpha Q) \tag{2-44}$$

对 Q 求一阶导数，并令其为零，得到年库存总成本最小的经济订货批量值 Q^*。

$$Q^* = \text{EOQ} = \sqrt{\frac{DS}{\alpha H}} \tag{2-45}$$

式中，Q 为订购量或批量；Q^* 为经济订货批量；D 为年需求量；S 为每次订购产生的费用；H 为单位货物年持有成本；C 为单位货物成本；TC 为年总成本。

经济批量假设下的带安全库存的库存量变化，如图 2-8 所示。

（2）定量订货模型 定量订货模型就是订货点和订货批量都为固定量的库存控制模型。当库存控制系统的现有库存量降到订货点 RL 及以下时，库存控制系统就会向供应厂商发出订货需求（或调整到货计划），每次订货均为一个固定批量 Q。经过一段时间，称之为提前期 LT，发出的订货到达，库存量增加 Q，如图 2-9 所示。

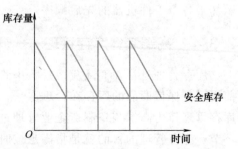

图 2-8 带安全库存的库存量变化

要发现现有库存量是否达到订货点 RL，必须定期检查库存。定量订货模型需要定期检查库存量，并随时发出订货。这样，增加了管理的工作量，但它使库存量得到严密的控制。因此，定量订货模型适用于重要物资的库存控制。

（3）定期订货模型 定期订货模型是每经过一个相同的时间间隔，发出一次订货，订货量为将现有库存补充到一个最高水平 S。当经过固定间隔时间 t 后，发出订货，这时库存量降到 L_1，订货量为 $S-L_1$，如图 2-10 所示。

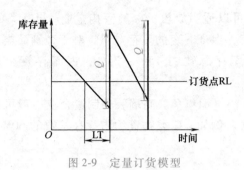

图 2-9 定量订货模型

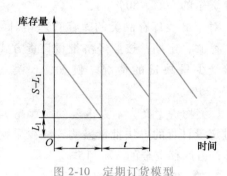

图 2-10 定期订货模型

2.3.5 高端装备全生命周期质量管理

1. 新一代信息技术对质量管理的影响

新一代信息技术的泛在应用使得质量管理在概念和运行机理上均发生了变化。质量管理过程不再局限于企业或工厂内部的生产设计过程，它包括了所有参与组织的产品设计、生产、服务和再制造全过程。例如，企业与顾客共同参与产品的设计开发，提高顾客满意度；企业在产品售出后实时监控产品运行状态和运行信息，基于此为顾客提供个性化运维服务并改善产品设计和制造过程，产品可持续能力也将成为质量的一部分，提高再制造质量有助于质量的提升等。

（1）互联网对质量管理的影响　在互联网环境下，企业实现了对产品质量信息的实时感知。众创与众包等模式的兴起使得用户直接参与产品设计，提高了用户满意度。互联网技术推动了全球化制造资源整合，使得企业能够以低成本产出高质量产品。企业实时感知产品的运行状态，为用户提供精准的个性化服务。"互联网再制造"模式的建立，可以加快产业的绿色化发展。

互联网使得产品的设计、制造、服务和再制造四个阶段通过信息反馈形成一个闭环，加速了产品的更新换代。

（2）大数据对质量管理的影响　大数据技术帮助企业分析和挖掘用户对产品的需求，从而对产品的设计进行改进。收集产品生产过程中的全部（完全非抽样）质量大数据，对产品的制造过程质量实时在线地进行分析，可以及时有效地改善产品质量。企业通过产品运行信息的反馈，进行故障诊断与分析，在优化服务的同时，可以改善产品的设计与制造过程。通过预测产品寿命周期，分析产品的回收分级信息，能够提高企业的再制造能力。

大数据拓展了质量与质量管理的内涵。大数据环境下质量是设计质量、制造质量、服务质量和再制造质量的融合与涌现。顾客参与到产品的全生命周期过程中，成为质量管理人员中的一部分。质量管理的新老七种工具与大数据技术相结合，成为质量管理的新方法。

（3）云计算对质量管理的影响　云计算是以服务为对象的技术，在云服务的背景下，质量管理中服务的内容与流程发生了改变。在云计算环境下，企业和用户共享网络通信，企业能够感知用户特定的需求，建立对用户的快速反应机制，实现用户和供应商参与产品设计。云制造模式中制造服务的选择对于降低全生命周期成本和提高服务质量起着重要作用。基于云的平台和基础设施，有助于协调与优化企业之间和企业内部的各项工作，实现企业更加透明、灵活的成本控制。利用云平台的大量用户信息所涌现出的产品特性，挖掘出产品的质量问题，改善和优化服务，提高产品的服务质量。云计算技术有利于优化云制造服务选择，提高组织效率，而服务质量的提高将带来持续提高的产品价值和服务水平，提升企业竞争力。

云计算模式下质量管理的目标是满足用户需求，提高产品价值和服务水平，提高用户满意度，减少用户流失，吸引新用户；优化云制造服务选择，降低质量成本，提高服务质量。云计算帮助企业转变服务方式，帮助用户参与产品的设计，使企业与用户达到双赢。

2. 全生命周期质量管理体系

（1）全生命周期质量管理体系构成　全生命周期质量管理体系由全生命周期质量管理概念体系、质量保证体系和质量方法体系三部分构成。其中，全生命周期质量管理概念体系包括全生命周期质量、全生命周期质量成本和全生命周期质量管理等概念，这些概念是全生命周期质量管理目标和意义的综合反映；质量保证体系包括全生命周期质量管理原则、全生命周期质量改进方法和全生命周期质量管理职能等，保障产品质量，保证顾客满意度；质量管理方法体系由质量管理新老七种工具和新一代信息技术环境下的七种质量管理新方法构成。

全生命周期质量管理概念体系将新一代信息技术环境下的质量、质量成本和质量管理重新定义，描述了全生命周期质量管理的目标和意义，提出了新一代信息技术环境下全生命周期质量管理需要遵循的思想。概念体系是对新一代信息技术环境下的质量管理的标准化、系统化，为保证体系和方法体系提供全生命周期质量管理的理论基础。

（2）全生命周期质量管理体系主要内容　全生命周期质量是产品在设计、制造、服务和再制造全生命周期过程中满足用户、社会和环境需要的程度及产品主体企业为了保证和提高产品质量而开展的所有系统化工作质量之和。全生命周期质量成本是指产品主体企业在产品全生命周期过程中为保证和提高产品设计生产质量、持续服务质量和再制造质量付出的费用与因产品未达到质量标准或用户、社会和环境满意度而产生的故障与损失费用之和。全生命周期质量管理是指产品主体企业组织和协调产品全生命周期过程中所涉及的用户、供应链企业、物流企业、信息运营商、企业内部各部门及其全体成员等利益相关方，为了保证和提高全生命周期质量所开展的计划、组织、协调、控制、决策、创新等活动和过程的总和。新一代信息技术环境下的全生命周期质量管理强调将互联网、大数据、云计算及人工智能等技术同管理方法相结合，凝聚全生命周期参与人员和顾客的力量，以服务巩固和维持企业与顾客之间的长期合作关系，提高顾客满意度、社会效益、环境效益和组织收益，总结质量管理概念及其发展过程。

全生命周期质量保证体系是产品主体企业为生产出满足用户、社会和环境需要的产品，根据质量监督和认证工作的要求确立的质量管理基本原则、改进方法和全生命周期质量管理职能。企业通过质量保证体系将质量管理活动严密组织起来，将产品设计、制造、服务和再制造过程中影响产品质量的一切因素统筹起来，确保和提高产品的质量。

2.4　运维过程管理

随着高端装备在各行各业中的广泛应用，其运维过程管理的重要性日益凸显。以往的计划维修模式难以满足高效、经济、科学的运维需求，特别是在轨道交通、能源装备等领域，高昂的运维费用成为制约发展的瓶颈。因此，对高端装备的运维过程进行全面、系统的管理，不仅有助于提升设备的可靠性和稳定性，降低故障率，还能优化维修流程，降低运维成本，为企业创造更大的价值。高端装备运维过程管理的智能化升级是行业发展的必然趋势。借助物联网、大数据、云计算等先进技术，人们可以实现对设备的实时监控、故障诊断和预测性维护，从而显著提高运维的智能化水平。这不仅能优化设备运行参数，提高使用效率，还能帮助企业实现数字化转型和智能化升级。同时，通过运维过程管理，人们还可以提高生产效率，降低生产成本，进一步提升企业的市场竞争力。因此，高端装备运维过程管理对于推动企业的可持续发展具有重要意义。

2.4.1　高端装备剩余寿命预测

装备剩余寿命预测旨在预测部件或子部件发生故障之前的可用时间，是一项推动企业从装备的预防性维护向预测性维护转化的核心技术。与一般装备相比，高端装备在运行过程中存在大量的不确定性，在智能互联环境下，市场需求和产品高度动态变化，其运行过程中的关键要素、指标和标准随时间变化呈现多态性。同时，高端装备运行状态也因服务调度计划而不断改变，这给高端装备剩余寿命的预测带来了更大的挑战。

随着传感器和监测技术的快速发展，企业在高端装备运行期间累积了越来越多的性能监测数据，这并建立了数据仓库来存储这些数据，这有助于提取有用的信息，从而对高端装备的运行进行决策支持。高端装备剩余寿命预测的主要目的是依据监测的装备健康状态、工作环境、操作、负载等数据信息，估计部件或系统到达失效阈值的时间。对高端装备的剩余寿命进行预测，可以及时发现装备的异常情况并分析其未来发展趋势，进而提前对装备运行参数进行调整或者对装备进行预防性维护，以避免故障以及事故的发生。然而高端装备结构复杂、组成部件众多，其性能与每个部件的健康状况及环境、负载和操作有关，给高端装备剩余寿命预测带来了诸多难点和挑战。如何将运行状态监测数据融入高端装备运行的健康评估过程中，精确地对高端装备运行的可靠度和剩余寿命等健康指标进行评估，是对其进行科学合理的运行参数优化和预防性维护的前提。

1. 高端装备剩余寿命预测的特征

（1）高度复杂性　高端装备往往具有复杂的结构和运行机制，涉及多个子系统和组件。这使得剩余寿命的预测变得复杂，需要考虑多个因素和变量之间的相互作用。

（2）数据驱动性　预测剩余寿命通常依赖于大量的历史运行数据和监测数据。这些数据可以帮助识别设备的退化模式、故障模式和性能变化，进而预测未来的运行状态和剩余寿命。

（3）退化过程数据的非线性与混沌性　高端装备的退化过程数据为时间序列数据，表现出很强的非线性和非平稳性，因此，高端装备剩余寿命预测属于非线性时间序列预测问题。为了提高高端装备剩余寿命的预测精度，首先需要对高端装备性能退化时间序列进行分析和处理。受各种部件的耦合影响，高端装备性能退化时间序列具有典型的混沌特性。混沌表示了其行为的不可重复、不规律性和不可预测性。在混沌系统中，不仅受外部因素影响，还与系统本身某些规则所决定的内部运动过程有关。时间序列中状态变量的值是系统元素之间复杂相互作用的结果。

（4）实时性和动态性　高端装备在运行过程中，其性能和状态可能会受到多种因素的影响，如环境条件、工作负载、操作方式等。因此，剩余寿命的预测需要实时动态地进行，以适应设备状态的变化。

（5）模型和方法多样性　针对高端装备剩余寿命的预测，存在多种模型和方法，如基于物理的模型、基于数据的模型及混合模型等。每种模型和方法都有其特点和适用范围，需要根据具体的应用场景和需求进行选择。

（6）精确性和可靠性要求高　高端装备往往具有高昂的价值和关键的作用，因此对其剩余寿命的预测需要具有高度的精确性和可靠性。任何预测误差都可能导致严重的后果，如设备故障、生产中断等。

2. 常见的剩余寿命预测方法

（1）基于模型的装备剩余寿命预测方法　基于模型的装备剩余寿命预测方法主要通过根据装备的失效机理来建立模型，从而评估设备的性能状态，指导人们对设备进行更换或维修。这种方法的核心在于对装备的物理特性和运动学原理有深入的了解，以便能够准确地建立能够描述装备性能退化的模型。

在实际操作中，基于模型的预测方法涉及多个步骤。首先，需要收集关于装备运行的数据，包括工作负载、运行环境、使用时间等关键参数。然后，根据装备的工作原理和失效机理，建立合适的数学模型。这个模型应该能够反映装备性能随时间的变化趋势，以及不同因素对装备寿命的影响。建立模型后，可以利用该模型对装备剩余寿命进行预测。这通常涉及对模型参数的估计和更新，以便更准确地反映装备当前的状态和性能。同时，还需要考虑装备在实际使用过程中可能遇到的各种不确定性和干扰因素，以确保预测结果的可靠性和准确性。

基于模型的装备剩余寿命预测方法的优点在于其能够综合考虑装备的物理特性和性能特征，从而提供较为准确的预测结果。此外，这种方法还可以为装备的维修和更换提供科学依据，帮助降低维护成本和提高装备的使用效率。然而，基于模型的预测方法也存在一些挑战和限制。首先，建立准确的模型需要深入了解装备的工作原理和失效机理，这可能需要大量的研究和分析工作；其次，模型参数的估计和更新可能受到数据质量和数量的限制，如果数据不足或存在噪声和异常值，可能会影响预测结果的准确性。因此，在实际应用中，需要综合考虑装备类型、工作环境、使用条件等因素，选择合适的预测方法，并结合实际情况对预测结果进行验证和调整。同时，随着技术的不断进步和新的预测方法的出现，也需要不断更新和完善基于模型的装备剩余寿命预测方法。

（2）数据驱动的装备剩余寿命预测方法　　数据驱动的装备剩余寿命预测方法主要是通过采集和分析装备在运行过程中产生的数据，挖掘数据中的有用信息，从而预测装备的剩余寿命。这种方法的核心在于利用统计学和机器学习算法对大量数据进行处理和分析，以揭示装备性能退化的规律。

数据驱动的装备剩余寿命预测方法的优点在于，它不需要对装备的物理特性和失效机理有深入的了解，只需要根据历史数据进行建模和预测。这使得该方法具有广泛的应用范围，可以适用于各种不同类型的装备。此外，随着大数据和机器学习技术的不断发展，数据驱动的预测方法也在不断提高其预测精度和效率。然而，这种方法也存在一些挑战和限制。例如，数据的收集和处理可能需要大量的时间和资源，而且数据的质量和完整性对预测结果的准确性有重要影响。此外，机器学习模型的建立和优化也需要专业的知识和经验，以确保模型的准确性和可靠性。

高端装备是一种高可靠性的装置，其工作条件复杂多变，导致同种型号不同个体间的运行状态差异很大，很难在实践中收集足够的故障数据。因此，基于传统可靠性模型的剩余寿命预测效果不佳。此外，高端装备是一种高精度的设备，其内部的运行机理难以准确地描述，这使得寻找特定的物理模型来表征高端装备的工作状态具有一定的挑战性。因此，难以实现基于故障机制的剩余寿命预测。而建立数据驱动的剩余寿命预测模型只需要收集足够的运行数据，因此目前高端装备寿命预测领域广泛使用这种建模方法。

3. 数据驱动的装备剩余寿命预测步骤

（1）数据收集　　需要收集装备在运行过程中的各类数据，包括工作环境的温度、湿度等物理参数，以及机械零部件在运行过程中产生的振动、温度、电流等信号数据。这些数据可以通过传感器等设备实时采集，也可以从历史记录中获取。

（2）数据预处理　　收集到的原始数据可能包含噪声和异常值，因此需要进行清洗和预处理。这一步的目的是消除数据中的干扰因素，提高数据的质量，为后续的分析和建模提供可靠的数据基础。

（3）特征提取和选择　在数据预处理之后，需要对数据进行特征提取和选择。特征提取可以通过计算数据的均值、方差等统计量来描述数据的分布情况，也可以通过频域特征提取方法将时域信号转换为频域信号，从而提取出频率等特征。特征选择则是从提取到的特征中选择最相关的特征，以便用于后续的建模和预测。

（4）机器学习建模　在特征提取和选择完成后，可以利用机器学习算法建立装备剩余寿命预测模型。这些算法可以根据历史数据学习装备性能退化的规律，并预测未来一段时间内装备的性能状态和剩余寿命。常用的机器学习算法包括神经网络、支持向量机、随机森林等。

（5）模型评估和优化　建立好模型后，需要对其进行评估和优化。评估的目的是验证模型的准确性和可靠性，可以通过将模型应用于历史数据或独立测试集来进行。优化的目的是调整模型的参数和结构，以提高其预测性能。

2.4.2　高端装备故障诊断

高端装备在工业生产中占据着核心地位，它们的健康状况直接影响到生产系统的质量和性能。然而，这些装备常常在高温等恶劣环境下长时间运行，易于导致其接触部件损伤，乃至发生故障。故障的出现，轻则造成生产质量下降和经济损失，重则可能引起重大事故，造成人员伤亡。因此，对高端装备进行精准的故障诊断，不仅具有深远的经济意义，更关系到生产安全。

1. 常见的故障诊断方法

传统的高端装备故障诊断技术从依赖经验和专家知识，转变为依赖数据和算法的过程中，专家经验的作用逐渐减小。早期，故障诊断主要依靠专家经验判断。随着计算机和传感器技术的发展，故障诊断方法多样化，大体可分为基于信号分析和基于学习算法的故障诊断方法。

（1）基于信号分析的故障诊断方法　基于信号分析的故障诊断方法是一种广泛应用于装备故障诊断的技术。这种方法通过分析装备运行过程中产生的各种信号，如振动信号、声音信号、温度信号和电流信号等，来提取故障特征并确定故障类型和位置，但在一定程度上依赖于专家知识。以下介绍一些常见的基于信号分析的故障诊断方法。

1）振动信号处理：振动信号是机械设备常见的故障信号之一。通过对振动信号进行时域分析、频域分析、小波分析及瞬变分析等，可以识别出异常振动模式，从而判断机械设备是否存在故障，并进一步确定故障位置。

2）声音信号处理：机械设备的声音信号也含有丰富的故障信息。通过采集声音信号并进行相应的分析，如时域分析、频域分析和小波分析等，可以识别出异常声音特征，进而诊断出机械设备的故障类型和位置。

3）温度信号处理：机械设备运行过程中，温度信号的变化往往与故障状态相关。通过对温度信号进行时域分析、频域分析和小波分析等，可以监测设备温度的异常变化，从而推断出设备的故障情况。

4）电流信号处理：电流信号也是反映机械设备状态的重要参数之一。通过监测电流信号的变化，并结合相应的分析方法，如时域分析、频域分析和小波分析等，可以诊断出与电流变化相关的故障类型。

此外，基于傅里叶变换和小波变换的信号处理技术也在故障诊断中得到了广泛应用。傅里叶变换可以将信号从时域转换为频域，通过比较正常和故障信号的频谱特征来确定系统是否存在故障。而小波变换则具有时频局部化特性，可以对信号进行时频特征分析，揭示系统的故障状态。

基于信号分析的故障诊断方法具有实时性、非侵入性和高灵敏度等优点，因此在装备故障诊断中得到了广泛的应用。然而，这种方法的准确性受到信号采集和处理技术的限制，需要确保信号的质量和可靠性。同时，对于复杂的装备系统，可能需要结合其他故障诊断方法进行综合分析。

（2）基于学习算法的故障诊断方法 基于学习算法的故障诊断方法是一种利用机器学习或深度学习等技术，通过对大量数据进行学习和分析，以实现对装备故障的自动识别和诊断的方法。以下介绍一些常见的基于学习算法的故障诊断方法。

1）监督学习：在这种方法中，模型通过学习已标记的故障数据集来识别故障模式和规律。常见的监督学习算法包括决策树、支持向量机和神经网络等。通过对训练数据集的学习，模型能够准确地识别新的故障情况，并预测可能的故障原因。

2）无监督学习：无监督学习方法适用于没有已标记数据的场景。它通常使用聚类和异常检测等方法对数据进行分组和识别，从而发现未知的故障模式和异常情况。这种方法有助于发现新的故障类型，并提供更深入的故障分析。

3）深度学习：深度学习算法在故障诊断领域具有独特优势。例如，卷积神经网络（CNN）可以用于对图像或信号数据进行特征提取和分类，以识别故障模式。此外，深度学习模型还可以通过图像处理技术识别设备表面的裂纹、磨损等缺陷，或通过对传感器数据的分析和建模进行故障诊断。

4）生成对抗网络（GAN）：在异常检测中，GAN可以通过训练生成器模拟正常数据的分布，并通过判别器区分输入数据与生成数据，从而检测异常。这种模型能够捕捉数据的时序关系，有助于识别和预测异常。

基于学习算法的故障诊断方法具有自动化、高准确性和适应性强的特点。它们可以从大量数据中提取有用的故障特征，并学习复杂的故障模式，从而实现对装备故障的准确诊断。然而，这些方法也需要足够的训练数据和适当的算法选择，以确保模型的准确性和泛化能力。

2. 高端装备故障诊断与一般设备故障诊断的区别

（1）设备复杂性与技术难度 高端装备通常集成了大量的高精度部件、复杂的控制逻辑和多个子系统。这些装备在设计和制造过程中涉及高度专业化的技术和知识，因此，其故障诊断需要深厚的专业背景和高度精细的技术手段。诊断人员需要具备跨领域的知识，能够理解和分析复杂的系统结构和交互关系。一般设备结构相对简单，功能较为单一。其故障诊断通常只需要考虑单个或少数几个部件的运行状态，技术难度相对较低。一般设备的故障诊断更多依赖于基础的机械、电子等学科知识。

（2）诊断精度与实时性要求 高端装备由于其在关键领域和高端制造中的广泛应用，对故障诊断的精度和实时性要求极高。任何微小的故障都可能对设备的整体性能和安全运行产生重大影响。因此，需要能够快速、准确地识别故障，并进行有效的维修。一般设备虽然也对故障诊断有一定的精度和实时性要求，但相对宽松。一般设备的故障诊断更注重成本控制和效率提升，可能不需要过于精细的诊断技术。

（3）诊断技术与工具 高端装备通常依赖于先进的诊断技术和工具，如智能传感器、云计算、大数据分析、人工智能等。这些技术可以帮助诊断系统更好地收集和分析设备运行数据，提取故障特征，实现故障的准确诊断。一般设备可能更多依赖传统的诊断方法，如目视检查、听音诊断、简单测试等。虽然这些方法在某些情况下仍然有效，但可能无法满足高端装备故障诊断的需求。

（4）成本与效益分析 高端装备故障诊断的成本通常较高，但带来的效益也更为显著。通过及时、准确的故障诊断，可以避免因设备故障导致的重大损失，提高设备的可靠性和使用寿命。一般设备故障诊断的成本相对较低，效益也相对有限。但即便如此，对于确保设备的正常运行和减少维修成本仍然具有重要意义。

3. 非平衡故障样本的处理方法

在实际应用中，高端装备由于维护良好，故障发生的概率相对较低，使得故障样本变得十分稀缺，机械设备的检测信号一般存在价值密度低、可利用率低的问题。主要体现在装备处于不同状态的概率是不一致的，这就导致装备在正常状态下的监测数据较多，而在各类故障状态下的监测数据相对稀少，这就产生了样本不均衡问题。故障样本数量远少于正常样本数量，可能导致机器学习模型在训练时偏向于多数类，从而降低了对少数类的识别准确率。处理非平衡样本问题的方法有多种，以下是一些常见的处理方法：

（1）重采样技术 分为过采样和欠采样。

过采样：对于少数类样本，通过复制或生成新的样本来增加其数量，使其与多数类样本数量相当。但要注意，简单的复制可能会导致过拟合。为此，可以使用合成少数类过采样技术（SMOTE）等方法，通过插值生成新的少数类样本。

欠采样：对于多数类样本，通过随机选择或基于某些策略选择一部分样本来减少其数量，使得数据集中各类样本数量更均衡。但需要注意的是，欠采样可能会导致重要信息的丢失。

（2）代价敏感学习 为每个类别的误分类设置不同的代价，使得模型在训练时更加关注少数类样本。这可以通过调整损失函数或使用带权重的损失函数来实现。

（3）集成学习 结合多个模型的预测结果来提高整体性能。例如，可以使用 Bagging（自举聚合）或 Boosting（提升）等方法，通过组合多个基分类器的预测结果来减少非平衡样本对模型性能的影响。

（4）一分类学习 对于极端非平衡的情况，可以考虑使用一分类学习方法，如支持向量数据描述（SVDD）或孤立森林（Isolation Forest）等，这些方法主要用于检测异常值或少数类样本。

（5）数据合成 利用机器学习算法来生成合成少数类数据。例如，可以使用 GAN 来生成高度逼真的图像或文本数据。GAN 由两个神经网络组成，一个生成新的数据样本，另一个则试图区分真实数据和生成数据。

此外，在处理非平衡数据集时，需要选择合适的评估指标，如精确率、召回率、F1 值等，以全面评估模型的性能。在实际应用中，可能需要根据具体问题和数据集的特点选择合适的处理方法或组合多种方法来达到最佳效果。在处理非平衡样本问题时，还需要注意避免过度拟合和欠拟合的问题，以确保模型的泛化能力。

2.4.3 高端装备维修成本预测

高端装备维修成本预测是指通过对装备的运行数据、维护记录、故障历史、备件消耗等信息进行分析，结合运维策略、市场条件、技术进步等多方面因素，对未来一段时间内高端装备的维修成本进行估计和计算。作为系统运行成本的重要组成部分，对高端装备维修成本进行预测能够使企业对维修成本进行有效的管理和控制，有利于节约维修资源，降低企业的总成本。通过对高端装备维修成本进行预测也可以帮助企业把握其未来的维修成本水平及变化趋势，从而合理地制订维修计划，包括维修人员的配置、维修部件的库存及维修资金的规划等。以往高端装备维修成本预测研究大多是基于大样本量或者通过案例分析对维修成本进行预测。然而，由于高端装备可靠性高、运行时间长、发生故障少，并且以发电设备、航天装备、轨道交通装备及海洋工程装备等为代表的高端装备通常在高温、高压、高负载等环境下运行，小故障率及复杂、恶劣的运行环境使得高端装备故障数据的采集异常困难，因此高端装备维修成本的预测面临着样本量少的问题。

1. 常见的维修成本预测方法

（1）历史实绩预估法 历史实绩预估法是一种基于历史数据的预测方法。它首先收集设备过去一段时间内的维修费用记录，如平均故障间隔时间（MTBF）分析表、备件库存率、维修计划表等。这些实绩数据反映了设备在过去运行中的维修成本情况。基于这些历史数据，分析师会加上一个预期的百分比增加程度（如 3%～4%），以考虑设备老化、技术更新、市场物价变动等因素对维修成本的影响。通过这种方法，可以推算出未来一段时间的维修成本预估值。历史实绩预估法的优点在于其简单直观，易于操作。然而，它也有其局限性，比如对历史数据的依赖程度较高，如果历史数据不准确或不完整，预测结果可能会产生偏差。

（2）维修费比率法 维修费比率法是一种基于公司或部门过去维修费用比例的预测方法。它首先计算过去一段时间内设备维修费用占设备总成本或总预算的比例。然后，根据这个比例，结合当前或预期的设备总成本或总预算，来推算未来的维修成本。例如，如果过去维修费的比例约为 10%，而在今年设备预算为 8000 万元的情况下，维修预估值就约为 800 万元。维修费比率法的优点是简单方便，能够迅速得出大致的维修成本预算。然而，它忽略了设备类型、运行状况、维修策略等因素对维修成本的影响，因此预测结果可能不够准确。

（3）单位积算法 单位积算法是一种将维修费用与相关影响因素进行量化分析的预测方法。这种方法首先识别影响维修费用的主要因素，如生产量、运行时间、能源消耗等。然后，通过建立维修费用与相关因素之间的数学模型（通常是线性方程）来计算单位维修费用。这个模型可以表示为 $y = ax + b$，其中，y 代表维修费用预算额，x 代表相关参数值（如生产量、运行时间等），a 代表单位维修费用，b 代表固定费用参数。单位积算法的优点在于它能够综合考虑多个因素对维修成本的影响，并且可以通过调整模型参数来适应不同的设备和场景。然而，模型的建立需要一定的专业知识和经验，并且对数据的质量和完整性要求较高。

（4）零基准法 零基准法是一种基于详细维修计划的预测方法。它首先根据设备的年度维修计划，对设备维修所需的人工费、材料费、备件库存率等费用进行详细调查和分析。然后，根据这些费用标准，结合设备的数量、类型和使用情况来计算维修成本的预估值。零基准法要求必须有完整缜密的维修计划，否则难以控制实际维修费用。零基准法的优点在于它能够提供详细的维修成本预算，有助于企业更好地控制维修费用。然而，这种方法需要投入大量的人力和时间进行计划和调查，成本较高，并且容易受到计划变更等因素的影响。

（5）基于人工智能和大数据分析的预测方法　基于人工智能和大数据分析的维修成本预测方法，是当前高端装备运维领域的前沿技术，它融合了先进的数据分析算法和机器学习技术，以实现对维修成本的精准预测。它的优势在于能够处理大规模、高维度的数据，挖掘出数据中的潜在信息和规律；自动学习和适应数据的变化，提高预测精度和效率。但是，在使用基于人工智能和大数据分析的维修成本预测方法时，数据的质量和完整性对预测结果的影响很大，因此需要投入大量精力进行数据管理和预处理；模型的建立和训练需要专业的知识和经验，对人员的技能和素质要求较高；随着技术的不断发展和市场的变化，需要不断更新和优化预测模型以适应新的需求和环境。

2. 基于人工智能和大数据分析的高端装备维修成本预测步骤

（1）数据收集与预处理　首先，需要收集大量的历史维修数据，包括设备故障记录、维修记录、维护计划、备件使用情况等。这些数据可能来自不同的系统和部门，需要进行整合和标准化处理，以确保数据的一致性和可比性。同时，还需要对数据进行清洗和去噪，以消除异常值和错误数据对预测结果的影响。

（2）特征提取与选择　在数据预处理的基础上，需要从数据中提取出与维修成本相关的特征。这些特征可能包括设备的运行时间、故障类型、维修周期、备件消耗率等。通过特征选择算法，可以筛选出对维修成本影响最大的关键特征，为后续的预测模型建立提供基础。

（3）模型建立与训练　基于提取的特征，可以构建各种预测模型，如线性回归模型、决策树模型、神经网络模型等。这些模型可以通过机器学习算法进行训练，以学习历史数据中的规律和模式。在训练过程中，需要不断优化模型的参数和结构，以提高模型的预测精度和泛化能力。

（4）预测与结果评估　训练好模型后，就可以利用该模型对未来的维修成本进行预测。预测结果可以给出未来一段时间内维修成本的预期值及其变化趋势。为了评估预测结果的准确性，可以采用交叉验证、误差分析等方法对模型进行评估和调优。

3. 特征选择算法

影响高端装备维修成本的因素有很多，在建立维修成本预测模型之前，有必要对特征进行选择，从而提高模型的计算效率和预测精度。特征选择是许多高维回归问题的重要预处理步骤，它是根据一定的标准从已有的特征中选择出使得模型效果最优的特征子集的过程。因此，如何建立合适的评价标准非常重要。特征选择有两个目的：一是通过缩小特征空间，选择更有效的特征子集来提高训练效率；二是通过去除噪声特性来提高精度。特征选择是对特征进行排序的过程，常用的特征选择方法有过滤法、包装法和嵌入法。

（1）过滤法　过滤法利用特征本身的重要度对所有特征进行评估和排序，是一种完全依赖数学公式而不使用机器学习算法的方法。该方法独立于预测器单独选择特征，没有考虑到特征组合之间的关联性。过滤法基于一定的准则选择特征，准则可以来自信息论、相关性、距离、一致性、模糊集和粗糙集，大多数方法侧重于特征与特征之间的关系、特征与目标之间的关系等。典型的过滤方法有两个步骤：应用数学公式和决策。第一步，应用统计或数学方法评估特征的重要性，并生成一个列表。第二步，决策步骤将通过从高到低或从低到高对列表进行排序来决定哪个特征重要或不重要。此外，决定需要选择多少特征是很重要的。最常见的过滤法算法有：信息增益、Fisher 评分、ReliefF 方法等。

（2）包装法　一些研究人员没有开发数学模型，而是提出了一种启发式方法，将机器学习算法直接应用于特征选择，这种方法被称为包装方法。包装方法根据给定预测器的准确性评估特征子集，特征的选择取决于预测器本身的性能及其特性，通常认为预测精度是特征选择中最重要和决定性的因素。包装方法通常包括三个步骤：首先将原始特征集输入不同类型的机器学习算法；然后根据预测结果去除不重要的特征；最后递归地重复前面的步骤，直到得到优化的结果。包装方法按照选择过程可以分为三类：正向选择、反向选择和逐步选择。正向选择从零特征开始，对于每次迭代，算法选择预测精度最高的特征。与正向选择相比，反向选择指的是从所有特征开始，基于最低预测精度移除一个特征。逐步选择是向前和向后选择的混合。经典的包装方法有条件随机场、递归特征消除等，用于模型构建的一些常见机器学习算法包括线性回归、K 近邻算法、支持向量机、人工神经网络等。

（3）嵌入法　嵌入法将特征选择看作模型建立的一部分，即嵌入法也会用到机器学习模型。但与包装方法不同的是，嵌入法只迭代一次。常用的嵌入法有两种：一种是基于正则项的模型，如基于 LASSO（L1 正则化）或 Ridge（L2 正则化）的模型；另一种是基于随机森林的模型。

根据不同的情况，在实际应用中很难选择使用哪一种特征选择方法。然而，每种特征选择方法都有其显著的特点。例如，过滤法的优点是机器学习算法不会影响它特征选择的决策。与包装法相比，过滤法可以避免过拟合情况的发生（输入数据在某些算法中表现良好，但在其他算法中表现不佳）。然而，由于过滤法独立于机器学习算法本身，可能无法获得很高的预测精度。为了解决这个问题，包装法可以看作是一种启发式方法，它尝试所有可能的特征子集来得到预测结果。然而，因为它依赖于尝试所有的组合，这可能会增加算法的复杂度并消耗大量的运行时间。此外，使用包装法还要考虑机器学习算法本身的建模原理，不同的机器学习算法会影响最终的决策。嵌入法可以看作是其他两种方法的结合，一般来说，嵌入法比包装法快，比过滤法准确。但是，这种结论并不是对每种机器学习算法都适用。

2.5 供应链管理

说课视频

高端装备一般结构复杂，供应链较长，零部件数量大，其研发与制造过程一般需要跨区域组织数量众多的供应商才能完成。比如，一家商用飞机一般需要数百万个零部件，波音与空客的供应商有两三百家，分布在美国、英国、中国、日本、俄罗斯、中东国家和非洲国家等。因此，科学选择供应商并与其协同过程管理，构建高效的供应链管理体系，对高端装备行业保障产品质量、提升生产效率、提高客户响应能力十分重要。以下围绕高端装备供应链管理，阐述高端装备供应商选择与协同过程管理、定价策略、供应链联合补货策略与模型、供应链协同计划管理。

2.5.1 高端装备供应商选择与协同过程管理

1. 高端装备供应商选择

供应商是供应链的起点，为生产企业提供原材料、设备及其他生产资源。供应商的生产柔性、生产技术、研发能力、生产规模和交货能力等都对供应链运营绩效产生重要影响。因此，高端装备制造商需要根据企业竞争战略和供应链战略，合理选择供应商。供应商选择是一个包括企业从确定需求到最终确定供应商及评价供应商的不断循环的过程。不同的企业在选择供应商时，所采用的方法千差万别，但基本的步骤应包含下列几个方面：需求确定、制订采购计划、制定供应商选择标准、寻找潜在供应商、发出询价或招标、评估供应商提议、谈判与选择、签订合同、监督与评估、供应商绩效管理。

在选择供应商时，主要应考虑以下因素：产品质量、质量保证、产品价格、供货能力、技术能力、服务能力、企业信誉、财务状况、行业地位、地理位置。与一般的产品不同，高端装备产品往往具有技术含量高、产品价值高、需求定制化程度较高、生产与交付周期长、风险高等特点。因此，高端装备制造商在选择供应商时，需要确保供应商能够提供高质量、高可靠性的零部件和原材料，以支持高端装备的生产。供应链作业参考模型（Supply Chain Operations Reference Model，SCOR）是一种综合性的供应链管理框架，旨在帮助企业建立高效、灵活、可持续的供应链体系。它提供了一套标准化的流程描述和指标体系，涵盖了供应链规划、来源、生产、交付和回收等关键环节。通过使用 SCOR 指标体系，高端装备制造商可以对供应商进行全面的评估，确保供应商在计划、采购、生产、配送和退货等各个环节都具备高效、可靠的能力。另外，SCOR 还具有模块化和可定制化的特点，企业可以根据自身业务特点和需求进行灵活选择和调整。这使得高端装备制造商能够根据其特定的生产需求和市场环境，定制适合自身的供应商评价体系。

SCOR 2.0 版本推荐了 4 类绩效指标：①交货可靠性，衡量供应商是否能够按照约定的时间和条件准确交付产品，反映了供应商在生产计划、物流配送等方面的能力和效率；②柔性和响应能力，衡量供应商在适应市场变化、满足客户需求及提升客户满意度方面的综合能力，这些能力对于供应链的稳定运行和整体绩效具有重要影响；③成本，这一指标考察供应商在成本控制方面的表现，包括原材料价格、加工费用、运输费用等；④资产，供应商资产指标主要反映了供应商的财务实力、规模、运营效率及长期可持续发展的能力。SCOR 2.0 版本供应商评价中推荐的指标体系见表 2-1。

表 2-1 SCOR 2.0 版本供应商评价指标体系

一级指标	二级指标
交货可靠性	交货表现 订货满足率 订货提前期 订单完美执行率
柔性和响应能力	供应链响应时间
成本	生产柔性 总物流管理成本 增值生产率 担保和退货处理费用

（续）

一级指标	二级指标
资产	现金周转期 可供应存货天数 资产周转率

在供应商选择方法方面，层次分析法是处理该类多准则决策方法的一种较为通用和常用的模型，层次分析法（Analytic Hierarchy Process，AHP）是一种决策分析方法，它由美国运筹学家 T. L. Saaty 教授于 20 世纪 70 年代初期提出。它将与决策问题相关的元素分解为目标、准则、方案等层次，并在此基础上进行定性和定量分析。

结合 SCOR 2.0 版本供应商评价指标体系运用层次分析法选择供应商有以下五步：

（1）构建层次结构模型　根据 SCOR 2.0 版本供应商评价指标体系将评价目标和准则按照层次结构进行划分。最高层为评价目标（选择最佳供应商）；中间层为评价准则（交货可靠性、柔性和响应能力、成本、资产）与子准则层（如交货可靠性对应的子准则层为交货表现、订货满足率、订货提前期、订单完美执行率）；最底层为具体的供应商选项。

（2）建立判断矩阵　对于每一层的准则或选项，通过专家访谈、问卷调查等方式收集数据，运用两两比较的方法建立判断矩阵。这些矩阵反映了各准则或选项之间的相对重要性。

（3）计算权重和优先级　利用数学方法（如特征向量法、最小二乘法等）计算各准则或选项的权重和优先级。这些权重反映了各准则在评价过程中的重要程度，优先级则用于比较不同供应商的综合表现。

（4）进行综合评价　根据计算出的权重和优先级，结合 SCOR 2.0 的供应商评价指标体系中的具体指标数据，对各个供应商进行综合评价。这可以通过加权求和、模糊综合评价等方法实现。

（5）选择最佳供应商　根据综合评价结果，选择得分最高或综合表现最优的供应商作为最佳供应商。同时，也可以结合企业的实际情况和风险因素进行综合优化选择。

通过结合 SCOR 2.0 版本供应商评价指标体系与层次分析法，企业可以更加科学、系统地进行供应商选择，确保供应链的稳定性、效率和成本效益。

2. 高端装备供应商协同过程管理

供应商协同是一种以实现供应链优化和共同价值创造为目标的协作模式，它强调企业与供应商之间的紧密合作和信息共享，通过协同作业提升整体供应链的性能和效率。在供应商协同的过程中，企业与供应商建立的是一种伙伴式合作关系，双方基于共同的目标和有效协同机制联合行动，对市场需求做出快速反应，从而更好地提高整体效益和改善客户满意度。这种协同并非单方面的协作，而是企业与供应商之间的双向交流和合作。

高端装备制造商与供应商的协同主要是在采购、库存和生产过程中的协同。在这些过程中，双方通过紧密合作和信息共享，实现各个环节的协调与优化，从而提高整个供应链的效率和响应速度。在采购协同方面，高端装备制造商与供应商共同制订采购计划，确保原材料和零部件的及时供应。双方通过共享需求预测信息、库存信息及生产进度等数据，实现采购量的精准控制，避免库存积压或供应短缺的情况发生。此外，供应商还可以根据制造商的生产需求，提供定制化的产品和服务，进一步满足高端装备制造的特殊要求；在库存协同方面，制造商与供应商共同管理库存水平，通过实施精益库存管理和实时库存监控，确保库存水平既满足生产需求，又避免过高的库存成本。双方还可以利用先进的库存管理技术，如物联网、大数据等，实现库存信息的实时共享和预警，提高库存周转率并降低库存风险。在生产协同方面，制造商与供应商紧密配合，协同规划产能，提前准备产能资源及物料储备，确保生产计划的顺利执行。双方通过共享生产计划、产能信息以及生产进度等数据，实现生产资源的优化配置和灵活调度。同时，供应商还可以提供技术支持和售后服务，帮助制造商解决生产过程中的技术问题，提高产品质量和生产效率。

2.5.2 高端装备供应链定价策略

高端装备由于产品本身的特性、市场需求、品牌定位及制造商的经营策略等多个方面都与普通产品有所不同，在制定定价策略时，需要综合考虑这些因素，以确保产品定价的合理性和有效性。高端装备常见的定价策略包括成本导向定价、价值导向定价、协商定价及捆绑定价法。这些策略各具特色，适用于不同的市场环境和客户需求。

1. 成本导向定价

成本导向定价是指以产品单位成本为基本依据，再加上预期利润来确定价格，是中外企业最常用、最基本的定价方法。其基本原理是在估算的单位产品成本基础上加上预定的百分比毛利，从而计算出产品的参考销售价格。例如，航天设备公司就采用这种方法。高端装备成本涵盖了从研发到生产，再到运维整个生命周期中的各项费用。这些费用不仅包括直接的材料和人工费用，还包括间接的、隐性的成本，这些成本共同构成了高端装备的总成本。使用成本加成进行定价，首先要考虑从研发到生产，再到运维整个生命周期中的各项费用，结合销售量，将固定成本折合到每一单位产品中，进而得出高端装备产品的单位成本：

$$单位成本 = 变动成本 + \frac{固定成本}{销售量} \tag{2-46}$$

然后再根据制造商的期望盈利，得出产品的成本加成价格：

$$加成后的价格 = \frac{单位成本}{(1-期望收益率)} \tag{2-47}$$

需要注意的是，成本加成定价法虽然能确保企业在每笔交易中获得一定的利润，但也可能导致价格过高，从而影响销售。因此，企业在使用这种方法时，需要权衡成本和市场需求之间的利弊，制定合理的价格策略。

2. 其他定价策略

价值导向定价策略强调产品为客户带来的价值。它不把成本作为主要因素，而是根据购买者认定的价值来定价。高端装备制造商会评估产品的功能、性能、品质及品牌影响力等因素，根据这些因素来确定产品的价值，并据此设定价格。这种策略能够更好地反映产品的实际价值，有助于提升客户对产品的认知和满意度。但是，评估产品价值时存在一定的主观性，需要高端装备制造商具备敏锐的市场洞察力和深厚的行业经验。

协商定价策略通常适用于定制化程度高、技术复杂的高端装备。在这种策略下，高端装备制造商与客户会就产品价格进行深入的谈判和协商。双方会综合考虑产品的技术难度、定制程度、交付周期等因素，以及市场的竞争状况和客户的支付能力，最终达成一个双方都能接受的价格。这种策略能够确保高端装备制造商获得合理的利润的同时满足客户的个性化需求。

捆绑定价法是指将多个产品或服务捆绑在一起并以一个统一的价格出售。这种策略适用于那些需要配套使用或具有互补性的高端装备。通过捆绑定价，高端装备制造商能够降低销售成本，提高销售效率，同时为客户提供更加便捷和全面的解决方案。然而，这种策略需要制造商具备丰富的产品线和强大的服务能力，以确保捆绑的产品或服务能够满足客户的需求。作为全球领先的工业自动化和数字化解决方案提供商，西门子经常将其高端装备与相关的软件、控制系统、服务等进行捆绑销售。例如，在提供工业自动化解决方案时，西门子会将其 PLC（可编程逻辑控制器）、传感器、执行器及配套的 Simatic 软件等进行打包销售，以提供完整的自动化生产线解决方案。

上述介绍的定价方法所关注的主要是高端装备产成品的定价，由于产业链上下游之间的依存关系、市场供需关系、品牌影响力和市场竞争力及长期合作关系等因素的综合作用，高端装备制造商的定价会影响供应商的定价。高端装备制造商与供应商之间存在紧密的产业链关系。高端装备制造商的产品定价常基于整体成本、市场需求、品牌形象及竞争态势等因素。其中，零部件成本是整体成本的关键部分。因此，当高端装备制造商调整产品定价时，此调整可能直接影响零部件的需求及采购价格；若高端装备制造商提高了产品定价且市场需求旺盛，零部件需求或保持稳定增长，供应商或据市场需求及高端装备制造商采购量提升零部件定价。反之，若高端装备制造商降价应对市场竞争，零部件需求或减，供应商定价时压力增大。高端装备制造商通常具有较强品牌影响力及竞争力，其定价策略常引导市场。供应商定价时需考虑高端装备制造商品牌溢价、市场地位及潜在销售增长、市场份额。若高端装备制造商与供应商建立长期合作或战略联盟，双方在定价上或更灵活协调，以实现共同利益最大化。

2.5.3　高端装备供应链联合补货策略与模型

1. 高端装备供应链联合补货策略

航天装备、高端机床等高端装备制造往往涉及数以万计零部件，零部件补货成本控制复杂。随着工业互联网的发展，企业之间能够更好地进行数据共享，集中管理供应物料的采购，通过联合补货确保原材料供应的稳定性和高效性，并大大降低补货成本。联合补货策略（Joint Replenishment Problem，JRP）是高端装备行业中用来降低零部件补货成本的主要方法，其核心思想是将多个零部件的补货需求整合起来，形成一个统一的采购计划，即将多个零部件的补货需求合并成一个或多个订单，向供应商进行统一采购。这种方式的一大优势在于可以分摊与订单相关的固定成本，使得总体成本相较于单独为每个产品下订单的成本更低。同时，联合补货还能有效减少库存积压，从而加快资金的流转，提高企业的运营效率和经济效益。

除了生产零部件补货，高端装备制造商还将联合补货策略应用于 MRO（维护、维修、运行）零部件的库存管理中。MRO 物料因其范围广、需求散、金额低的特点，长期成为现代企业库存管理的难点，也被认为是库存管理中最具改善潜力的领域。在高端装备行业中，MRO 的重要性不言而喻。随着设备复杂性的增加和生产效率要求的提高，对 MRO 的需求也日益增长。通过实施有效的 MRO 管理策略，企业可以降低运营成本、减少故障停机时间，并提高高端装备的整体性能和可靠性。

2. 高端装备供应链联合补货模型

联合补货主要有两种模式：共同周期补货策略和基本周期补货策略。下面分别介绍其建模与求解方法。

（1）多产品共同周期补货策略 多产品共同周期补货策略的核心思想是将多个产品按相同补货周期进行补货，共同分担固定补货成本。这种策略尤其适用于那些由同一供应商提供、运输方式相似或需求模式具有一定关联性的产品。

下面以三种产品联合订购为例，阐述共同周期补货策略的建模方法。假设每次订货都包括所有三种产品 L、M、H，以及共同的补货周期 T 或者补货频率 n。

联合订购的固定订货成本确定如下：

$$S^* = S + S_L + S_M + S_H \tag{2-48}$$

设 n 为年订货次数，年订货成本为 nS^*，产品 i 的年库存持有成本为 $\frac{1}{2}\left(\frac{D_i}{n}\right)hC_i$，其中，$D_i$、$C_i$ 分别为产品 i 的年需求量、年单位库存成本。

年总成本确定如下：

$$\pi = \frac{D_L hC_L + D_M hC_M + D_H hC_H}{2n} + nS^* \tag{2-49}$$

将年总成本函数对 n 求一阶导数，并令一阶导数等于 0，可以得到使年总成本最小化的最优订货频率：

$$n^* = \sqrt{(D_L hC_L + D_M hC_M + D_H hC_H)/2S^*}$$

推广到一个订单中包含 K 种产品的情形就是：

$$n^* = \sqrt{\left(\sum_{i=1}^{k} D_i hC_i\right)/2S^*}$$

（2）多产品基本周期补货策略 多产品基本周期补货策略是指针对多种不同产品确定一个基本补货周期 T，每种产品补货周期是基本补货周期的整数倍。即产品 i 的订货周期为

$$T_i = m_i T \tag{2-50}$$

每 m_i 个基本订购周期订货产品 i 订购一次并且保证至少有一个 m_i 是等于 1 的。

多产品基本周期补货策略详细求解步骤如下：

步骤 1：找出订货频率最高的产品。考虑每种产品单独订货，对于产品 i，固定成本为 $S + S_i$，利用 EOQ 公式计算订货频率：$\bar{n}_i = \sqrt{hC_i D_i/[2(S+S_i)]}$，令 $\bar{n}$ 为订货频率最高产品的订货频率，即 $\bar{n} = \max\{\bar{n}_i\}$，订货频率最高的产品 i^* 每次都订货。

步骤 2：对于所有 $i \neq i^*$ 的产品，订货频率：$\tilde{n} = \sqrt{hC_i D_i/(2S_i)}$，这时把基本固定成本完全分配给产品 i^*，其他产品 i 订购只考虑每次订货产生的附加订货成本 S_i。

步骤 3：确定每种产品 i（$i \neq i^*$）与最频繁订货产品 i^* 的订货频率的关系值 m_i，$m_i = \lceil \bar{n}/n \rceil$。最频繁订货的产品每订 m_i 次，产品 i 将与其一起订购一次。而最频繁订货的产品 i^* 每次都订货，也就有 $m_i^* = 1$。

步骤 4：确定每种产品 i 的订货频率后，重新计算最频繁订货产品 i^* 的订货频率：$n = \sqrt{\sum_{i=1}^{l} hC_i m_i D_i / [2(S + \sum_{i=1}^{l} S_i / m_i)]}$，这一步根据前面求到的 m_i，对 n 进行了修正。因此，这一步计算出的最频繁订货产品 i^* 的订货频率优于步骤 1 计算出的 $\bar{n}$。这是因为步骤 4 的计算考虑到了其他产品 i 每 m_i 次订货采购一次。

步骤 5：对每一种产品，计算订货频率 $n_i = n/m_i$，根据步骤 4 计算出的 n 又对其他产品的订货频率进行了修正，并可得年总成本公式。

通过上述过程可以得到多产品基本周期联合订购策略下每种产品的订购周期和订货频率。在该策略下，高需求量产品的订货频率较高，低需求量产品的订货频率较低。

2.5.4　高端装备供应链协同计划管理

1. 高端装备供应链协同计划内涵

供应链协同计划是指供应链中上下游企业在相互信任的基础上，实时沟通、相互协同，制订共同的战略计划，可以从提高企业内部敏捷性及加强成员企业之间的协作方式来实现协同供应链的协同生产、采购与库存计划，以低成本高效率的方式实现市场需求。对于每个成员企业而言，不但要考虑企业内部的业务流程，更要从供应链的整体出发，进行全面的优化控制，跳出单纯以本企业物料需求为中心的生产管理界限，充分了解用户需求并与供应商在经营上协调一致，实现信息的共享与集成，以顾客化的需求驱动顾客化的生产计划，实现企业内部及与供应链之间计划的协同，以获得柔性敏捷的市场响应能力。图 2-11 为供应链协同计划管理示意图。

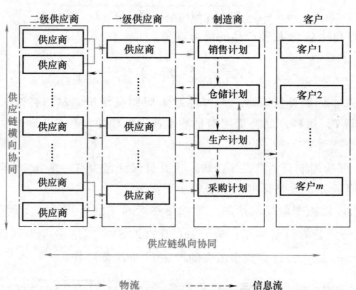

图 2-11　供应链协同计划管理示意图

在高端装备供应链领域，例如航空航天或高精尖医疗器械产业，供应链协同计划管理变得尤为关键，因为这些行业通常涉及严格的标准、技术复杂性及高昂的研发和生产成本。为了确保资源的优化使用并效率提升，高端装备供应链合作伙伴必须采取更加严密的计划与协调，确保这些要素在整个供应链中得到精准控制并高效协同。

2. 高端装备供应链协同计划方法

高端装备供应链协同计划主要包括库存协同和生产协同实现。

（1）库存协同方法：供应商管理库存（Vendor Managed Inventory，VMI） VMI 是一种以供需双方都获得最低成本为目的，以合作互惠、目标一致、持续改进为原则，在一个共同的协议下由供应商管理库存，并不断监督协议执行情况和修正协议内容，使库存管理得到持续地改进。VMI 的核心理念是在用户的授权下，供应商设立库存并确定库存水平和补给策略，从而行使对库存的控制权。供应商通过用户企业共享的当前库存和实际耗用数据，按照实际的消耗模型、消耗趋势和补货策略进行有实际根据的补货。VMI 工作原理如图 2-12 所示。

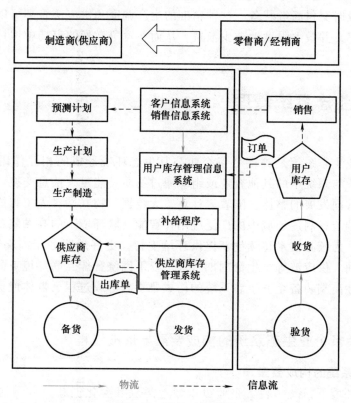

图 2-12 VMI 工作原理

精心设计和开发的 VMI 系统不仅可以降低供应链的库存水平，还可以提供高水平的服务，改善资金流动，并与供应商分享需求变化，增强用户信任。然而，VMI 最直接的好处是整合制造和配送流程。通过将预测和补货纳入商品供应策略，交易伙伴可以共同决定如何适时、适量地将商品送达客户手中，例如直接由制造工厂配送至客户的配送中心，或由工厂直接配送至零售点，或通过工厂配送至营销中心等。

（2）生产协同方法：准时制生产（Just-In-Time，JIT） 协同生产的目的是为了提高生产效率、降低生产成本。最经典的方法是 JIT，是源自日本丰田汽车公司的一种生产管理模式。在 JIT 的管理模式下，企业根据满足顾客订单的时间，反推每个生产环节的时间节点和需要的物料数量，并相应协调相关物料的采购，以保证所有的物料都在合适的时候、合适的地方以合适的数量供应，以尽可能地减少浪费。因此，这种高效的生产模式也叫精益生产（Lean Production，LP），需要制造商与其供应商在信息共享的基础上，高度协同合作，实现业务流程的无缝对接。

JIT 策略在供应链管理中的应用被称为 JIT 供应链。JIT 供应链的核心在于创造价值，通过加强供应链各参与方之间的协同合作，降低不确定性，消除不必要的环节，并最大限度地减少浪费。JIT 供应链管理主要包括 JIT 生产、JIT 采购及 JIT 物流。JIT 生产是指制造系统基于与供应商的长期合作关系，根据客户需求定期批量采购原材料并加工成成品。JIT 采购则是在采购管理中建立联系的实践，大大降低了供应商与客户的管理成本。而 JIT 物流涉及运输、供应商关系和采购方法，其实践主要是根据需求进行仓储和配送货物。

通过 JIT 的原则，生产商可以根据市场需求实时调整生产计划，以减少库存和避免生产过剩，同时确保及时交付高端装备。这种精准的生产调度和供应链管理可以帮助降低生产成本，提高生产效率，并最大限度地减少浪费，从而在竞争激烈的市场中保持竞争优势。

2.6 企业生态系统管理

高端装备企业生态系统是高端装备企业与其生态环境形成的相互作用、相互影响的系统。高端装备企业与系统中的其他企业或组织通过物质、能量、信息交换，构成一个相互作用、相互依赖、共同发展的整体。随着云计算、大数据、物联网、人工智能等新兴信息技术的发展及其在高端装备制造领域中的广泛应用，智能互联环境下的高端装备企业生态系统逐渐成为发展主流，为核心技术持续创新提供环境支持，更好地服务于高端装备研发、生产、运维、一体化协同、供应链等全生命周期管理。以下围绕智能互联环境下的高端装备企业生态系统管理，阐述高端装备企业生态系统的构成要素与形成过程、群体成员选择、网络动态演化。

2.6.1 高端装备企业生态系统的构成要素与形成过程

1. 企业生态系统的构成要素

在智能互联环境下，高端装备企业可以通过集成社会化创新资源构建完整的创新价值链，创新资源的基本构成要素已由以企业为主体逐渐转变为多层次创新单元和社会化的智慧创新单元。借助自然界中生命有机体的概念，构建智能互联环境下企业生态系统服务单元，将其视为生命有机体，如图 2-13 所示。

信息物理实体可以视为企业生态系统服务单元的骨骼肌肉。同一企业内部的不同服务单元，涉及研发人员、研发团队、研发部门、智能企业等多个层次。客户、供应商、协作商甚至网络上的业余设计人员，以及科研院所、公共机构等均可以以不同形式参与到价值创造过程中，为不同服务单元的正常运行提供物质基础。

智慧管理中心可以视为企业生态系统服务单元的大脑和神经系统。智慧管理中心不仅实现生态系统"自上而下"的监管，还基于多种类、多层次智能体的网络协同，通过跨企业的协作模式，以"自下而上"的方式实现人性化的创新过程协同管理，提升企业创新和学

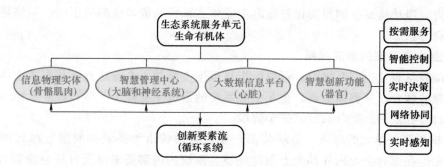

图 2-13 智能互联环境下企业生态系统服务单元生命有机体组织

习能力，不断改进企业生态系统的服务和管理水平。

大数据信息平台包含从微观到宏观的多个层次数据。平台为企业生态系统的各项基础设施和功能运行提供动力，实现企业创新服务的便捷化，强化企业生态系统的网络价值创新、优化创新过程的协同性，并创造智慧管理的文化价值。

在社会信息物理系统中，每个决策单元和企业生态系统中的一个物理实体相联系，实现对创新过程运营状态和环境信息的实时感知，以及跨价值网络的复杂业务协同决策与控制，按需为不同用户提供服务。

各种智能化的要素流是实现企业生态系统服务单元不同智慧创新功能相互联系的循环系统。通过智能化的技术手段，提升企业生态系统不同空间要素的流动效率和服务水平，实现不同服务功能单元的互联互通，从而提高创新过程的智慧化程度。

在高端装备企业生态系统中，所有的服务单元生命有机体都需要一定的环境要素来为其创新行为提供支撑。企业生态系统的环境要素主要包括创新需要的基础条件设施、资本运行机构、开展创新活动所必需的社会文化环境以及相关的政府政策及法律条文等。

2. 企业生态系统的特征

高端装备企业生态系统利用信息通信技术让创新过程及其管理更加智能化，通过高度集成的智慧技术促进企业的高效和智慧发展。考虑智慧化、环境适应性、共生性、协同进化等特点，类比自然生态系统，总结出高端装备企业生态系统的以下五个特征。

（1）动态演化特性 高端装备企业服务单元生命有机体会经历形成、成长、成熟、发展、滞后、衰老、淘汰等不同阶段，这一演化过程使企业生态系统在整体上呈现出一定的动态演化特性。

（2）群体竞争性 在高端装备企业生态系统中，随着时间推移，多个具有不同创新能力的服务单元从事同一产品的相关创新活动，这使得它们在资源获取和信息传递等方面必然存在竞争性。

（3）协同进化性 在高端装备企业生态系统运行过程中，所有服务单元应持续提升创新能力，并与其他单元保持有规律的交互，促进服务单元间的协同进化，以保障企业生态系统的运行效率。

（4）多样性和稳定性 高端装备企业生态系统中的不同服务单元既协同合作又相互竞争，这使得系统呈现出多样性特征。企业生态系统经过服务单元之间的竞争实现优胜劣汰，逐渐朝着稳定的方向发展。

（5）自调控能力有限性 与自然生态系统相似，高端装备企业生态系统具有有限的内部调控能力。当环境发生剧烈变化并超出企业生态系统所能承受的范围时，系统将不能恢复到原有的稳定状态。

3. 企业生态系统的形成过程

在高端装备企业生态系统中，资源组织从范围上跨越了企业边界，从形式上体现为社会化网络资源的联合。从整体上看，企业生态系统的形成主要经历了核心服务单元的形成、创新生态位的形成及创新平台的形成三个阶段。

（1）核心服务单元的形成　高端装备企业生态系统由种类繁多的服务单元组成，其核心服务单元是在综合企业内外部生态创新环境、系统的内部需求以及自身创新能力的基础上形成的。

1）系统内外部资源的有限性及关键资源或生产要素的非流动性，以及服务单元间的合作与竞争，使得掌握关键资源和技术的核心服务单元的作用越发明显。

2）核心服务单元代表着企业生态系统的核心竞争力，是构成系统的关键要素，在维持系统的稳定性方面起着至关重要的作用。

3）核心服务单元具备的组织能力、控制能力、良好的信誉和责任感也是其能在众多服务单元之中脱颖而出的重要因素。

（2）创新生态位的形成　在高端装备企业生态系统中，创新生态位综合反映了创新服务单元所占据的特定位置、对系统中各类资源的利用率及对创新环境的适应度。服务单元首先综合自身的创新能力、系统分工及创新的具体要求等，在企业生态系统中找到属于自己的创新生态位，然后在系统运行过程中，依据创新环境及创新活动的目的、特色和属性，获得相应的创新资源生态位和创新时空生态位。

（3）创新平台的形成　在高端装备企业生态系统中，创新平台由核心服务单元构建和控制。在平台初期，核心服务单元通过向市场低价或免费提供一些创新技术或服务，来吸引合作伙伴和创新资源。此后，以核心服务单元为中心的各服务单元将信息和资源汇集并进行共享，促进信息和资源的有效利用。在此过程中，创新平台逐渐发展为成熟稳定的交互平台。

2.6.2　高端装备企业生态系统的群体成员选择

1. 企业生态系统的群体成员选择过程

在企业生态系统结构中，不同构成元素之间存在直接或间接的加权交互关系，而高端装备产品部件之间的依赖关系，限制了系统成员在解决部件接口设计问题时的协同空间。因此，需要在充分理解产品部件间交互模式的基础上分析产品结构，进而设计考虑产品结构的群体成员选择过程。

（1）高端装备产品结构分析　产品结构指用以执行产品功能的产品部件组合方案。产品部件组合效能依赖于部件间的有向加权交互关系，由空间依赖、物质依赖、能量依赖、信息依赖及逻辑依赖等依赖关系描述。

1）空间依赖关系（Spatial，S）：物理部件之间的邻接、定向及组装关系。

2）物质依赖关系（Material，M）：物理部件之间的气体、油、燃料及水等物质的传输与交换关系。

3）能量依赖关系（Energy，E）：物理部件之间的热量、振动、电子及噪声效能等传播关系。

4）信息依赖关系（Informational，I）：物理部件之间的信息交换及信号传输关系。

5）逻辑依赖关系（Logical，L）：网络部件或网络部件与物理部件之间的有线或无线交流沟通关系。

部件间的依赖关系可以是双向或单向的，并且会随着创新过程中产品结构变化而变化。

（2）基于产品结构的群体成员选择过程　考虑产品部件依赖关系与群体成员协同关系间的匹配可能性，得出如图 2-14 所示的匹配关系。由图 2-14 分析可知，保持产品部件依赖关系与群体成员协同关系间的一致性对于成员选择至关重要。

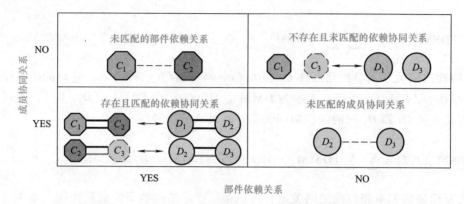

图 2-14　高端装备产品部件与研发群体的匹配关系

在高端装备产品创新过程中，我们期望通过建立基于科技信息交互的成员协同关系，解决同时考虑物质、能量、信息等多种依赖关系的产品接口设计问题。这里，考虑三种公信度高的科技信息交互关系：基础型科技信息交互关系（Basic Technical Relationship，BTR）、创新型科技信息交互关系（Innovative Technical Relationship，ITR）、激励型科技信息交互关系（Motivating Technical Relationship，MTR）。

在确保研发群体协同与高端装备产品部件依赖关系一致性的前提下，提出了群体成员的选择过程，包括三个步骤：①运用多领域矩阵方法，计算高端装备产品结构对研发成员的协同要求，构建理想协同矩阵（Ideal Synergy Matrix，ISM）；②基于研发成员间的科技信息交互，得出它们间的实际协同矩阵（Real Synergy Matrix，RSM）；③基于计算所得的理想协同矩阵和实际协同矩阵，设计考虑协同成本的成员选择方法以确保成员的有效选择。

2. 企业生态系统的群体成员选择标准

基于上述群体成员选择流程，设计企业生态系统的成员选择标准。

（1）多领域矩阵　依赖结构矩阵（Dependency Structure Matrix，DSM），也称设计结构矩阵（Design Structure Matrix），是一个 n 阶方阵，表示高端装备产品部件间的依赖关系。不同于 DSM，多领域矩阵（Multi-Domain Matrix，MDM）可以表示不同领域元素之间的交互关系。考虑 MDM 在产品结构的多领域分析、控制与优化等方面存在的优势，利用它来分析基于产品结构的研发成员协同关系，即

$$\mathbf{DSM}_p(C_x, C_y) = \left[dsm_p^1, dsm_p^2, dsm_p^3, dsm_p^4, dsm_p^5 \right] \tag{2-51}$$

式中，$\mathbf{DSM}_p(C_x, C_y)$ 表示产品部件 x 对于部件 y 的依赖关系向量；dsm_p^k（$k = 1，\cdots，5$）表示产品部件 x 对于部件 y 的空间、能量、信息、物质、逻辑依赖关系。

（2）ISM 生成 基于高端装备产品结构的研发成员协同关系是计算 ISM 的基础，分为显性协同关系和隐性协同关系两类。

1）显性协同关系。设 $\mathrm{dsm}_p^k(C_x)$（$1 \leqslant k \leqslant 5$）表示产品部件的第 k 类自依赖关系，即该部件与其他部件第 k 类依赖关系的最大值，见式（2-52）。

$$\mathrm{dsm}_p^k(C_x) = \max\{\mathrm{dsm}_p^k(C_x, C_1), \cdots, \mathrm{dsm}_p^k(C_x, C_y), \cdots, \mathrm{dsm}_p^k(C_x, C_m)\} \tag{2-52}$$

$\mathbf{DSM}_{pD}(D_I, C_x)$ 和 $\mathbf{DSM}_{pD}(D_J, C_x)$ 表示不同领域研发成员 D_I 和 $D_J(I \neq J)$ 承担的产品部件 C_x 的研发任务，则基于产品结构的研发成员显性协同关系 $\mathbf{DSM}_D^E(I, J)$ 的计算式如下：

$$\mathbf{DSM}_D^E(I, J) = \sum_{x=1}^m \sum_{k=1}^5 \{[\mathbf{DSM}_{pD}(D_I, C_x) + \mathbf{DSM}_{PD}(D_J, C_x)]\mathrm{dsm}_p^k(C_x)\} \tag{2-53}$$

2）隐性协同关系。设产品部件 C_x 和 $C_y(x \neq y)$ 间存在依赖关系，它们的研发任务分别由成员 D_I 和 $D_J(I \neq J)$ 承担，表示为 $\mathbf{DMM}_{pD}(D_I, C_x)$ 和 $\mathbf{DMM}_{pD}(D_J, C_y)$，则基于产品结构的研发人员 D_I 和 D_J 间的隐性协同关系计算见式（2-54）：

$$\mathbf{DSM}_D^I(I, J) = \sum_{x=1}^m \sum_{k=1}^5 \{\mathbf{DMM}_{pD}(D_I, C_x) \sum_{y=1}^m [\mathbf{DMM}_{pD}(D_J, C_y)]\mathrm{dsm}_p^k(C_x, C_y)\} \tag{2-54}$$

综合显性协同关系和隐性协同关系，可以得出产品结构的研发成员协同关系为

$$\mathbf{DSM}_D(I, J) = \mathbf{DSM}_D^E(I, J) + \mathbf{DSM}_D^I(I, J) \tag{2-55}$$

一般地，考虑不同部件依赖关系在产品结构中的重要度，用权重向量 $w = (w_1, \cdots, w_5)$（$\sum_{l=1}^5 w_l = 1$，$0 \leqslant w_l \leqslant 1$，$l = 1, \cdots, 5$）表示，则产品结构对研发成员的理想协同矩阵为

$$\mathbf{ISM}(D_I, D_J) = \sum_{k=1}^5 w_k(\mathbf{DSM}_D^E(I, J) + \mathbf{DSM}_D^I(I, J)) \tag{2-56}$$

$$\mathbf{ISM}(D_I, D_J)' = \frac{\mathbf{ISM}(D_I, D_J) - \min\{\mathbf{ISM}(D_I, D_J)\}}{\max\{\mathbf{ISM}(D_I, D_J)\} - \min\{\mathbf{ISM}(D_I, D_J)\}} \tag{2-57}$$

（3）RSM 计算 设有来自 D 个领域的 N 位研发成员，成员 D_{I_i} 和 D_{J_j} 表示领域 I 的第 i 个成员和领域 J 的第 j 个成员，$\mathbf{RSM}_k(D_{I_i}, D_{J_j})$ 表示成员 D_{I_i} 和 D_{J_j} 间第 k（$1 \leqslant k \leqslant 3$）种科技信息交互（BTR，ITR，MTR）的关系强度，则成员间的实际协同矩阵计算为

$$\mathbf{RSM}(D_{I_i}, D_{J_j})' = \frac{\mathbf{RSM}(D_{I_i}, D_{J_j}) - \min\{\mathbf{RSM}(D_{I_i}, D_{J_j})\}}{\max\{\mathbf{RSM}(D_{I_i}, D_{J_j})\} - \min\{\mathbf{RSM}(D_{I_i}, D_{J_j})\}} \tag{2-58}$$

$$\mathbf{RSM}(D_{I_i}, D_{J_j}) = \sum_{k=1}^3 \theta_k \mathbf{RSM}'_k(D_{I_i}, D_{J_j}) \tag{2-59}$$

$$\mathbf{RSM}'_k(D_{I_i}, D_{J_j}) = \frac{\mathbf{RSM}_k(D_{I_i}, D_{J_j})}{0.5 \sum_{i=1, j=1, i \neq j}^N \mathbf{RSM}_k(D_{I_i}, D_{J_j})} \tag{2-60}$$

式中，θ_k（$1 \leqslant k \leqslant 3$）表示成员 D_{I_i} 和 D_{J_j} 间第 k 种科技信息交互的重要度，满足 $0 \leqslant \theta_k \leqslant 1$ 和 $\sum_{k=1}^{3} \theta_k = 1$；$\mathbf{RSM}(D_{I_i}, D_{J_j})'$ 是归一化的。

3. 企业生态系统的群体成员选择方法

基于上述成员选择标准，设计选择方法从 N 个候选成员中选择出 D 个成员以构成高端装备产品研发群体，确保不同成员间协同关系与产品结构依赖关系相吻合。在选择方法中，给出协同赤字这一概念用以量化成员实际协同能力对产品结构依赖关系的满足水平，即

$$\mathbf{CD}(D_{I_i}, D_{J_j}) = \max\{\mathbf{ISM}(D_I, D_J) - \mathbf{RSM}(D_{I_i}, D_{J_j}), 0\} \tag{2-61}$$

成员之间的协同成本涉及成员协同所耗费的时间、获得对方资源使用权的开销等。在成员选择过程中，考虑固定协同成本（Fixed Coordination Cost，FCC）和可变协同成本（Variable Coordination Cost，VCC）。设 $\mathbf{UVCC}(D_{I_i}, D_{J_j})$ 表示成员 D_{I_i} 和 D_{J_j} 之间的单位可变协同成本（Unit Variable Coordination Cost，UVCC），则成员 D_{I_i} 和 D_{J_j} 之间需要增加的可变协同成本可通过式（2-62）计算得到。如用 $\mathbf{FCC}(D_{I_i}, D_{J_j})$ 表示成员 D_{I_i} 和 D_{J_j} 之间的固定协同成本，则他们之间的总协同成本（Total Coordination Cost，TCC）可通过式（2-63）计算得到。

$$\mathbf{VCC}(D_{I_i}, D_{J_j}) = \mathbf{UVCC}(D_I, D_J)\,\mathbf{CD}(D_{I_i}, D_{J_j}) \tag{2-62}$$

$$\mathbf{TCC}(D_{I_i}, D_{J_j}) = \mathbf{VCC}(D_I, D_J) + \mathbf{FCC}(D_{I_i}, D_{J_j}) \tag{2-63}$$

当成员间双向协同成本不一致，即 $\mathbf{FCC}(D_{I_i}, D_{J_j}) \neq \mathbf{FCC}(D_{I_i}, D_{J_j})$ 时，构建如下成员选择模型以选择使研发群体总协同成本最小的成员：

$$\min \sum_{I,J=1, I \neq J}^{D} \sum_{i=1, j=1}^{D_J, D_I} x_{I_i} x_{J_j} \mathbf{TCC}(D_{I_i}, D_{J_j}) \tag{2-64}$$

$$\text{s.t.} \ \sum_{i=1}^{D_I} x_{I_i} = \sum_{j=1}^{D_J} x_{J_j} = 1 \tag{2-65}$$

$$x_{I_i} \in \{1, 0\}, x_{J_j} \in \{1, 0\} \tag{2-66}$$

2.6.3　高端装备企业生态系统的网络动态演化

1. 企业生态系统的网络结构分析

高端装备企业生态系统是融合多种创新模式与技术的复杂自适应系统，系统中服务功能单元及其相互关系的变化，使服务群体的网络结构呈现出新特点。

（1）服务单元的粒度与能力分析

1）服务单元的粒度划分。高端装备企业生态系统将服务功能单元划分为六类，包括企业（G^1）、研发部门（G^2）、科研机构（G^3）、高等院校（G^4）、研发团体（G^5）、研发个体（G^6）。在互联网环境下，高端装备企业生态系统将价值链上的服务单元连接起来形成服务网络，建立多类型、多粒度的服务资源体系。设服务单元 i 的粒度为 G_i^l（$l=1, \cdots, 6$），它的粒度差异性为

$$D_i = \sum_{k=1, k \neq i}^{n} |G_k^l - G_i^l| \tag{2-67}$$

2）多粒度服务单元的服务能力分析。在高端装备企业生态系统网络中，利用网络流来刻画不同粒度服务单元的服务能力。网络流分为物理流和虚拟流两大类。对于生态系统网络 $G=(V,E,C)$，其中，V 为节点（具有不同粒度的服务单元），E 为边集，C 为边的容量集，给出网络中所有节点对之间的最大物理网络流矩阵 W_p 和虚拟网络流矩阵 W_v，W_p^{-i} 和 W_v^{-i} 表示从 W 中去掉第 i 行和第 i 列后所得的物理流矩阵和虚拟流矩阵，最大网络流为矩阵 W_p^{-i*} 和 W_v^{-i*}。设 b_i^p 和 b_i^v 分别表示网络中服务单元 i 的物理流介数和虚拟流介数，计算为

$$b_i^p = \sum_{k,j=1}^{n} \left[W_p^{-i}(k,j) - W_p^{-i*}(k,j) \right] i \neq j \neq k$$

和 $b_i^v = \sum_{k,j=1}^{n} \left[W_v^{-i}(k,j) - W_v^{-i*}(k,j) \right], i \neq j \neq k$

基于 b_i^p 和 b_i^v，服务单元 i 的网络流介数计算为 $b_i = w_p b_i^p + w_v b_i^v$，其中，$w_p$ 和 w_v 表示 b_i^p 和 b_i^v 的权重，满足 $0 \leq w_p, w_v \leq 1$ 和 $w_p + w_v \leq 1$。由 b_i（$i=1,\cdots,n$）计算服务单元 i 在网络中的服务能力为

$$C_i = \frac{b_i}{\sum_{k=1}^{n} b_k} \tag{2-68}$$

当服务单元 i 与其他单元协同完成研发任务时，有 $0<C_i<1$；而当服务单元 i 独立完成研发任务时，有 $C_i=1$。因此，C_i 满足 $0<C_i \leq 1$。

（2）服务群体的关系异质性分析　在高端装备企业生态系统网络中，不同创新服务单元之间的相互关系划分为正向和负向两大类。

1）正向关系。创新服务单元间的正向关系包括地理邻近关系、组织邻近关系、技术邻近关系、社会邻近关系。服务单元 i 和 j 之间的地理邻近关系计算为 $R_1(i,j)=\dfrac{G(i,j)}{0.5\sum_{i=1}^{n}\sum_{j=1,j\neq i}^{n}G(i,j)}$，其中 $G(i,j)$ 表示两单元之间的距离；服务单元 i 和 j 的组织邻近关系计算为 $R_2(i,j)=\dfrac{O(i)\cap O(j)}{O(i)\cup O(j)}$，其中 $O(i)$ 和 $O(j)$ 表示隶属组织的集合；服务单元 i 和 j 的技术邻近关系计算为 $R_3(i,j)=\dfrac{T(i)\cap T(j)}{T(i)\cup T(j)}$，其中 $T(i)$ 和 $T(j)$ 表示两单元拥有的技术集合；服务单元 i 和 j 的社会邻近关系计算为 $R_4(i,j)=\dfrac{S(i)\cap S(j)}{S(i)\cup S(j)}$，其中 $S(i)$ 和 $S(j)$ 表示服务单元 i 和 j 的网络邻居集合。

基于四种邻近关系，服务单元间的正向关系强度计算为

$$R_p(i,j) = \sum_{h=1}^{4} w_h R'_h(i,j), 0 < wh \leq 1, \sum_{h=1}^{4} w_h = 1 \tag{2-69}$$

式中，$R'_h(i,j) = \dfrac{R_h(i,j)}{0.5\sum_{i=1}^{n}\sum_{j=1,j\neq i}^{n}R_h(i,j)}$，$h=1,\cdots,4$。

2）负向关系。设服务单元 i 可提供 $S_i=\{s_i,\cdots,s_{k_i},\cdots,s_{n_i}\}$ 种产品服务，从每种服

务中获利 $P_i = \{p_1, \cdots, p_{k_i}, \cdots, p_{n_i}\}$，则服务单元从 s_{k_i} 服务中获得的利润率为 $t_{ik_i} =$

$\dfrac{p_{k_i}}{\sum\limits_{k_i=1}^{n_i} p_{k_i}}$。对于两个服务单元 i 和 j，i 对 j 的生态位重叠度计算为 $\alpha_{ij} = \dfrac{\sum\limits_{k_i=1}^{n_i} t_{ik_i} t_{jk_i}}{\sum\limits_{k_i=1}^{n_i} (t_{ik_i})^2}$，其中，$t_{ik_i}$

和 t_{jk_i} 表示服务单元 i 和 j 从服务 s_{k_i} 中获得的利润率。依据 α_{ij} 和 α_{ji}，服务单元 i 和 j 的负向关系强度计算为

$$R_n(i,j) = \frac{R'_n(i,j)}{0.5 \sum\limits_{i=1}^{n} \sum\limits_{j=1,j \neq i}^{n} R'_n(i,j)} \tag{2-70}$$

式中，$R'_n(i,j) = \dfrac{\alpha_{ij} + \alpha_{ji}}{2}$，$i \neq j$。

2. 企业生态系统网络的自适应演化

针对高端装备企业生态系统网络，借助结构熵对系统网络稳定性进行实时度量，促使服务群体向更加稳定的网络结构自适应演化。

（1）企业生态系统网络结构熵的识别 在高端装备企业生态系统网络中，考虑多类型和多粒度服务单元间交互关系的多样性，定义网络的点结构熵和边结构熵，在此基础上识别网络结构熵。

1）点结构熵。基于服务单元 i 在企业生态系统网络中的粒度差异性 D_i 和服务能力 C_i，服务单元 i 的节点重要度计算为 $I_i = D_i C_i$。进一步，服务单元 i 在网络中的相对重要度计算为 $I'_i = \dfrac{I_i}{\sum\limits_{i=1}^{n} I_i}$。由 I'_i 计算网络的点结构熵为

$$H(N) = \sum_{i=1}^{n} I'_i \ln I'_i \tag{2-71}$$

2）边结构熵。服务单元间的正向关系增加企业生态系统网络的稳定性，负向关系则降低网络的稳定性。根据两种不同关系，计算网络中边的负熵流和正熵流。

基于服务单元 i 和 j 间的正向关系强度 $R_p(i,j)$，网络中边的负熵流计算为

$$H_n(E) = -0.5 \sum_{i=1}^{n} \sum_{j=1,j \neq i}^{n} R_p(i,j) \ln R_p(i,j) \tag{2-72}$$

基于服务单元 i 和 j 间的负向关系强度 $R_n(i,j)$，网络中边的正熵流计算为

$$H_p(E) = -0.5 \sum_{i=1}^{n} \sum_{j=1,j \neq i}^{n} R_n(i,j) \ln R_n(i,j) \tag{2-73}$$

综合边的负熵流和正熵流，总的边结构熵计算为

$$H(E) = \delta_n H_n(E) + \delta_p H_p(E) \tag{2-74}$$

满足 $0 \leq \delta_n$，$\delta_p \leq 1$ 和 $\delta_n + \delta_p = 1$。

3）网络结构熵。综合考虑网络的点结构熵和边结构熵，网络的结构熵计算为

$$H = \eta_N H(N) + \eta_E H(E) \tag{2-75}$$

满足 $0 \leqslant \eta_N$，$\eta_N \leqslant 1$ 和 $\eta_N + \eta_E = 1$。

（2）基于结构熵的企业生态系统网络自适应演化　通过计算高端装备企业生态系统网络的结构熵，实时监管网络服务资源并优化网络结构，促使网络结构朝着稳定方向自适应演化，具体过程如下：

步骤1：分析现有服务群体中不同服务单元的即时服务能力，同时考虑不同服务单元之间的交互作用关系，计算网络的结构熵，为网络结构自适应调整提供参考依据。

步骤2：根据研发任务要求，从候选服务单元集合中选择满足服务能力要求的服务单元，作为网络的新增服务功能节点。

步骤3：用新增服务单元取代现有网络中具有相同服务能力的服务单元，构建一个新的网络，并按照步骤1的方法计算新网络的结构熵。

步骤4：比较新旧网络结构熵的大小，若新进成员使现有网络结构熵减少，则由新成员代替旧成员实现网络结构调整；反之，进行步骤2。

3. 企业生态系统网络的协同创新

针对高端装备企业生态系统网络的协同创新，重点关注创新任务的自主协同分配，在资源共享的基础上分析群体内可用资源的种类及数量，进而选择出使群体偏好最大化的任务目标。

（1）创新任务的状态分析

1）服务群体的任务列表生成。由于信息的非对称性，群体内不同成员对任务目标的感知状态存在差异。为刻画不同群体成员对创新任务的感知状态，定义群体的任务感知矩阵 $\mathbf{CTO} = (cto_{ij})_{m \times n}$，其中，$cto_{ij}$ 表示成员 i 对任务 j 的感知状态。$cto_{ij} = 1$ 表示成员 i 感知到任务 j；$cto_{ij} = 0$ 表示成员 i 未感知到任务 j。设 $\mathbf{CTO}_j^* = 1$ 为群体感知任务 j 的判断准则，可以识别群体对不同创新任务的感知状态，进而生成群体的任务列表。

2）服务群体的任务状态识别。服务群体可能感知到一系列创新任务，并依据群体资源对任务的可行性状态进行识别。为刻画群体资源对创新任务可行性状态的动态影响，给出服务群体的任务资源矩阵 $\mathbf{CTR} = (ctr_{ij})_{m \times n}$，其中，$ctr_{ij}$ 表示成员 i 所具备的实现任务 j 的资源条件。由此，群体具备的实现任务 j 的总资源条件为 $\mathbf{CTR}_j = \sum_{i=1}^m ctr_{ij}$。设 $\mathbf{CTR}_j^*$ 为实现任务 j 应具备的最低资源条件，则任务 j 的可行性状态可依据向量（$\Delta\mathbf{CTO}_j = \mathbf{CTO}_j - \mathbf{CTO}_j^*$，$\Delta\mathbf{CTR}_j = \mathbf{CTR}_j - \mathbf{CTR}_j^*$）取值来判定。

（2）创新任务的群体选择　对于处在可行性状态的创新任务集合，可以根据服务群体的任务偏好，选择出使群体满意度最大的任务目标。定义群体任务偏好矩阵 $\mathbf{CTP} = (ctp_{ij})_{m \times n}$，其中，$ctp_{ij}$ 表示成员 i 对任务 j 的偏好程度，则任务 j 的最终可行度计算为

$$f(\mathbf{CT}_j) = S_j(1)\mathbf{CTP}_{ij} = S_j(1)\sum_{i=1}^m w_i ctp_{ij}，其中，w_i = \frac{\sum_{j=1}^n S_j(1)cto_{ij}}{\sum_{i=1}^m\sum_{j=1}^n S_j(1)cto_{ij}} + \frac{\sum_{j=1}^n S_j(1)ctr_{ij}}{\sum_{i=1}^m\sum_{j=1}^n S_j(1)ctr_{ij}} 表示成$$

员 i 在群体中的重要度。这里，$\sum_{j=1}^n S_j(1)cto_{ij}$ 表示成员 i 使群体感知任务目标的信息量，$\sum_{j=1}^n$

$S_j(1)\,\mathrm{ctr}_{ij}$ 表示成员 i 使群体任务目标可行的资源量。任务 j 的可行性判定规则为：仅当 S_j $(1)=1$ 时，有 $f(\mathbf{CT}_j)>0$，任务 j 具有可行性；否则，有 $f(\mathbf{CT}_j)=0$，则任务 j 不可行。据此，群体满意度最大的可行性任务目标为

$$f(\mathbf{CT}_F)=\max\{f(\mathbf{CT}_1),\cdots,f(\mathbf{CT}_j),\cdots,f(\mathbf{CT}_n)\} \tag{2-76}$$

本章小结

本章系统地介绍了智能制造中从研发过程管理、生产过程管理、运维过程管理到供应链管理和企业生态系统管理的关键过程，讨论了实施智能制造全生命周期管理的系统视角和实用方法，旨在为高端装备领域的创新与生产力提升提供坚实的理论基础和实用方法。

在研发管理方面，通过构建高效的研发工程体系，以支持复杂产品的开发为起点，深入研究多源数据驱动的需求管理，基于 IPD 的研发流程分级管理，以及研发项目组合的选择与管理，确保研发过程的科学性和高效性。在此基础上，通过优化产线规划、设施选址及生产组织管理，确保生产流程的合理化和资源的最优化配置，同时结合主生产计划和物料需求计划的制订、生产调度管理、库存管理策略及质量管理系统的革新，进一步提升了生产环节的效率和质量。此外，本章分析了基于时间序列的寿命预测技术、非均衡样本的故障诊断方法，以及质量特性的运维成本预测模型和运维资源调度管理，有效优化了设备维护策略，降低了运维成本。在供应链管理方面，探讨了供应商选择与协同过程管理、供应链定价策略、供应链联合补货与协调策略，以及供应链协同计划，全面提升了供应链的响应速度和整体性能。最后，企业生态系统管理通过介绍高端装备企业生态系统的构成要素与形成过程，分析企业生态系统网络的动态演化，探讨通过协同创新和自适应策略提升网络总体的协同绩效和服务能力，确保了企业在复杂环境中的竞争力和持续发展能力。

通过本章内容的学习，读者应能深入理解智能制造全生命周期管理的复杂性和战略性，获得对智能制造各个管理阶段的深刻洞察，掌握在高端装备领域实施全生命周期管理的关键技术和方法，并理解管理策略如何相互作用并共同推动智能制造过程，具备分析和解决高端装备领域实际问题的能力。

思考题

1. 面对未来市场需求的不确定性，智能制造全生命周期管理应如何增强灵活性和韧性？

2. 结合高端装备的特点，如何理解良好的售后服务在高端装备供应商选择中的意义？

3. 智能制造生产过程应如何通过高度灵活的智能制造系统来实现调整生产计划，确保产品供给与市场需求精确匹配，同时降低库存成本和提高资源利用效率？

4. 在智能制造产品的运维阶段，如何通过物联网技术实时监测设备状态，并结合大数据分析预测潜在故障，从而实现预测性维护，减少非计划停机时间，提高设备运行效率和客户满意度？

5. 作为当今全球制造业发展的重要趋势之一，制造业服务化是指制造业企业为顾客提供更加完整的包括产品和服务的"组合包"。制造业服务化对高端装备定价策略有什么启示？

第3章

智能制造新模式与新业态

章知识图谱

说课视频

3.1 引言

在新一代人工智能技术引领下，全球制造业步入一个前所未有的变革时代，制造业正在由注重规模生产逐渐向以客户需求为中心、保持规模化生产成本优势的前提下实现满足个性化需求的产品生产模式演进。在这一过程中，制造业不仅保留了规模化生产的成本效率优势，更是在此基础上，实现了对消费者多样化、个性化需求的精准响应，开启了一个"以客户为中心"的新时代。这背后，云计算、大数据、5G 通信技术、人工智能及物联网技术的飞速发展和广泛应用起到了决定性的作用，支撑起制造业转型升级的桥梁。云计算以其强大的数据处理能力，为制造业提供了几乎无限的存储与计算资源；大数据技术能够识别生产瓶颈、浪费环节和效率低下的过程，从而实现生产流程的优化和资源的合理配置，提高整体生产效率；5G 技术的超高速度和低延迟特性，为智能制造场景打开了全新的可能性，实现了远程精确操控、实时数据传输与分析，增强了生产的灵活性与反应速度；人工智能的深度学习与智能化决策能力，让生产线具备了自我优化、预测性维护的能力，极大提高了生产效率和可靠性，是实现智能制造不可或缺的技术支撑；而物联网技术，则像一张无形的网，将生产各个环节紧密相连，实现了生产流程的全面透明化，从而促进制造业的数字化、网络化和智能化转型。

在这样的技术背景下，一系列创新的制造模式应运而生，主要包括数字化制造、网络协同制造、新一代人工智能制造、规模定制生产服务、"云平台 +"制造、远程运维服务等。数字化制造是通过集成产品设计、生产、物流和服务全过程的信息技术，实现生产过程的数字化管理，为制造业提供了一个全面、实时的决策支持系统。网络协同制造打破了传统制造企业的地域、时间和组织等物理界限，通过互联网平台将产业链上下游的企业紧密连接，促进了知识与技术的共享，实现资源的高效配置和协同作业。新一代人工智能制造模式使机器能够自主学习、决策和执行复杂任务，从而在提高生产精度、效率的同时，也极大地拓宽了制造的边界，推动制造业实现高度智能化。规模定制生产服务是个性化与规模化生产的完美结合，利用大数据分析预测市场需求，结合智能制造技术，能够在保持规模化生产成本优势的同时，满足消费者的个性化需求，为制造商开辟新的市场空间。"云平台+"制造模式利用云技术整合制造资源，提供弹性、按需的服务，使得中小企业也能享受到先进制造技术带来的便利，云平台作为服务的载体，集成了设计、生产、供应链管理等多种功能，促进资源优化配置，加速了创新周期。远程运维服务模式能够帮助企业远程监控设备状态，预测维护需求，减少因故障导致的停机时间，提高设备使用效率的同时显著降低运维成本。

尤为值得关注的是智能制造的一些新业态也在快速涌现，最典型的新业态就是服务型制造，这不仅是制造业应对市场个性化、多元化需求的有效途径，也是企业寻求差异化竞争、开辟新增长点的关键策略，更是制造业转型升级、迈向高质量发展的必然趋势。服务型制造是制造业向价值链高端延伸的一种表现形式，企业不再仅限于销售产品，而是提供包含产品在内的综合解决方案和服务，它打破了传统制造与服务的界限，围绕产品的全生命周期，提供一体化解决方案和服务，如售后支持、产品升级、数据分析等增值服务，这种新业态不仅增强了客户的黏性，更为企业开辟了新的增长点。

这些智能制造新模式与新业态的崛起，正深刻改变着经济社会的结构，推动着企业从传统制造向智能制造转型。它们不仅提高了企业生产效率和创新能力，还促进了商业模式的创新，推动企业向更加灵活、高效、服务导向的方向发展。通过精准对接市场需求，加速产品创新周期，企业能够更好地服务消费者，增强市场竞争力。同时，这些变革推动了管理决策的智能化与精益化，促进跨界融合与新型服务模式的发展，为经济社会的高质量发展注入新动力。

本章将从智能制造价值网络、智能制造运作模式、智能制造组织模式、服务型智能制造和智能制造新模式新业态下管理创新与变革等方面，系统性地阐述现有的智能制造新模式与新业态的相关概念、体系架构、应用场景、管理创新等内容。通过本章的学习，读者可以深入理解在智能技术支撑下，如何构建一个跨越供应链上下游，集信息共享、资源优化、协同创新于一体的价值创造体系；深入剖析云制造、大规模个性化定制、社群化制造等核心运作模式的特点、技术支撑、实施路径及其对企业效率、成本控制、产品创新的积极影响；探索服务型制造的内涵，了解在智能制造背景下，企业如何从市场的需求出发，拉动后续生产及其管理，实现生产为市场需求服务，从而更好地落实生产运营管理中的精益生产。

3.2　智能制造价值网络

智能制造价值网络是一个复杂系统，由产品创造价值链上的多个不同主体组成，以提升企业的产品质量、效益和服务水平为目标，不同主体通过制造全生命周期过程的数字化、网络化和智能化过程产生连接，推动制造业向创新、绿色、协调、开放、共享的方向发展。智能制造价值网络的核心在于不同价值创造主体通过智能技术创新实现制造过程的全生命周期优化，本节重点介绍智能制造价值链重构、智能制造产业链演化及两者的融合创新。

3.2.1　智能制造价值链

1. 价值链与全球价值链

（1）价值链（Value Chain）　价值链由迈克尔·波特（Michael Porter）教授于1985年在其著作《竞争优势》中提出。波特教授认为"企业内外价值增加的活动可分为基本活动和辅助性活动，包括企业生产、销售、进料、发货及售后等多个环节，这些互不相同但又相互关联的生产经营活动构成企业价值创造的动态过程，并将其命名为价值链"。波特教授所定义的价值链通常被认为较偏重于以单个企业观点来分析企业的价值创造活动及企业与供应商、顾客可能的链接。伴随企业商业模式的演化和创新，不同类型的公司价值链存在较大差异，如制造与零售型企业。通常而言，制造型企业的价值链由研发、中试、制造、营销与服务等基本活动及人力资源管理、财务管理与供应链管理等支持活动构成，如图3-1所示。

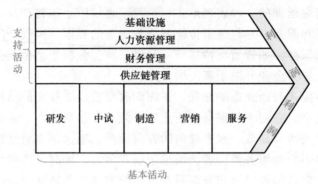

图 3-1 价值链示意图

（2）全球价值链 伴随着全球市场一体化的进程不断加快，价值创造过程分工日益深化和细化，企业在形成最终产品的过程中，可充分利用价值环节比较优势来完善自身的价值体系，通过交易行为完成价值循环的全过程。从世界经济运行动态特征出发，从全球空间范围视角研究生成活动布局，全球价值链概念开始被广泛接受。全球价值链分工理论解释了价值链的设计、生产、组装、营销、售后服务等一系列环节，可在跨国公司主导下在全球进行跨地域布局。全球价值链是全球经济循环中最为关键的链条之一，随着全球生产网络、新一代信息技术革命及新一轮产业变革的推动，其已经成为世界经济的一个显著特征。

2. 价值链数字化重构

自20世纪90年代以来，互联网、大数据、云计算、人工智能等数字技术持续发展，不仅加快了世界范围内商品和服务的流动，同时也改变着生产方式与全球市场的要素配置，推动全球价值链分解成多个独立的价值环节，进而表现为基于数字技术的产业模块化发展与企业专业化生产。在价值链数字化重构过程中，呈现出如下特征：

（1）数据要素引领 数据作为生产和创新要素将产品研发、制造、服务、监管等多个系统的治理对象统一，数字要素化与数字技术赋能正在拓展传统产业边界，推进数字技术与价值链深度融合，引领传统产业转型升级。数据要素的嵌入为传统生产要素注入了新的活力，使得生产环节能够实现降本增效，特别是人工智能等数字技术在生产制造等领域的应用，进一步强化了规模经济效应，也在制造环节创造更高的附加值。在当前数据成为重要战略性资源的情况下，数据科技的引领者将在价值链竞争中占据更加主动的地位，比追随者和非采用者表现出更大的生产力优势。

（2）价值曲线演化 数字技术的应用带来生产资料与劳动者的结合方式变化，优势集聚、降低成本等方式给价值链带来了高附加值，促使价值链的"微笑曲线"，如图3-2所示，向两端延伸与扁平化，甚至演化为"武藏曲线"，如图3-3所示。"微笑曲线"的核心观点是在价值创造过程中附加值更多体现在两端即设计和销售，而处于中间环节的制造附加值最低。企业应该通过创新和品牌建设来提高产品或服务的附加值，而不是仅仅依赖于成本竞争。与传统的微笑曲线相反，"武藏曲线"基于对日本制造业的研究表明在制造业的业务流程中，组装和制造阶段的利润较高，而零件、材料及销售和服务的利润较低。

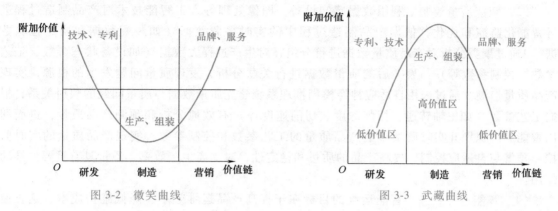

图 3-2　微笑曲线　　　　　　　　　　图 3-3　武藏曲线

（3）参与主体多元　数字技术的应用降低了对传统生产要素的依赖，传统的要素禀赋优势如自然资源、劳动力成本等在数字技术的支持下变得相对次要。与此同时，数字技术发展降低了全球价值链的参与门槛，为中小型企业和个体提供了更多的参与机会，使得生产过程可以分布至多个国家或多个区域完成，这可能导致国际生产结构进一步碎片化，中小型企业和个体成为重要的生产者和服务提供者，增加了全球价值链的多样性和灵活性。

3. 智能制造价值链实施路径

智能制造价值链是以智能互联产品作为价值载体，围绕产品研发、生产制造、质量控制、运维服务等产品全生命周期的一系列价值增值活动，通过集成信息技术、自动化技术和人工智能等先进技术整合相关价值主体和制造资源，实现制造过程的数字化、网络化和智能化及工业全业务流程的闭环优化，从而提高生产效率、降低成本、提升产品质量和创新能力。智能制造价值链需要从系统的角度，整合跨产业链、跨价值链的价值主体，自主集成多层次多维度价值要素，整体优化和深度协同价值链，从而实现价值链网络化调控。智能制造价值链通常需要实施以下关键技术和价值创造活动：

（1）多源数据驱动的产品研发　在产品研发阶段，通过大数据技术与机器学习技术对产品制造、产品使用与维护过程、互联网客户评价数据进行分析与挖掘，理解用户需求、行为及偏好，并将其融入产品与服务的设计过程，形成一种动态数据驱动的生命周期设计模式，帮助企业快速响应消费者需求、缩短产品研发周期、提升市场竞争能力。采用知识与流程驱动的数字孪生技术等工具，实现产品设计的数字化和可视化，动态地识别产品需求与产品功能、产品功能与设计方案、历史设计方案与新一代产品设计方案等之间的关联关系和隐性知识，为设计者提供一个最优的设计方案范围，以提升产品与服务方案设计和方案评价过程的智能决策能力。

（2）实时数据驱动的生产优化　利用计算机技术和虚拟现实技术，将实际生产工艺过程模拟成虚拟环境，以此来验证工艺流程的可行性，提前发现并解决潜在的问题，从而大幅提升生产效率。在生产过程中，基于三维产品数字模型，通过智能传感器、数控加工设备与机器人等装备实现生产设备的互联互通，对海量、多源、异构制造数据的主动、实时跟踪，进而对生产过程进行全方位监控，实现生产过程的自动化和智能化，提高生产效率。通过分析制造数据以及制造数据与其他生命周期阶段数据的关联关系，对车间运行状态及生产性能指标的演化规律进行动态预测,实现生产过程的自适应、自组织,以及生产性能指标的动态优化。

(3)智能质量控制 利用数据感知设备、图像处理等人工智能技术对产品制造过程进行智能化监控和优化,依据产品制造过程中的实时多源数据(如装配数据和质量检验数据),通过聚类分析对产品质量数据进行分组,对生产过程大数据(如设备状态参数、工艺参数、控制参数等)与聚类后的质量数据进行关联分析,发现质量问题发生的根源,实现产品质量追溯。通过采用自适应神经模糊推理系统建立质量数据与质量问题的映射关系,根据工艺参数(如主轴转速、切削深度、切削速度等)有效地分析和预测产品质量,进而利用智能算法识别并实时调整影响产品质量的工艺参数和控制参数,实现产品质量的实时监控、预警与自适应控制,提高产品的质量和稳定性,对提高生产效率、质量具有重要的推动作用。

(4)智能运维服务 智能运维的目标在于提高产品运维效率、降低维护成本、延长使用寿命,并确保其始终处于最佳的运行状态。通过传感器、日志和其他数据收集手段,实时监控产品的运行状态,包括温度、压力、振动、声音等参数,基于实时的运维大数据分析和诊断模型识别异常事件,实现对时空异常模式的产品进行远程在线诊断,如是否需要更换部件、调整参数或进行其他维护操作。分析各生命周期阶段数据与故障的关联关系,发现故障与数据的关联规则并建立关联模型,基于关联分析的结果,识别影响故障的因素,并预测故障的出现时间和产品的剩余寿命等,以提升运维服务的质量和效率。

3.2.2 智能制造产业链

1. 供应链与产业链

与价值链相比较,供应链更关注企业与供应商、企业与客户之间形成的前向与后向关系,更加关注围绕核心企业的网链关系。供应链一般指围绕核心企业,通过对信息流、物流、资金流的控制,从采购原材料开始,制成中间品及最终产品,并通过销售网络将产品送到消费者手中,将供应商、制造商、分销商、零售商、用户连成整体的功能网链结构,如图3-4所示。

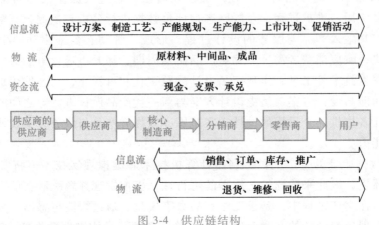

图3-4 供应链结构

产业链是由具有产业关联的产业及其企业组成的战略联盟关系,其中,产业关联可表现为上下游的纵向关联、按需合作的横向关联及时间次第性和空间区位指向性的时空关联等。

图 3-5 所示为航空发动机产业链示意图。

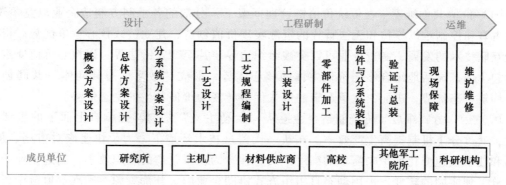

图 3-5　航空发动机产业链示意图

2. 产业链数字化转型

新一代信息技术革命下，数字技术进步成为全球产业链分工演进的重要驱动力，数字技术支撑产品生产在全球范围内的产业链内进行分解和重构，全球产业链分工格局从垂直专业化向网络连接转变，极大地推动了全球产业链数字化转型。具体来看，数字技术推动全球产业链数字化转型主要表现为以下三种效应：

（1）网络连接效应　数字基础设施实现海量数据快速对接和共享，打破制度环境和商业环境对企业融入全球分工网络的"桎梏"，缩短传统的时间和空间上的"距离"，通过拓展融资渠道、减少信息不对称、加速技术和商业模式扩散等，为企业嵌入全球价值链与产业链生产提供机会。数字技术和数字平台实现更大范围的资源配置，生产端的需求方、服务方和供应方资源接入共享平台，虚拟数字映像的建立能够实现生产过程中要素供给和需求方的精准匹配。

（2）渗透赋能效应　数字技术渗透智能产品的研发、生产、销售等诸多环节，推动制造过程的数字化、网络化和智能化，实现生产流程的数字化转型，提升了远程协作的分工效率。数字技术通过实现智能感知、柔性生产，提高产品差异化特性，物联网与区块链提升生产、物流和交付的效率，推动全球价值链网络深化。数字平台创新全球价值链治理结构，以虚拟中介取代实体中介，创新双边市场交流机制，通过买方直接向制造商进行需求反馈加快产品研发。

（3）价值创造效应　数字经济发展改变产业组织范式，数据产品、数字服务及数字技术越来越多地作为中间投入品参与到全球价值链分工环节，数字平台为全球产业链与价值链上双边或多边的匹配交易和价值创造提供载体。新技术极大地拓展了技术和服务的可贸易性，专业化程度的提升实现范围经济和规模经济，进一步推进服务业全球价值链分工，催生新兴业态和创新传统产业的关联配套服务，推动全球产业链与价值链分工的不断细化和深化。

3. 智能制造产业链演化特征

在数字经济背景下，新一代信息技术与先进制造技术相互融合，以数据资产为基础、以数字平台为载体，对制造产业链、供应链进行重塑，在产业链组织形态、商业模式、成本构成方式、新旧风险转换等方面产生变革，通过产业链各环节的虚实交互、各节点的互通互联，进而形成智能制造产业链。具体而言，以智能制造企业为核心企业所构成的产业链统称为智能制造产业链，其在价值创造、运行机制、决策体系等方面呈现出以下特点：

（1）价值共创维度　在传统价值链管理框架下，分散的各承制方制造企业以竞争逻辑，通过占有和控制难以模仿和无法替代的资源实现价值创造，建立链式核心竞争优势。得益于智能互联技术的发展，制造企业可以突破组织边界，甚至产业链边界，以核心价值要素为整合发起主体，灵活地组合不同价值主体的核心优势，形成"数字生态共同体"共同创造价值、构筑生态优势，进而由竞争逻辑的链式优势转变为价值共生的生态优势。

（2）运作方式维度　传统制造企业遵从"泰勒主义"理念，强调自上而下的生产组织方式，通过分工机制提高生产效率。在新一代信息技术环境下，为了快速应对市场、用户、产品和技术快速变化所带来需求的高度不确定性，为获得较高的组织效率，制造企业必须完成从分工到协同的转变，采用动态自组织方式协同企业内、外部资源，实现价值链中各项活动的无缝协作，从而构建高效协同的价值链。运作方式由自上而下的分工方式转变为动态自组织的协同方式。

（3）决策体系维度　决策主体层次化的决策结构导致制造企业仍采用集中式决策方式，通过逐步集成各层级的决策信息，最终形成决策方案，具有长链条低频次的特点。面对动态环境带来的复杂性、多变性及不可预测性，智能制造需要各决策主体间的决策链路进一步压缩，决策频率进一步提高，产品设计、生产工艺、排产计划、制造执行等主要决策自动生成下发，以响应高频和实时决策的需求，将长链路、低频次的集中决策转变为短链路、高频次的分布决策。

3.2.3　智能制造价值链与产业链融合创新

1. 智能制造价值链与产业链融合路径

通过组织形态变革、商业模式变革及成本构成方式变革等方式实现智能制造产业链与价值链融合。

（1）组织形态变革　传统产业链需要考虑地理位置距离带来的交易成本增加的问题，进而在产业合作过程中会优先考虑在产业链内招商为本地区企业进行服务配套。智能制造价值链中的各价值创造环节与企业基于信息技术和互联网平台，能够突破地理位置的约束产生虚拟网络空间组织，产业链中的空间链形成实时、全球化的空间集聚效应和网络协同效应，模糊了产业、行业及企业边界，扩大了合作范围，增加了跨部门、跨行业、跨国界及跨链融合的可能性。在数字化转型的机制下，产业链供应链逐步向平台化、全球化、服务化、柔性化转变，最终形成智能制造产业链价值生态圈。

（2）商业模式变革　数字经济中的数字化、网络化、智能化技术与制造业产业链的渗透融合催生制造业服务化转型，重塑产业链内价值创造的分工逻辑、运作模式，实现产业间的功能互补与跨界协同，进而形成新的业态与商业模式。制造企业秉持服务主导逻辑的商业模式，这与传统制造企业的商品主导逻辑的商业模式不同。以研发设计环节为例，在传统制造企业中，消费者通常被排除而非嵌入在价值创造过程中。在智能制造产业链价值创造环节，消费者可基于产业互联网、数字化平台等载体，在研发设计环节参与到价值链的设计中，消费者也成为价值共创者。在生产制造环节，能够实现规模定制化的柔性生产和共享制造。

（3）成本构成方式变革　从产业链的各环节来看，数字技术引起了成本构成方式的变革效应。智能制造中的数字技术能够渗透到价值链中的各个环节，如设计研发、生产制造、营销管理等，通过降低信息不对称程度及突破地理空间局限，极大地降低产业链内及产业链间各个企业和行业之间的沟通成本与交易成本。又如生产环节可基于标准化与个性化生产并存、范围经济效应与规模经济效应放大等，降低企业参与全球价值链各环节的成本。数字技术通过降低资产专用性间接降低交易成本，通过产业融合数字技术使得原本只能用于某一产业的资产也可以用于其他产业，进而降低交易成本。

2. 智能制造价值链与产业链融合收益

智能制造价值链是企业在面临日益激烈的市场竞争环境下，提高生产效率、降低成本、提升产品质量和创新能力的重要途径。与此同时，产业链拥抱数字技术，通过持续加强网络链接、渗透赋能与价值创造实施数字化转型。企业与产业积极拥抱智能制造，重构与优化智能制造价值链，融入智能制造产业链转型浪潮，持续提升运营能力以构建竞争优势，加速形成新产业、新业态和新模式。

（1）形成新产业 产业发展是新技术转化为生产力的承载和表现，是科技创新促进新质生产力发展的必然路径。智能制造通过对复杂装备、复杂产品，在全生命周期中加工、装备等环节的制造活动，并进行知识学习、信息感知与分析、智能决策与执行，实现制造过程、制造系统与制造装备的知识推理、动态传感与自主决策。产业链中的不同价值创造主体通过对智能制造科技创新成果的应用转化，对传统制造价值链环节进行改造升级，提升智能制造对制造业优化升级的科技供给能力和基础支撑能力，培育壮大高端智能装备、工业机器人、工业软件、增材制造等新兴产业。

（2）形成新业态 智能制造的发展得益于互联网、物联网、大数据、5G和人工智能等技术的融合与应用，这些技术为制造业提供了前所未有的智能化水平，使得生产过程更加自动化、灵活和高效。智能制造价值链与产业链的深度融合，推动了传统制造业向更加智能、高效和绿色的方向发展，很多传统产业形态出现了新的变化，形成了新的业态。通过智能化的生产线和系统实现高度自动化和柔性化的生产，离散型制造更加智能化；结合物联网、大数据分析和云计算等技术，智能制造能够提供设备的远程监控、维护和优化服务，提高了设备的使用效率和可靠性，形成了智能运维服务。

（3）形成新模式 聚焦企业、行业、产业转型升级需要，围绕车间、工厂、供应链与产业链构建智能制造服务，通过新一代信息技术与价值链环节全过程、全要素深度融合，推进智能制造技术突破和工艺创新，推行精益管理和业务流程再造，实现泛在感知、数据贯通、集成互联、人机协作和分析优化，建设智能场景、智能车间和智能工厂；面向产业链实施多场景、全链条、多层次应用，引导龙头企业建设协同平台，带动上下游企业同步实施智能制造，打造智慧供应链与产业链，加快形成数字化制造、网络协同制造、大规模定制、共享制造等新模式。

3. 智能制造价值链与产业链融合实践

为了说明智能制造价值链与产业链的融合过程，现以高端装备设计制造业务过程协同为例。高端装备制造产业链系统包含研究院所、主机厂、承制厂、原材料厂、备品/备料厂等相关利益方的价值主体，产品、工艺、生产、检验等业务环节的价值创造资源，以及方法工具、标准、工程数据库及应用等多方面的数字技术要素，共同构成高端装备价值链与产业链融合的组织协同、过程协同和资源协同，如图3-6所示。

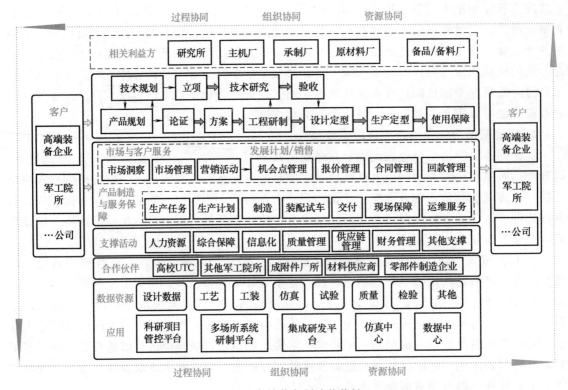

图 3-6　高端装备制造价值链

　　通过打通高端装备制造价值创造链条的核心环节,高端装备制造企业、供应商、销售商和服务商在协同过程中,运用数字技术实现内部组织结构、流程、能力调整的同时,推动外部关联与合作关系,更好地融入全球组织制造与服务资源,缩短了高端装备制造周期,显著提高了高端装备制造业的资源利用效率,从而引发高端装备制造业在产品设计、技术研发、生产、使用与维护、制造与服务资源组织、业务模型创新与企业生态系统重构等诸多方面发生深刻的变革。

　　(1)组织协同　高端装备产品从顶层设计到零部件制造,正经历着从厂所分工到全产业链协同的转变,横向实现协同业务过程端到端拉通的组织集成,实现价值链上各项活动的无缝协作,从而构建高效协同的价值链。在此背景下,高端装备的协同研制体系管理需形成以业务过程为依托的集成平台,通过项目牵引、总体设计推动、总装拉动模式实现数字化协同研发,如图 3-7 所示。

　　一方面,由若干研发单位、承制单位及其供应商构成面向应用的跨组织单元系统。例如,以高端装备总承单位为依托的设计单元,以零部件详细设计与制造为目标的设计、工艺、制造、装配、试验一体化集成单元,以总装单位为依托的总装试车单元等,形成贯通产品零部件级或系统级的设计单元-零部件级制造单元-产品级总装试车单元的供应链集成体系,实现协同研制过程的基本组织集成;另一方面,基于集成协同平台的分布式数字定义功能,实现项目管理在整个产品生命周期内的管理和控制,通过各设计单元、制造单元及总装试车单元间跨组织、跨地域的业务管理能力,实现异构应用系统间的数据集成和过程集成,确保项目管理、生产质量管控等实现集成。以飞机制造为例,通过数字化关联模型,可构建

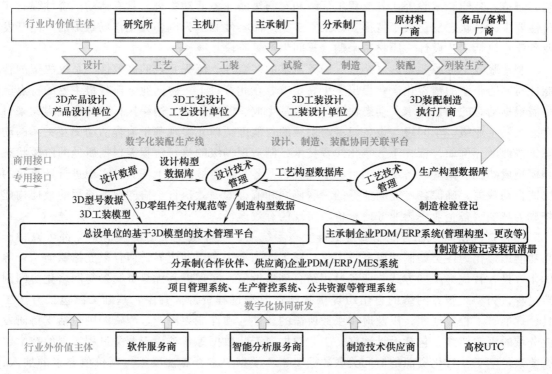

图 3-7 基于制造主体的组织协同

形成包含总设单位的基于 3D 模型的技术管理平台，主承制厂基于 3D 模型的设计制造协同关联平台、主承制厂的 PDM/ERP（产品数据管理/企业资源计划）系统、分承制厂的 PDM/ERP/MES 系统和主承制厂数字化装配生产线等，除了包括对产品数据、管理数据和资源数据等技术状态管理功能外，同时还涉及需求管理、计划管理、技术状态管理等业务域，确保与项目管理、生产管控、公共资源等管理业务实现集成与整合；此外，软件服务商、智能分析服务、制造技术供应商等跨行业价值主体在需求主导下融入智能制造价值链中，支持参与主体动态合作的服务生态系统构建，为价值链生态系统内参与主体围绕高端装备研发、生产、运维和供应链管理等细分服务领域实现群体价值共创和价值整合提供了有效保障。

（2）业务过程协同 高端装备设计制造一体化协同场景可分为跨领域、跨行业、跨区域的流程价值场景和生产经营的工作场景两类。站在高端装备技术体系与产品谱系发展的角度，高端装备的研制存在着技术开发、产品开发等多类型技术成熟度的价值场景，是由多个相互关联的不同层次的流程活动组成的业务网络，是产业链中跨产品供应链企业和制造企业中多领域职能部门活动的集合。价值场景作为产业链中多类型协同主体间价值实现的实例化路径，涉及高端装备生态级和产业级的产品设计与配置、制造资源组织、用户运营和价值管理等业务领域，是协同业务流程构建的核心驱动力。以全新研制的军工类产品为例，其价值场景下的产品开发业务流程涉及论证、方案、工程研制、状态鉴定、列装定型等流程环节。其中，在技术验证机、工程验证机或原型机阶段，均会产生多个批次、台份的跨厂、所、供应商等多价值主体间的迭代优化过程。而站在单台份产品研制的角度，产品研制则存在着业务活动间资源、信息、功能等交互耦合的工作场景，是由各组织部门单元间相互联系、相互协作构成的。在工作场景下，协同业务流程主要由一系列生产经营活动构成，涉及设计、工艺、制造、装配、试验等业务流程工厂级和车间级的业务活动集合，具有活动耦合性强、实时性要求高、状态变化快等特征。以某军工类产品零件制造为例，其工作场景下的产品开发业务流程包括工艺设计、原材料采购、车间生产等阶段。

制造服务中资源要素的复杂性、服务需求的多变性、流程实现的高效性、系统决策的智能性对制造企业的精益化运营提出了更高要求。在此背景下，协同业务流程最主要的特点就是需根据动态的场景需求，动态快速重构云端生成、云端下发、边缘执行的业务流程，来自生态级、企业级、车间级、设备级等跨层级的智能虚拟单元实现基于流程活动交互关系的动态集成调度。例如，依托于数字化线程技术，制造现场级的执行流程需根据所处的阶段状态和模型成熟度、高端装备型号项目的层级关系及各专业领域的分工任务，实现进行场景化的快速自动裁剪，确保各专业间业务的关联协同和流程的高效执行。协同业务流程的敏捷构建将成为高端装备企业主导业务流程价值实现的有效途径。

（3）资源协同 在智能制造价值链生态系统下，产业链上下游的制造企业都可以将产品功能虚拟化为各类型制造服务，不仅打通了产品全生命周期边界，而且以支撑赋能、资源优化或投入替代等不同方式与业务过程结合创造价值，实现以其优势资源参与网络化协同制造过程，为动态服务网络的自组织提供基础资源和过程资源。其中，基础资源包括方法工具、标准、工程数据库，以及应用服务所需的软件、硬件能力等，过程资源则包括支持研发业务域的资源要素，包括设计数据、工艺数据、工装数据等各项用于业务过程实现的技术数据要素。基于社会化资源的协同关联数据要素、模型要素、算法要素等新价值要素的加入，为实现智能制造的模型设计和信息共享平台提供了坚实的基础。

高端装备设计制造一体化协同研发过程涵盖了客户需求、方案设计、三维数字化模型、工艺设计、工装设计、装配数据、仿真数据、检验数据等数据要素信息，是多领域、多类别、多模态工程特征语义信息的综合集成。基于各资源要素的耦合交互关系，高端装备产品实现设计制造协同过程各阶段信息的保真传递与完整共享。通过采用基于模型的定义（Model Based Definition，MBD）统一设计与制造的数据，实现了设计制造过程的数据集成，允许数据在不同对象间进行关联，主要包括产品间、工艺间及产品与工艺间的数据资源关联。这些数据必须通过集成、共享、封装来支持协同设计制造，通过云计算技术进行存储从而形成集中资源和分散管理的协同资源管理模式。例如，在设计前端，基于模型的设计围绕3D数模的几何模型展开，以设计单位为主导，开展设计内部之间气动、结构、强度、传热等专业的协同，并基于3D几何模型开展关联环境约束下的仿真验证。在满足设计性能及达到相关成熟度的前提下，设计数据进入PDM系统，由设计部门进行数据发放。此时，基于模型的设计围绕设计单位与制造单位双方开展协同工作，主要基于对设计可制造性及工艺可达性进行验证，同时对长周期件提前生产准备，包括原材料采购、毛坯准备、工装派制等。在生产过程中，基于模型的设计，围绕制造单位内部工艺、工装、加工等环节的协同，开展不同工艺、工种间的资源要素并行协同。上述用于业务过程实现的技术数据要素是伴随着从产品设计开始贯穿于设计、制造全过程的业务流程而开展多组织主体间的纵向协同，构成过程数据资源。方法工具框架包含3个层级，分别是业务域层级、方法层级、工具层级。在业务域层级中可以进一步细分为设计业务域、试验业务域、制造业务域、材料业务域及其他相关业务域。对于方法工具框架中的每一个业务域，均可以按照方法、工具两个层级细化、展开。而标准框架、工程数据库等则构成基础数据资源。其中，标准是科学、技术和实践经验的总结，为高端装备研制提供产品研发活动或活动结果应遵循的规定和准则；工程数据库包括产品研发活动产生并经过验证的数字、文字、图形等结果，是支撑产品研发流程运行的工程数据和知识经验的集合。

3.3 智能制造运作模式

说课视频

随着智能制造的不断发展，出现了五种新型智能制造运作模式：云制造、大规模个性化定制、社群化制造、网络协同制造和共享制造。这些运作模式在推动制造业的转型升级和满足消费者多样化需求方面发挥着关键作用：云制造通过云平台实现全球范围内的资源共享和协同；大规模个性化定制允许消费者根据个人需求进行产品定制，同时实现大规模生产；社群化制造通过互联网和社交媒体平台将制造企业和消费者联系起来，形成一个共同的创新和生产社群；网络协同制造通过协同平台实现多个制造企业之间的协同合作和资源共享；共享制造基于共享经济模式，通过共享制造设备和资源促进资源的最大化利用和协同创新。这五种新型智能制造运作模式的兴起使得制造业能够更加灵活、高效地满足不断变化的市场需求，推动了制造业向数字化、智能化和服务化的方向发展。

3.3.1 云制造

1. 云制造概念

云制造是一种基于网络的、面向服务的智能制造运作新模式。通过对现有网络化制造与服务技术、软件即服务（Software-as-a-Service，SaaS）等进行延伸和变革，将各类制造资源（包括制造硬物理设备、计算与通信系统、软件、模型、数据和知识等）虚拟化、服务化，并进行统一、集中的智能化管理和经营，实现智能高效、多方共赢的共享与协同，为制造全生命周期过程提供随时可获取、按需可用、安全可靠、质优价廉的服务。

2. 云制造体系架构

云制造系统由制造资源和制造能力、制造云、制造全生命周期应用三部分组成。它涉及三种关键用户角色：制造服务提供者、制造云运营者和制造服务使用者。云制造的概念模型如图 3-8 所示，系统的运行部分包括一个核心支持（知识）及两个关键过程（接入、接出）。

云制造系统的体系结构可分为以下几个层次：

1）物理资源层：负责物理制造资源的接入和互联，为云制造虚拟资源封装和调用提供接口支持。

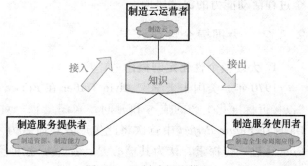

图 3-8　云制造概念模型

2）云制造虚拟资源层：将各种制造资源虚拟化以形成虚拟制造资源，并将其封装到云服务中，在调用时释放。该层提供云访问技术、云服务定义、虚拟化技术和资源分配等功能。

3）云制造核心服务层：面向云制造的各种用户，提供核心服务，包括集成管理、用户管理、系统管理、云服务管理、数据管理、云服务发布管理等。

4）应用接口层：为特定的制造应用程序领域提供专业应用程序界面和管理界面，包括用户注册和身份验证等功能。

5）云制造应用层：面向制造业各领域的用户，通过门户网站和各种用户界面访问和使用云制造系统的各种云服务。

3. 云制造特点

云制造引领制造业向数字化、智能化、灵活化和服务化方向发展，为推动制造业转型升级和提升竞争力注入新活力。在数字化基础上，云制造展现出一系列显著特征：

（1）虚拟化与可扩展性　云制造运用虚拟化技术将各项制造资源（设备、工具、数据等）转化为可动态扩展或收缩的服务，以满足实时需求。

（2）智能化与数据驱动　云制造依托物联网、大数据和人工智能等技术，实现对制造过程的智能监控、优化和预测，通过数据驱动提升生产效率和质量。

（3）安全性与隐私保护　为确保制造数据和知识的安全性与隐私保护，云制造采取严密的安全措施，防范信息泄露和网络攻击，保障生产安全。

（4）合作与共享　云制造促进制造资源之间的合作与共享，实现资源的最优配置和利用，降低了制造成本并提升了效率，推动了产业链协同发展。

4. 云制造应用案例——航天云网

"航天云网"是中国航天科工集团公司基于云制造理念、模式、技术手段和业态，研究开发成功的一种"智慧制造系统"雏形。该系统包括三类制造云（网）：专有云网、公有云网和国际云网，这三类制造云网分别面向不同的需求群体。

一是"航天（专有）云网"，针对航天科工集团自身装备制造转型升级的战略需求，基于航天科工集团专网开发并成功运营的面向航天复杂产品的智慧云制造服务平台/系统；二是"航天（公有）云网"，面向社会各类大中小制造企业转型升级的战略需求，服务于中国全社会各类制造企业和产品用户；三是"航天（国际）云网"，面向国际各类大中小制造企业转型升级的战略需求，服务于国际各类制造企业和产品用户，实现全要素资源共享和制造全过程活动能力的深度协同。

3.3.2　大规模个性化定制

1. 大规模个性化定制概念

1970 年，美国未来学家 Alvin Toffler 在 *Future Shock* 中提出了一种全新的生产方式设想："以接近标准化生产的成本和时间，来满足客户对产品或服务的特定需求。"1987 年，Start Davis 在 *Future Perfect* 中首次将此生产方式命名为 "Mass Customization"。1993 年，B. Joseph Pine II 进一步探索，认为其核心是产品或服务种类的多样化和定制化增加，而相应的成本不增加，以提供战略优势和经济价值。

大规模个性化定制（Mass Customization，MC）是指企业在质量、交付周期、生产效率等约束下，优化重构产品流程，以大批量生产的低成本为客户提供个性化定制产品的一种生产运作模式。作为智能制造的五种新模式之一，大规模个性化定制的生产方式综合了时间竞争、精益生产和微观销售等管理思想的精髓，具备了超越以往生产模式的优势，更能适应经济国际一体化的竞争环境。

2. 大规模个性化定制体系架构

MC 的业务流程包括需求识别、需求评估、研发设计、物料采购、营销销售、生产制造、物流配送、售后服务等主要活动，图 3-9 所示为大规模个性化定制体系架构。需求识别活动位于生命周期中的互动环节和系统层级中的企业和协同层。企业通过与客户的交互，获取并分析产品需求信息，分配任务给相应的资源，例如，外观类需求匹配到设计资源，功能类需求匹配到技术资源等。需求评估活动位于生命周期中的互动、设计环节和系统层级中的企业层。企业对产品需求进行分类与聚类，依托知识库来评估是否有足够资源来满足客户需求。

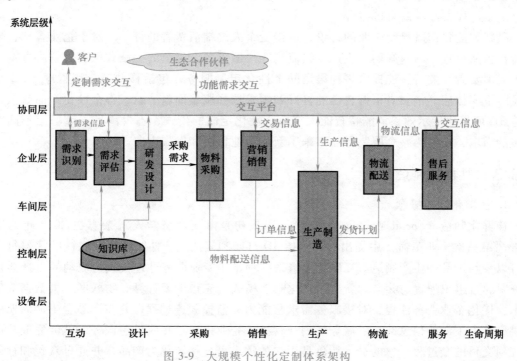

图 3-9　大规模个性化定制体系架构

3. 大规模个性化定制特点

MC 通过大规模生产定制产品，以低成本、高效率满足顾客多样化需求，其特点具体包括以下几方面：

（1）模块化的产品设计　MC 企业具备敏捷的产品开发设计能力，即快速响应市场变化和机遇的能力。通过设计产品族和并行的开发方式，实现零件和工艺的通用化、产品的模块化，从而减少重复设计，使新产品能够快速上市。

（2）柔性化的产品制造　传统的刚性生产线只适用于单一产品的生产，难以满足多样化和个性化的制造要求。MC 企业具备柔性的生产制造能力，能够快速调整以适应不同的加工任务和生产环境变化，实现多品种、中小批量生产。

（3）协同化的全过程管理　MC 依赖现代信息技术建立网络化智能化协同化的管理系统，从而有效管控和协调供应链管理与生产过程，确保原材料和零部件的及时供应，提高生产效率，降低生产延迟和成本。

（4）个性化的服务体验 MC 注重提供个性化服务和优质的客户体验。满足客户需求的关键是了解客户的个性化需求并将其转化为功能需求。无论哪个环节，MC 企业都与客户进行密切的沟通和协作，确保产品能够满足客户的个性化需求，提高客户满意度和忠诚度。

4. 大规模个性化定制应用案例——青岛酷特智能 C2M 商业生态模式

青岛酷特智能股份有限公司（以下简称"酷特智能"）是中国最大的大规模个性化定制服装制造商之一，旗下拥有"酷特云蓝""红领"等子品牌。酷特智能最初是一家传统服装制造商。由于市场价格竞争激烈，酷特智能于 2003 年开始探索将其商业模式和业务重心转向大规模个性化服装定制。经过多年的研发和实践，公司成功地构建出了基于"互联网+工业"的消费者驱动工厂定制（Customer to Manufactory，C2M）商业生态新模式，实现了个性化定制与规模经济的有机结合。

酷特智能目前既接受企业的订单，也接受个人终端消费者的订单。对于企业客户，酷特智能提供从设计、材料采购、生产、物流到客户服务各个环节的一站式供应链解决方案。对于个人消费者，酷特智能提供多种渠道的个性化定制服务，包括移动端应用程序、PC 端网站及线下实体店。消费者根据自己的喜好和需求选择服装面料、款式等个性化产品参数，并预览 3D 可视化展示效果。酷特智能大规模个性化定制的模式，不仅满足了市场上不同客户群体的需求，而且为整个服装行业带来了新的商业机遇和发展方向。

3.3.3　社群化制造

1. 社群化制造概念

社群化制造（Social Manufacturing）一词最初是由《经济学人》杂志在 2012 年的专题报告"第三次工业革命"中提出的，意指 3D 打印和其他生产性服务的在线社区使得每个人都可以参与产品的生产制造。社群化制造是一种基于专业服务外包模式为驱动的、社会化服务资源的自组织配置与共享的新型网络化制造模式。它借助云计算、物联网、大数据等信息技术，优化企业业务流程，对接服务需求与能力，监控服务过程，并在产品全生命周期中实现供应链上下游的信息共享、服务规划与管控。企业仅通过在线外包服务，就能完成从产品设计到交付的全过程。它的最大特色是用户的需求可直接转化为产品，并通过众包和社交媒体等方式让用户充分参与产品的全生命周期的制造过程。

2. 社群化制造体系结构

社群化制造集结了海量的分散的制造资源，通过订单驱动的利益均衡与管控机制整合资源服务能力。从系统构建与运行的角度，社群化制造体系自下向上划分为四层，从社会化资源层的资源虚拟化，到节点配置层的智能化配置，再到整合优化层的资源整合与协同优化，每一层都发挥着不可或缺的作用。最终，应用层将各方参与者紧密连接在一起，共同推动产品的全生命周期制造与交付。社群化制造体系通过四层结构的协同工作，构建了一个高效、灵活且具备高度扩展性的运营网络，如图 3-10 所示。

社会化资源层拥有各类有形和无形的制造资源，通过统一的信息模型和信息接口实现资源的虚拟化，为后续的资源整合与配置奠定基础。节点配置层借助先进的信息物理技术，对制造资源主体进行智能化配置和封装，形成具备自感知、自交互与自运行能力的节点，实现多制造资源主体间人-机-物的信息、物理和社交互联。整合优化层分成三个阶段，第一阶段

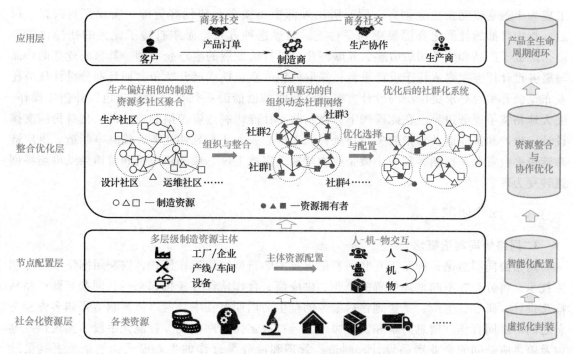

图 3-10　社群化制造体系架构

通过挖掘制造资源之间的生产关系，将生产偏好相似的制造资源多社区聚合；第二阶段根据订单驱动的制造历史和兴趣，将共同制造兴趣和社交活动的资源拥有者紧密结合，构建自组织动态社群网络；第三阶段依托产品订单和需求能力匹配，组合社群和社区，形成社群化制造系统，通过社区内外的竞争与利益博弈，实现资源节点的优化选择与配置。应用层支持客户、制造商、供应商等各方在社群化制造系统下完成产品全生命周期的各项业务，确保个性化产品的制造与交付。

3. 社群化制造特点

社群化制造作为一种新兴的制造模式，呈现出多个鲜明的特点。

（1）资源社会化配置　通过将社会化制造资源和小微企业融入生态企业圈，企业更加灵活、敏捷，可以更好地适应市场变化。同时，社群化制造新模式更注重企业间的连接和沟通，推动小微制造企业在商业中的跨企业合作，实现更广泛的资源共享和协同发展。

（2）生产结构动态演变　社会化制造资源会根据各自的角色和专业能力，以自组织形式形成不同的社区，整合到不同的供应链中承担相应的工作任务。资源主体根据生产偏好和资源与服务能力动态组合成不同组织结构的社群，并根据其在社群内部和外部的不同角色形成不同的生产结构。

（3）生态可持续化发展　社群化制造致力于构建可持续生态企业圈，以核心企业或企业群为中心，通过互补能力形成动态供应链，分散配置资源，避免单个企业垄断，各龙头向平台战略转型，分解为小微制造企业，共同维护并推动生态圈繁荣。

4. 社群化制造应用案例——海尔集团的"平台-小微-创客"三层架构

海尔集团的"平台-小微-创客"三层组织架构革新是社群化制造新模式应用的成功案例。首先，海尔整合所有社会化资源，将原制造企业分解为平台和中小微企业，推动部分员工成为半独立或完全独立创客。同时吸纳外部中小微企业和创客资源，实现互利共赢。最后，将内外部的社群化资源集成到平台上。通过这种方式，海尔打造了庞大的社群化资源池，形成了产品和服务领域敏感、互联网化、可持续发展的生态企业圈。其核心业务的产品与服务设计任务主要依托于设计平台，采取外包或众包模式展开竞争，而且部分设计任务还发布至公开平台寻求更广泛的设计方案。延伸业务也借助系列平台实现众包、外包化操作，极大地拓宽了业务边界。在此模式下，海尔共享社群化制造资源给制造社区，自身扮演支撑设计、生产和供应链及营销的关键角色；无论核心业务还是延伸业务，均共享制造、供应链和营销平台资源，使创客和中小微企业即便缺乏实体工厂、成熟供应链和营销渠道也能将创意转变为现实。

3.3.4　网络协同制造

1. 网络协同制造概念

网络协同制造是一种基于互联网和信息技术的新型制造运作模式，它利用网络平台和相关技术，将分布在不同地理位置的企业、供应商、合作伙伴等连接起来，共同参与到产品从概念设计、研发、生产、销售到售后服务的全生命周期过程中。网络协同制造强调多方参与者之间的协同合作、信息共享和实时协作，通过数字化、网络化、智能化手段，实现供应链内及跨供应链间的企业产品设计、制造、管理和商务等合作的生产模式，使企业更具灵活性、响应能力和竞争力。简而言之，网络协同制造是利用现代信息技术手段重构传统制造模式，推动制造业向更加智能化、服务化、高效化方向发展的实践。

2. 网络协同制造体系架构

网络协同制造是一个涵盖多种复杂活动的过程，因此需要从全局角度对产品设计制造中的各种活动、资源做统筹安排，从而使整个过程能够在规定时间内以高质量和低成本得以完成。根据具体的功能差异，网络协同制造主要包括六大功能模块，即协同工作管理模块、协同应用管理模块、决策支持模块、协同工具管理模块、安全控制模块、分布式数据管理模块。其中，协同工作管理模块主要负责对协同制造过程进行管理，统筹安排开发中的各种活动、资源；协同应用管理模块提供平台的核心功能，协同制造人员在数据库的支撑下，利用该模块进行协同应用；决策支持模块为协同制造提供决策支持工具，包括约束管理和群决策支持等；协同工具管理模块为协同制造提供通信工具，包括视频会议、文件传输及邮件发送等；安全控制模块是平台的重要保障，负责对进入平台的用户、协同过程中的数据访问和传输进行安全控制；分布式数据管理模块是平台的重要支撑工具，负责对所有的产品数据信息、平台资源及知识信息进行组织和管理。网络协同制造体系架构如图3-11所示。

3. 网络协同制造特点

网络协同制造以深度的信息共享、高效的协同工作、灵活的资源配置、智能的决策支持为主要优势，旨在打造高度协同、敏捷响应、资源优化的现代化制造体系。其特点具体如下：

（1）虚拟化与连接性　通过互联网和信息技术，将分散的生产资源、供应商、合作伙伴和顾客等各方连接在一起，跨越地域和组织界限，形成一个虚拟的生产网络。

（2）协同性与共享性　网络协同制造强调各方间的协同合作和资源共享，共同完成产品设计、制造和交付。同时，通过共享信息、知识和资源，各方可以提高生产效率和质量，

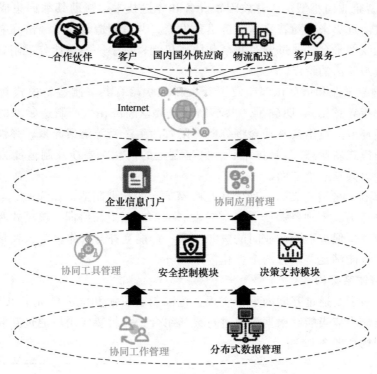

图 3-11 网络协同制造体系架构

加速技术进步和产品创新。

（3）分布式与开放性 网络协同制造的生产资源和参与者可以分布在不同的地理位置，采用开放式标准和接口以促进各个子平台的互操作性，通过网络连接实现分布式资源和分布式决策控制，共同协作完成任务。

4. 网络协同制造应用案例——中策集团"1+5+X"协同制造平台

"1+5+X"协同制造工业互联网平台是中策集团推出的一项数字化转型技术手段。该平台重点围绕"提升企业内部研产供销数字化、智能化"和"打通企业上下游产业链生态圈协同化、柔性化"两大内容建设，旨在通过整合信息技术和制造业的深度融合，推动传统制造业的转型升级，实现制造业的智能化、数字化和高效化。

具体来说："1"代表核心平台"智慧决策驾驶舱"，连接各个环节和参与方，提供数据共享、协同设计、生产管理、供应链管理等功能；"5"代表五大赋能平台，包括数字化研发设计平台、智能化生产管理平台、绿色安全化制造平台、供应链协同平台和精准营销平台，这些子平台与核心平台相互协作支撑产业链各方按需进行调用；"X"代表全面链接互通，平台全面支持链接打通工业控制平台、各类平台设备、内部研产供销存财各类业务数据、产业链上下游各方协同数据等，形成"全面感知、泛在链接、数据驱动、智能主导"的协同制造新模式、新布局。

3.3.5 共享制造

1. 共享制造概念

"共享制造"的概念源于艾伦·勃兰特（Ellen Brandt）1990 年的文章《共享制造的愿

景》，描绘了大型企业向小型企业开放闲置设备和先进技术，帮助其掌握集成制造技术的初期共享制造模式。近年来，随着共享经济迅猛发展，共享制造是共享经济在制造业领域的具体实践，利用互联网平台，通过资源共享和协作机制，集中并弹性地分配闲置生产资源，体现出集约、高效与灵活的特点。

2019 年，国家工业和信息化部印发了《关于加快培育共享制造新模式新业态促进制造业高质量发展的指导意见》，明确了"共享制造是共享经济在生产制造领域的应用创新，是围绕生产制造各环节，运用共享理念将分散、闲置的生产资源集聚起来，弹性匹配、动态共享给需求方的新模式新业态。"具体来看，共享制造的内涵主要涉及制造能力共享、创新能力共享和服务能力共享三个方面。

综上，共享制造可被定义为一种依托互联网平台的新型制造运作模式，其核心是整合闲置的制造资源和能力，实现资源所有者与需求者的即时匹配与协同。该模式利用数字技术进行高效调度与管理，促进不同企业间的资源共享、产能互补与合作生产，在最大限度提升生产效能的同时，也能满足需求方的个性化需求。

2. 共享制造体系架构

共享制造本质上是通过互联网平台实现大范围制造资源和能力的充分共享和优化配置，这些制造资源与能力应当能够根据需求进行灵活组合，并封装成用户通过互联网获得的制造服务，其体系架构如图 3-12 所示。

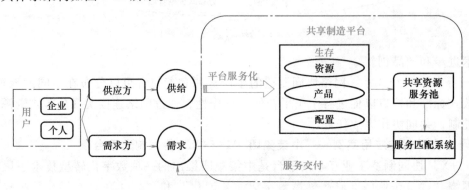

图 3-12　共享制造平台体系架构

具体来说，根据平台主体特征、业务模式、共享内容等因素，共享平台可以分为中介型、共创型、服务型和协同型四种模式。中介型共享平台主要承担中介角色，作为对接桥梁衔接供需双方，聚合多元化制造资源而不是直接持有，促进供需双方合作，实现众包生产与多订单灵活管理，优化资源利用。共创型共享平台通常由行业领军企业构建，整合研发至市场全链路能力，结合孵化器，为初创企业提供全程支持，强化创业生态系统。服务型共享平台聚焦技术，如工业云、智能控制的共享，配备智能硬件，实施生产全链条监控，提供一站式生产服务解决方案。协同型共享平台促进多家企业资源共享（云服务、设备、生产线等），实现订单共享与协同生产，增强整体作业效率与响应速度。

3. 共享制造特点

在共享制造情境下，服务资源和能力比以往的制造模式更具有多样性、异构性和动态性，其特点如下：

（1）产权共享　区别于传统制造需要持有全部资源，共享制造通过共享设备、工具、知识等，降低了成本并提升了资源利用效率。此模式下，用户按需使用资源，无需拥有，企业聚焦核心资产，实现了使用权与所有权分离的灵活合作。

（2）平台依托 共享制造核心依托工业互联网平台，跨越地理限制，数据驱动资源跨域协同。平台聚合跨区域资源与需求，运用大数据、云计算及 AI 技术，实现供需智能匹配，加速配置效率。

（3）供求多样 共享制造平台汇聚广泛的供需要求，无论是企业还是个人，只要有相关资源均可成为参与者。平台不仅支持全方位企业资源供应，也涵盖单项设备工具服务，确保每项价值资源都能寻得市场，促进了生态系统的丰富性和灵活性。

4. 共享制造应用案例——上海天慈国际药业有限公司"A+W"成果转化平台

新药的研发与市场化进程，一方面依赖具备实体生产基地和 GMP（药品生产质量管理规范）标准的工厂，另一方面也需要具有 GSP（药品经营质量管理规范）资质的专业营销团队的支持。在药研发阶段科研人员和创业者往往倾注大量精力与资本，然而在研发成果产业化及市场转化时，经常面临资金短缺、资源配置受限、实践经验匮乏等现实难题，阻碍了整个行业的发展。

上海天慈国际药业有限公司创新性地构建了"A+W"成果转化平台，其中，"A"板块聚焦于公司自主研发的 42 款高端仿制药及 4 款一类新药的产业化推进工作；"W"板块即"We Pharma"，寓意着"携手共创医药"，主要面向外部合作伙伴，承担新药成果转化的任务。天慈国际充分发挥其在医药技术研发领域的核心竞争力，深度融合研发、生产和销售链条，从科技成果到产业化的关键节点出发，采取"统一建设，分割经营，集成资源，利益分享"的运作机制，有效破解了用地、资金筹集、专业审批及销售渠道拓展等一系列难题，成功突破了医药创新成果产业化的"最后一公里"瓶颈。

3.4 智能制造组织模式

传统制造业主要关注产品的生产和销售，但随着数字化和互联网的兴起，制造业已逐步转变为以服务为核心的业务模式。这种变革促成了制造服务化的兴起，企业不再仅仅是产品的提供者，而是变为解决方案的整合者，提供全方位的增值服务。在此框架下，企业更加重视与客户的关系，通过提供定制化解决方案满足特定需求，强化客户满意度并建立长期的合作关系。

随着智能制造的持续进化，新型的组织模式相继出现，包括中台组织、平台型组织、自组织管理、虚拟化组织和动态企业联盟。这些组织模式各具特色：中台组织通过构建共享服务平台，提高资源利用效率；平台型组织连接不同的市场参与者，通过技术平台促进资源的有效配置；自组织管理强调员工的自主性和团队的灵活响应；虚拟化组织利用云计算等技术支持去中心化的合作；动态企业联盟则依靠快速形成的合作网络，应对市场变化和技术挑战。这些创新的组织模式极大地提升了制造业的市场适应性和响应速度，使其能够更加灵活和高效地应对市场的变化需求。随着这些模式的广泛采用，制造业正在稳步向数字化、智能化和服务导向化发展。

3.4.1 中台组织

1. 中台组织架构的内涵及特点

中台组织架构是一种创新的企业管理模式，它源于中国的大型互联网公司，如阿里巴巴、腾讯等，并逐渐被其他行业和企业所采用。中台组织架构的核心理念是构建一个共享的平台，将企业的各个业务部门和技术团队联系起来，实现资源和能力的复用，提高组织的效率和响应速度。中台设计流程如图 3-13 所示。

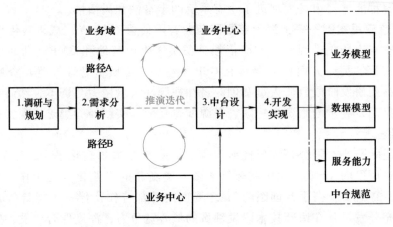

图 3-13 中台设计流程

（1）中台组织架构 中台组织架构主要包括以下几个部分：

1）中台服务。中台提供了一系列共享的服务和能力，包括用户管理、支付服务、数据分析、日志服务等。这些服务和能力可以被前台和后台的业务部门复用，从而避免了重复建设，提高了运营效率，降低了总成本。

2）中台团队。负责建设和管理中台服务的团队，通常由技术人员、产品经理和业务专家组成。这些团队需要具备跨领域的能力，能够理解前台的需求和后台的运营，确保中台服务的质量和效果。

3）业务中台。业务中台将不同的业务线和部门连接起来，共享资源和能力，以支持多元化的业务需求。它有助于企业实现业务协同效应，提高业务的竞争力。

4）技术中台。技术中台提供技术基础设施和平台，如云计算、大数据、人工智能等，以支持中台服务的建设和运行。技术中台有助于企业实现技术创新，提高组织技术能力。

5）数据中台。数据中台负责数据的收集、存储、处理和分析，以提供有价值的数据支持和洞察。数据中台有助于企业实现数据驱动决策，提高组织的决策效率和效果。

（2）中台组织的内涵

1）共享服务理念。中台组织结构的核心是共享服务理念，即通过建立共享的服务平台，将企业内部的不同业务单元联系起来，实现资源和能力的复用。这种模式有助于减少重复工作，提升组织管理效率，并促进跨部门的协作。

2）模块化设计。中台组织结构通常采用模块化设计，将企业的能力分解成多个模块或服务，每个模块或服务负责特定的功能。这些模块或服务可以是技术的，如云计算平台、数据处理系统；也可以是业务的，如用户管理、订单处理等。

3）能力复用　通过中台组织结构，企业可以在多个业务线之间复用相同的服务和能力，这不仅节省了开发成本，还提高了服务质量和响应速度。

（3）中台组织的特点　中台组织作为现代企业架构的一种模式，具有以下几个显著特点：

1）共享性　中台组织最大的特点是其共享性。无论是技术组件、业务流程还是数据资源，中台都旨在实现企业内部的共享，减少重复建设，提高资源利用效率。

2）专业化　中台组织的团队通常专注于服务和能力的构建、维护与优化。这种专业化的分工有助于提高服务质量和效率。

2. 中台组织的类型

（1）根据服务范围划分　中台组织根据服务范围的不同，可以分为以下三种类型：

1）企业级中台　这种类型的中台服务于整个企业，提供跨部门、跨业务线的共享服务。企业级中台通常包括核心的技术基础设施、业务流程和数据服务，它们对所有业务线都是通用的。

2）业务单元级中台　业务单元级中台服务于特定的业务单元或部门，提供与该业务单元紧密相关的共享服务。这些服务可能是特定的业务流程、专业工具或针对特定市场的解决方案。

3）团队级中台　团队级中台是最小规模的中台，通常由一个小团队负责，提供针对特定项目或任务的共享服务。这种中台可能是临时性的，随着项目的结束而解散。

（2）根据组织方式划分　中台组织根据组织方式的不同，可以分为以下三种类型：

1）集中式中台　集中式中台是将企业内部的所有共享服务集中到一个统一的中台部门或团队中进行集中管理和运营。这种方式有助于统一管理、统一标准和统一决策，提高资源配置的效率。

2）分布式中台　分布式中台是将中台的服务或功能分布在多个部门或团队中，这些部门或团队可能位于不同的地理位置，但通过网络连接协同工作。这种方式有助于提高响应速度和灵活性。

3）混合式中台　混合式中台是集中式中台和分布式中台的结合体，它根据业务需求和服务的性质，灵活选择集中或分布的方式来组织中台服务。这种方式既有利于规模效应的实现，又能保持灵活性和快速响应。

3. 中台组织的适用场景

中台组织结构适用于多种业务场景，尤其是在企业需要实现多元化业务拓展、快速市场响应、跨部门协作、规模扩张、数字化转型、开放生态系统构建、成本和风险控制、提升用户体验、促进创新及强化核心竞争力等情况下。通过中台组织，企业可以提供共享的服务和能力，避免重复开发，减少成本，提高效率，同时促进新产品的开发和上线，提高市场竞争力，管理复杂性，确保大规模运作的效率和质量，整合数据和技术资源，构建开放生态系统，控制运营成本，降低操作风险，提供一致的用户体验和服务水平，鼓励跨部门和跨领域的协作，促进新想法和新技术的产生，以及帮助企业专注于核心竞争力的构建。然而，中台组织结构并非万能，它需要根据企业的具体情况进行适当的调整和优化，以发挥最大的效用。

4. 中台组织的优势

中台组织的优势在于实现资源共享和能力复用，提高跨部门协作效率，统一管理标准，控制成本和风险，加速数字化转型，促进创新，提供一致的用户体验。**通过整合数据和技术资源，中台组织能够帮助企业更好地管理复杂性，同时专注于构建核心竞争力，从而提升整体竞争力和市场地位。**具体来说，中台组织的优势有：①中台组织通过建立共享服务平台，能够避免重复建设和开发，降低运营成本，提高管理效率；②通过统一的协作平台和流程，能够促进信息流通和资源整合，提高各部门的协同工作效率；③通过制定和实施统一的管理标准和流程，能够降低操作风险，提高服务质量；④通过共享服务，能够控制运营成本，同时通过标准化流程和统一管理，降低操作风险；⑤通过整合企业的数据和技术资源，为前台业务提供强大的技术支持，使得企业能够更快地适应市场变化，提升用户体验；⑥通过提供一个开放和灵活的环境，鼓励跨部门和跨领域的合作，激发新的创意和技术的产生，推动企业的创新式发展；⑦通过将有限的资源和精力集中投入最能体现企业优势的业务领域，通过共享服务，提高整体的运营效率和市场竞争力；⑧通过中台组织的协调和整合，企业能够提供一致的用户体验，无论用户通过哪个渠道接触企业，都能享受到高质量的服务；⑨通过提供一个开放的平台，吸引和整合外部合作伙伴的资源和能力，共同构建起一个生态系统，扩大企业的业务范围和市场影响力。

3.4.2　平台型组织

1. 平台型组织的内涵及特点

平台型组织的核心是提供一个中间层，使得不同的企业和用户可以在这个平台上互相作用。这个平台通常提供一系列工具和服务，如交易机制、沟通工具、数据支持等，以促进用户之间的互动。平台型组织的关键在于能够产生网络效应，即随着用户数量的增加，平台的整体价值也会增加。

平台组织具有以下显著的特点：

（1）多边市场　平台型组织通常连接双边市场或多边市场，比如连接买家和卖家、服务提供者和消费者等。

（2）促进交易　平台通过提供搜索、评价、支付等工具和服务，降低交易成本，促进用户之间的交易。

（3）网络效应　平台的价值往往随着用户数量的增加而增加，即所谓的"网络外部性"。

（4）轻资产运营　平台型组织往往通过合作伙伴、第三方开发者等来扩展功能和服务，自身保持轻资产运营。

（5）数据驱动　平台通过收集和分析用户数据，不断优化服务和提升用户体验。

（6）监管挑战　由于涉及多个市场和大量的用户数据，平台型组织面临来自多方面的监管压力。

2. 平台型组织的类型

平台型组织可以分为多个类型，包括研制协同平台、工业互联网平台和运维服务平台等。具体来说，研制协同平台主要面向产品研发过程中的协同工作，这种平台能够集成各种设计和开发工具，支持团队成员之间的沟通与协作，共享资源，并管理项目的进度及其动态变更。工业互联网平台是连接机器、设备和系统的网络，它通过底层感知、云计算、大数据分析等技术，实现对工业生产过程的实时监控、智能分析和优化控制。运维服务平台也称为运营支撑平台，主要用于管理和优化企业的 IT（信息技术）基础设施和应用系统的运行。

这种平台能够提供自动化的运维工具，帮助企业提高系统的可用性、运行性能和安全性。

3. 平台型组织的构建要素及运行机制

平台型组织是以海量数据的收集、分析和应用为基础的。构建这样的组织需要以下要素：首先，数据资源是核心，包括用户行为数据、交易数据、设备运行数据、外部数据等，这些数据需要通过各种手段进行收集。其次，需要强大的数据处理能力，包括数据的存储、清洗、整合、分析和挖掘。再次，数据驱动的决策文化是组织文化的一部分，鼓励所有决策者运用数据进行高效决策。此外，技术基础设施是必不可少的，包括数据收集、存储、处理和分析所需的技术工具和平台。同时，需要拥有数据科学家、分析师、业务专家等人才，数据治理框架确保数据的质量、安全、合规性和有效管理。最后，用户互动机制是设计有效的用户互动机制，如反馈系统、用户画像等，利于收集和使用用户数据。

平台型组织的运行过程需要持续收集用户行为数据和系统运行数据，通过对收集到的数据进行处理和分析挖掘潜在的价值和模式，并通过反馈机制不断优化平台的运行参数。基于数据分析结果，制定和调整业务策略、运营决策等。利用数据分析结果不断改进产品和服务，提升用户体验。同时，要确保数据的安全性、隐私保护和合规性，以增强用户信任。平台型组织通常具有开放性，鼓励外部创新者和开发者参与共同创造价值。通过设置关键绩效指标（KPI）来评估平台的运行效果，并根据反馈进行迭代优化。

4. 平台型智能制造企业的管理变革

平台型智能制造企业的管理变革体现在多个方面：

1）决策智能化是关键，企业能够通过大数据分析和人工智能技术实现实时监控和智能决策支持，从而预测市场趋势、优化生产计划、提高资源利用率。

2）生产自动化水平的提升使得企业内部的制造流程能够通过智能设备的高度自动化完成，这不仅提高了生产效率，也提升了产品质量。

3）协同共享是管理变革的重要方面，企业内外部的协同工作得以加强，供应商、制造商、客户之间可以通过平台实现信息共享、资源互补和协同创新，构建更为紧密的产业生态。此外，定制化服务的提供满足了消费者多样化、个性化的需求，而服务化延伸则使得企业能够通过平台提供一系列增值服务，如售后服务、数据分析、系统集成等，从而延伸企业的价值链。

4）在组织结构方面，平台型智能制造企业通常采用更加扁平化、灵活的组织结构，强调跨部门协作和快速响应能力。员工的角色和职责也在转变，更加注重创新和解决问题能力。同时，随着生产过程的智能化和网络化，信息安全变得尤为重要，企业需要建立严格的数据安全管理制度，保护知识产权和客户数据不被泄露。

5）绿色环保也是管理变革的重要内容，智能制造有助于实现生产过程的绿色化、低碳化，通过优化资源使用和能源管理，减少废弃物和排放，提升企业的可持续发展能力。

总的来说，平台型智能制造企业的管理变革是全方位的，涉及战略规划、组织结构、生产流程、市场营销等各个层面，以适应数字化、网络化、智能化的发展趋势。

3.4.3　自组织管理

1. 集中式管理的弊端

集中式管理是一种决策权高度集中在高层管理者手中的组织结构，这种管理方式虽然有决策速度快、一致性强等优点，但也存在以下显著的弊端：

1）缺乏灵活性。由于决策权集中，基层员工可能无法根据当地情况快速做出响应。这在变化迅速的市场环境中可能导致机会的错失。

2）创新受限。集中式管理可能抑制员工的创造性思维和主动性，因为他们习惯于等待上级的指示，而不是自己提出解决方案。

3）沟通不畅。管理信息必须通过多个层级传递，这可能导致信息失真或信息延迟，进而影响决策质量。

4）适应性差。当外部环境发生变化时，集中式组织可能难以快速调整战略和运营，因为需要经过长时间的决策过程。

5）风险集中。所有的决策都集中在少数人手中，一旦这些人做出错误的决策，整个组织都会受到影响。

因此，尽管集中式管理在某些情况下可能是有效的，但组织应该考虑到上述弊端，并在必要时采取非集中式方法来提高组织管理的灵活性和应对能力。

2. 自组织管理的内涵及特点

自组织管理是一种基于自组织理论的管理模式，其核心思想是通过建立一个开放、动态、非线性的系统，让系统中的个体或群体能够自主地协调和组织自己的行为，从而实现系统的整体目标。

自组织管理与传统管理模式不同，传统管理模式依赖于中央权威来指导和控制系统中的个体。相反，自组织管理赋予个体更多的自主权和责任，让他们能够根据环境的变化做出自己的决策。自组织管理具有以下典型特点：

1）自发性。自组织管理强调系统的自发性，即系统能够在没有外部干预的情况下，通过内部相互作用和调整，形成有序的结构和行为。系统中的个体或单元能够根据自身目标和环境变化，主动调整自己的行为，并与其他个体或单元协作，形成一个整体性的组织结构。

2）适应性。自组织管理系统具有很强的适应性，能够根据环境的变化，及时调整自己的结构和行为，以适应新的环境要求。系统中的个体或单元能够通过学习和反馈机制，不断更新自己的知识和技能，并根据环境变化调整自己的行为策略。

3）协同性。自组织管理强调系统中个体或单元之间的协同作用，即系统中的个体或单元能够通过相互合作和协调，形成一个整体性的组织结构。系统中的个体或单元能够通过信息共享、资源互补和目标一致性，共同实现组织目标。

4）涌现性。自组织管理系统能够产生新的、不可预测的现象或行为，即涌现性。系统中的个体或单元通过相互作用和调整，能够形成新的、整体性的行为模式，这些行为模式是系统中个体或单元行为的简单叠加所不能产生的。

3. 自组织管理的要素与运行机制

（1）自组织管理的要素

1）共同目标。明确并共享的团队目标是自组织管理的核心。团队成员需要了解并认同这些目标，以便在工作中保持一致性和协调性。

2）信任与授权。信任是自组织管理的基石。团队成员之间需要建立相互信任的关系，领导者需要适度授权，让团队成员有决策权和执行权，以发挥其主观能动性和创新能力。

3）协作与沟通。自组织管理强调团队成员之间的协作和沟通。通过有效的沟通和协作，可以打破部门壁垒，实现资源共享和优势互补，提高团队的整体效能。

4）自我驱动与责任感。自组织管理的团队成员需要具备自我驱动的能力，能够主动寻找问题、解决问题，并对自己的工作结果负责。

（2）自组织管理的方式

1）分布式决策。鼓励团队成员根据实际情况做出决策，而不是完全依赖上级指示。这有助于培养团队成员的独立思考和解决问题的能力。

2）扁平化管理。减少管理层级，缩短决策路径，使团队成员能够更快地获取信息和资源，提高决策效率和响应速度。

3）项目制管理。将工作划分为不同的项目，由团队成员自发组成项目小组，负责项目的策划、执行和监控，以提高项目的执行效率和质量。

（3）自组织管理的流程

1）明确目标与任务。明确团队的整体目标和具体任务，确保成员对目标有清晰地认识和理解。

2）组建自组织团队。根据任务需求，由成员自发组成自组织团队，并选举或推选负责人。

3）制订工作计划与分工。团队负责人组织团队成员制订详细的工作计划和分工，确保任务能够得到有效执行。

4）执行与监控。团队成员按照计划和分工执行任务，并定期进行进度汇报和问题反馈。团队负责人负责对任务的执行情况进行监控和协调。

5）反馈与总结。任务完成后，组织团队成员进行总结和反馈，分析任务执行过程中的优点和不足，并提出改进意见。

4. 智能制造自组织管理的应用场景

在智能制造领域，自组织管理模式可以在以下应用场景得到应用：

1）产品研发。在智能制造领域，产品研发是关键环节。通过自组织管理模式，团队成员可以根据项目需求和自身专长，快速组成跨功能团队，进行协同工作，提高研发效率。

2）生产计划与控制。自组织管理模式可以帮助智能制造团队更好地进行生产计划与控制。团队成员可以根据实时数据和生产需求，自主调整生产计划，优化资源配置，提高生产效率。

3）设备维护与管理。在智能制造环境中，设备的稳定运行至关重要。通过自组织管理模式，团队成员可以主动参与设备维护和管理，确保设备运行良好，降低故障率。

4）质量控制。自组织管理模式可以帮助智能制造团队更好地进行质量控制。团队成员可以自主组成质量控制小组，对生产过程中的各个环节进行严格把关，确保产品质量。

5）供应链管理。在智能制造领域，供应链管理是保障生产顺利进行的关键。通过自组织管理模式，团队成员可以自主协调供应商和物流，优化供应链，降低成本。

6）数据分析与决策支持。自组织管理模式可以帮助智能制造团队更好地进行数据分析与决策支持。团队成员可以自主组成数据分析小组，挖掘海量数据，为管理层提供有价值的决策依据。

5. 自组织管理模式的典型案例

（1）谷歌的自组织模式 谷歌是一家典型的自组织管理企业，它的管理模式以去中心化、扁平化、透明化和自主性为特点。谷歌允许员工自主选择项目组、自主决策和分配资源。谷歌还鼓励员工进行创新和尝试。这种自组织管理模式使得谷歌具有高度的灵活性和创新能力，从而在互联网行业中保持领先地位。

（2）微软的自组织团队　微软在2016年推出了"自组织团队"的管理模式，鼓励员工自主组建团队、自主决策和承担责任。微软的自组织管理模式强调员工的自主性和创新性，同时也注重团队之间的协作和沟通。这种管理模式使得微软的运行更加灵活，能够快速响应市场变化，提高工作效率。

（3）宝洁的"领导力共享"　宝洁是一家拥有180多年历史的企业，它的管理变革核心是"领导力共享"。宝洁将权力下放给员工，鼓励员工自主决策和承担责任。宝洁也建立了一套完善的沟通机制，确保员工之间的信息传递和协作。这种管理变革使得宝洁保持创新性和灵活性，同时提高了员工的满意度和忠诚度。

3.4.4　虚拟化组织

1. 虚拟化组织的提出过程

在1988年，美国GM（通用汽车）公司和理海大学共同提出了"敏捷制造"战略，为虚拟化组织的研究拉开了序幕。虚拟化组织这一术语的提出，最早可追溯到1991年的《21世纪制造企业战略》报告。当时，虚拟组织被定义为企业为满足市场需求，通过信息共享技术、资金和人员，整合成一个跨地域、跨时间的临时网络组织。该报告受到了美国国会的重视，并为国防部所采纳，此后虚拟化组织便成为企业界和学术界共同关注的热点研究问题。

虚拟化组织的提出是随着信息技术的发展和全球市场的变化，为满足企业灵活应对市场需求、实现资源共享和优势互补的需求而产生的。这种组织形式允许成员跨越地理、文化和组织界限进行合作，从而提高效率和创新能力。

2. 虚拟化组织的内涵及特征

虚拟化组织的内涵可以描述为一种以计算机和信息网络为基础，通过高度网络化的方式将组织内部成员及成员与顾客紧密连接，将实体信息转化为数字信息，减少实体空间依赖，形成动态企业联合体的新型组织结构形式。这种组织结构形式以分工合作关系为纽带，结合权威控制与市场等价交换原则，实现组织间的灵活协作与资源共享，以更好地适应快速变化的市场环境。

虚拟化组织在现代信息技术的支持下，通过网络平台进行运营组织，打破了传统组织的物理界限，实现了组织目标的柔性结构。虚拟化组织的特征可以着重从以下方面理解与把握：

1）去中心化。虚拟化组织不依赖于固定的物理中心，而是通过网络实现成员间的连接和协作。决策过程更为分散，不再由少数人或单一中心控制，提高了组织的灵活性和响应速度。

2）网络化协作。虚拟化组织依赖互联网和各种信息技术工具来实现成员之间的沟通与合作。这种网络化的工作方式加强了团队联系，并能跨越地理限制，集合全球范围内的资源与专长。

3）动态开放性。虚拟化组织结构灵活、界限模糊，可以根据项目需求或市场变化调整成员和资源配置，更容易与外部环境互动，吸引外部资源。

4）技术依赖性。虚拟化组织的运作高度依赖信息技术的支持，包括通信技术、云计算、大数据分析等，这些技术的稳定性和安全性对组织的运行至关重要。

5）项目导向性。虚拟化组织常常以项目为导向，通过项目来集结资源与人才，项目完成后组织结构可能发生变化，成员也可能解散或转向新的项目。

虚拟化组织的内涵及特征如图 3-14 所示。

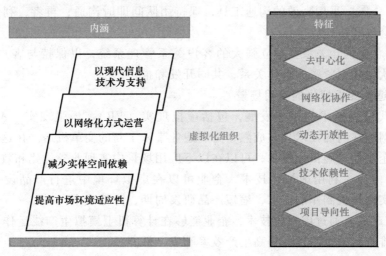

图 3-14 虚拟化组织的内涵及特征

3. 虚拟化组织与虚拟企业

虚拟化组织是指一个实体在运作过程中大量采用虚拟化技术来减少对传统物理基础设施的依赖，提高效率和灵活性。而虚拟企业则是一种更为极端的形式，它是一种完全去中心化的组织结构，通常没有固定的办公地点，完全依赖外部资源和服务来运营。

两者存在一定联系。虚拟化组织可以是虚拟企业的一种形式，当一个实体实现完全去中心化，并完全依赖外部资源进行活动时，它就成为一个虚拟企业。另外，两者都高度依赖技术和网络通信来维持运营；同时，两者都追求在组织结构和工作方式上实现灵活性和效率最大化。

两个概念也存在一定区别。虚拟化组织可能包含实体办公地点，而虚拟企业则完全没有固定办公地点；虚拟化组织可能拥有自己的员工和资源，而虚拟企业则更倾向于使用外部资源和合作伙伴；虚拟化组织可能在结构上更为传统，有一定的层级和管理体系，而虚拟企业则更加扁平化，强调网络化和合作。

4. 企业实现虚拟化的路径与关键

企业实现虚拟化，可以从以下关键点入手：

1）技术基础设施。首先，建立稳定的网络基础设施，确保数据传输的安全和高效；其次，采用云计算服务，实现资源的按需分配和弹性扩展。

2）组织结构调整。首先，设计灵活的组织架构，以支持跨部门和跨地域的团队协作；其次，推行矩阵式管理模式，增强跨团队合作能力，同时建立快速响应市场变化的决策机制。

3）文化和人才策略。培养企业文化，鼓励创新、灵活性和远程工作；其次，招聘具有远程工作能力和跨文化沟通技巧的员工，并且提供相应培训。

4）流程和运营管理。首先，重新设计工作流程，以适应虚拟化环境下的运作；其次，采用自动化工具和人工智能，持续改进，以提高流程的效率和准确性。

5）安全和合规性。首先，加强数据安全和隐私保护措施，确保敏感信息不被未授权访问；同时，遵守相关的法律法规，特别是关于数据保护和隐私的规定。

6）沟通与合作。采用高效的沟通工具，保持团队间即时沟通；再者，利用视频会议技术，进行远程会议和协作。

7）客户和合作伙伴关系。建立强大的客户关系管理系统，以保持与客户的有效沟通；同时，与合作伙伴建立紧密的合作关系，共同开发和推广产品。

5. 智能制造企业虚拟化的应用场景

随着新一代信息技术的迅速发展，包括虚拟现实（VR）、增强现实（AR）、云计算、大数据、物联网等在内的技术日益成熟，为制造业带来了新的变革机遇。在这样的技术背景下，智能制造企业通过虚拟化技术，可以在以下应用场景中实现业务优化和效率提升：

1）设计与仿真。利用虚拟化技术，企业可以在虚拟环境中进行产品设计、测试和验证，从而减少实物样机制作的需求，缩短产品研发周期，降低成本。

2）虚拟生产线。通过虚拟化技术，企业能够在计算机上模拟生产线运作，进行工艺流程优化、故障排查和人员培训，提高生产效率和安全性。

3）远程协作。在分布式研发和生产环境中，虚拟化技术能够支持团队成员在虚拟空间中进行协作，无论是设计评审、生产调度还是故障诊断，都可以实现即时互动。

4）客户体验。企业可以利用虚拟现实技术构建产品三维模型，让客户在购买前体验产品的实际外观和功能，提升客户满意度和购买意愿。

5）市场推广。利用虚拟现实技术，企业可以创建交互式的营销内容，吸引用户参与，提高品牌影响力和市场竞争力。

6. 智能制造虚拟企业的管理变革

智能制造虚拟企业的管理变革，可以从以下几个方面进行：

1）组织结构调整。从传统的层级化结构转向更为扁平化、网络化的组织结构；成立跨功能的团队，以项目为导向，增强团队间的协作和灵活性。

2）决策过程优化。引入数据驱动的决策支持系统，以实时数据和分析结果支持决策；缩短决策周期，提高决策的敏捷性和响应市场变化的能力；推行分布式决策制定，让更多员工参与决策过程，增加决策的透明度和公正性。

3）企业文化重塑。建立以创新、灵活性、合作和诚信为核心的企业文化；鼓励员工的自主性和创造力，营造开放、包容的工作氛围；强化跨文化沟通和团队协作精神，以适应全球化背景下的虚拟工作环境。

4）人才管理策略。重视远程工作能力和跨文化沟通能力的人才招聘；提供定制的培训和发展计划，以适应虚拟化工作环境的需求；实施灵活的人才激励机制，以保持员工的积极性和忠诚度。

5）技术工具支持。利用云计算、大数据分析、人工智能等先进技术提高工作效率；采用协作工具和项目管理软件，以支持跨地域、跨部门的合作；强化网络安全措施，保护企业信息和数据不受外部威胁。

3.4.5　动态企业联盟

1. 动态企业联盟的提出背景

在全球化和信息技术迅速发展的当代，传统组织结构不足以支撑企业快速应对市场变化的需求，企业需要更加灵活和敏捷的组织模式来保持其竞争力。1991年，美国国防部发起了一项制造技术计划，由海军制造技术办公室、理海大学艾科卡研究所及13家企业合作，提出了《21世纪制造企业战略》报告。该报告推荐企业采用基于动态联盟的敏捷制造策略，通过建立基于信息技术的灵活企业网络，企业能快速形成或解散跨组织的合作伙伴关系，共享资源和能力，以适应不断变化的市场需求。这种虚拟企业模式，使企业能专注于核心能力，通过外部合作增强非核心领域，降低成本和业务风险。

动态企业联盟的形成，主要由以下因素驱动：①市场的快速变化要求企业具备迅速响应能力；②技术创新加速产品和服务的更新换代；③资源与能力的互补整合有助于开拓新市场和提高效率；④全球化背景下企业间的合作与竞争关系日益复杂。动态联盟不仅促进企业快速适应市场和技术变化，还通过内外资源的优化整合和跨界合作，提升企业的竞争力和可持续发展能力。这种灵活和适应性强的组织模式，为企业在多变市场中提供了新的战略选择，增强其整体竞争力。

2. 动态企业联盟的内涵及特征

动态企业联盟是应对现代市场不确定性和技术变化的一种灵活合作模式。联盟结合市场策略和组织结构，通过共享资源、技术和信息，帮助企业迅速适应外部环境变化，提升资源利用效率和市场适应性。其特点包括合作的临时性和目的性，以及结构的灵活性和开放性，允许企业根据需求灵活调整合作模式与范围，快速响应市场需求变化，依赖明确的目标设定、合作协议和冲突解决机制，确保顺利运作。此模式适用于快速变化的市场环境、技术驱动型行业、资源有限或特定领域能力不足的企业，以及探索新市场或新业务领域。动态企业联盟提高了灵活性和响应速度，增强了企业面对不确定性和复杂问题的能力，促进了共同创新和竞争力的提升。

动态企业联盟具有管理灵活性、目标导向性、合作临时性和虚拟性，以及动态性等核心特征，使其在全球化竞争和技术变革中发挥重要作用。这种联盟为企业带来多方面优势，包括增强市场适应性和技术创新能力。成员企业能够快速适应市场变化，共享资源和知识，加速新产品和服务的研发，从而提升市场敏捷性和创新效率。通过互补资源和能力，共同构建竞争优势、降低财务压力、快速进入新市场、提升品牌影响力和社会信誉。总之，动态企业联盟通过资源共享和合作，为企业提供了强大的平台，以应对日益复杂的全球市场环境。

3. 构建动态企业联盟的原则与要素

建立动态企业联盟是一个综合战略、管理与法律的复杂过程。成功构建联盟需遵循几项核心原则：①互惠共赢，确保所有成员从合作中获得公平利益；②透明共享，强调信息和资源的透明化以增强信任；③灵活适应，使联盟能迅速对环境变化做出调整；④快速响应，建立高效的信息和决策流通机制；⑤高效协同，优化成员间协作和工作流程。在此基础上，转化这些原则为具体的行动和组织结构包括以下基本要素：①目标对齐，确保所有成员对共同目标有一致理解；②竞争优势，明确联盟带来的市场和技术优势；③合作协议，制定详尽的合作条款和责任分配；④风险管理，评估并管理潜在风险，以维护合作的稳定性和持续性。这些要素是确保联盟能有效运作并达成既定目标的关键。

4. 动态企业联盟的典型案例及管理变革

德国工业4.0与西门子的智能制造联盟。随着全球制造业的持续变革，德国工业4.0战略旨在引领制造业的未来，推动德国乃至全球的制造业转型升级。西门子，作为全球工业自动化和数字化解决方案的领导者，积极响应并成为工业4.0战略的关键推动者和参与者。通过与德国内的企业、研究机构及政府部门紧密合作，共同构建了一个面向智能制造的企业联盟。

在这一战略背景下，西门子公司作为全球领先的工业自动化和数字化解决方案提供商，发起并构建了一个以"智能制造"为核心的企业联盟。该联盟汇聚了包括工业设备制造商、软件开发商、系统集成商、研究机构和教育机构在内的多种资源和能力。

（1）技术合作　在这个联盟中，西门子与伙伴公司共同开发了一套名为"IntelliFab"的智能制造系统。该系统集成了物联网、大数据分析、云计算和人工智能技术，能够实时监控生产流程，预测设备维护需求，并自动调整生产计划以优化资源分配。此外，联盟还开发了一个名为"Design Stream"的协作平台，允许工程师跨公司、地区共享和修改设计方案，大大缩短了产品从设计到上市的周期。

（2）共享平台　西门子领导下的企业联盟创建了名为"Smart Link"的共享平台，该平台允许联盟内的所有成员访问和共享数据、算法和生产资源。通过"Smart Link"，小型企业可以利用西门子的高端制造技术，而西门子则可以利用这些小型企业的创新思路和灵活性，促进产品的快速开发和迭代。通过共享平台"Smart Link"，联盟成员可以共享关键的供应链信息和制造资源。平台运用先进的数据分析工具，帮助成员公司优化库存水平，降低物料成本，提高供应链的透明度和效率。同时，该平台还为客户提供了定制化产品和服务，增强了市场的响应能力。

（3）共同研发　在"联合未来工场"计划中，西门子与Aachen材料研究所共同研发了一种新型轻质材料，该材料能在极端条件下保持稳定，适用于航空航天和汽车行业。此外，西门子还与多个软件开发公司合作，共同研发了一套智能工厂管理软件，该软件集成了供应链管理、生产调度和质量控制等功能，使得整个生产流程更加高效和透明。

（4）市场拓展　通过与联盟伙伴的紧密合作，西门子成功开发并推广了其智能制造解决方案，进入了新兴市场如东南亚和非洲。通过"联合未来工场"计划，西门子不仅强化了自身在全球制造业的领导地位，还帮助其伙伴拓展了业务范围，共同进入了先前未涉足的市场和领域，实现了双赢。

3.5 智能制造服务新业态——服务型智能制造

服务型智能制造代表了制造业的新兴发展方向，它依托先进的信息通信技术和面向服务的架构，致力于通过服务和数据驱动的方式，实现制造过程的全面互联与自主优化。本节将首先对服务型智能制造进行简要介绍，然后对其功能模块和在产业中的典型模式进行总结和提炼。

3.5.1　服务型智能制造概述

服务型智能制造是一种基于新一代信息通信技术和面向服务的技术的制造模式，它以服务和数据驱动为核心，实现了制造全要素、全流程、全业务的全面互联。在这种模式下，资源得以开放共享，制造过程能够自主优化，实现了信息和物理的融合。通过将分散的资源集中管理，并根据需求提供集中的服务，服务型智能制造为产品的整个生命周期用户提供了透明而可信的制造服务，极大地满足了客户多样性、个性化、定制化的需求。

在服务型智能制造中，智能是最终的目标，数据是核心的资源，服务则是实现目标的手段。这种新型的制造业态突破了传统制造业仅注重产品生产和交付的模式，更加关注客户的个性化需求和增值服务，实现了智能化产品与智能服务的有机结合。随着信息技术的飞速发展，制造业正经历着一场彻底的变革，传统的批量生产已经不能满足市场的需求。服务型智能制造的出现，不仅使制造业更加灵活和高效，同时也带来了更多创新和增值的机会。

在服务型智能制造模式下，企业能够更好地利用数据来进行精准的生产计划和预测，从而减少了资源浪费和生产成本。同时，通过与客户的密切互动，企业可以更好地了解客户的需求，提供个性化定制服务，增强了客户满意度和忠诚度。此外，服务型智能制造还促进了产业链上下游的协同合作和信息共享，实现了资源的最优配置和效益最大化。

总的来说，服务型智能制造不仅推动着制造业向智能化、数字化的方向发展，也为企业带来了更大的竞争优势和市场机遇。随着技术的不断进步和应用范围的扩大，服务型智能制造将成为未来制造业发展的主流模式。

3.5.2　服务型智能制造的功能模块

在服务型智能制造中，生产和服务过程可以划分为多个独立的功能模块。这些模块通过标准化接口和协议相互连接，极大地增强了系统的灵活性和可配置性，从而使生产过程的智能化管理和优化成为可能。这些功能模块可以涵盖从原材料采购到最终产品交付的整个价值链。以下简要介绍这些模块。

1. 物理资源模块

该模块包含制造全生命周期中所涉及的所有制造资源和能力，如人力资源（如设计者、制造工人）、制造加工资源（如硬件设备和软件工具）、物料资源（如原材料、零部件），以及影响产品加工进度、质量和运行状态的环境因素（如温度、湿度等）。在物理资源模块中，随着技术的不断进步，制造企业可以逐步实现数字化转型，将传统的生产设备与互联网技术相结合，实现智能化生产。例如，引入智能传感器和物联网技术，可以实时监测设备运行状态和生产环境参数，从而实现设备的远程监控和智能化维护管理。

2. 感知模块

感知模块负责采集生产过程中产生的各种数据，包括设备运行状态、生产进度、产品质量等信息。这些数据可以通过传感器、监测设备等方式实时采集，并传输给下游的数据处理模块。除了传统的传感器技术外，随着人工智能和机器学习等技术的发展，制造企业还可以利用视觉识别、声音识别等高级感知技术，实现对生产过程更精细化的监控和数据采集，进一步提升生产过程的智能化水平。

3. 数据处理模块

数据处理模块负责对感知模块采集到的数据进行实时分析和处理，提取关键信息和规律，并将处理结果传输给下游的决策模块。这些数据处理可以包括数据清洗、数据挖掘、数据建模等技术。随着大数据技术的不断发展，制造企业可以利用数据处理模块对海量的生产数据进行分析和挖掘，发现潜在的生产优化和改进机会。例如，通过数据建模技术，可以建立生产过程的模拟仿真模型，帮助企业预测生产过程中可能出现的问题，并提前采取相应的调整措施，从而降低生产风险和成本。

4. 决策模块

决策模块负责根据数据处理模块提供的数据和分析结果，做出智能化决策和调度安排，优化生产计划和资源配置。这些决策可以包括生产调度、设备维护、质量控制等方面的决策。在决策模块中，制造企业可以借助人工智能和优化算法等技术，实现对生产过程的智能化调度和优化。例如，通过智能调度算法，可以实现生产任务的动态分配和调整，提高生产资源的利用率和生产效率。

5. 执行模块

执行模块负责执行决策模块制订的生产计划和任务安排，控制生产设备的运行和生产过程的执行。这些执行可以包括生产操作、设备控制、物料管理等方面的任务。在执行模块中，制造企业可以借助自动化技术和智能控制系统，实现对生产过程的自动化和智能化管理。例如，通过自动化生产线和机器人技术，可以实现生产过程的无人化操作，提高生产效率和产品质量。

6. 监控模块

监控模块负责监控生产过程的执行情况和结果，实时反馈给决策模块和管理人员。这些监控可以包括生产状态监测、异常报警、实时可视化等功能。通过监控模块，制造企业可以实时了解生产过程的运行状态和产品质量情况，及时发现并处理生产过程中可能出现的问题，保证生产过程的稳定性和可靠性。

7. 服务支持模块

服务支持模块负责提供与产品相关的增值服务和支持，包括远程监控服务、预防性维护服务、定制化生产服务等。这些服务支持可以根据客户需求和应用场景的不同进行灵活配置和提供。在服务支持模块中，制造企业可以通过远程监控服务和预防性维护服务，实现对产品的远程监控和定期维护，延长产品的使用寿命和提高产品的可靠性。同时，通过定制化生产服务，可以根据客户的个性化需求，提供定制化的产品设计和生产服务，增强客户满意度和市场竞争力。

服务型智能制造的上述模块组合在一起，实现了生产过程的智能化管理和优化。企业可以根据自身需求和应用场景的不同，灵活配置和组合这些模块，实现个性化的智能制造解决方案，提高生产效率和产品质量，降低生产成本并增强竞争力。

3.5.3 服务型智能制造的产业模式

服务型智能制造在发展过程中呈现出几种典型的产业模式。这些模式在整个价值链中扮演着不同的角色，从产品的设计和制造到与客户的交互和服务提供，都发挥着重要作用。不同的模式为企业提供了多样化的选择，以满足不同客户群体的需求。目前，服务型智能制造的产业模式包括三种，即"产品+服务""产品即服务"和"整体解决方案"。

1. "产品+服务"模式

过去，终端制造企业仅仅需要关注产品质量、价格和交货速度等基本条件。如今，这些条件已经远远不够。随着企业客户对产品要求的提高，越来越多的服务型智能制造企业开始深入挖掘客户更深层次的需求。它们通过与市场端和生产端的沟通，不仅仅提供产品，还提供附加的智能服务。这些服务包括但不限于检修与维护、过程支持及升级与回收等，覆盖了产品全生命周期的保障服务。因此，服务型智能制造企业的经营模式已经从单纯提供"一次性产品"的业务转变为提供包括产品和附加服务在内的"产品+服务"的全新业务模式。

（1）远程运维　在服务型智能制造中，远程运维是一种关键的服务模式，旨在通过远程监控和管理技术，为客户提供设备的实时监测、故障诊断和远程维护等服务。这种模式使得制造企业能够及时响应客户需求，提高设备的可靠性和运行效率，同时降低维护成本和减少停机时间。

远程运维的工作内容包括：

1）实时监控：利用远程监控技术，对设备的运行状态进行实时监测，包括各种运行参数、故障报警和设备状态等信息。

实时数据采集是实时监控的基础。智能制造企业通过在生产设备上部署传感器、监测设备等，实时采集生产过程中的各种关键数据，包括温度、压力、流量、速度、振动等参数。这些数据通过网络传输至远程监控中心，为后续的实时监控和分析提供数据支持。

远程监控中心实时监控生产过程。远程监控中心通过专业的监控软件和系统，对采集到的数据进行实时监控和分析，监测生产设备的运行状态、生产过程的变化和异常情况。监控人员可以通过监控界面实时查看设备的运行情况、生产参数的变化趋势，及时发现和处理问题，保障生产过程的稳定运行。

实时报警和预警是实时监控的重要功能。监控系统可以根据设定的报警规则和阈值，对生产过程中的异常情况进行实时监测，并在发现异常时及时发出报警信息。监控人员可以通过手机、计算机等终端设备接收报警信息，并采取相应的措施。

2）故障诊断：通过远程诊断系统，对设备可能出现的故障进行分析和诊断，及时发现并解决问题，减少生产中断和损失。

智能制造企业通过在生产设备上部署传感器、监测设备等，实时采集设备运行过程中的各种关键数据，如温度、压力、振动等。这些数据通过网络传输至远程监控中心，为后续的故障诊断和分析提供数据支持。

远程监控中心利用先进的数据分析技术和人工智能算法，对采集到的实时数据进行实时监测和分析，识别设备运行过程中的异常情况和潜在故障。通过比对历史数据、制定预警模型和故障诊断规则，及时发现设备异常并进行故障诊断。

3）远程维护：一旦发生设备故障或异常，远程监控中心可以通过远程诊断技术对故障进行快速定位和分析，确定故障原因并采取相应的修复措施。监控人员可以远程操作设备进行故障排除，或者通过远程协助技术指导现场操作人员进行故障修复。

计划性维护也是远程维护的重要内容。远程监控中心可以根据设备运行数据和设备维护规程，制订合理的维护计划和维护周期，对设备进行定期的检查、保养和维修，以确保设备处于最佳的工作状态，降低设备故障率和维修成本。

（2）工艺优化　工艺优化模式是指服务型智能制造企业根据企业客户对产品及服务的要求进行产品和服务打包，从而提升企业客户的工艺产品质量。

在服务型智能制造中，工艺优化模式是智能制造企业通过产品加服务的方式，帮助企业客户优化其生产工艺，以提升产品质量和生产效率。在这种模式下，智能制造企业与客户建立紧密合作关系，深入了解客户需求，并提供定制化的工艺优化解决方案。

智能制造企业通过产品加服务的方式，为客户提供定制化的工艺优化方案。企业深入了解客户的生产流程和产品特点，根据客户需求量身定制工艺优化方案，包括生产流程调整、工艺参数优化、设备升级等，以确保最大限度地满足客户的需求。

智能制造企业利用先进的数据分析和智能化技术，为客户提供更精准的工艺优化服务。通过实时监测和分析生产过程中的各项指标和参数，结合人工智能和机器学习等技术，智能制造企业能够深入挖掘生产过程中的优化空间，并为客户提供更有效的优化方案。

此外，智能制造企业与客户建立长期稳定的合作关系，共同探索和实践新的工艺优化方案。通过持续的沟通和协作，企业不断改进和创新，提升生产效率和产品质量，以满足市场的需求和挑战。

智能制造企业在实施工艺优化方案后，持续监测生产过程的变化和效果，并及时进行反馈和调整。企业确保生产过程的稳定性和连续性，为客户提供持续优质的工艺产品和服务，促进企业的可持续发展和竞争力提升。

（3）回收再制造　回收再制造是围绕产品的整个生命周期，利用先进技术对废旧产品进行修复或改造，从而使之得以高质量再生产和再利用的过程。这一过程不仅有助于减少资源浪费和环境污染，还可以为企业客户带来经济效益和可持续发展。

1）回收再制造注重产品生命周期的全方位管理。智能制造企业从产品设计、生产到使用和废弃的整个过程中，都考虑如何最大限度地减少资源消耗和环境影响。企业通过设计可持续性的产品，提高产品的耐用性和可维修性，延长产品的使用寿命，从而减少废旧产品的产生。

2）回收再制造倡导"循环经济"的理念。智能制造企业通过收集、分拣、拆解和处理废旧产品，将其中可再利用的部件和材料进行修复或加工，重新组装成高质量的再生产品。这种循环利用的模式不仅有助于节约资源和能源，还可以降低生产成本，提高产品竞争力。

3）回收再制造强调技术创新和工艺改进。智能制造企业利用先进的技术手段，如3D打印、人工智能、机器学习等，对废旧产品进行快速而精准的识别、拆解和处理，实现资源的最大化利用和价值的最大化回收。同时，企业不断改进回收再制造的工艺流程，提高产品的再生产率和质量水平。

4）回收再制造注重社会责任和可持续发展。智能制造企业积极参与废旧产品的回收和再利用工作，推动产业链上下游企业共同实践循环经济的理念，为建设资源节约型和环境友好型社会贡献力量。同时，通过创新的商业模式和服务方式，为客户提供更加全面和可持续的解决方案，促进企业的可持续发展和社会的可持续繁荣。

（4）增值服务　在服务型智能制造中，增值服务是指智能制造企业为客户提供附加价值服务，以提升产品的使用体验和客户满意度。这些增值服务不仅仅是产品本身的功能和性能，还包括与产品相关的各种增值服务，如定制化服务、售后服务、升级服务等。

1）定制化服务是增值服务的重要组成部分。智能制造企业根据客户的特定需求和要求，为其量身定制产品和服务方案，以满足客户个性化的需求。这种定制化服务包括产品功能的定制、外观设计的个性化定制、生产流程的定制等，为客户提供更符合其需求和期望的解决方案。

2）售后服务是增值服务的关键环节。智能制造企业提供全方位的售后服务，包括产品安装调试、技术培训、维修保养、零部件供应等，以确保产品的稳定运行和客户的满意度。这种售后服务不仅帮助客户解决产品使用过程中的问题，还提供技术支持和培训服务，提升客户对产品的信心和依赖度。

3）升级服务是增值服务的重要内容。智能制造企业定期对产品进行升级和改进，推出新的功能和性能，以满足客户不断变化的需求和市场竞争的挑战。这种升级服务可以通过软件更新、硬件升级、功能扩展等方式实现，为客户提供更先进、更可靠的产品体验。

4）价值增值服务是增值服务的终极目标。智能制造企业通过不断提升产品和服务的质量和性能，为客户创造更大的价值和效益。这种价值增值服务包括提高产品的生产效率、降低生产成本、提升产品质量、拓展市场份额等，为客户创造更丰厚的经济利益和竞争优势。

（5）数据分析与智能化服务　数据分析与智能化服务是智能制造企业利用先进的数据分析技术和智能化服务，为客户提供针对性的数据解读、预测分析和智能化决策支持，以优化生产流程、提高生产效率和产品质量。

1）数据收集与整合是这一服务的基础。智能制造企业通过安装传感器、监控设备等手段，实时收集并整合生产过程中的各种数据，包括生产线运行状态、设备运行参数、生产环境条件等。这些数据是后续数据分析和智能化服务的基础，为客户提供更深层次的生产过程信息。

2）数据分析与挖掘是服务的核心内容。智能制造企业利用先进的数据分析技术，对收集到的大量数据进行深入挖掘和分析，发现其中的规律性、趋势性和异常情况。通过数据分析，企业能够帮助客户了解生产过程中的瓶颈和问题，识别潜在的优化空间，为客户提供精准的生产优化方案和智能化决策支持。

3）预测分析与优化是服务的关键环节。智能制造企业利用数据分析技术，对生产过程中的关键指标和参数进行预测和优化，预测生产设备的故障和停机时间，优化生产计划和资源配置，提高生产效率和产品质量。这种预测分析和优化服务有助于降低生产风险，提高生产计划的准确性和可靠性。

4）智能化决策支持是服务的终极目标。智能制造企业利用数据分析和智能化技术，为客户提供智能化的决策支持服务，帮助客户做出合理、科学的生产决策。通过建立智能化决策模型和算法，智能制造企业能够为客户提供个性化的生产优化方案和智能化的生产调度方案，实现生产过程的智能化和自动化。

（6）培训与技术支持　培训与技术支持是智能制造企业为客户提供的培训服务和技术支持，以帮助客户充分利用产品的功能和性能，提升生产效率和质量。

智能制造企业为客户提供产品使用培训，包括产品功能介绍、操作方法、故障排除等方面的培训内容。这种培训服务可以通过线上培训、线下培训、远程培训等形式进行，以满足客户的不同需求和学习方式，帮助客户快速掌握产品的使用方法和技巧。

智能制造企业为客户提供技术支持服务，包括技术咨询、问题解答、远程诊断和故障处理等方面的支持。客户在使用产品过程中遇到问题或困难时，可以及时向智能制造企业寻求帮助，通过电话、邮件、在线客服等渠道获得技术支持，保障生产线的正常运行和生产计划的顺利实施。

此外，智能制造企业定期组织产品培训和技术更新活动，为客户提供新产品介绍、新技术应用等方面的培训内容，帮助客户了解最新的产品信息和技术趋势，提高产品使用效率和生产水平。

智能制造企业还可以根据客户的特定需求和要求，为其量身定制培训和技术支持方案，提供个性化的服务内容和解决方案。这种定制化服务可以根据客户的行业特点、生产需求和技术水平等因素进行调整和优化，最大限度地满足客户的需求和期望。

（7）"产品+服务"案例：智能家居产品+家庭健康管理服务　某智能家居设备制造企业推出了一项创新的产品+服务方案，结合了智能家居产品与家庭健康管理服务，以提升客户的生活质量和健康水平。

该企业开发了一套智能家居系统，包括智能温控器、空气净化器、智能照明等设备，这些设备通过内置传感器和连接到云平台的智能控制器，可以实现远程监控和控制，提高了家庭生活的舒适度和便利性。

除了智能家居产品，该企业还提供了家庭健康管理服务。通过安装于智能家居设备上的各种传感器，监测家庭环境的温度、湿度、空气质量等数据，并将这些数据上传至云端健康管理系统。在此基础上，企业为客户提供定制化的家庭健康管理方案，包括定期健康报告、健康指导和个性化的健康建议。同时，系统还能够分析家庭成员的活动情况和睡眠质量，及时发现健康问题并提供预防性建议。

通过智能家居产品和家庭健康管理服务的结合，客户可以实时监测和控制家庭环境，保障家人的健康和安全。企业通过提供增值服务，不仅提升了产品的附加值，还提高了客户的满意度和忠诚度，巩固了市场竞争优势。同时，这种综合性的产品+服务模式也为企业带来了新的商业机会，拓展了业务领域，实现了可持续发展。

2. "产品即服务"模式

服务型智能制造中的"产品即服务"模式是指将传统的产品销售模式转变为以服务为主导的模式，即不再将产品作为单一的实体销售，而是将产品与相关的服务紧密结合，向客户提供更完整、更全面的解决方案。在这种模式下，产品不再是单纯的物理产品，而是以服务为核心，以产品为载体，通过增值服务的形式提供给客户。

服务型智能制造中"产品即服务"的具体实践方式包括：

（1）柔性支付　在智能制造企业中，柔性支付是一种灵活的计费方式，能够根据客户的实际使用情况或服务需求进行计费。举例来说，假设一家智能制造企业提供智能工厂解决方案，他们可以根据客户的需求和预算，提供多样化的支付选择，以满足不同客户的需求，并增强产品的市场竞争力。

柔性支付允许客户根据自身需求选择合适的支付方式。例如，一些客户可能需要短期使用智能工厂解决方案，他们可以选择按使用时长计费的方式，只支付实际使用的时间。这种方式使得客户可以根据实际需求灵活地控制成本，而不必承担长期的固定费用。

而对于那些需要长期稳定服务的客户，比如大型制造企业，他们可能更愿意选择订阅式的支付方式。智能制造企业可以提供按月或按年支付固定费用的订阅服务，以确保客户能够持续获得智能工厂解决方案的支持和服务。

另外，柔性支付还可以根据服务的具体效果进行计费。举例来说，如果智能制造企业提供的智能工厂解决方案可以直接提高客户的生产效率和产品质量，那么企业可以与客户达成协议，按照实际达成的效果来进行计费。这种按效果付费的方式可以激励企业为客户提供更优质的服务，并与客户共享风险和回报。

此外，柔性支付还可以根据客户的预算和资金状况进行调整。企业可以提供多种不同价位的服务套餐，以满足不同客户的预算限制。客户可以根据自身财务状况选择合适的套餐，从而更好地控制成本，同时也能够享受到所需的服务支持。这种个性化的支付方式有助于企业与客户建立长期稳定的合作关系，增强客户满意度，并提升市场竞争力。

（2）内容增值服务 在智能制造企业中，产品不仅仅是功能的载体，更是为客户提供服务体验的重要方式。随着消费升级，客户越来越关注产品所提供的服务内容是否能够提升自身的体验感。举例来说，汽车不仅仅是交通工具，更是为客户提供出行体验和安全保障的重要工具；智能家居产品不仅仅是家居设备，还可以为客户提供舒适、智能化的家居生活体验；工业机器人不仅仅是生产设备，还可以为客户提供智能化生产解决方案，提高生产效率和产品质量。因此，客户的消费行为正从单纯购买"产品"向购买"服务内容"转变。

针对这一趋势，智能制造企业不仅提供基本的产品功能，还提供各种内容增值服务，以丰富客户体验并提高产品的附加值。以下是一些智能制造企业可能提供的内容增值服务内容：

1）定制化培训与技术支持。企业可以为客户提供定制化的培训课程和技术支持。例如，智能家居企业可以为客户提供家居智能化应用的使用培训，以帮助客户更好地使用智能家居产品，提升居家生活品质。

2）智能化生产优化咨询。企业可以为客户提供智能化生产优化咨询服务，帮助他们优化生产流程、提高生产效率和产品质量。例如，工业机器人企业可以为客户提供智能化生产流程的优化方案，提高工厂生产效率和灵活性。

3）定制化数据分析和报告。企业可以为客户提供定制化的数据分析和报告服务。例如，汽车制造企业可以为客户提供车辆使用数据的分析报告，帮助客户了解车辆的使用情况和维护需求，提高车辆的使用效率和安全性。

4）社区交流和知识共享平台。企业可以建立在线社区交流和知识共享平台，为客户提供一个交流和学习的平台。例如，智能家居企业可以建立智能家居用户社区，让用户分享经验、解决问题、交流技巧，共同提升智能家居产品的使用体验和效果。

（3）迭代更新和持续优化 在智能制造企业中，迭代更新和持续优化不仅是产品发展的必然要求，也是确保企业保持竞争优势的重要环节。在"产品即服务"模式下，企业不仅提供产品，更致力于为客户提供持续的改进和优化，以确保客户始终享受到最新的、最优化的服务体验。

智能制造企业通过多种途径进行持续优化。

首先，他们会不断收集客户反馈、市场需求和技术创新，并将这些信息纳入产品开发的全过程中。这种持续的信息收集与分析为企业提供了宝贵的反馈，使其能够及时调整产品策略和方向，以满足市场的变化和客户的需求。这可能涉及软件更新、硬件升级、功能扩展等方面的改进，以确保产品始终保持领先的性能和功能。

其次，智能制造企业会定期发布新的产品版本和功能更新。随着科技的不断进步和市场的变化，客户对产品的期望也在不断提升，因此，企业需要及时跟进，推出具有竞争力和吸引力的新产品版本。这些更新可能涉及新的技术应用、更智能的功能设计、更优化的用户体验等方面，以确保产品始终具有竞争力和吸引力。

此外，智能制造企业还会积极响应客户的需求和定制化要求，为客户提供个性化的解决方案。随着市场竞争的加剧和客户需求的多样化，企业需要灵活地调整产品和服务，以满足不同客户的特定需求，增强客户满意度和忠诚度。这可能包括定制化的功能开发、定制化的服务支持等。

除了产品本身的改进，智能制造企业还要不断改进和优化其提供的服务质量和用户体验。在竞争激烈的市场环境中，提供优质的售后服务和用户体验是企业获得客户信任和忠诚度的关键。因此，企业要不断改进客户服务流程、提升售后支持服务、优化用户界面设计等，以确保客户始终享受到优质的服务体验。

（4）"产品即服务"案例：智能车辆"行驶服务包"模式 某汽车制造企业引入了一种创新的产品即服务模式，称为"行驶服务包"，为企业客户提供智能车辆的使用权和配套的服务。

在这种模式下，企业客户不再购买汽车的所有权，而是与汽车制造企业签订"行驶服务包"合同，按照使用时长或里程数支付相应的费用。企业客户只需获得汽车的使用权，而汽车制造企业承诺在服务包期间提供所有必要的保养、维修、数据分析等服务，以确保车辆的正常运行和客户的安全出行。

除了基本的车辆维护服务外，这个智能车辆"行驶服务包"还包括了诸如智能驾驶辅助、车辆远程监控、预测性维护等高级服务。通过内置传感器和连接到云平台的智能控制系统，汽车制造企业可以实现对车辆的远程监测和控制，及时发现并解决潜在问题，最大限度地确保车辆的稳定性和安全性。

此外，企业客户还可以根据特定行业的需求定制化服务，例如车队管理、物流配送优化、驾驶行为监控等。这样的定制化服务不仅提高了车辆的使用效率，还能够降低企业的运营成本，提升竞争力。

通过智能车辆"行驶服务包"模式，汽车制造企业不仅仅是提供了一辆汽车，更是提供了一整套的出行解决方案。企业客户无须承担汽车所有权带来的额外成本和风险，而且可以根据实际需求灵活调整车辆的使用量，极大地降低了投资门槛和经营风险。

在这种模式下，汽车制造企业可以通过提供配套服务增加产品附加值，提高客户满意度和忠诚度，进而巩固行业领先地位。同时，通过收集车辆运行数据和客户反馈，汽车制造企业可以不断优化服务，提升产品质量和用户体验。

这种智能车辆"行驶服务包"模式不仅适用于企业客户，也可以拓展至个人用户市场，为更广泛的用户群体提供汽车出行解决方案，促进汽车行业的转型升级，推动智慧出行的发展。

3. "整体解决方案"模式

服务型智能制造中的"整体解决方案"模式是指企业向客户提供完整的解决方案，包括产品、服务和系统集成，以满足客户特定的需求和业务目标。在这种模式下，企业不仅提供单一的产品或服务，而是将产品、服务和技术整合在一起，提供综合性的解决方案，以帮助客户解决复杂的问题和挑战。"整体解决方案"的主要实践方式包括综合性解决方案、端到端服务支持、一体化管理和运营、产品平台和产品生态圈等。

（1）综合性解决方案 智能制造企业提供针对客户特定需求的全面解决方案，包括产品、服务和系统集成。这可能涉及定制化的产品设计和制造、智能化的解决方案设计、软件开发等，以满足客户的特定业务需求和目标。这种方式下，智能制造企业与客户密切合作，从问题诊断到解决方案实施，为客户提供一站式的解决方案。

在提供综合性解决方案之前，智能制造企业与客户会进行深入的需求分析和问题诊断。这包括了解客户的业务流程、挖掘客户的痛点和需求，并进行现场考察和数据收集。通过充分了解客户的需求，智能制造企业可以为客户提供更贴近实际情况的解决方案，最大限度地满足客户的期望和要求。

针对客户的特定需求，智能制造企业可能需要定制化设计和制造产品。这不仅包括物理产品的定制化，还可能涉及软件定制、系统集成等方面。智能制造企业需要与客户紧密合作，根据客户的要求进行产品设计和开发，确保产品能够完全满足客户的需求和期望。

综合性解决方案往往需要涉及多种技术和系统的整合，以实现客户的特定业务目标。这可能包括物联网技术、人工智能、大数据分析等方面的应用，以构建智能化的解决方案。通过智能化的设计，智能制造企业可以为客户提供更高效、更智能的解决方案，帮助客户提升生产效率、降低成本、提高竞争力。

在综合性解决方案中，智能制造企业承诺为客户提供一站式的解决方案实施和支持。这意味着企业不仅负责解决方案的设计和开发，还负责解决方案的部署、调试和运行维护。智能制造企业与客户之间会建立长期合作关系，为客户提供持续地技术支持和服务保障，确保解决方案的稳定运行和持续优化。

在解决方案实施过程中，智能制造企业与客户之间会建立起持续的沟通和反馈循环。企业需要不断与客户保持联系，了解客户的反馈和需求变化，及时调整和优化解决方案。通过持续地改进和优化，智能制造企业可以确保解决方案始终与客户的需求保持同步，提供持续的价值和满意度。

（2）端到端服务支持 端到端服务支持旨在为客户提供从产品设计到售后服务的全方位支持。它的核心理念是将客户需求放在首位，通过整合各种资源和技术手段，为客户提供定制化、持续性的服务，从而实现生产制造过程的智能化、数字化和服务化。

端到端服务支持的关键要素包括：

1）智能化生产线集成：端到端服务支持意味着将智能技术融入生产线的各个环节，包括自动化设备、机器人、传感器网络等，以实现生产过程的自动化、智能化和柔性化。

2）定制化生产解决方案：针对不同客户的需求，提供定制化的生产解决方案，包括生产线设计、工艺流程优化、自动化系统集成等，以满足客户个性化的生产需求。

3）供应链数字化协同：通过数字化技术实现供应链各环节的信息共享和协同，包括供应商管理、物流管理、库存管理等，以降低供应链成本、缩短交付周期，提高生产的灵活性和响应能力。

4）远程监控与维护：利用物联网、远程监控和诊断技术，实现对生产设备和产品的远程监控和维护，及时发现和解决潜在问题，减少生产停机时间，提高生产效率和设备利用率。

5）数据驱动的预测性维护：通过数据采集和分析，实现对设备运行状态和性能的实时监测和分析，预测设备故障和维护需求，采取预防性维护措施，降低生产中断风险，提高设备可靠性和生产效率。

6）智能化售后服务：通过智能化技术和数据分析，提供个性化的售后服务，包括远程技术支持、在线培训、定制化零配件供应等，以满足客户的售后服务需求，提高客户满意度和忠诚度。

7）生产过程优化与持续改进：通过数据分析和智能算法，对生产过程进行持续优化和改进，包括生产效率提升、能源消耗降低、产品质量改进等。

（3）一体化管理和运营　企业提供一体化的管理和运营服务，确保产品和服务的协调运作和高效管理。一体化管理和运营服务涉及多个方面，其中物联网技术的应用是至关重要的。通过物联网技术，智能制造企业可以实现设备之间的互联互通，使生产线上的各个环节紧密相连。这种连接性使得企业能够实时监控生产过程中的各个环节，及时发现和解决问题，从而提高生产效率和质量。

在一体化管理系统的支持下，智能制造企业可以实现生产计划的优化。通过对生产流程的全面监控和分析，企业可以根据实际情况对生产计划进行调整和优化，以适应市场需求的变化和生产资源的变动。这种灵活性使得企业能够更加高效地应对市场的变化，提高生产效率和竞争力。

一体化管理和运营服务还包括对资源的有效利用。智能制造企业可以通过集成管理系统实现对生产资源的全面监控和管理，确保资源的合理分配和利用。这包括原材料的采购和库存管理、生产设备的运行状态监控、人力资源的调配等方面。通过优化资源利用，企业可以降低生产成本，提高资源利用效率。

此外，一体化管理和运营服务还可以实现生产过程的可视化管理。通过集成管理系统，企业可以将生产过程中的各个环节进行可视化展示，使管理人员能够清晰地了解生产现场的实时情况。这种实时监控和可视化管理使得企业能够更加及时地做出决策和调整，从而提高管理效率和决策准确性。

（4）产品平台　智能制造企业基于自己的产品，由智能化感知、通信和控制系统搭建网络化系统，构成了产品平台。产品平台不仅仅是将各种产品和服务整合在一起，更是为企业提供了一个统一的架构和框架，使得不同产品之间能够实现高效的互操作性。通过产品平台，企业可以将各种产品进行模块化设计，使得不同模块之间具有较高的兼容性和可替换性。这种模块化设计不仅有利于产品的快速组装和定制，还可以降低产品的开发成本和周期。

产品平台的建立还可以帮助企业实现快速定制。通过产品平台提供的模块化设计和标准化接口，企业可以根据客户的特定需求快速定制产品。这种定制化服务可以帮助企业更好地满足客户个性化的需求，提高客户满意度和忠诚度。

除此之外，产品平台还可以为客户提供更多的选择和定制化服务。通过产品平台，客户可以根据自身需求和偏好选择不同的产品模块和服务组合，以实现个性化定制。这种定制化服务不仅可以增强客户对产品的认同感，还可以提升产品的市场竞争力。

另外，产品平台还为企业提供了一个持续创新的平台。通过产品平台，企业可以更加灵活地引入新的技术和功能，快速响应市场需求的变化。同时，产品平台也为企业提供了一个共享资源的平台，可以促进不同部门和合作伙伴之间的合作和协同，加速创新的实现和推广。

（5）产品生态圈 产品生态圈不仅仅是企业自身的生态系统，更是一个与合作伙伴和其他参与者紧密合作的网络。通过与供应商、第三方开发者、行业合作伙伴等建立合作关系，企业可以共同为客户提供全方位的解决方案。例如，智能制造企业可以与原材料供应商合作，确保供应链的稳定和优质原材料的供应；与软件开发者合作，共同开发智能化的产品功能和服务；与行业合作伙伴合作，共同探索行业应用场景和解决方案。

通过构建开放的生态系统，企业可以充分利用外部资源和创新力量。与合作伙伴和其他参与者共同合作，可以汇聚各方的智慧和资源，加速产品创新和技术进步。企业可以通过与合作伙伴共享技术、资源和市场渠道，降低研发成本、提高产品质量和市场竞争力。

产品生态圈的建立还可以提高企业的市场适应性。通过与合作伙伴和其他参与者建立紧密的合作关系，企业可以更快速地响应市场需求的变化，推出更具竞争力的产品和服务。同时，产品生态圈还可以为客户提供更多元化和个性化的解决方案，提升客户体验和满意度。

总之，通过建立产品生态圈，智能制造企业可以与合作伙伴和其他参与者共同合作，为客户提供全方位的服务支持和增值服务。这种开放的合作模式不仅可以加速产品创新和技术进步，还可以提高企业的市场适应性和竞争力，为客户提供更优质的产品和服务。

（6）"整体解决方案"案例：智能工厂整体解决方案 某工业制造企业引入了一种全新的整体解决方案，称为"智能工厂整体解决方案"，为企业客户提供了智能化生产和管理的解决方案。

在这种模式下，企业客户不再需要单独购买各种生产设备、软件系统和管理服务，而是与该制造企业签订整体解决方案合同，获得智能工厂的最终功能结果。中间的生产设备采购、系统集成、数据分析和管理服务都由制造企业提供和支持。

这个智能工厂整体解决方案涵盖了多个环节：

1）供给世界领先的生产设备。制造企业提供最先进的生产设备，包括数字化、自动化的生产线、智能机器人、先进的物联网设备等。这些设备具有高效、稳定、可靠的特点，可以提高生产效率和产品质量。

2）供给生产线集成和优化服务。制造企业负责对生产设备进行系统集成和优化，确保各个设备之间的协同工作，实现生产流程的优化和生产效率的提升。同时，还提供定制化的生产线配置和工艺优化服务，根据客户需求定制最适合的生产方案。

3）供给数据分析和智能管理服务。制造企业提供先进的数据采集、分析和管理系统，实时监控生产过程中的各项指标和数据，及时发现问题并进行调整优化。同时，利用大数据和人工智能技术，对生产数据进行深度分析，为客户提供生产效率提升、成本降低等方面的智能管理服务。

通过这个智能工厂整体解决方案，企业客户可以实现智能化生产和管理，提高生产效率、降低成本、提升产品质量，从而增强竞争力，实现可持续发展。

在这种模式下，制造企业不仅提供单一的产品或服务，而且提供一整套的智能化生产解决方案。企业客户无需在不同的供应商之间进行选择和协调，简化了采购流程，降低了管理成本。同时，制造企业通过提供增值服务增加了产品附加值，提高了客户满意度和忠诚度，巩固了市场地位。

这种智能工厂整体解决方案不仅适用于大型企业，也可以拓展至中小型企业和新兴行业，为更广泛的客户群体提供智能化生产解决方案，推动制造业的数字化转型，促进产业升级和经济发展。

3.6 智能制造新模式新业态下的管理创新与变革

随着新一轮科技革命和产业革命的逐步深入，全球制造业开启了一次全新的"数智转型大航海"。在面向数智经济时代的国际竞争中，依托数智技术发展更高质量、更有竞争力的先进制造业，已经成为各国的战略共识。我国制造业高质量发展是构建现代化产业体系、推动经济高质量发展的重点任务，也是推进新型工业化、实现中国式现代化的重要战略支撑。智能制造作为一种集成信息技术、自动化生产及数据分析的生产模式，为企业提供了较高的生产效率、产品质量、成本控制和市场响应能力等优势。同时，智能制造催生制造业新模式和新业态不断涌现，促进企业战略转型和管理创新变革，助推企业产品全生命周期转型、生产制造全过程、供应链全环节的系统优化和全面提升。

3.6.1 企业战略管理创新与变革

1. 商业模式与商业模式创新

（1）**商业模式的含义** 商业模式是指企业价值创造的基本逻辑，即企业在一定的价值链或价值网络中如何向客户提供产品和服务、并获取利润。其概念核心是价值创造。

（2）**商业模式的九大要素** 一般来说，商业模式包括以下九大要素：

1）价值主张，即公司通过其产品和服务能向消费者提供何种价值。表现为是提供标准化还是个性化的产品、服务或解决方案，宽还是窄的产品范围。

2）客户细分，即公司经过市场划分后所瞄准的消费者群体。表现为是聚焦本地区、全国还是国际市场，服务于政府、企业还是个体消费者。

3）分销渠道，描绘公司用来接触、将价值传递给目标客户的各种途径。表现为是选择直接渠道还是间接渠道，单一渠道还是多渠道。

4）客户关系，阐明公司与其客户之间所建立的联系，主要是信息沟通反馈。表现为是交易型关系还是关系型关系，直接关系还是间接关系。

5）收入来源（或收益方式），描述公司通过各种收入流来收益的途径。表现为是固定的价格还是灵活的价格，高利润率还是中低利润率，高销售量还是中低销售量，单一收入来源还是多个、灵活的收入来源。

6）核心资源及能力，概述公司实施其商业模式所需要的资源和能力。表现为是拥有核心技术还是专利，具有品牌优势、成本优势还是质量优势。

7）关键业务（或企业内部价值链），描述业务流程的安排和资源的配置。表现为是标准化业务流程还是柔性生产系统，较强还是较弱的研发部门，高效还是低效的供应链管理。

8）重要伙伴，即公司同其他公司为有效提供价值而形成的合作关系网络。表现为上下游伙伴关系，竞争或者互补关系，联盟或者非联盟关系。

9）成本结构，即运用某一商业模式的货币描述。表现为固定成本与变动成本比例，高还是低的经营杠杆。

一个有效的商业模式不是九个要素的简单罗列，要素之间存在着有机的联系，可以用商业模式画布这一工具来描述，如图3-15所示。

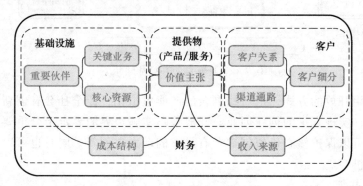

图3-15 商业模式画布

（3）商业模式创新 智能制造推动企业一体化，加强企业间的协同合作，实现社会资源的集成化和共享化，不断推动商业模式创新，如图3-16所示。商业模式创新要满足三个前提条件：一是这种新型的商业模式将能够创造出竞争者当前没有提供的新价值；二是这种新型的商业模式具有难以复制性，即在短期内很难被其他企业模仿；三是基于对顾客的准确假设，即真正找准顾客需求的痛点。

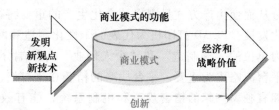

图3-16 商业模式创新示意图

在智能制造模式下，基于价值的商业模式变革将来会出现三大集成，分别是纵向集成、端到端集成和横向集成模式。

纵向集成是指发生在企业或者车间内部的集成，一般可以通过企业管理者统一要求进行组织，比较容易实现，这是因为企业管理者拥有较大的资源调动权。端到端集成涉及产业链上的不同利益相关者之间的集成，它体现了产业链的边界，由于不同利益相关者的利益不容易获得统一，因此这种集成实现的难度会增加；横向集成是跨越了多条产业链的集成，它体现了产业生态的边界，这也是最大范畴的集成活动。由于横向集成涉及不同行业的企业之间的整合协同，因此，利益协调会更加困难，实现难度会更高。商业模式创新一般应该遵循从纵向集成到端到端集成再到横向集成的基本路径进行演进。

商业模式创新要求企业采取开放战略来改变原有的价值创造方式。开放战略就是把企业的核心资源能力开放出来，以收费或免费的方式，让利益相关者使用，从而推动获得开放资源能力的企业创造新的价值。一般情况下，采用开放战略的企业都是为了实现自己的核心产品或服务的创新，而为自己创造良好的生态环境，推动产业生态良性发展。

开放战略的具体实施，主要体现在底层的物联网和服务互联网这两个层面，这将促进新的工业价值生态产生，如图 3-17 所示。

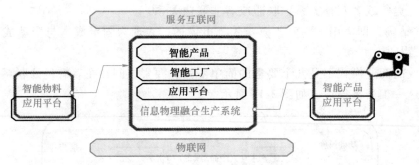

图 3-17　工业模式的开放战略示意图

三一重工利用开放的方式，把一些剩余的产能虚拟化，让全社会有创新意愿的团队使用这些虚拟生产力，实现真正的创新创业。开放战略实施边界的界定十分重要，只有通过恰当的边界设定，才可以保护核心价值创造者有足够的动力去创新，同时也可以为自身找到重新分配生态价值的机会。

2. 企业价值共创

智能制造使企业战略管理从核心能力战略主导向平台战略主导转变。新兴制造技术不仅可以改变制造企业的生产过程，也可以改变产业组织形态，生产组织中的各环节可被无限细分从而使生产方式呈现出社会化生产的重要特征，产业组织形态从产业链条向网络化、生态化发展。以 3D 打印机为代表的个性化制造和网络开放社区的发展将大大促进以个人和家庭为单位的"微制造"和"个人创业"等极端分散组织方式的发展。在这种产业组织形态下，平台战略更为重要。平台战略的精髓在于打造一个完善的、成长潜能强大的"生态圈"。它拥有独树一帜的精密规范和机制系统，能有效激励多方群体之间互动，达成平台企业的愿景。纵观全球许多重新定义产业架构的企业，人们会发现它们成功的关键就是建立起良好的"平台生态圈"，连接两个以上群体，弯曲并打碎了既有的产业链。

（1）智能制造实现价值管理创新　价值管理根源于企业追逐价值最大化的内生要求，它以价值评估为基础，以规划价值目标和管理决策为手段，整合各种价值驱动因素和管理技术，是梳理管理和业务过程的新型管理框架。价值管理围绕价值展开，主要包括创造价值、管理价值与衡量价值三个方面。

从创造价值角度分析，智能制造为企业的生产带去新兴技术，提高了企业的生产效率与效益；在企业的经营管理中，为企业提供新的管理模式，节约了管理成本；在企业的销售过程中，智能制造为企业产品增加价值，为销售提供平台，同时提高企业的收益，促使企业价值最大化。

从管理价值角度分析，价值管理注重于企业在可预见的未来经营活动现金流量的创造及风险控制。智能制造将先进的信息技术应用到企业运营中，完善企业对于未来现金流量的估计模型，提高模型的可靠性及准确性，且在风险控制方面，智能制造也为企业提供了全新的生产模式及管理模式，有效减少人为因素的影响，在生产、管理的过程中，采用精确度高的计算机技术辅助生产管理，从而合理规避因人为操作、主观决策等带来的风险。

从衡量价值角度分析，企业追求价值最大化而非利润最大化，重视企业的可持续发展能力。企业利用大数据、云计算等先进信息技术，进行模拟预测，对企业的未来发展进行合理估计，判断企业发展潜力，衡量企业价值，并在此基础上合理分析决策，规划企业的发展方向与路线。

（2）智能制造为企业创新提供新的创新源　智能制造变革企业技术，也给企业带来新的创新源。信息化使企业能够在新的高度、新的角度进行企业的"价值共创"，而信息化产生的大量数据也给企业带来不一样的创新资源。

首先，信息化不仅给智能制造企业带来更高层面的数据，还连接上下游企业，创造企业"价值共创"的基础。智能制造企业把原本单个、冰冷的机械设备"嵌入"由软件、传感器和通信系统组成集成的物理网络系统中，实现实时反馈与更高级别的决策系统，使经营者或者员工能够在整体层面把握产品生产方案及企业的战略决策与相应方案的制定，因此能够实现更高级的"整体"层面上的"价值共创"。其次，智能制造企业在原材料供应、产品的生产、销售、服务全过程的一体化中，也把企业的创新开放给整个供应链，使企业能够和供应链上下游的供应商和顾客合作进行创新。

（3）智能制造实现资源整合创新　智能制造融合先进的计算机技术及制造技术和现代管理手段，贯穿于企业生产经营的全过程中，构造一个集成网络。从资源整合角度而言，主要有纵向整合、横向整合及平台式整合三个维度。纵向整合主要侧重于构建企业的内部价值链以创造更大的价值。在智能制造背景下，企业形成一条集成了设计、生产、包装、销售等各环节的价值链，利用智能化技术对价值链进行监督、调整，促使企业纵向一体化，使得传统的纯制造业也可以自主销售，创造更大的价值。横向资源整合主要发生在企业间，以行业间的产业链中某一环节为依托进行资源整合。横向整合主要通过物联网、互联网、云计算、大数据等全新技术手段，以现代化智能网络为基础，进行资源收集和整理。横向集成与纵向集成两者相辅相成，都是构造企业价值链集成的基础。平台式整合建立在横向整合与纵向整合的基础之上，将企业自身打造为一个中间平台，与其他平台之间进行资源的共享与交换。在智能制造体系下，平台通过大数据、云计算等，对顾客进行偏好分析，将顾客整合；通过智能化制造，构造一体化企业价值链，使得企业实现产品个性化、设计协同化，便于企业间实现资源交换与共享。

3. 智能制造使企业战略更加注重灵活性

智能制造是市场需求刺激下的信息化技术与自动化生产技术融合的产物。在此环境下，企业需要具备更高的战略灵活性，如图 3-18 所示。

首先，智能制造环境下企业面临复杂多变的经营环境，企业需要具备有效管理各种变革的灵活性；其次，智能制造需要企业灵活应对消费者需求，准确把握消费者偏好，不断创新以满足消费者需求。

4. 战略目标的"创新力"

在智能制造背景下，企业需要灵活的创新能力。随着市场竞争越发激烈，企业要想成功，需要具有不断创造新思想、新观念并应用于实践以获得竞争优势，从而实现战略目标的"创新力"。

3.6.2　企业组织和人力资源管理创新与变革

1. 虚拟组织与管理

虚拟组织是一种区别于传统组织的以信息技术为支撑的人机一体化组织。它的特征是以

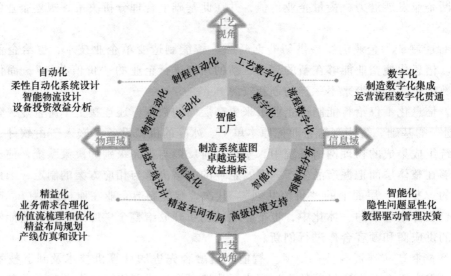

图 3-18　智能制造下企业战略灵活性

现代通信技术、信息存储技术、机器智能产品为依托，实现传统组织结构、职能及目标。

虚拟组织的管理与传统组织的管理有很大不同。在传统组织中，没有对组织存在时间长短的限制，在一定程度上对组织的结构、层级、角色和任务都有明确的定义。另外，组织成员有固定的工作和活动场所，有大量的非正式行为，具有中心管理层，它不会在组织成员之间变动，或者随着时间而改变。但是，虚拟组织的管理被视为一个人或一群人居于虚拟组织的中心位置，为整个组织做出决策并获得了其他组织成员的信任。虚拟组织的管理群体可能会不断变动或者被新加入的群体所替代，这取决于组织所做出的决策。

智能制造中组织变革的逻辑如图 3-19 所示。随着智能制造中的人、组织的动态变迁，对于企业管理者而言，不得不解决的一个问题是找到适配的管理方法推动组织效率、动力、活力变革，反过来，这也切实保障了智能制造的顺利实施。随着新一代信息技术的广泛应用，组织的学习曲线（经验曲线）变得陡峭，组织间的信息不对称大幅缩小，组织经验获取和习得的时间迅速缩短，唯有组织管理优势的确立才能确保组织在技术、市场与管理等方面实现动态优化组合，从而形成持续的竞争优势。

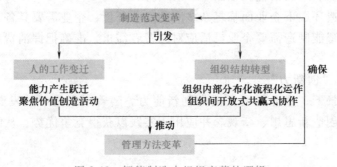

图 3-19　智能制造中组织变革的逻辑

2. 组织结构扁平化

智能制造的应用，会改变传统的企业组织结构，使企业的组织结构朝着去中心化、灵活化、部门与企业边界模糊化和组织平台化方向发展。智能制造下的组织结构更加扁平。组织管理从针对金字塔层级结构的机械管理模式向针对网络组织结构的有机管理模式转变。

网络组织结构是一个复杂的生态系统，该系统由平台加上无数个自组织构成，因而不确定性和灵活性是常态。具有这种网络结构的企业往往是社会化的企业，组织成员有共享的基本理念，注重沟通和协作，共享与合作是网络组织员工关系最核心的内容。

智能制造既涉及产品全生命周期活动的优化再造，也涉及价值链上下游的关系重塑，正在推动企业从单点运作到网络化协同，如图3-20所示。在产品生命周期、物理系统层级、价值链上下游这一三维空间内，任意组合都可能对组织及组织间运作产生新的影响。

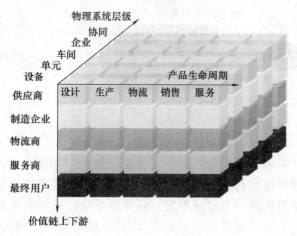

图 3-20　智能制造推动单点运作向网络化协同转变

透过智能制造生产运行的表象来看，这实质上意味着组织内部需要进行跨部门协同、组织间需要进行开放合作。在组织内部，更加强调实现分布化流程化运作。首先，通过对企业内人、物流、信息流、资金流等的集中监测和协调，传统制造情境中各生产过程的边界、范围被打通，原来的物理壁垒被打破。其次，企业的集中式协调和分布化运作会实现一个动态平衡，既能够统一调度实现标准化结果的导出，又能够突出分布式生产活动的灵活性和自由度。其中，相较于传统情境下的专业化分工，流程型项目团队变成组织管理的新常态。最后，智能制造将组织、活动变得模块化，标准化的数据接口成为组织间、活动间快速交互的重要通道。

在组织间，更加强调实现开放式共赢式协作。简单来讲，制造企业和供应商打破了传统意义上的供需关系，通过应用先进的技术和管理手段形成产品生产或服务供给的最大合力，以共同服务最终用户来实现利益共享。复杂来看，产业链、供应链上下游各环节整体被打通，通过协调各方资源和能力，全社会以共建共赢的方式进行生产和消费。典型的是，最终用户不再仅仅是产品使用者或服务享受者，他们会全过程参与其中，与企业进行共同创造和创新。

3. 去中心化自治组织

去中心化自治组织是一种基于区块链技术运行的新型组织形式，它不存在中央集权式的领导者或管理机制，而是通过智能合约实现自我控制，并借助代币实现人机共治。

4. 组织平台化

组织平台化是一种组织形态的转型，更重要的是管理逻辑和管理角色的转变，其核心是通过大平台和小前端的搭配实现资源的有效配置。组织作为一个平台，提供资源和支持条件，并设定运转规则，引导各方参与者的投入与承诺。除此以外，组织和管理层的角色定位也要发生转变，要成为资源提供者和以共同的平台和事业为中心的平台型领导者。

5. 全才型员工与员工动态能力培训

智能制造中员工工作情景的变迁如图 3-21 所示，智能制造的应用需要不同以往的员工群体，因此给人力资源管理带来新的变化。

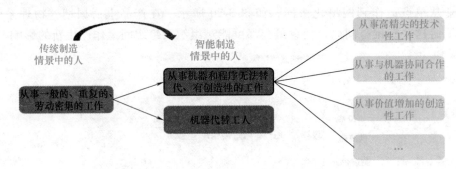

图 3-21　智能制造中员工工作情景的变迁

首先，智能制造企业需要全才型的员工。智能制造的应用使企业生产自动化、智能化，一个产线只需极少数的高技术员工。员工既要懂机械、还要懂电气，不仅懂设备、还要懂信息，不仅懂硬件、还要懂软件，不仅懂单元、还要懂系统，不仅懂局部、还要懂流程。

其次，智能制造企业还需要对现有员工进行更多的培训。由于智能制造企业中，员工面对的生产设备和协作伙伴的范围远远超过了目前生产方式的要求，因此，在企业进行转型的过程中，有必要对员工进行相关知识的全方位培训，提升员工的动态工作能力，使员工适应智能制造的要求。实施智能制造，就是要消除工业控制与传统信息管理技术之间的距离，建设智能工厂并进行标准化、自动化和智能化生产的工作环境与工作方式。

6. 人性化的管理

由于制造过程的数字化、智能化，从事生产制造的人数相对将减少，作为企业管理对象之一的员工不再是原有传统的简单劳动者，而是现代知识型员工，人力资源管理就要求转变管理的风格，甚至管理的方法，要更加强调弹性、灵活和"以人为本"的管理方式。

智能制造企业的员工从事机器和程序无法替代、有创造性的工作，随着劳动密集型、技术含量低的岗位被逐渐取代，企业在需求侧对员工的要求发生显著变化，这也使得员工需要重塑工作技能和求职意向。在当下及可见的未来，智能制造情境下的员工将更多地从事以下两方面的工作：

1）不变的工作——高精尖的技术性工作。尽管一般情况下，相较人工，自动化、智能化机器执行的生产过程会更有精度和准确性，但它们很难胜任那些程序无法指定的、需要凭经验和感觉操作的工作，这也就印证了无论何时高技能人才都持续被市场青睐的基本规律。

2）新兴的工作——价值增加的创造性工作。实现智能制造还有一个初衷是提升机器、过程的智能化程度，让机器、过程能够像人一样智慧地进行工作。这一目标的实现需要人类专家的突破创新。这就要求更多的员工成为专家，从事价值增加的创造性工作，并将工业知识、机理等植入智能化机器、车间及工厂，这也解释了当下企业对熟练掌握新一代信息通信技术和工业软件等人才迫切需求的背后原因。

　　智能制造情境中，员工更多从事价值创造的工作，更加追求自我价值的实现。相较传统制造情境中的员工，企业需要给予其非线性增长的物质精神激励以调动员工的积极性。具体而言，可灵活参考下述思路或方法：

　　1）强调激励的差异化。相较传统制造情境，智能制造中的员工会由于其工作能力的不同产生显著差异化的贡献。为此，企业不能按照以往岗位、角色的类型进行统一化的员工激励，而是要聚焦员工实际贡献，给予差异化的激励，使每一位员工都能够为了获得而努力奋斗，形成"价值创造-价值评价-价值激励"的良性循环。

　　2）强调激励的向上性。相较传统制造情境，智能制造中的员工从事的多是重大的、长期的、开创性的、有挑战的新工作，很难产生短期显著的绩效。因此，企业在物质激励和精神激励上都要对准员工追求的向上性，引导员工热衷于价值创造的工作。

　　3）强调激励的包容性。作为一种新型的生产方式，员工从事的工作更像是一次次全新的"创业"，因此，企业要给予员工足够的包容性允许其试错、出错，允许其接受更大的挑战，走向更高的舞台。同时，智能制造情境中，员工将处于一种数字化、机器协作的新工作环境，身心都将面对新的挑战，需要一个适应的过程。

　　企业需要更加关注员工潜在的系列影响以提升其满意度。具体而言，可灵活参考下述思路或方法：

　　1）提供面向新需求的职业教育与培训。结合企业业务所需和未来发展趋势，融合线上线下多种方式，适时开展有针对性的员工技能和知识提升的教育培训活动，切实打造学习型员工和组织。

　　2）构建智能制造对员工影响的评价方法。智能制造的典型特征之一便是人性化、以人为本。

　　因此，企业需要探索构建智能制造对员工影响的评价方法，前瞻性地关注员工高层次需求、潜在性风险伤害，重构人力资源管理的内容和方式方法，以便于动态监测和改善对员工的各方面影响。

　　由于智能制造企业需要的是有较高自驱力、良好自我管理能力及强烈高成就需求的高技术员工，因此，在工作中要赋予员工自主控制、调节和配置智能制造资源网络和生产步骤的权力，同时辅之以智能辅助系统以降低劳动强度，节约劳动时间；也要鼓励员工采用虚拟的、移动的工作方式，最大限度增加员工的创造性；在工作设计上，也要考虑高技术员工对于成就的需求，避免员工离职造成的不便。特别强调要回归以人为中心的价值定位，不仅要确立人在生产制造过程和工业系统中的主导和决策地位，也要关注人的安全、舒适、就业、培训、技能提升等问题。

7. 人机协同管理

　　人机协同即与机器协同合作的工作。智能制造不等于无人制造。尽管自动化、智能化机器成为生产活动的主要执行者，但从诸多案例和实地考察中可以看出，工厂还是需要部分员工进行监测、操控甚至配合机器工作，他们从机器操作者转变成为生产监视者、战略决策者和突发问题解决者。

　　毋庸置疑，任何生产活动都需要员工直接或间接的参与执行，员工也需要通过参与生产活动获得追求和价值实现。在智能制造过程中，出现了很多人机互动、人机交互的决策场景和管理场景，因此，需要加强人机协同管理。

智能制造情境中，员工一改以往"单兵作战"的形式，需更多地进行相互间的配合和协同，甚至是跨部门跨组织的，需要强化协同合作。因此，为确保生产经营活动的高效进行，首要的便是加强组织或具体执行团队的凝聚力。具体而言，可灵活参考下述思路或方法：

一是考核上强调内部协作。对组织或团队成员进行考核评价时，不能只考核个人责任绩效，同时也考核其对他人的贡献，从他人处获得支持，促进成员在成就自己的同时聚焦成就他人。

二是管理上强化氛围建设。通过引入、改进组织氛围建设的多种方法，推动管理者眼睛向下，加强组织或团队内部、领导和成员间的有效对话沟通。

三是激励上坚持结果导向。如前文所述，智能制造情境中，员工或团队的工作是长期性的，不是简单地以件计数。因此，为保证最终绩效的可获得性，企业应坚持对员工或团队以结果论成败，不以过程复杂度、辛苦度来衡量成就，以此引导员工和团队凝心聚力做出成绩、创造价值。

在确保组织或团队凝聚力的基础上，企业还需通过组织结构或运行方式的变革来促进协同的实际效果。具体而言，可灵活参考下述思路或方法：

一是加强联合作战。对标对表智能制造战略目标和客户需求，不断变革团队或组织结构，组建各有所长的"联合体"，突出联合作战。在跨组织协作中，更要强调专业化分工协作，构建集成的核心竞争力，这也是智能制造情境中强调产业链创新链协同攻关的要义所在。

二是培养成建制团队。把优秀员工和中坚力量编成组，培养成建制的、有即战力的团队，需要时集体投放到新任务中，避免能力稀释。例如，在企业多个智能工厂建设中，同一批成建制的团队可以快速复制成功经验，打造标准化的系列工厂。

3.6.3　企业生产管理创新与变革

智能制造对制造业的企业管理影响主要体现在生产供需平衡方面，从市场的需求出发，拉动后续生产及其管理，实现生产为市场需求服务，先有需求再有生产，减少库存和产能浪费，更好地落实生产运营管理中的精益生产。

智能制造本身就是围绕生产进行的改造，因此会重构企业的生产管理模式。

1. 企业生产范式转变

智能制造使得企业生产管理从大规模流水生产范式向个性化智能制造范式转变。一个优秀的生产管理系统可以快速生产出高品质、低成本、多品种并且能及时送到消费者手中的产品，这是所谓的生产管理四个要素。以前大批量的生产强调能满足低成本、高质量，但其缺点是难以快速响应消费者个性化的需求。智能制造要求突破福特模式下低成本的大规模生产，同时也区别于高成本的个性化定制，生产企业利用智能化的生产系统可以在差异化产品和生产成本之间寻求有效平衡。以重排、重复利用和更新系统组态或子系统的方式，实现快速调试及制造，具有很强的包容性、灵活性及突出的生产能力。例如，飞利浦电子公司设在荷兰的一个工厂里有128部具有高超柔韧性的工业机器人，可以永不停息地工作，来完成工人无法完成的精细工作。

2. 企业生产管理对象改变

智能制造使企业生产的直接管理对象由人变为机器。智能制造就是企业引入自动化生产线、机器人、先进的生产控制系统等实现企业生产的自动化。通过引入这些设备，企业的生产模式由传统的人控制机器转变为机器接收指令后自主分配各项任务至各个工段，各工段通过无线射频、二维码等技术实现相关产品的识别并加工。而检测设备的信息化集成也使工厂实现产品的实时检测，并实时输出到显示设备，员工可以直接看到产品合格与否的结果。而生产管理者需要做的仅仅是对产线系统的维护及偶尔的重新设计。

3. 企业生产模块化

随着顾客需求个性化在工业品领域的深入，工业企业不得不考虑顾客差异化的需求，而智能制造的技术使企业具备了满足这样需求的能力。智能制造企业可以通过把产品变为模块化产品，在生产过程中形成不同的模块单元，采用模块化的生产模式实现产品的"拼接"。无论顾客是怎样的个性需求，只需在生产模块中改变模块的性能就能实现个性化的产品。

4. "云式"虚拟生产

智能制造的应用，会带来"云式"的虚拟生产企业。在智能制造技术大幅度发展的趋势下，生产商最终可以借助网络利用分散在各地的社会闲置设备进行生产，无须关心设备所在地，只要关心设备可用与否，这样便可实现生产"全球本地化"。生产可以向无须关心商家所在地的"淘宝式"，以及信息传递无需实地操作的"云式"的方向发展，如图 3-22 所示。

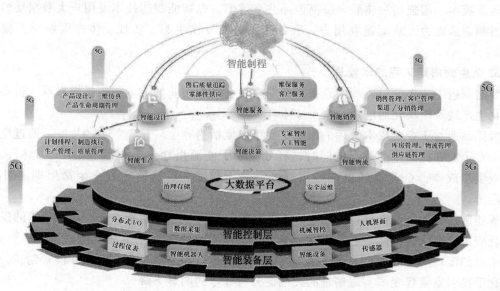

图 3-22 "云式"虚拟生产

制造业方面，借助人工智能的生产可以提高总体的生产效率，降低生产成本，使生产技术更合理高效，生产过程更便捷有效，可以节约生产管理的时间，使管理者可以更侧重整个企业的生产运营管理和未来发展决策。

3.6.4 智能制造全生命周期工程管理创新与变革

1. 工程管理研制运维一体化

智能制造贯穿于研发、生产及管理服务等产品生产全过程，不仅包括智能制造装备，还包括软件及系统集成，以及智能管理和服务平台。运用云计算、人工智能、大数据等新一代信息技术，实现智能制造工程管理从研发、设计、制造和运维管理一体化。在智能制造全过程中，设计、制造与运维的一体化集成与协同是核心和关键难点，其核心目标是支持设计、制造与运维的协同，一体化集成则是实现其各业务间协同的前提条件和基础。

2. 全生命周期工程质量管理

智能制造的全生命周期工程质量管理是基于全生命周期角度，对智能制造工程质量的事前、事中和事后管理。企业通过智能制造，实时监控企业生产线上的每一环节，节省人力资源成本，进一步提高企业对于生产环节的掌控，便于企业合理规划生产流程，安排生产计划并实时监督计划的执行，及时发现问题并调整改进，使产品质量得到根本保证。企业利用人工智能及信息化技术辅助生产，有利于提高产品质量，从而提升企业良品率。此外，将智能计算机技术引入成本计算与管理中，有效促进产品设计的创新改革，使得企业从低成本竞争逐步转向质量与效益的竞争。

智能制造企业通过深度融合远程控制系统（RCS）、物联网管理平台（IOT）、制造运营管理（MOM）系统、智能搬运机器人（AGV）、车间物流管理系统（WMS）等系统构建智能制造管理平台，以制造信息化、服务信息化、管理信息化、研发信息化和采购信息化形成生产制造的"工业大脑"，确保研发、设计、制造过程的工程质量。基于物联网搭建"云+终端"的智能服务体系，通过物联网大数据实现工程质量事故预防与预测性维修服务，以降低运维成本、增强用户体验、提高产品共享效率，以智能制造技术及用户大数据反馈，提高研发和制造能力，从而建立用户、服务和制造的良性生态，实现全生命周期的工程质量管理。

3. 全生命周期工程成本管理

智能制造下，企业引入新的设备，短期来看会增加企业的成本，但长期来看，机器人和自动化生产线及模块化的应用会减少成本。

智能制造对于企业成本管理的影响主要可以概括为企业效率与效益的提升。通过应用新兴技术，企业在提高生产效率的同时，有效减少了能源损耗，向"绿色生产"趋同，节约了企业生产成本，企业管理也在一定程度上趋于智能化，从而实现全生命周期工程成本最低。

智能制造下的企业流程将驱动业务变革，最大化降本增效动能。随着数字技术的发展及其广泛应用，智能制造使企业的研发、生产及管理服务等实现全生命周期一体化平台运营，强化平台的市场洞察能力。企业以市场需求为牵引进行产品研发创新和服务模式创新，借助数字化手段引发流程变革实现销量的大幅提升与成本的明显下降。

4. 全生命周期工程风险管理

结合智能制造工程全生命周期中风险不断变化的特点，采用定量与定性相结合的方法，对智能制造工程实行全生命周期的动态集成风险管理。

在智能制造情境下，将收集来的客户需要和反馈进行全面分析和识别，是工程研发过程需要关注的。要让研发工程师依靠智能化的工具、算法及模型高效率且有的放矢地进行开发工作，在保障开发速度的同时，也尽量避免在开发的过程中犯错误。

针对大型企业内部制造系统庞大、数据质量参差不一的情况，智能制造企业要集中整合纷繁复杂的信息流，利用恰当的技术手段对数据进行疏通，变成用户易于理解、通俗的数据，是智能制造过程中需要关注的另一个重要风险。因此，智能制造企业要疏通整个业务数据，规范地调整数据语言和计算口径，将不同系统的更新频率保持一致，提高数据的统一性和即时性，并借助于数字化工具进行一系列数据治理，提高数据的准确性，从而有效地降低风险。

本章小结

　　随着"5G""人工智能""大数据"等先进技术的不断革新发展，全球制造业正处于一个充满机遇和挑战的阶段，而智能制造是制造业进行创新转型的必由之路。本章的编写思路是智能制造引起价值创造范式变革、智能制造催生新模式与新业态不断涌现、智能制造新模式与新业态引起管理创新与变革。本章重点介绍了智能制造价值链重构、智能制造产业链演化及两者的融合创新，系统阐述了云制造、大规模个性化定制、社群化制造、网络协同制造和共享制造五种新型智能制造运作模式，分析了中台组织、平台型组织、自组织管理、虚拟化组织和动态企业联盟的新型组织模式及其影响，阐释了服务型智能制造这一典型的智能制造服务新业态，最后分析了智能制造新模式新业态所引起的企业战略管理创新与变革、组织与人力资源管理创新与变革、生产管理创新与变革、全生命周期工程管理创新与变革等若干重大管理创新与变革。通过本章学习，读者可充分认识到推行智能制造不仅是我国大力提倡的发展战略，也是制造业转型发展的关键。现代企业的发展离不开智能化技术的支持与辅助，我国企业特别是制造企业只有加快智能制造的合理运用，才能使企业得到进一步发展，不被时代所淘汰，在市场中保持持续的竞争优势并占据一席之地。

思考题

　　1. 对于制造型企业而言，实施智能制造价值链需要完成哪些变革？

　　2. 云制造如何促进制造业的数字化转型？分析云计算、物联网和大数据等技术在制造业中的应用，并讨论其对制造流程和生产效率的影响。

　　3. 网络协同制造的发展离不开技术创新，你认为哪些新兴技术可能对网络协同制造产生重大影响？解释为什么这些技术对网络协同制造具有潜力。

　　4. 虚拟化组织在促进企业创新、提高竞争力方面有哪些优势和挑战？

　　5. 服务型智能制造如何通过增强信息技术和客户互动来改革传统制造业，提升资源效率及市场响应速度？

　　6. 结合智能制造某一新模式或新业态，开展实地调研，分析在这一新模式或新业态下是如何实现商业模式创新的？

第4章

制造工程管理中的优化与决策技术

章知识图谱　　　说课视频

4.1　引言

　　制造工程管理是对制造工程的全过程和所有资源进行合理地计划、组织、协调、控制、运行、决策等系列管理活动。在制造工程管理实践中，存在大量的预测、优化、决策、评估问题。基于外部视角，制造企业需要进行需求预测、市场趋势预测、产品寿命周期预测、供应链风险预测等。基于内部视角，制造企业需要进行产能预测、成本预测、质量问题预测等。制造工程管理中常见的优化问题有制造工艺优化、产品配置优化、制造过程优化、库存优化、物流路径优化、供应链优化等。制造工程管理中，市场分析、型谱规划、模型评审、试制批量和试验方案确定等，均需要大批企业领导、设计专家、供应商、甚至客户等各方参与者协同工作，共同决策，需要应用决策技术保证决策过程的科学性和决策结果的正确性，避免因决策者主观决策失误给企业造成巨大损失。评估作为决策的重要依据，在制造工程管理中无处不在。在产品开发阶段、制造阶段和运维阶段，企业都要进行一系列的评估，以确保整个制造工程的顺利开展，提高生产效率和产品质量，达到预期的经济效益和目标。

　　从预测、优化、决策、评估的技术发展过程来看，它们大体上均有一个从传统方法到人工智能方法逐步过渡的历程。在预测技术中，传统的基于统计学的方法有回归分析预测技术、时间序列分析预测技术等；基于人工智能的预测技术有机器学习预测技术等。在优化技术中，传统的基于运筹学的方法有分支定界算法、动态规划等精确优化技术；随着计算机软硬件能力的提升，出现了基于解空间搜索的元启发式优化技术；而随着人工智能技术的发展利用，近年来模型与数据混合驱动的优化技术越来越受到重视。在决策技术中，传统的决策技术主要是基于数学模型的决策技术；基于人工智能的决策技术则有基于智能推理的及基于智能搜索的决策技术等。在评估技术中，有传统的基于评估矩阵的方法，及在此基础上拓展形成的基于证据推理的评估技术、基于区间语言信息的评估技术等；也有基于人工神经网络的人工智能评估技术等。

　　制造工程管理中的优化与决策技术在对制造过程中的各种优化决策问题进行科学提炼的基础上，运用科学方法对问题进行求解，进而实现对制造工程管理的有效预测、优化、决策及评估。本章从制造工程管理实际出发，提炼出其中存在的预测、优化、决策和评估问题，在此基础上分节介绍常见的预测、优化、决策、评估技术的基本理论，并通过制造工程管理案例说明这些技术的应用方法，以期对制造工程管理提供技术支撑。

4.2 制造工程管理中的预测技术

随着新一代信息技术与制造工程的深度融合，制造企业面临着前所未有的挑战和机遇。为了在竞争中保持优势，企业需要准确预测市场需求、原材料价格波动、生产设备的维护需求以及供应链的各类风险。预测技术通过运用统计分析、数据挖掘、机器学习等现代工具，帮助企业从大量数据中提取有价值的信息，制订科学合理的生产计划和策略。本节针对制造工程管理中的预测技术，首先介绍制造工程管理中常见的预测问题、预测分类及评价指标；其次从统计分析的角度介绍回归分析预测技术与时间序列分析预测技术的基本知识；然后从新一代信息技术的角度介绍机器学习预测技术的基本知识；最后以制造工程管理中的设备寿命预测问题为例，说明预测技术的应用。

4.2.1 预测问题与预测分类

1. 预测问题

在制造工程管理中，为了提高生产效率、优化资源分配、减少库存成本、提升客户满意度以及增强市场竞争力等，会遇到一系列预测问题。

基于外部视角，制造企业需要进行需求预测、市场趋势预测、产品寿命周期预测、供应链风险预测等。在需求预测方面，依据市场环境、竞争对手、产品特性、消费者行为等信息，预测产品的未来需求量，辅助企业生产计划决策；在市场趋势预测方面，依据经济周期、政策变化、技术创新、行业态势等，预测市场行情，辅助企业市场策略和产品开发计划决策；在产品寿命周期预测方面，依据销售数据、市场份额、市场反馈、竞争对手等信息，预测产品从推出到退出市场的整个生命周期，包括产品的成长、成熟和衰退等阶段，辅助企业定价与库存决策；在供应链风险预测方面，依据供应商构成、物流情况、市场动态、政策法规、天气变化等信息，预测供应链中可能出现的供应商延迟交货、原材料价格波动、运输中断等风险，辅助企业提前制订风险缓解和应急计划。

基于内部视角，制造企业需要进行产能预测、成本预测、质量问题预测等。在产能预测方面，依据生产记录、设备状态、人力资源、技术水平等信息，预测企业在未来一段时间内的生产能力，辅助企业生产计划与资源配置决策；在成本预测方面，依据原材料成本、人工成本、物流成本、设备折旧费用、能源消耗、维护费用、行政费用等信息，从生产运营维度预测成本构成，辅助企业内部控制与定价决策；在质量问题预测方面，依据产品缺陷率、客户投诉、生产过程中的异常情况等信息，考虑原材料质量、生产工艺、设备状态、人员技能、环境等因素，预测生产过程中可能出现的质量问题，辅助企业质量管理决策。

在制造工程管理中解决预测问题通常需要分析和处理多种类型的数据，不仅包括内部的生产和操作数据，还涵盖外部的市场和环境数据，可以概括为生产数据、库存数据、质量数据、需求数据、供应链数据、市场数据、社会数据、政策环境数据等。

2. 预测概念与分类

制造工程管理预测是指依据企业管理需求，利用企业内部数据及外部信息，建立相应的模型方法，对企业生产经营等活动进行全方位趋势判断的过程。在制造工程管理中，需要开展多种类型的预测。依据不同维度，可以划分为不同预测类别。

依据主观成分多少，可以划分为定性预测与定量预测。定性预测方法主要包括专家经验、德尔菲法、主观概率、情景预测等方法；定量预测方法主要包括回归分析、时间序列分析、机器学习等方法。

依据预测时期长短，可以划分为中长期预测、短期预测、即时预测。长期预测一般为10～15年，主要用于企业战略决策需要；中期预测一般为5～10年，主要用于企业市场决策需要；短期预测一般为1～5年或更短，主要用于企业生产决策需要；即时预测（Nowcasting）使用一组高频变量来实时预测低频变量，主要用于企业应急管理需要。

依据预测结果信息含量，可以划分为点预测、区间预测、概率预测。点预测只提供单点值作为预测结果，信息含量较少，而且容易失败。区间预测提供一个预测的置信区间，其包含真实值的概率满足一定的置信度，然后置信区间中的分布情况却未知。概率预测则能够提供完整的分布信息，便于掌握预测值及其概率伴随，从而提供更多有用的信息，便于企业科学决策。

依据预测模型方法多少，可以划分为单个预测与组合预测。单个预测方法仅使用一个预测模型或算法来生成预测结果，具有较低的复杂性和计算成本，但是结果可能存在预测偏差。组合预测使用多个预测模型或算法来生成预测结果，采用平均或投票等机制将单个预测结果进行融合，通过多样化来提高预测的准确性和稳健性，但是过程中需要更多的信息和资源。

选择适当的预测方法取决于多种因素，包括数据的可用性、预测的时间范围、所需的精度和资源的限制等。在实际应用中，可能需要尝试多种方法，通过比较和评估它们的预测性能来确定最适合特定情况的方法。

3. 预测评价

预测评价是指构建评价指标，对预测模型方法的性能进行评价。预测量（Predictand）Y 的取值可能有连续型与离散型两种类型，预测评价方法也有所不同。

对于连续型 Y，记其实际取值为 $\{Y_1, Y_2, \cdots, Y_N\}$，其预测值为 $\{\hat{Y}_1, \hat{Y}_2, \cdots, \hat{Y}_N\}$，运用平均绝对误差（MAE）、平均绝对百分比误差（MAPE）、加权平均绝对百分比误差（WMAPE）、均方误差（MSE）、均方根误差（RMSE）、归一化均方根误差（NRMSE）等指标进行预测评价。

对于离散型 Y，主要通过混淆矩阵，进一步构造预测评价指标。对于二分类问题，常见的分类评价指标有 Accuracy、Precision、Recall、F1-Score。此外，还可通过接受者操作特性曲线（ROC 曲线）及其下方的面积值来判断模型分类预测性能。对于多分类问题，一方面可以借用二分类预测评价指标；另一方面需要计算一些综合性指标，例如，宏平均（Macro Average）、微平均（Micro Average）、加权平均（Weighted Average）等。与无序多分类模型相比，有序多分类模型可以挖掘出"序"的信息，预测评价指标不仅包括基于混淆矩阵的指标，还包括相关性指标和误差类指标。

4.2.2　回归分析预测技术

回归分析是统计学中最为常用的一类方法，用于建立一个或多个解释变量（也称协变量、预测因子等）与被解释变量（也称响应变量、预测量）之间关系，评估解释变量对被解释变量的影响，预测与控制被解释变量取值。回归分析最早可以追溯到 Legendre 与 Gauss 各自的研究工作，这一术语最早由 Galton 在 1889 年提出，用来描述一种生物现象：高个子祖先后代的身高倾向于向正常平均水平回落。回归分析预测的内在逻辑在于，通过构造回归模型，揭示解释变量与被解释变量之间的关系，依据解释变量取值来预测被解释变量的可能结果。

根据不同应用的需求，回归分析可以划分为因果关系推断与预测两个方面，建模时有所侧重。依据不同标准，回归分析可以划分为不同类型：依据被解释变量是否连续观测，可以划分为连续回归与离散回归；依据关注被解释变量分布的位置，可以划分为均值回归与分位数回归；依据回归函数形式，可以划分为线性回归与非线性回归；依据模型估计方法，可以划分为参数回归与非参数回归。

1. 均值回归

对于一个连续型被解释变量 Y，考虑 k 个解释变量 $\boldsymbol{X} = (X_1, X_2, \cdots, X_k)'$，为刻画它们之间的关系，可以建立线性回归模型：

$$Y = \beta_0 + \beta_1 X_1 + \beta_2 X_2 + \cdots + \beta_k X_k + \varepsilon \equiv \boldsymbol{X\beta} + \varepsilon \tag{4-1}$$

式中，$\boldsymbol{\beta} = (\beta_0, \beta_1, \beta_2, \cdots, \beta_p)'$ 为回归系数向量，β_0 为截距项，β_i 为斜率项刻画变量 X_i 的边际影响；ε 为随机误差项，满足古典假定。基于 N 个样本观测数据 $\{\boldsymbol{X}_i, Y_i\}_{i=1}^{N}$，考虑平方损失函数，可以采用最小二乘方法，估计模型回归系数向量 $\hat{\boldsymbol{\beta}}$，即

$$\hat{\boldsymbol{\beta}} = \underset{\boldsymbol{\beta}}{\operatorname{argmin}} \sum_{i=1}^{N} e_i^2 = \| \boldsymbol{e} \|_2^2 \tag{4-2}$$

式中，$\boldsymbol{e} = \hat{\boldsymbol{Y}} - \boldsymbol{Y} = \boldsymbol{X}\hat{\boldsymbol{\beta}} - \boldsymbol{Y}$ 为残差向量，是随机误差项 ε 的估计；$\| \boldsymbol{e} \|_2^2$ 表示残差向量的 2-范数，即残差平方和。运用向量微分极值原理，不难求得：

$$\hat{\boldsymbol{\beta}} = (\boldsymbol{X}'\boldsymbol{X})^{-1}\boldsymbol{X}'\boldsymbol{Y} \tag{4-3}$$

在古典假定条件下，Gauss-Markov 定理显示 $\hat{\boldsymbol{\beta}}$ 具有最优线性无偏估计量（Best Linear Unbiased Estimator，BLUE）性质。据此，可以得到响应变量的估计值：

$$\hat{\boldsymbol{Y}} = \boldsymbol{X}\hat{\boldsymbol{\beta}} = \boldsymbol{X}(\boldsymbol{X}'\boldsymbol{X})^{-1}\boldsymbol{X}'\boldsymbol{Y} \equiv \boldsymbol{H}\boldsymbol{Y} \tag{4-4}$$

式中，$\boldsymbol{H} \equiv \boldsymbol{X}(\boldsymbol{X}'\boldsymbol{X})^{-1}\boldsymbol{X}'$ 为帽子矩阵。

在线性回归模型经过了方程整体显著性检验、回归系数显著性检验、经济学意义上的检验之后，可以使用其进行预测，主要包括点预测与区间预测。给定某个样本观测 $\boldsymbol{X}_0$，可以计算出被解释变量 Y_0 的点预测：

$$\hat{Y}_0 = \boldsymbol{X}_0 \hat{\boldsymbol{\beta}} \tag{4-5}$$

进一步，可以得到置信度为 $(1-\alpha) \times 100\%$ 的区间预测分别为

$$\left[\hat{Y}_0 - t_{\alpha/2}(\nu) S(e_0), \hat{Y}_0 + t_{\alpha/2}(\nu) S(e_0) \right] \tag{4-6}$$

式中，$t_{\alpha/2}(\nu)$ 为自由度 $v = N-k-1$ 的 t 分布双侧分位数；$S(e_0) = \sigma \sqrt{(1 + \boldsymbol{X}_0 (\boldsymbol{X}'\boldsymbol{X})^{-1} \boldsymbol{X}_0')}$，

$\sigma = \sqrt{\sigma^2}$ 可以采用无偏估计 $\hat{\sigma}^2 = \dfrac{\displaystyle\sum_{i=1}^{N} e_i^2}{(N-p-1)}$。

2. 分位数回归

现实中，可能需要关注预测量的尾部行为，Koenker 等人于 1978 年提出的分位数回归为此提供了一个有效的工具。为区分，把前文的回归分析称为均值回归。与均值回归只关注条件均值不同，分位数回归能够捕捉解释变量对被解释变量整个条件分布的影响，能够提供更多的有用信息。在均值回归式（4-1）基础上，进一步考虑在不同分位点 τ（$0<\tau<1$）处，解释变量 $\boldsymbol{X}=(X_1, X_2, \cdots, X_k)'$ 对被解释变量 Y 的异质影响，建立分位数回归模型：

$$Q(Y\mid\tau)=\beta_0(\tau)+\beta_1(\tau)X_1+\beta_2(\tau)X_2+\cdots+\beta_k(\tau)X_k\equiv\boldsymbol{X\beta}(\tau) \tag{4-7}$$

式中，$\boldsymbol{\beta}(\tau)\equiv(\beta_0(\tau),\beta_1(\tau),\beta_2(\tau),\cdots,\beta_k(\tau))'$ 为回归系数向量，依赖分位点 τ 变动。为估计 $\boldsymbol{\beta}(\tau)$，考虑非对称绝对值损失函数，优化如下：

$$\hat{\boldsymbol{\beta}}(\tau)=\underset{\boldsymbol{\beta}}{\arg\min}\sum_{i=1}^{N}\rho_\tau(Y_i-\boldsymbol{X}_i\boldsymbol{\beta}) \tag{4-8}$$

式中，$\rho_\tau(e)=e[\tau-1(e<0)]$ 为对勾函数，$1(\cdot)$ 为指示函数。常用的估计方法主要有单纯形法、内点算法、平滑算法。

在均值回归分析中，预测主要是对响应变量的条件均值进行预测的。在分位数回归分析中，预测则是指对响应变量整个条件分布进行预测，因而能够提供更多有用的信息。在得到回归系数向量估计 $\boldsymbol{\beta}(\tau)$ 之后，将其分别代入式（4-7），就可以得到响应变量 Y 的条件分位数预测：

$$\hat{Q}(Y\mid\tau)=\boldsymbol{X}\hat{\boldsymbol{\beta}}(\tau) \tag{4-9}$$

由上式易见，$\hat{Q}(Y\mid\tau)$ 描述了随分位点 τ 变化的曲线，称为条件分位数曲线。当 τ 在 $[0,1]$ 连续取值时，条件分位数曲线就是条件（累积）分布曲线。基于条件分布预测，进一步计算条件密度预测，只要将式（4-9）进行条件化和离散化即可：

$$\hat{f}(\hat{Q}(Y\mid\tau))=\frac{2h}{\hat{Q}(Y\mid\tau+h)-\hat{Q}(Y\mid\tau-h)} \tag{4-10}$$

式中，h 为最优窗宽，可以根据自适应核密度估计方法来确定。

3. 非线性回归

在制造工程管理中，由于管理活动的复杂性，输入变量与预测结果之间往往并非线性依赖关系，更多属于非线性依赖关系。为此，可以建立非线性回归模型，充分挖掘其中的复杂作用机制，从而提高预测效果。

一般地，非线性关系可以划分为函数型非线性和结构型非线性两大类型，分别建立函数型非线性回归与结构型非线性回归。函数型非线性关系刻画依赖于非线性函数逼近技术，常见于交叉乘积、加性模型、单指数模型、局部多项式及 B-样条基函数、神经网络等模型方法中，根据数据特征选择模型形式，估计模型参数，最终确定非线性函数具体形式。结构型非线性关系识别依赖于变量间相互影响关系结构化设计，主要通过门限设置、结构性突变、平滑迁移、马尔可夫区制转换等模型方法，将相互影响关系分割成多个结构或多种机制相互作用的结果，从而有效刻画变量间的非线性关系。

4.2.3 时间序列分析预测技术

时间序列分析是指用于分析时间序列数据以便提取有用信息的一类分析方法。时间序列数据具有自然的时间顺序，每个数据点都与时间戳相关联，显著区别于横断面数据，影响到其分析方法的独特性。时间序列数据的记录，最早可以追溯到公元前 800 年中国古代的太阳黑子观测；时间序列分析方法最早起源于 1927 年英国统计学家 Yule 对太阳黑子活动的研究；应用最为广泛的当属 Box 等人提出的 ARIMA（自回归整合移动平均）类模型。时间序列分析预测的内在逻辑在于，通过构造时间序列模型，捕捉时间序列动态演变规律，预测时间序列变化趋势。

时间序列分析方法可分为两类：第一类为频域方法，包括谱分析和小波分析；第二类为时域方法，包括自相关和互相关分析。依据不同标准，时间序列分析可以划分为不同类型，主要包括确定型与随机型时间序列分析、平稳与非平稳时间序列分析、一元与多元时间序列分析、线性与非线性时间序列分析等。

1. 平稳时间序列分析

平稳时间序列分析有严平稳和宽平稳的区别。粗略地讲，严平稳序列的分布随时间的平移而不变；宽平稳序列的均值与自协方差随时间平移而不变。这里，介绍 Box 等人提出的建模方法。对于平稳时间序列 $\{Y_t\}$，可以建立三类不同模型：自回归模型、移动平均模型与自回归移动平均模型。自回归移动平均模型由自回归和移动平均两部分共同构成，记为 $\mathrm{ARMA}(p, q)$，可以表示为

$$Y_t = \phi_1 Y_{t-1} + \phi_2 Y_{t-2} + \cdots + \phi_p Y_{t-p} + u_t + \theta_1 u_{t-1} + \theta_2 u_{t-2} + \cdots + \theta_q u_{t-q} \tag{4-11}$$

或

$$\boldsymbol{\Phi}(L) Y_t = \boldsymbol{\Theta}(L) u_t \tag{4-12}$$

平稳时间序列模型建立流程主要包括：模型识别、模型定阶、参数估计和诊断检验等四个阶段。经过了诊断检验后的模型，可以进行实际应用，如预测。

对于 ARMA 类模型，可以进行条件期望预测。对于 $\mathrm{ARMA}(p, q)$ 模型：

$$Y_t = \phi_1 Y_{t-1} + \phi_2 Y_{t-2} + \cdots + \phi_p Y_{t-p} + u_t + \theta_1 u_{t-1} + \theta_2 u_{t-2} + \cdots + \theta_q u_{t-q} \tag{4-13}$$

1）一步预测（$h=1$）。由递推关系可得：

$$Y_{t+1} = \phi_1 Y_t + \phi_2 Y_{t-1} + \cdots + \phi_p Y_{t+1-p} + u_{t+1} + \theta_1 u_t + \theta_2 u_{t-1} + \cdots + \theta_q u_{t+1-q} \tag{4-14}$$

由此，得到其条件期望为

$$Y_{t+1} = \phi_1 Y_t + \phi_2 Y_{t-1} + \cdots + \phi_p Y_{t+1-p} + u_{t+1} + \theta_1 u_t + \theta_2 u_{t-1} + \cdots + \theta_q u_{t+1-q} \tag{4-15}$$

2）h 步预测。

当 $h \leqslant \max\{p, q\}$ 时：

$$\hat{Y}_t(h) = E^*(Y_{t+h}) = \hat{\phi}_1 \hat{Y}_t(h-1) + \hat{\phi}_2 \hat{Y}_t(h-2) + \cdots + \hat{\phi}_{h-1} \hat{Y}_t(1) + \hat{\phi}_h Y_t + \cdots + \hat{\phi}_p Y_{t+h-p} + \hat{\theta}_h \hat{u}_t + \cdots + \hat{\theta}_q \hat{u}_{t+h-q} \tag{4-16}$$

当 $q < h < p$ 时：

$$\hat{Y}_t(h) = E^*(Y_{t+h}) = \hat{\phi}_1 \hat{Y}_t(h-1) + \hat{\phi}_2 \hat{Y}_t(h-2) + \cdots + \hat{\phi}_{h-1} \hat{Y}_t(1) + \hat{\phi}_h Y_t + \cdots + \hat{\phi}_p Y_{t+h-p} \tag{4-17}$$

当 $p < h < q$ 时：

$$\hat{Y}_t(h) = E^*(Y_{t+h}) = \hat{\phi}_1 \hat{Y}_t(h-1) + \hat{\phi}_2 \hat{Y}_t(h-2) + \cdots + \hat{\phi}_p \hat{Y}_t(h-p) + \hat{\theta}_h \hat{u}_t + \cdots + \hat{\theta}_q \hat{u}_{t+h-q} \tag{4-18}$$

当 $h > \max\{p, q\}$ 时：

$$\hat{Y}_t(h) = E^*(Y_{t+h}) = \hat{\phi}_1 \hat{Y}_t(h-1) + \hat{\phi}_2 \hat{Y}_t(h-2) + \cdots + \hat{\phi}_p \hat{Y}_t(h-p) \tag{4-19}$$

滑动平均部分全部消失，预测值满足自回归部分的差分方程。当 $h \to \infty$ 时，h 步预测值 $\hat{Y}_t(h) \to \bar{Y}$。因此，对一般的 ARMA(p, q) 模型，自回归部分决定了预测函数的形式，而滑动平均部分用于确定预测函数中的系数。

2. 非平稳时间序列分析

现实中，非平稳时间序列更为常见。然而，非平稳时间序列分析方法非常有限，只能处理一类较为特殊的非平稳时间序列，即可以平稳化的时间序列。非平稳时间序列进行平稳化方法主要有两种：第一种，运用函数拟合、季节分解等确定性时间序列分析方法，对非平稳时间序列进行分解，移除非平稳部分，得到平稳时间序列，即建立组合模型；第二种，运用差分方法，对非平稳时间序列进行差分，得到平稳时间序列并建立 ARMA 模型，再使用逆运算，得到原始非平稳时间序列的预测，即建立 ARIMA 模型。

对于非平稳时间序列 $\{Y_t\}$，对其经过 d 次差分后得到平稳的时间序列 $\{(1-L)^d Y_t\}$，可以建立模型：

$$\Phi(L)(1-L)^d Y_t = \Theta(L) u_t \tag{4-20}$$

式中，$\Phi(L)$ 是平稳的自回归滞后算子多项式；$\Theta(L)$ 是可逆的移动平均滞后算子多项式。

这样，对差分序列 $\{(1-L)^d Y_t\}$ 进行求和运算，就可以得到原始序列 $\{Y_t\}$ 的预测结果，称其为 ARIMA(p, d, q) 模型。实际上，当 $d = 0$ 时，ARIMA(p, d, q) 模型就是平稳的 ARMA(p, q) 模型。

3. 向量自回归模型

在多元时间序列中，最为经典的是向量自回归（Vector Autoregression，VAR）模型。VAR 模型由一组相互联系的方程所组成，但并非一般意义上的联立方程模型，既能够考察变量间双方向因果关系，又能够克服联立方程模型的变量内生性与外生性划分和模型识别等麻烦。

VAR 模型有结构式和简化式两种类型，这里以简化式为例进行介绍。对于 k 个内生变量组成的向量 $Y_t \equiv (Y_{1t}, Y_{2t}, \cdots, Y_{kt})'$，引进滞后算子 L，VAR(p) 模型可以表示为

$$\Phi(L) Y_t = c + \varepsilon_t \tag{4-21}$$

式中，c 为一个 $k \times 1$ 维的常数向量；$\Phi(L) = I_n - \Phi_1 L - \Phi_2 L^2 - \cdots - \Phi_p L^p$ 为滞后算子多项式矩阵，Φ_j ($j = 1, 2, \cdots, p$) 是 $k \times k$ 维的自回归系数矩阵；ε_t 为向量白噪声序列。

基于 VAR(p) 模型，可以进行向前 h 步预测。记当前时刻为 T，由链式法则可得：

$$\hat{Y}_{T+h \mid T} = \hat{c} + \hat{\Phi}_1 \hat{Y}_{T+h-1 \mid T} + \cdots + \hat{\Phi}_p \hat{Y}_{T+h-p \mid T} \tag{4-22}$$

式中，当 $j \leq 0$ 时，有 $\hat{Y}_{T+j \mid T} = Y_{T+j}$。

预测误差表示为

$$Y_{T+h} - \hat{Y}_{T+h \mid T} = \sum_{s=0}^{h-1} \hat{\Psi}_s \varepsilon_{T+h-s} + (Y_{T+h} \mid T - \hat{Y}_{T+h \mid T}) \tag{4-23}$$

进一步，预测的均方误差可以近似为

$$\hat{\Sigma}(h) = \sum_{s=0}^{h-1} \hat{\boldsymbol{\Psi}}_s \hat{\Sigma} \hat{\boldsymbol{\Psi}}_s' \tag{4-24}$$

式中，$\hat{\Sigma}$ 为 $\boldsymbol{\varepsilon}_t$ 的协方差矩阵，$\hat{\boldsymbol{\Psi}}_0 = \boldsymbol{I}_k$，$\hat{\boldsymbol{\Psi}}_s$ 由递归方式决定，满足：

$$\hat{\boldsymbol{\Psi}}_s = \sum_{j=1}^{p-1} \hat{\boldsymbol{\Psi}}_{s-j} \hat{\boldsymbol{\Phi}}_j \tag{4-25}$$

VAR 模型与其他方法相结合，也获得了进一步发展。例如，在 VAR 模型中引入外生变量，可以构造 VAR-X 模型；将 VAR 模型扩展到分位数回归框架下，可以构造 QVAR 模型；考虑到内生变量观测频率的不同，可以构造混频 VAR 模型。

4.2.4 机器学习预测技术

机器学习是人工智能的一个重要领域，旨在训练不同模型算法，从已有的数据中学习知识并推广到未知数据，从而自适应地执行任务。尽管"机器学习"一词由 Samuel 于 1959 年创造，但机器学习的历史可以追溯到更早的研究，例如，McCulloch 等人于 1943 年提出了神经网络的早期数学模型，以提出反映人类思维过程的算法；Hebb 于 1949 年提出了由神经细胞之间的某些相互作用形成的理论神经结构。机器学习预测的内在逻辑在于通过机器来学习训练数据中的模式和关系，自适应地训练模型算法，预测测试数据中可能发生的事件。

在机器学习的发展过程中，形成了五个主要流派：①符号主义，代表算法是规则和决策树；②贝叶斯学派，代表算法是朴素贝叶斯或马尔可夫；③联结主义，代表算法是神经网络进化主义；④进化主义，代表算法是遗传算法；⑤行为类比主义，代表算法是支持向量机。机器学习可以根据不同维度进行分类，按照学习方式，可以划分为监督学习、半监督学习、无监督学习、强化学习、迁移学习；按照学习任务，可以划分为聚类、分类、回归；按照学习策略，可以划分为类比学习、分析学习、归纳学习、演绎学习。自 2006 年 Hinton 等人对深度学习做过研究以来，深度学习获得了广泛发展，它侧重于特征学习，能够自动进行多层复杂特征提取，显著不同于机器学习中的人工特征提取。

1. 高斯混合模型

高斯混合模型（Gaussian Mixed Model，GMM）是一种基于概率密度函数的聚类方法，属于无监督学习。GMM 是多个高斯分布函数的线性组合，理论上可以拟合出任意分布类型，通常用于解决同一集合中数据包含多个不同分布的情况（或者是同一类分布但参数不一样，或者是不同类型的分布）。

一个 GMM 分布由 K 个高斯分布组成，每个高斯分布称为一个 Component（组成部分），这些 Component 线性加成在一起就组成了 GMM 的概率密度函数，即

$$p(\boldsymbol{x}; \boldsymbol{\theta}) = \sum_{k=1}^{K} p(k) p(\boldsymbol{x} \mid k) = \sum_{k=1}^{K} \pi_k p_k(\boldsymbol{x}; \boldsymbol{\theta}_k)$$

$$\begin{cases} \sum_{k=1}^{K} \pi_k = 1, \pi_k \in [0, 1] \\ p_k(\boldsymbol{x}; \boldsymbol{\theta}_k) = N(\boldsymbol{x} \mid \boldsymbol{\mu}_k, \boldsymbol{\Sigma}_k) \end{cases} \tag{4-26}$$

式中，$\boldsymbol{\theta} \equiv (\pi_1, \pi_2, \cdots, \pi_K, \boldsymbol{\theta}_1, \boldsymbol{\theta}_2, \cdots, \boldsymbol{\theta}_K)'$，待估计参数主要有 π_k，$\boldsymbol{\mu}_k$，$\boldsymbol{\theta}_k$。

从 GMM 中随机取一点或者一个观测值，其出现的概率是几个高斯分布混合的结果。这一抽取过程可以分为两步：第一，随机地在 K 个 Component 之中选择一个，每个 Component 被选中的概率实际上就是它的系数 π_k；第二，单独地考虑从这个选中的 Component 中选取一个点，这里已经回到了普通的高斯分布，转化为了已知的问题。假设 N 个点具有独立同分布性质，则容易得到对数似然函数：

$$LH = l(\boldsymbol{\theta}) = \log \prod_{i=1}^{N} p(\boldsymbol{x}^{(i)};\boldsymbol{\theta}) = \sum_{i=1}^{N} \log\left(\sum_{k=1}^{K} \pi_k N(\boldsymbol{x}^{(i)};\boldsymbol{\mu}_k,\boldsymbol{\Sigma}_k) \right) \tag{4-27}$$

可以证明，对于这样的一个似然函数，很难使用梯度下降方法进行参数估计，可以尝试使用 EM（期望最大化）算法。对于 GMM 的对数似然函数，可以使用 EM 算法来估计，进而进行聚类分析。

2. Logit 回归模型

如果 Y 是一个离散型被解释变量，则可以建立 Logit 回归模型进行分类分析，属于有监督学习。如果 Y 只有两个离散状态，则建立二元响应 Logit 回归模型；如果 Y 含有两个以上离散状态，需要进一步考虑多个状态之间是否存在顺序关系，无序则建立 Multinomial Logit 回归模型，有序则建立 Ordinal Logit 回归模型。为简便起见，这里只讨论二元响应 Logit 回归模型。对于二元响应变量，记其分布为

$$\begin{cases} Pr(Y=1) = p \\ Pr(Y=0) = 1-p \end{cases} \tag{4-28}$$

式中，$Pr(\cdot)$ 代表事件发生的概率。考虑一个潜在变量模型

$$Y^* = \boldsymbol{X\beta} + \varepsilon \tag{4-29}$$

带有可观测响应变量

$$Y = \begin{cases} 1, Y^* > 0 \\ 0, Y^* \leqslant 0 \end{cases} \tag{4-30}$$

因此，有

$$Y = \begin{cases} 1, Pr(\varepsilon > -\boldsymbol{X\beta}) = 1 - F(-\boldsymbol{X\beta}) = F(\boldsymbol{X\beta}) \\ 0, Pr(\varepsilon \leqslant -\boldsymbol{X\beta}) = F(-\boldsymbol{X\beta}) = 1 - F(\boldsymbol{X\beta}) \end{cases} \tag{4-31}$$

式中，$F(\cdot)$ 为 ε 的累积分布函数。当 $F(\cdot)$ 取 Logistic 分布，得到：

$$p = E(Y) = F(\boldsymbol{X\beta}) = \frac{1}{1+\exp(-\boldsymbol{X\beta})} \tag{4-32}$$

进而，可以求得：

$$\lg \frac{p}{1-p} = \boldsymbol{X\beta} \tag{4-33}$$

式中，$p/(1-p)$ 为机会比（Odds Ratio）。

运用极大似然估计（MLE），可以得到回归系数向量估计 $\hat{\boldsymbol{\beta}}$，将其代入式（4-32）中，给出概率估计或预测结果 $\hat{p}$。$\hat{p}$ 预测了 $(Y=1)$ 这一事件发生的概率，依据截断阈值（例如 $p^{\text{cut-off}} = 0.5$），可以预测

$$\hat{Y} = \begin{cases} 1, \hat{p} > p^{\text{cut-off}} \\ 0, \hat{p} \leqslant p^{\text{cut-off}} \end{cases} \tag{4-34}$$

3. 神经网络

神经网络，也称为人工神经网络（ANN），是一种受生物神经网络中神经元组织启发建立起来的模型。ANN 由神经元节点组成，神经元节点之间通过边来连接，每个神经元节点的输出需要经过激活函数处理，建立从输入到输出之间的非线性映射关系，从而很好地逼近真实世界。ANN 的主要类型有前馈神经网络、反馈神经网络、图神经网络。

在 RBF（径向基函数）神经网络基础上，可以扩展到分位数回归框架下，得到神经网络分位数回归（QRNN）。QRNN 将分位数回归和神经网络的优点相结合，表现出强大的功能：一方面，通过分位数回归方法可以揭示解释变量对响应变量整个条件分布的影响；另一方面，通过神经网络结构可以模拟解释变量对响应变量的非线性影响模式。

考虑一个三层 QRNN 模型。在输入层，$\boldsymbol{X}$ 为输入样本。在隐层，第 τ 分位点处，有

$$g_j(\tau) = g_j^{(h)}\left(\sum_{i=1}^{m} w_{ij}^{(h)}(\tau)X_i + b_j^{(h)}(\tau)\right) \tag{4-35}$$

式中，$g_j^{(h)}$ 为隐层转换函数；$w_{ij}^{(h)}(\tau)$ 为隐层权重；$b_j^{(h)}(\tau)$ 为隐层偏置。

在输出层，第 τ 分位点处，有

$$Q_Y(\tau) = g^{(o)}\left\{\sum_{j=1}^{n} w_j^{(o)}(\tau)g_j(\tau) + b^{(o)}(\tau)\right\} \tag{4-36}$$

式中，$g^{(o)}$ 为输出层转换函数；$w_j^{(o)}(\tau)$ 为输出层权重；$b^{(o)}(\tau)$ 为输出层偏置。

综合起来，QRNN 模型表示为

$$Q_{Y_t}(\tau \mid \boldsymbol{X}) = f(\boldsymbol{X}_t, \boldsymbol{W}(\tau), \boldsymbol{b}(\tau))$$

$$= g^{(o)}\left\{\sum_{j=1}^{n} w_j^{(o)}(\tau)\left[g_j^{(h)}\left(\sum_{i=1}^{m} w_{ij}^{(h)}(\tau)X_{t,i} + b_j^{(h)}(\tau)\right)\right] + b^{(o)}(\tau)\right\} \tag{4-37}$$

式中，权重向量 $\boldsymbol{W}(\tau)$ 与阈值向量 $\boldsymbol{b}(\tau)$ 都依赖于分位点 τ 的变化。特别地，当隐层转换函数 $g_j^{(h)}$ 和输出层转换函数 $g^{(o)}$ 都是等值函数时，QRNN 模型就退化为线性分位数回归模型。为训练 QRNN 模型参数，可以优化损失函数

$$(\hat{\boldsymbol{W}}(\tau)', \hat{\boldsymbol{b}}(\tau)') = \underset{\boldsymbol{W},\boldsymbol{b}}{\arg\min} \sum_{t=1}^{T} \rho_\tau(Y_t - f(\boldsymbol{X}_t, \boldsymbol{W}, \boldsymbol{b})) \tag{4-38}$$

为防止过度拟合，可以增加一个二次惩罚项，得到：

$$(\hat{\boldsymbol{W}}(\tau)', \hat{\boldsymbol{b}}(\tau)') = \underset{\boldsymbol{W},\boldsymbol{b}}{\arg\min}\left[\sum_{t=1}^{T} \rho_\tau^{(a)}(Y_t - f(\boldsymbol{X}_t, \boldsymbol{W}, \boldsymbol{b})) + \lambda \frac{1}{mn}\sum_{i=1}^{m}\sum_{j=1}^{n}(w_{ij}^{(h)}(\tau))^2\right]$$

$$\tag{4-39}$$

式中，λ 为惩罚参数，它与节点个数 m、n 均为超参数。

利用训练好的神经网络，输入样本 $\boldsymbol{X}$，就可以预测目标变量 Y。基于 RBF 神经网络，可以实现点预测；基于 QRNN 模型，可以实现概率密度预测。

4.2.5　制造工程管理中的预测案例

1. 设备寿命预测问题

随着智能制造的不断推进，大型旋转机械正朝着自动化、高效化和智能化方向迅速发展。在这一背景下，滚动轴承作为旋转机械中至关重要的关键部件，其运行状态直接关系到

整个机械设备的工作进程和性能。因此，对滚动轴承进行更准确、更智能的剩余寿命预测是减少经济损失的重要保障。

然而，传统的滚动轴承剩余寿命预测方法无法应对不同工作环境的挑战，也无法满足智能制造的要求。这些方法通常假设源域和目标域的数据分布相同，但在实际工程中很难实现这一假设。由于轴承经常在不同的操作条件下运行，其数据分布可能会发生变化。因此，为了适应各种工况，在轴承寿命预测领域中，可以采用深度学习结合领域自适应的迁移学习模型。

2. 迁移学习方法

（1）剩余使用寿命（RUL）预测流程　为了解决上述问题，可以建立一个有序的双方面自注意迁移网络（ODASTN）模型，进行特征提取并给出 RUL 预测结果，主要流程包括信号处理、特征提取和 RUL 预测三个阶段。

（2）ODASTN 模型构建　ODASTN 模型的体系结构如图 4-1 所示，将源域中的知识转移到目标域中，使源域的分布变得非常接近目标域的分布。

1）编码过程。ODASTN 模型的编码过程主要包含了一个位置编码层、信号编码器和时间步编码器。

首先，位置编码层通过在序列中注入一些相对位置标记，以便模型能够充分利用序列的位置信息。

其次，信号和时间步编码器。如图 4-1 右上方所示，信号编码器由两个主要的子层组成：多头传感器自注意力层和前馈层。在每个子层之后，都有一个残差连接和层归一化。

信号编码器使用多头自注意力机制来评估信号维度上不同信号的重要性。定义 X_s 是通过位置编码层处理后得到的数据，它通过处理输入数据生成三个矩阵（查询、键、值）：

$$Q_s = X_s W_s^q, \quad K_s = X_s W_s^k, \quad V_s = X_s W_s^v \tag{4-40}$$

式中，W_s^q，W_s^k，W_s^v 是可训练参数，Q_s，K_s，$V_s \in \mathbb{R}^{d_k \times d_{model}}$。在时间步 t 处，任意查询和键之间的注意力权重矩阵 $\boldsymbol{\alpha}_t$ 的计算公式为

$$\boldsymbol{\alpha}_t = \text{softmax}_{signals} \left(\frac{Q_s K_s^T}{\sqrt{d_{model}}} \right) \tag{4-41}$$

式中，$\boldsymbol{\alpha}_t = (\boldsymbol{\alpha}_{t,1}, \boldsymbol{\alpha}_{t,2}, \cdots, \boldsymbol{\alpha}_{t,k})$，$t = (1, 2, \cdots, T)$；$\sqrt{d_{model}}$ 为缩放因子，d_{model} 为输入数据的批量大小。

计算每个注意力头的输出：

$$\text{Attention}_{signals}(Q_s, K_s, V_s) = \alpha_t V_s \tag{4-42}$$

多头注意力机制将所有头的输出连接在一起，通过线性投影完成得到输出：

$$\text{MultiHead}(Q_s, K_s, V_s) = \text{Concat}(\{\text{head}_1, \cdots, \text{head}_h\}) W^s \tag{4-43}$$

式中，参数矩阵 $W^s \in \mathbb{R}^{h d_{model} d_{model}}$；$h$ 是头的数量；$\text{head}_i = \text{Attention}(Q_s, K_s, V_s)_i$。

2）特征融合层。从信号维度和时间步维度提取特征后，分别得到 $\boldsymbol{F}_s \in \mathbb{R}^{d_k d_{model}}$ 和 $\boldsymbol{F}_t \in \mathbb{R}^{T d_{model}}$，并行设置方式，进行特征融合：

$$F_r = \text{Concat}(F_s, F_t) W^f \tag{4-44}$$

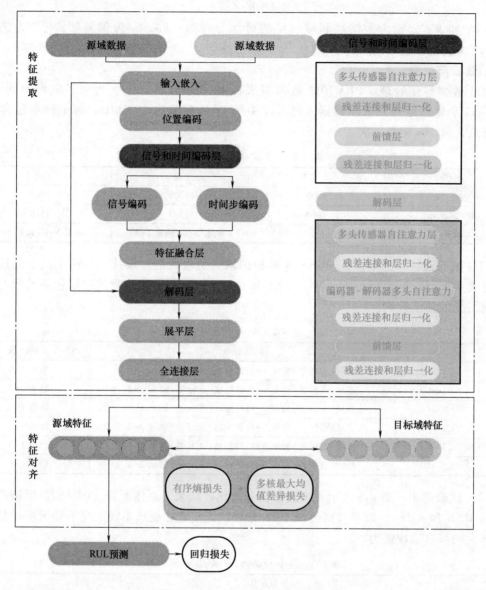

图 4-1 ODASTN 模型的体系结构

式中，$\boldsymbol{W}^f \in \mathbb{R}^{(d_k+T)\,d_{\text{model}}}$ 为可训练的参数矩阵。

3）解码过程。ODASTN 模型的解码过程主要包含了一个输入嵌入层、一个解码器、一个平坦层和一个全连接层。如图 4-1 的右下角所示，解码器设计方式类似于初始的 Transformer 架构，主要组件包括一个多头传感器自注意力层、多个残差连接和层归一化（Add & Norm）、一个编码器-解码器多头自注意力子层和一个前馈层。编码器-解码器多头自注意力机制使用编码器的输出作为键和值，并将前一时间点解码器的输出作为查询。

（3）RUL 预测模块 RUL 预测模块使用监督学习来训练一个有效的回归器，用于预测 RUL。该模块包含一个前馈层和一个输出层，用来组合所有提取的信息。对于源域数据的共享网络模块的输出为 Z_i^{sou}，则 y_i^{sou} 的输出为

$$y_i^{sou} = W_2 f^R(W_1 Z_i^{sou} + b_1) + b_2 \qquad (4\text{-}45)$$

式中，W_1 和 W_2 分别为前馈层和输出层的可学习参数；b_1，b_2 为偏置项；y_i^{sou} 为估计的 RUL；f^R 为激活函数（ReLU）。

3. 数据与试验

（1）数据与预处理 PHM2012 数据集来自 PRONOSTIA 平台。考虑了三种不同负载，收集了 17 个轴承运行到故障数据，列入表 4-1。采样频率为 25.6kHz，每个样本包含 2560 个数据点，每 10s 记录一次。

表 4-1 PHM2012 数据集情况

项目	工况 1	工况 2	工况 3
负载/N	4000	4200	5000
速度/(r/min)	1800	1650	1500
轴承	轴承 1-1~轴承 1-7	轴承 2-1~轴承 2-7	轴承 3-1~轴承 3-3

（2）试验设计 为了验证 ODASTN 模型的域自适应性能，设计了不同工况下的转移任务，见表 4-2。源域和目标域由两种不同工况下的轴承数据组成。测试数据包括其他与目标域相同工况的轴承数据。

表 4-2 RUL 预测任务

任务	条件	训练轴承	测试轴承
A1	C1→C2	源域（有标签）轴承 1-1，目标域（无标签）轴承 2-1	轴承 2-6
A2	C1→C3	源域（有标签）轴承 1-1，目标域（无标签）轴承 3-2	轴承 3-3
A3	C2→C1	源域（有标签）轴承 2-1，目标域（无标签）轴承 1-1	轴承 1-3
A4	C2→C3	源域（有标签）轴承 2-1，目标域（无标签）轴承 3-2	轴承 3-3
A5	C3→C1	源域（有标签）轴承 3-2，目标域（无标签）轴承 1-1	轴承 1-3
A6	C3→C2	源域（有标签）轴承 3-2，目标域（无标签）轴承 2-1	轴承 2-6

（3）试验结果 表 4-3 展示六个迁移任务的比较结果。总体而言，ODASTN 模型产生了较低的 MAE 和 RMSE，以及较高的 SCORE 分数，证实它在处理不同工况下轴承振动信号时具有强大的域自适应能力。

表 4-3 基于 ODASTN RUL 预测结果

评价指标	测试轴承						平均值
	A1	A2	A3	A4	A5	A6	
MAE	0.0751	0.1117	0.0681	0.0715	0.0646	0.0687	0.0766
RMSE	0.1005	0.1260	0.0846	0.0850	0.0793	0.0863	0.0936
SCORE	0.4790	0.3761	0.3561	0.4196	0.5004	0.4168	0.4247

4.3 制造工程管理中的优化技术

说课视频

在制造工程管理中，优化技术的应用对于提高生产效率、降低成本及优化资源利用至关重要。优化技术通过系统性的方法和工具，帮助企业在生产过程中找到最佳的方案，以达到生产目标并最大限度地满足市场需求。本节针对制造工程管理中的优化技术，首先简要概述制造工程管理中常见的优化问题及优化模型；其次从传统优化技术角度介绍精确优化技术和元启发式优化技术的基本知识；再次从新一代信息技术角度探讨模型与数据混合驱动优化技术的基本思想；最后以半导体芯片生产为例，说明制造工程管理中优化问题的优化过程。

4.3.1 优化问题与优化模型

1. 优化问题

制造工程管理中存在大量的优化问题。优化问题是包括优化目标和约束条件两个组成部分的定量管理问题。与制造工程相关的优化目标最明确的往往是企业利润的最大化，而企业在追求利润最大化的同时也要注重企业的社会责任，因此可以抽象出能耗最小化、客户平均等待时间最小化、平均运输路径最小化等若干其他的优化目标。企业的具体环境和生产条件及国家对企业在生态、节能等方面的硬性要求构成了优化问题的约束条件。不同的制造系统对应的约束条件及目标函数的构成也各有不同。制造工程管理中常见的优化问题有生产流程优化、产品配置优化、制造过程优化、库存优化、物流路径优化、供应链优化等。

（1）生产流程优化问题 生产流程是指从原材料投入生产开始，经过加工转换直至成品生产出来为止的全部过程。生产流程优化是对企业生产的某一段流程或者整个流程进行流程分析，对分析出的流程中不合理的地方进行优化并改进。对生产流程进行优化可以提高生产效率、减少浪费、降低库存、降低资源消耗、提高产能等，进而提高对市场变化的适应度，增强企业的核心竞争力，提高企业的社会效益。

通常情况下，生产流程优化可从以下几个方面进行：①改善工艺流程，消除多余或重复的作业；②核定标准工时，进行人机操作分析，提高人员及设备效率；③优化生产线设备布置，缩短等待和搬运时间；④增加瓶颈工位数量，提高瓶颈工位产能；⑤缩短加工时间等。

（2）产品配置优化问题 随着经济技术的发展和消费文化的变化，现代企业必须在考虑产品成本和质量的同时，及时有效地提供多元化的产品供顾客选择，以最大限度地满足顾客的个性化需求，这样才能赢得市场占有率，从而提高企业竞争力。在这种情况下，20世纪90年代以后出现了一种大规模定制生产方式，这种方式的基本思想是通过产品结构和制造过程的重组，把产品的定制生产问题转化为批量生产，以大批量生产的低成本和高效率，为单个用户或小批量多品种的市场定制任意数量的定制产品。

产品配置是大规模定制的关键技术之一，是利用客户需求对配置模型进行实例化的过程，它是以产品结构模型为基础，在产品配置规则的约束下，设计出满足客户需求的产品。产品配置需要使用一定的产品配置方法并通过相应的产品配置系统来完成。产品配置优化对如何在产品配置信息的基础上实现快速响应客户需求、提高设计效率、降低成本起着重要的作用。

（3）制造过程优化问题 在制造过程中也存在大量资源配置、生产计划、生产调度等制造过程优化问题。

例如，加工系统中有多个工位和多个工件，每个工件由多个不同的工序完成，这些工件和工序之间存在着错综复杂的次序关系，每个工序的完成都需要调用相应的资源，包括人员、机器等，如何将有限的资源进行合理配置，使得整个加工系统的性能最优，就是加工系统中的资源配置优化问题。

又如，生产计划是关于企业生产运作系统总体方面的计划，是企业在计划期应达到的产品品种、质量、产量和产值等生产任务的计划和对产品生产进度的安排。在企业实际生产运作过程中，按照执行期限的长短通常将生产计划分为年度计划、月计划、周计划等。生产计划反映的并非某几个生产岗位或某一条生产线的生产活动，也并非产品生产的细节问题及一些具体的机器设备、人力和其他生产资源的使用安排问题，而是指导企业计划期生产活动的纲领性方案。由于生产计划针对的时间周期较长，一般生产计划的优化问题是静态的，此类优化问题属于企业管理的中观层次。

再如，制造工程管理中，生产计划下达后，生产车间为了完成下达的生产计划，必须组织执行生产进度计划的工作。如何将订单对应的作业有效组织，充分利用现有企业资源，尽可能满足更多客户的需求，提高客户需求反应的敏捷程度等，则需要通过生产调度优化来实现。生产调度以生产进度计划为依据，根据订单需求科学、合理地分配资源，属于企业微观管理层面的优化问题。

（4）**库存优化问题** 库存对企业的日常生产经营活动及企业的未来发展都起着积极的作用。首先，库存最根本的作用就是缓冲作用，它对平衡供需关系、缓解供需矛盾起着缓冲器的作用。库存既可用于满足由不确定因素引发的突然增加的需求，也可以用来解决因突发因素造成的供给能力不足的问题。其次，库存可以起到连接与润滑的作用，这主要体现在：

1）库存能调节生产负荷。由于产品的需求通常并不是固定的，所以生产企业承接的生产任务时多时少，很不均衡。企业可以利用先行生产而产生的库存来调节其生产负荷，使低负荷能得到弥补，高负荷能获得减轻。

2）库存能提高企业的服务水平。有了合理的产品备用库存或安全库存，就能提高产品的可得性，降低了缺货出现的频率，从而在客户服务、客户满意度及产品的客户认同价值方面得到提高。

3）库存能使企业获得规模效益。规模效益实际上就是通过增加每次生产或订购的批量，来分摊每次生产或订购的固定成本，进而从降低单位产品成本中获取的效益。

4）库存能够确保交货期。因为有库存才能满足接到订单就立即交货。

5）库存可以降低物流成本。因为有了库存，可以实施整车运输，获得运费的折扣，降低运输成本等。

6）库存能够应对突发事件，起到缓冲需求的作用。除此之外，库存还会影响到制造企业的利润率、资产回报率、投资回报率及其他一系列评估企业财务状况的指标。同时，库存还将在更大的范围内，通过最佳生产或者订购批量、存储位置以及存储设施等手段对企业运作造成影响。

虽然库存能够给企业带来很多好处，但不论是制造企业还是销售企业，如果库存过多就必然会增加库存场所和库存保管费，同时会占用大量资金，甚至造成资金冻结，而且过量库存会降低材料或者产品的质量，使其陈旧、损坏甚至变质。同理，如果库存过少也会对企业造成很多的影响，比如由于原材料的库存不足，制造企业就要停工待料，造成经济损失，而产品库存的不足就会失去部分顾客，造成信誉的损失，从而减少或者失去利润。由此可见，库存无论过多或者过少，都会造成浪费或者损失。因此，对企业的库存控制进行优化，找到最优的库存控制策略，对制造企业来说无疑具有重要的实际意义。

（5）物流路径优化问题 除了制造本身之外，内部物流也是企业的重要经济活动之一。一方面生产制造过程本身需要消耗大量的原材料；另一方面各加工工序之间也存在大量的物料流动，物料在工序之间的传送效率将会直接影响生产制造过程的顺利进行。企业内部物流管理主要是控制存货的数量、形态和分布，提高存货的流动性，使物流、资金流、信息流畅通，从而做到各生产工序在最需要的时候获得最适量的物料。

企业内部物流水平的高低对于企业控制成本、提高核心竞争力具有重要意义：

1）企业内部物流水平对生产效率具有重要影响。在复杂的产品制造过程中，需要使用种类繁多、数量庞大的各类原材料，而各工序加工出的中间产品也需要及时传递给下一道工序，在任何一个环节的物流供应"短板"都会直接影响生产计划的按质、按量完成。以钢铁生产为例，如果炼铁工序之后，铁水不能及时运送到炼钢工序，则在炼钢之前必须对铁水进行预热，从而造成所有后续流程的停滞。

2）企业内部物流水平对成本控制具有重要影响。一方面，企业内部物流的配送是否及时直接影响到生产的进度，直接影响生产成本；另一方面，企业内部物流配送所需要的工具，如鱼雷罐、传送带等，企业要耗费昂贵的资金进行购置，充分利用这些配送工具，发挥其应有的功能，也是对企业资源的一种节省方式。

（6）供应链优化问题 经济的全球化，市场竞争日趋激烈，传统的单个制造型企业难以适应日益复杂的市场环境。现代的制造型企业必须有效联系上游供应商、下游的第三方物流、分销商等形成供应链，最终为客户提供高质量的产品或服务，这样才能在激烈的竞争中占据不败之地。现代制造型企业不再是孤立的竞争主体，而应该是供应链的有机组成部分之一。由于这些企业与供应链有着密切的关系，在考虑其制造过程的优化时，也需充分考虑供应链因素的影响。显然，若制造型企业忽视供应链上其他企业的利益仅追求自身利益的最大化，势必造成其他企业成本及供应链整体成本的增加，最终不仅影响供应链整体运行，同时也必将损害自身利益。制造型企业必须充分考虑供应链上下游企业的利益，实现供应链协调，方能实现自身的良性发展。

供应链协调的实质是通过利润的再分配实现供应链中各方均能够得到供应链管理整体优化带来的好处，即提高自身利润，从而促使供应链各方愿意合作并选择供应链管理的整体优化决策方案。在实现供应链协调与优化的过程中，供应链节点企业之间的契约是构建供应链的纽带，是实现供应链协调的基础。现有关于供应链契约的研究主要包括数量折扣、数量柔性、收益共享、退货或回购等。

2. 优化模型

优化是研究如何充分利用设备、成本、人力、时间等有限的资源，达到某一或某些最优目标的理论，通常采用定量的研究方法。对于现实生产生活中的优化问题，通常需要为之建立相应的优化模型，从而避免问题定义的二义性，然后在此基础上设计一定的优化算法以获得问题的最优解或高质量满意解。

优化模型是实际优化问题的数学描述，包括目标函数和约束条件两个部分。根据目标个数不同可以将优化问题分为单目标优化问题和多目标优化问题。一个单目标优化问题通常可以建立如下典型模型：$\min\{Z(\sigma)|\sigma\in S, S\subseteq\Omega\}$，其中，$\Omega$ 是全部解空间，S 是解空间中满足约束条件的解的集合，而 σ 是 S 中的某一个解，被称为可行解。问题的目标是寻找一个最优解 σ^*，使得 $Z(\sigma^*)\leq Z(\sigma)$，$\forall\sigma\in S$。目标最大化的优化问题可以通过改造目标函数

而将其转化为目标最小化的形式。由于现实生产生活中优化问题的复杂性和多样化，根据实际问题建立模型时，约束条件及目标函数中的变量可能是确定型的或不确定型的，因此，又可以将优化问题分为确定型优化问题和不确定型优化问题。对于不确定型优化问题，又可大致分为随机模型优化问题和模糊优化问题等。另外，根据解空间的特点还可以将优化问题分为连续型优化问题和离散型优化问题；根据决策变量的特点可以将优化问题分为线性优化问题和非线性优化问题等。建立优化模型的目的不仅在于用数学语言客观、精确地描述优化问题，同时还要考虑模型求解的难度，因此，即使对于同一优化问题也可能建立不同形式的模型。

生产调度问题是制造工程管理中非常常见的一类优化问题，一直是运筹与优化、工业工程等领域中的研究热点。以目标是最小化完工时间和的平行机调度问题为例，可构建如下生产调度优化模型：

$$\min \sum_{k=1}^{n} \sum_{i=1}^{m} \sum_{q=1}^{k} \sum_{j=1}^{n} p_j x_{ij}^q \tag{4-46}$$

$$\text{s. t. } \sum_{k=1}^{n} \sum_{i=1}^{m} x_{ij}^k = 1, \forall j \tag{4-47}$$

$$\sum_{j=1}^{n} x_{ij}^k \leq 1, \forall i, k \tag{4-48}$$

$$x_{ij}^k \in \{0,1\}, \forall i,j,k \tag{4-49}$$

式中，x_{ij}^k 为引入的分配变量，并令 x_{ij}^k 当且仅当作业 J_j 在机器 M_i 上的第 k 个位置加工时取值为 1，否则取值为 0；符号 C_j^k 为机器 M_i 上第 k 个作业的完成时间，可以由等式 $C_j^k = \sum_{l=1}^{k} \sum_{j=1}^{n} p_j x_{ij}^l$ 计算。

4.3.2　精确优化技术

对于优化模型，有些算法致力于寻找其最优解，而有些算法则希望搜索到高质量的满意解。采用何种算法求解问题主要依赖现实中人们对优化问题解的精度和算法计算效率的要求。分支定界算法、列生成法、分支定价算法、动态规划算法、割平面法等传统的运筹学方法能够获得优化问题的最优解，因此称为精确算法。本节以分支定界算法、分支定价算法、动态规划算法为例，介绍精确优化技术的基本思想及使用注意事项。

1. 分支定界算法

分支定界算法是一种常见的组合优化问题的求解方法，由 Land Doig 和 Dakin 等人于 20 世纪 60 年代初提出，现在已经获得了非常广泛的应用，被成功地应用于求解整数规划问题、生产调度问题、车辆调度问题、选址问题、背包问题及其他可行解数量有限的问题。

分支定界算法的基本思想是把问题的可行解展开如树的分支，再经由各个分支中寻找最优解。具体来说，就是在对问题的所有可行解空间（可行解数量有限）进行搜索时，把解空间不断分割为越来越小的子集（对应一个搜索树上的一个节点），每个子集又可继续分解，直到子集不能再分解或找到最优解。根据问题的特点和不同的策略，把解空间分解为子集的过程称为分支。在分支过程中，为每个子集内解的目标函数值计算下界（最小化问题）或上界（最大化问题），这一过程称为定界。若某子集的下界大于或上界小于已知可行解值，则说明此子集肯定不存在最优解，不需再做进一步分支，这一过程称为剪枝。对于一个子集，还可以利用一些占优性质（Dominance Properties）来判断该子集是否可以被剪掉。这样，解的许多子集可以不予考虑，从而缩小了搜索范围。

对于不同的问题，分支定界算法的步骤也会有些微不同。下面以最小化问题为例，给出一般分支定界算法的步骤。对以下步骤进行相应的更改即可适用于最大化问题。

分支定界算法框架：

1）计算初始解，并设为当前最优解。

2）初始化根节点，计算根节点的下界，若大于等于当前最优解，则停止；否则，把其列入活动节点集。

3）若活动节点集为空，停止；否则，从活动节点集中把首节点移走，产生新节点。若新节点不是叶子节点，则产生新节点前，先计算其下界，若下界小于当前最优解，则把新节点插入活动节点集，否则不产生此节点；若新节点是叶子节点，则计算此完全解，若小于当前最优解，则把它作为当前最优解。

4）转步骤3）。

利用分支定界算法对问题的解空间树进行搜索的策略是：①产生当前分支节点的所有孩子节点；②在产生的孩子节点中，抛弃那些不可能产生可行解或最优解的节点；③将其余的孩子节点加入活动节点集；④从活动节点集中选择下一个活动节点作为新的分支节点。如此循环，直到找到问题的最优解或活动节点集为空。

不同的分支规则、定界方法以及分支节点（也称扩展节点）的选择策略形成了同一问题的不同分支定界算法。分支定界算法的效率与分支规则和定界方法有关，分支规则越有效，上下界越接近最优解，解的收敛就越快，算法的效率也就越高，否则，在极端情况下将与穷举法无异。另外，分支定界算法的效率还与分支节点的选择策略密切相关，好的选择策略可以大大提高算法的效率。在实际问题中，通常可以选择以下三种策略之一或任意策略的结合：

1）深度优先策略：选择最新产生的活动节点作为下一个分支节点。这种策略有利于快速产生一个可行的完全解。

2）广度优先策略：与深度优先策略相反，总是选择最先产生的活动节点作为下一个分支节点。

3）最好界限优先策略：对于最小化问题，选择拥有最小下界的活动节点作为下一个分支节点；而对于最大化问题，选择拥有最大上界的活动节点作为下一个分支节点。

2. 分支定价算法

分支定价算法是求解大规模线性规划问题的一种常见方法，该算法最初由 Ralph E. Gomory 在 20 世纪 60 年代提出，为解决具有大规模整数变量的优化问题提供了重要的理论基础，并在生产调度、车辆调度、选址、任务分配、网络设计等问题中得到了广泛的应用。

分支定价算法由分支定界和列生成算法组成，其基本思想是以分支定界算法为主体，在求解线性规划问题的过程中采用列生成算法对子节点进行定界，通过削减变量减少复杂度，提高求解效率。

分支定价算法步骤：

1）初始解生成：生成初始解，并将其作为当前最优解。

2）初始化根节点：创建根节点，并计算其对应子问题的下界（最小化问题）或上界（最大化问题）。如果下界（或上界）大于等于当前最优解，则停止算法。否则，将根节点添加到活动节点集合中。

3）循环迭代：如果活动节点集合非空，则从中选择一个节点进行处理。对于选定的节点，首先，根据问题的特性，通过分支生成新的子问题，分支的方式可以根据问题的不同而异，通常涉及选择一个变量，并将其分割成两个子问题；其次，对于每个生成的子问题，使用列生成算法求解其下界（最小化问题）或上界（最大化问题），列生成算法的核心是逐步添加可行的变量（列），并不断改进线性规划的松弛解。这一过程可以通过解决主问题（通常是一个线性规划问题）和子问题（通常是一个剩余问题或者是子问题的线性规划）来实现；再次，根据定界计算的结果，对子问题进行剪枝。如果某个子问题的下界大于等于当前最优解，则该子问题被剪枝；最后如果某个子问题的解优于当前最优解，则更新当前最优解，否则，将未剪枝的子问题添加到活动节点集合中。

4）重复迭代：重复进行步骤3），直到找到最优解或者活动节点集合为空。

3. 动态规划算法

动态规划是解决多阶段决策过程最优化问题的一种常用方法，由美国数学家R. E. Bellman 等人于 20 世纪 50 年代初提出，并于 1957 年出版了该领域的第一本著作 *Dynamic Programming*。动态规划算法在经济管理、生产调度、车辆调度、库存管理、资源分配、设备更新、排序、装载等问题中得到了广泛的应用，并获得了显著的效果。

动态规划算法的基本思想是将待求解的问题分解成若干个相互联系的子问题，先求解子问题，然后从这些子问题的解得到原问题的解；对于重复出现的子问题，只在第一次遇到的时候对它进行求解，并把计算结果保存起来，以后再次遇到时可直接引用这些计算结果，不必重新进行求解。

（1）动态规划算法设计步骤

1）划分阶段：按照问题的特征，将问题划分为有序的或可排序的若干个阶段。

2）选择状态：将问题发展到各个阶段时所处于的客观情况用不同的状态表示出来，状态的选择应满足无后效性。

3）确定决策并写出状态转移方程：根据状态转移规律给出后一阶段状态变量的值与前一阶段状态变量和决策变量的值之间的对应关系。

4）写出规划方程（包括边界条件）：动态规划的基本方程是规划方程的通用形式化表达式。

（2）动态规划法的适用性

需要声明的是，适用动态规划的问题必须满足最优化原理和无后效性。

1）最优化原理。一个最优化策略具有这样的性质：不论过去状态和决策如何，对前面的决策所形成的状态而言，余下的诸决策必须构成最优策略。简而言之，一个最优化策略的子策略总是最优的。

2）无后效性。将各阶段按照一定的次序排列好之后，对于某个给定的阶段状态，它以前各阶段的状态无法直接影响它之后的决策，而只能通过当前的这个状态去影响之后的决策。换句话说，每个状态都是过去历史的一个完整总结。

（3）动态规划法的有效性

动态规划算法的有效性依赖于以下两个待求解问题本身具有的重要性质：

1）最优子结构性质。如果问题的最优解所包含子问题的解也是最优的，就称该问题具有最优子结构性质。最优子结构性质为动态规划算法解决问题提供了重要线索。

2）子问题重叠性质。子问题重叠性质是指在用递归算法自顶向下对问题进行求解时，每次产生的子问题并不总是新问题，有些子问题会被重复计算多次。动态规划算法正是利用了这种子问题的重叠性质，对每一个子问题只计算一次，然后将其计算结果保存起来，当再次需要计算已经计算过的子问题时，只需引用结果，从而获得较高的计算效率。

（4）动态规划法的优化

对于一个具体的优化问题，通常可以按照以下步骤来设计动态规划算法：

1）分析问题的最优解，找出最优解的性质，并刻画其结构特征。

2）递归地定义最优值。

3）采用自底而上的方式计算问题的最优值。

4）根据计算最优值时得到的信息，构造最优解。

步骤1）~步骤3）是动态规划算法解决问题的基本步骤，在计算最优值的问题中，只需完成这三个基本步骤。但如果问题需要构造最优解，还要执行步骤4），此时，在步骤3）中通常需要记录更多的信息，以便进行步骤4）时有足够的信息可快速地构造出最优解。

4.3.3 元启发优化技术

当问题规模较大时，精确算法难以在合理的时间内提供最优解，由此出现了许多元启发式算法（Meta-heuristic Algorithm）的框架。元启发式算法（如遗传算法、模拟退火算法、可变邻域搜索、蚁群算法等）通常是基于随机搜索，因此也称为随机优化方法。从理论上讲，元启发式算法具有收敛到最优解的趋势，因此能够为大规模的 NP-hard 问题提供较高质量的满意解。

与传统的优化算法相比元启发式算法具有如下特点：

1）基于计算机编程，通过大规模的搜索获得高质量的满意解。

2）每种元启发式算法通常具有相对固定的算法框架。

3）算法能够保证获得局部最优解，具有向全局最优解收敛的趋势，但无法证明获得的解是最优解。

4）元启发式算法对很多复杂的组合优化问题具有一定的普适性。

5）对于现实中的大规模 NP-hard 问题，元启发式算法能够综合考虑算法的效率与解的质量，因此其不失为有效的解决方案。

1. 局部搜索算法

在基于搜索的元启发式算法中，局部搜索（Local Search，LS）是它们的基础。局部搜索仅能保证获得局部最优解而无法保证收敛到全局最优解。从某种意义上说，其他基于搜索的元启发式算法均是为了避免陷入局部最优的陷阱而采用了不同的算法设计理念以改进局部搜索。

局部搜索是一种在当前可行解的基础上，按照一定的方法产生邻域并以该邻域中的最优解作为下一个当前可行解不断迭代的搜索算法，当算法无法改进某一当前可行解时，则算法结束。对于优化问题而言，局部搜索是一种有效的搜索算法。优化问题可以表述为"对解向量 σ 的不同参数寻找一组取值，使得目标函数 $Z(\sigma)$ 最大化或最小化"。可见其本身就是一个搜索问题，其解空间是参数的不同组合。

以目标函数为最小化的优化问题为例，局部搜索算法的通用框架如下：

1）产生一个初始可行解 σ，对应目标函数值为 $Z(\sigma)$。

2）在解 σ 的邻域中寻找最优的邻居 σ'。

3）如果 $Z(\sigma') \leqslant Z(\sigma)$，则为当前可行解 σ 重新赋值为 σ'，即 $\sigma = \sigma'$；转步骤2）；

4）返回局部最优解 σ 及对应的 $Z(\sigma)$。

对于一个具体的优化问题而言，若采用局部搜索进行求解，则必须注意如下两点：

1）采用某种方法获得一个可行解作为局部搜索的初始解。例如，在一个调度问题中，可以根据一些常见的调度规则，如短作业优先（SPT）、长作业优先（LPT）、先来先服务（ERD）等得到一个初始的当前可行解。

2）设计一种邻域生成方法。通常邻域被定义为针对具体可行解进行某种简单变换所能够获得的解的全集。

2. 遗传算法

遗传算法是一种基于自然选择和遗传机制的优化算法，广泛用于解决组合优化问题和非线性优化问题。

遗传算法最初由美国的 J. H. Holland 教授提出，凭借其高效性、实用性和强鲁棒性引起了广泛关注。在遗传算法中，候选解被看作"个体"，一个个体的基因由一组参数或变量组成。通过模拟生物的自然选择、繁殖、交叉和变异，遗传算法在种群中寻找最优解或近似最优。遗传算法的核心思想是基于达尔文的"优胜劣汰"原则，通过自然选择来保留性能优良的个体，同时通过交叉和变异等操作在种群中引入多样性。这种方法通过在搜索空间中迭代演化，能够有效避免陷入局部最优，从而找到问题的最优解。

遗传算法的具体步骤如下：

1）初始化种群：随机生成或基于启发式方法生成 N 个个体作为初始群体。

2）自然选择和遗传机制：首先，根据问题的目标函数或评价指标，计算个体的适应度，根据适应度的高低，按照轮盘赌选择、锦标赛选择和排名选择等策略选择个体作为父代，组成交配池；其次，对交配池中的个体进行交叉操作，通过将两个或多个父代个体进行组合，生成新的个体；再次，针对交叉后得到的个体运用变异操作，通过随机改变个体的一部分内容来避免算法陷入局部最优，保持种群的多样性；最后，将新生成的个体与原种群合并，并根据适应度进行选择，保留一定数量的优质个体。

3）重复步骤2），直至达到终止条件。当满足终止条件时，算法停止，输出最优解。

3. 蚁群算法

蚁群算法是一种模拟真实蚂蚁觅食行为且已被证明为收敛的元启发式算法。该算法是由意大利学者 M. Dorigo 等提出的一种基于种群的启发式随机搜索算法，其具有较强的鲁棒性和良好的分布计算机制，在解决复杂离散优化问题方面表现出良好的性能。

蚁群算法的思想来源于自然界蚂蚁觅食，蚂蚁在寻找食物源时，会在路径上留下蚂蚁独有的路径标识——信息素，蚂蚁会感知其他蚂蚁在各条路径上留下的信息素，并根据各条路径上的信息素浓度来选择之后要走的路，路径上留有的信息浓度越高，则蚂蚁更倾向于选择该路径。在蚂蚁选择某条路径后会在该路径上留下信息素吸引更多蚂蚁也选择该路径；随着时间的推移，信息素浓度不断增大，蚂蚁选择该路径的概率也随之增高，由此形成了正反馈机制。通过这种正反馈机制，蚂蚁最终可以发现最短路径。

蚁群算法的基本流程如下：

1）生成一群蚂蚁，初始化信息素。

2）蚂蚁根据信息素的浓度和启发式信息在解空间中移动；蚂蚁选择路径的概率与信息素的浓度成正比，并且可能受到其他启发式信息的影响。

3）在蚂蚁遍历路径后，更新信息素。

4）在蚁群完成一轮搜索后，记录最佳路径，并根据问题的终止条件（如达到最大迭代次数、找到最优解或目标函数变化不大）判断是否停止；如果未达到终止条件，则重新生成蚂蚁，并执行下一轮搜索。

5）重复上述步骤，直到满足终止条件；最终，输出最优解。

4.3.4　模型与数据混合驱动的优化技术

精确优化技术与元启发式优化技术旨在构建算法，求解优化模型，因此可统一归属于模型驱动的优化技术。模型驱动的优化技术主要依赖建立数学模型来描述问题，然后使用优化算法或技术来求解这些模型以获得最优解或者近似最优解，因此，存在对问题的理解和建模要求较高、对初始条件敏感、计算复杂度高等局限性。

随着新一代信息技术的发展，大数据及人工智能等技术在人类生产生活中发挥出重要作用，产生了数据驱动的优化技术并受到关注。数据驱动的优化技术强调利用大量数据来直接推导解决问题的方法，而不是依赖先前建立的数学模型，因此，存在数据质量问题、维度灾难、过拟合问题、解释性问题、长期稳定性问题等挑战。

模型与数据混合驱动的优化技术是结合模型驱动和数据驱动的优化方法，它充分利用两者的优势协同作用，从而实现更加智能、高效的优化过程，适合解决各种复杂、动态的实际问题。

例如，基于模型与数据混合驱动的优化思想，可构建如下遗传算法与强化学习的混合优化方法。该方法首先构建数学模型来描述优化问题，然后设计求解优化模型的优化算法，在算法执行的过程中运用数据驱动的方法改进算法的参数或搜索策略，以提高算法性能。该方法的基本流程如下：

1）构建优化模型：基于问题的分析，确定目标函数、约束条件、决策变量范围和类型。

2）设计遗传算法：根据问题的特征，设计遗传算法的交叉、变异、局部搜索、环境选择等操作。

3）定义搜索策略集合：定义一组不同的搜索策略，这些策略可能是遗传算法中的参数配置、操作序列或局部优化策略的组合。

4）奖励信号设定：设定奖励信号，用于评估每个搜索策略的性能。奖励信号可以根据问题的特性来选择，通常是指导搜索过程朝着优化目标前进的信号。

5）搜索策略选择：利用强化学习框架，将每个搜索策略作为一个动作，根据当前环境状态选择合适的搜索策略。这个选择过程可以基于强化学习中的动作选择策略，比如基于价值函数或者策略梯度的方法。

6）执行搜索策略：根据选择的搜索策略，在遗传算法中执行相应的操作，比如交叉、变异等，生成新的个体。

7）评估性能并更新奖励：对于每个生成的个体，使用问题域的评价函数或者模拟环境进行评估，计算其性能，并将性能作为奖励信号反馈给强化学习模型。

8）强化学习更新：根据强化学习算法的更新规则，更新策略选择模型，使其根据当前的奖励信号和环境状态，能够更好地选择合适的搜索策略。

9）迭代优化过程：重复以上步骤，直到达到停止条件，比如达到最大迭代次数或者收敛到满意的解。

该算法通过遗传算法搜索和优化解空间中的候选解，然后利用强化学习框架中的奖励信号来评估和调整搜索策略，以最大化累积奖励。其中，遗传算法负责在策略空间中进行全局搜索和优化，而强化学习则负责评估和调整搜索策略的性能，使得搜索策略的性能逐渐增强，进而找到问题的最优解或近似最优解。

4.3.5 制造工程管理中的优化案例

在解决实际的优化问题时，必须将优化的普遍理论与方法同问题的具体特点紧密结合起来，才能保证所构造优化算法的计算效率和所获得的解的精度。本节以半导体芯片生产为例，详细介绍制造工程管理中的优化问题。

1. 问题描述

半导体制造是一项非常复杂的工艺，涉及在由硅或砷化镓制成的薄圆晶片上生产集成电路芯片，其过程通常分为前道工序和后道工序。前道工序用于在晶片上生产芯片，而后道工序用于组装和测试芯片。在半导体制造过程中，一些工艺需要在并行批处理机上成批地加工工件，包括清洗、扩散、氧化、蚀刻、离子注入、电子束写入、烘烤和老化操作。由于生产过程包含多种复杂的工艺，可能生产出一些含有缺陷并在短时间内失效的劣质芯片。为了避免这些芯片流入消费市场，需要对其进行识别和报废。老化是识别和报废劣质芯片的过程，通过在老化测试机器上对芯片施加额外的电压或电流，使有缺陷的芯片失效。因此，老化操作是半导体组装和测试过程的必要步骤，以保证生产的芯片的可靠性。在老化操作中，每个芯片都有预先确定的最短老化时间，该时间长短取决于芯片的类型和客户的需求，且多个相同类型的芯片将组成一个工件，同时进入老化测试车间进行测试。操作人员会将每个工件中的芯片装载到相应类型的测试座上，并将测试座放入老化测试机器中进行测试。由于每个工件包含芯片的数量不同，所需测试座的数量（即工件尺寸）也不同。测试座通常特定于工件，若缺少所需的测试座，则无法进行老化测试。通常情况下，机器可容纳测试座的数量（机器容量）大于工件的尺寸。因此，只要多个工件的尺寸总和不超过机器容量，它们便可作为一批，一起进行老化测试。为了保证所有芯片都能完成老化测试，工件包含的芯片在测试机器中的停留时间不能少于其老化测试时间的最低要求。此时，每个批的老化加工时间等于该批所有工件中最长的老化测试时间。老化测试是半导体制造过程中的一项瓶颈工艺。相较于其他工艺，老化测试需要消耗更长的时间，且处于制造过程的末尾阶段，对产品的发货日期具有重要影响。因此，制定合理的并行批处理机调度方案，可以提高制造企业调整生产计划的灵活性，使其能够快速响应市场的需求变化，从而提高生产效率。

2. 模型构建

在生产车间加工工件时，由于每个工件的到达时刻、尺寸、加工时长等属性的不同，需要及时调整生产方案以适应实时变化的生产需求和降低加工成本。本节考虑在 m 台不同容量的并行批处理机（M_1，M_2，$\cdots$，M_m）上调度由 n 个工件（J_1，J_2，$\cdots$，J_n）分组形成的批。只有所有工件分组至批后，才能确定批的数量。工件集合 J 中的每个工件 J_j 具有不同的尺寸 s_j、加工时间 p_j 和到达时间 r_j。机器集合 M 中的每台机器 i 上批中工件尺寸之和不能超过该台机器的容量 S_i。正在加工的批不可中断，且在它完成加工前不可加入其他工件。在 M_i 上第 b 个批（B_{bi}）的加工时间 P_{bi} 和到达时间 R_{bi} 分别由批中所有工件的最长加工时间和最迟到达时间确定，即 $P_{bi} = \max_{j \in B_{bi}} \{p_j\}$ 和 $R_{bi} = \max_{j \in B_{bi}} \{r_j\}$。$B_{bi}$ 的到达时间 R_{bi} 和上一个批 $B_{b-1,j}$ 的完工时间 $C_{b-1,j}$ 共同确定 B_{bi} 的开始加工时间 ST_{bi}，即 $ST_{bi} = \max \{C_{b-1,j}, R_{bi}\}$。$B_{bi}$ 的完工时间 C_{bi} 由 ST_{bi} 和 P_{bi} 共同确定，即 $C_{bi} = ST_{bi} + P_{bi}$。$B_{bi}$ 中 J_j 的完工时间 c_j 等于 C_{bi}。需要注意的是，某些工件的尺寸会超过部分机器的容量，也就是说工件的可加工机器是受限的。MS_j 表示可加工 J_j 的机器集合，即 $MS_j = \{M_i \mid s_j \leq S_i, i = 1, \cdots, m\}$。假设存在 l 种不同种类的机器，它们的容量分别定义为 S^1，S^2，$\cdots$，S^l，其中，$S^1 \leq S^2 \leq \cdots \leq S^l$。$J$ 按照机器容量可划分为 $J^1 \cup J^2 \cup \cdots \cup J^l$。$J^h = \{J_j \mid S^{h-1} < s_j \leq S^h, j = 1, \cdots, n\}$，其中，$S^0 = 0$。$M^x$ 表示第 x 个类型的机器集合，即 $M^x = \{M_i \mid S_i = S^x, i = 1, \cdots, m\}$，$m^x$ 表示第 x 种类型的机器数量。J^h 中工件可在机器集合（$M^h \cup M^{h+1} \cup \cdots \cup M^l$）中的任意一台机器上加工。研究问题的目标是找到工件分组形成的批分配到机器上后所有工件完工时间之和最小的调度方案，该调度问题可用三参数符号法表示为 $Pm \mid p\text{-batch}, s_j, r_j, S_i, MS_j \mid \sum c_j$。引入二元变量 X_{jbi}，若 J_j 在 B_{bi} 中加工，则 $X_{jbi} = 1$；否则，$X_{jbi} = 0$。由此可构建如下数学模型：

$$\min \text{TCT} = \sum_{j=1}^{n} c_j \tag{4-50}$$

$$\text{s. t.} \sum_{i=1}^{m} \sum_{b=1}^{n} X_{jbi} = 1, j \in J \tag{4-51}$$

$$\sum_{j=1}^{n} s_j X_{jbi} \leq S_i, b \in B; i \in M \tag{4-52}$$

$$P_{bi} \geq p_j X_{jbi}, j \in J; b \in B; i \in M \tag{4-53}$$

$$R_{bi} \geq r_j X_{jbi}, j \in J; b \in B; i \in M \tag{4-54}$$

$$ST_{b_i} \geq R_{b_i}, b \in B; i \in M \tag{4-55}$$

$$T_{b_i} \geq C_{b-1,i}, b \in B\{B_{1_i}\}; i \in M \tag{4-56}$$

$$C_{b_i} \geq ST_{b_i} + P_{b_i}, b \in B; i \in M \tag{4-57}$$

$$c_j \geq C_{b_i} - \hat{M}(1 - X_{jb_i}), j \in J; b \in B; i \in M \tag{4-58}$$

$$P_{b_i} \geq 0, b \in B; i \in M \tag{4-59}$$

$$R_{b_i} \geq 0, b \in B; i \in M \tag{4-60}$$

$$C_{b_i} \geq 0, b \in B; i \in M \tag{4-61}$$

$$c_j \geq 0, j \in J \tag{4-62}$$

$$X_{jbi} \in \{0,1\}, j \in J; b \in B; i \in M \tag{4-63}$$

式（4-50）表示最小化总完工时间的目标函数；式（4-51）确保每一个工件只分配进一台机器上的一个批中；式（4-52）确保 M_i 上的第 b 个批中所有工件的尺寸之和不会超过该台机器的容量；式（4-53）和式（4-54）分别确定批的加工时间和到达时间；式（4-55）和式（4-56）共同确定批的开始时间；式（4-57）确定批的完工时间；式（4-58）确定工件的完工时间，其中，$\hat{M}$ 是极大的正数；式（4-59）~式（4-62）分别表示批的加工时间、到达时间、完工时间及工件的完工时间均为非负数；式（4-63）给出了该模型的二元决策变量，用于确定工件是否在 B_{bi} 中。

3. 算法设计

本节基于蚂蚁系统提出了一种基于局部搜索的改进精英蚂蚁系统（Modified Elite Ant System with the Local Search，MEALS）算法。其中，每只人工蚂蚁代表了一个解。具体来说，首先需要初始化蚂蚁共同维护的信息素踪迹矩阵 $\boldsymbol{\tau}_{jk}$，其中，$\boldsymbol{\tau}_{jk}$ 表示 $J_j \in J$ 和 $J_k \in J$ 在同一个批的期望。接着，蚂蚁种群中每只蚂蚁使用解的构建（Solution Construction，SC）算法构建出一个完整的解后，通过基于批交换的局部搜索（Local Search Based on Batch Swapping，LSBS）算法优化该解。若满足信息素踪迹重置的阈值 T_r，重置信息素踪迹矩阵以避免陷于局部最优，否则利用迄今最优蚂蚁更新信息素踪迹。重复运行上述过程至满足终止条件。

MEALS 算法的细节内容为：

（1）解的表示 并行批处理机调度问题包含两个关键过程：工件分组成批和批放置在机器加工。为了避免引入额外的启发式算法生成解，SC 算法同时考虑了这两个过程，具体过程为：选中一台机器并在该机器上新建一个空批后，SC 算法从未调度工件集合中不断地选择工件并将其加入该批中，直至不满足构建批约束条件；重复此操作，直至所有工件均安排至机器的批中加工。

（2）解的编码 每只蚂蚁对应的解会被编码成一个 $2 \times n$ 的向量，其中，第 d 维列向量包含了两个编码信息，即 J_d 所在批的索引和其所在机器的索引。对于一只蚂蚁，初始状态的解向量为空。当 J_d 加入正在构建的 B_{bi} 时，可得到其所在批索引 b 和机器索引 i，进而可以得到该蚂蚁第 d 维列向量的取值。

（3）工件候选列表 L_{bi}^1 由于加入批中工件的尺寸需要满足批容量的限制，一些尺寸超过批剩余容量的工件无法加入批中。若蚂蚁选中不可加入批中的工件，需重新从未调度工件集合中选择工件，直至选出一个可以加入批中的工件。随着批剩余容量的减少，会增大选中无效工件的概率，从而浪费大量的时间。为了避免工件的无效搜索，本节设置了一个候选列表 L_{bi}^1，其中包含满足批剩余容量约束条件的工件。L_{bi}^1 定义如下：

$$L_{bi}^1 = \{J_j \mid s_j \leqslant S_i - \sum_{J_v \in B_{bi}} s_v, j \in J\} \tag{4-64}$$

（4）工件候选列表 L_{bi}^2 在正构建的 B_{bi} 中，工件的总尺寸不得超过机器的容量。在这个限制条件下，B_{bi} 会不断地从 L_{bi}^1 选择工件加入批中。L_{bi}^1 仅考虑了批的容量约束。然而，从 L_{bi}^1 中选出的 J_j 在 B_{bi} 中加工可能不如在 M_y（$M_y \in MS_j$）上尾部批后的新建批 $B_{|B_y|+1,y}$ 中加工。其中，$|B_y|$ 是 M_y 上批的数量。若 J_j 在 B_{bi} 中加工，则丧失了在更优的 $B_{|B_y|+1,y}$ 中加

工的机会。长此以往，可能会恶化最终的调度方案。为了避免这种问题造成的负面影响，提出 J_j 在 B_{bi} 中加工优于在 $B_{|B_y|+1,y}$ 中加工的四种条件：

1）$p_j \leqslant P_{bi}$ 且 $r_j \leqslant ST_{bi}$ 且 $\max(C_{|B_y|,y}, r_j) > ST_{bi} + P_{bi} - p_j$。

2）$p_j \leqslant P_{bi}$ 且 $r_j > ST_{bi}$ 且 $\max(C_{|B_y|,y}, r_j) > (|B_{bi}|+1) r_j + P_{bi} - |B_{bi}| ST_{bi} - p_j$。

3）$p_j > P_{bi}$ 且 $r_j \leqslant ST_{bi}$ 且 $\max(C_{|B_y|,y}, r_j) > ST_{bi} + |B_{bi}| p_j - |B_{bi}| P_{bi}$。

4）$p_j > P_{bi}$ 且 $r_j > ST_{bi}$ 且 $\max(C_{|B_y|,y}, r_j) > (|B_{bi}|+1) r_j + |B_{bi}| p_j - |B_{bi}| ST_{bi} - |B_{bi}| P_{bi}$。

若 J_j 在当前批 B_{bi} 加工较在 MS_j 中任意一台 M_y 上 $B_{|B_y|+1,y}$ 中加工的效果更好，则 J_j 在 B_{bi} 中加工，会提高除 J_j 外未调度的工件在更合适批中加工的概率。出于上述考虑，本节提出了一种生成工件候选列表 L_{bi}^2 的 CL（L_{bi}^1）算法，以保留在当前批 B_{bi} 中加工较在任意一台 M_y 上 $B_{|B_y|+1,y}$ 中加工更优的工件。此外，构建批的终止条件通常设置为批中无满足批容量约束的工件，即 $L_{bi}^1 = \varnothing$。若将 $L_{bi}^1 = \varnothing$ 作为构建批的终止条件，虽然会使批的容量利用率最大化，但会使那些在 $B_{|B_y|+1,y}$ 中加工较在 B_{bi} 中加工更优的工件，丧失了在 $B_{|B_y|+1,y}$ 中加工的机会，进而影响调度方案。因此，本节将 $L_{bi}^2 = \varnothing$ 作为批构建的终止条件，以改善 $L_{bi}^1 = \varnothing$ 作为终止条件的缺陷。

（5）批的首个工件选择 FJSIB（L_{bi}^1）

1）从 L_{bi}^1 中选择 $r_j p_j$ 最小的工件。原因是批的首个工件的到达时间和加工时间越小，对批的开始时间和加工时间影响越小。

2）若存在多个满足情形 1）的工件，从多个工件中选择 $r_j + p_j + \max(r_j - C_{b-1,j}, 0)$ 最小的工件作为首个工件。一个原因是工件的 $r_j + p_j$ 越短，它的理想完工时间越小；另一个原因是工件的到达时间与前一个批的完工时间之间的惩罚时间（$\max(r_j - C_{b-1,j}, 0)$）越小，对后续加入批中工件加工的恶化程度越小。

3）若存在多个满足情形 2）的工件，从多个工件中选择工件尺寸最小的工件作为首个工件。原因是首个工件的尺寸越小，批的剩余容量越大，可容纳更多工件的可能性越大。

4）若存在多个满足情形 3）的工件，从多个工件中随机选择一个工件作为批的首个工件。

（6）信息素踪迹 τ_{jbi} 信息素踪迹是实现人工蚂蚁信息交互的重要方式，也是蚂蚁构建批的一个重要信息。根据待加工的 L_{bi}^1 中每个 J_j 与当前批 B_{bi} 之间的信息素踪迹 τ_{jbi}，蚂蚁会评估这些工件加入当前批的可能性，并从中选择一个工件加入该批中。由于当前正在构建的批不断变化，τ_{jbi} 不能直接获得，通过计算 J_j 与 B_{bi} 中每个 J_k 的信息素踪迹 τ_{jk} 的均值来间接使用信息素踪迹。τ_{jbi} 定义为

$$\tau_{jbi} = \frac{\sum\limits_{k \in B_{bi}} \tau_{jk}}{|B_{bi}|}, j \in L_{bi}^2 \tag{4-65}$$

式中，信息素踪迹 τ_{jk} 表示 J_j 与 J_k 在同一个批的期望。

由于机器容量的限制，两个不同的工件在同一个批中加工，会影响后续加入该批中的工件。具体来说，若同一个批中两个不同工件的尺寸之和越小，则这两个工件可以在更多的机器上加工，同时它们所在的批也可容纳更多的工件。因此，本节根据两个工件尺寸之和与机器容量之间的关系为 τ_{jk} 设置了不同的初始值，具体定义如下：

$$\tau_{jk} = \begin{cases} \dfrac{\displaystyle\sum_{u=h}^{l} m^u |J^h|}{|M||J|}, & S^{h-1} < s_j + s_k \leqslant S^h \text{ 且 } j \neq k \\[4mm] 0, & (s_j + s_k > S^h \text{ 且 } j \neq k) \text{ 或 } j = k \end{cases} \tag{4-66}$$

式中，$S^0 = 0$。

在信息素踪迹更新后，极端的信息素踪迹可能会与启发式信息不匹配，进而影响信息素踪迹的有效性。因此，可通过式（4-67）标准化信息素踪迹，以消除极端信息素踪迹的影响。

$$\tau_{jbi} = \frac{\tau_{jbi} - \tau_{x,bi}^{\min}}{\tau_{x,bi}^{\max} - \tau_{x,bi}^{\min}}, \ x \in L_{bi}^2 \tag{4-67}$$

式中，$\tau_{x,bi}^{\max}$ 和 $\tau_{x,bi}^{\min}$ 分别表示在 L_{bi}^2 中信息素踪迹的最大值和最小值。

（7）启发式信息 η_{jbi}　启发式信息是蚂蚁构建批的另一个重要信息，是对工件添加到当前批后目标成本的估算。本节将启发式信息 η_{jbi} 定义为工件与批目前加工状态的匹配程度。一方面，优先在批中加工那些到达时间和加工时间与当前批的加工状态高度匹配的工件，不仅可减少工件对当前批完工时间的影响，还可提高那些与当前批的加工状态匹配程度较差的工件与其余批的加工状态更加契合的概率；另一方面，优先加工那些尺寸与当前批剩余容量高度匹配的工件，可提高批的空间利用率。综合以上两方面的考虑，η_{jbi} 定义为

$$\eta_{jbi} = \frac{|ST_{bi} - r_j| |P_{bi} - p_j|}{ST_{bi} P_{bi}} + \frac{S_i - S_{bi} - s_j}{S_i - S_{bi}}, j \in L_{bi}^2 \tag{4-68}$$

此外，为了使启发式信息与信息素踪迹相匹配，可通过式（4-69）标准化 η_{jbi}：

$$\eta_{jbi} = \frac{\eta_{x,bi}^{\max} - \eta_{jbi}}{\eta_{x,bi}^{\max} - \eta_{x,bi}^{\min}}, \ x \in L_{bi}^2 \tag{4-69}$$

式中，$\eta_{x,bi}^{\max}$ 和 $\eta_{x,bi}^{\min}$ 分别表示在 L_{bi}^2 中启发式信息的最大值和最小值。

（8）SC算法的描述　根据上述组件，构建解的详细过程如下：①可用机器 M_x，并在该机器上建立一个空批 B_{bx}，通过FJSIB策略从 L_{bx}^1 中选择一个工件加入 B_{bx} 中，并更新 B_{bx} 的状态；②根据信息素踪迹和启发式信息，不断地从 L_{bx}^2 中按照概率选择一个工件加入 B_{bx} 中，并更新 B_{bx} 的状态，直至不满足加入 B_{bx} 的条件；③重复步骤①和步骤②，直至所有的工件都添加进机器的批中加工。

（9）局部搜索　在相同容量机器上交换两个批，得到的调度方案必定是可行解。若在 $M_{i_1} \in M^x$ 上的 B_{b_1,i_1} 和在 $M_{i_2} \in M^x$ 上的 B_{b_2,i_2} 同时满足：①$\max(C_{b_1-1,i_1}, R_{b_2,i_2}) + P_{b_2,i_2} \leqslant \max(C_{b_1,i_1}, R_{b_1+1,i_1})$；②$\max(C_{b_2-1,i_2}, R_{b_1,i_1}) + P_{b_1,i_1} \leqslant \max(C_{b_2,i_2}, R_{b_2+1,i_2})$；③$|B_{b_2,i_2}| \max(C_{b_1-1,i_1}, R_{b_2,i_2}) + |B_{b_1,i_1}| \max(C_{b_2-1,i_2}, R_{b_1,i_1}) - |B_{b_1,i_1}| \max(C_{b_1-1,i_1}, R_{b_1,i_1}) - |B_{b_2,i_2}| \max(C_{b_2-1,i_2}, R_{b_2,i_2}) < 0$，交换 B_{b_1,i_1} 和 B_{b_2,i_2} 会优化调度方案。

基于批交换的局部优化可通过不断地尝试调整原方案中批的位置获得更优的调度方案。显然，尝试遍历每种批交换的方案必定会得到更好的结果，但计算时间会大幅增加。为了兼顾搜索性能和运行时间，本节提出了一种基于批交换的LSBS算法。在LSBS算法中，仅需

要计算两个批的加工状态，减少了后续每个批的加工状态的计算，从而提高了算法的效率。

（10）信息素踪迹的更新　蚂蚁种群中所有蚂蚁经过一次迭代后，使用迄今最优蚂蚁的解更新信息素踪迹。信息素踪迹的更新定义为

$$\tau_{jk}(t+1) = (1-\rho)\tau_{jk}(t) + \mathrm{Dec}(t)m_{jk}(t) \tag{4-70}$$

式中，ρ 表示信息素踪迹的蒸发率；$m_{jk}(t)$ 表示从第 1 代至第 t 代 J_j 和 J_k 在同一个批的频率；$\mathrm{Dec}(t)$ 表示与 TCT 相关的递减函数，取值在 0 和 1 之间，定义为

$$\mathrm{Dec}(t) = \frac{\mathrm{TCT}_{max}(t) - \mathrm{TCT}(t)}{\mathrm{TCT}_{max}(t) - \mathrm{TCT}_{min}(t)} \tag{4-71}$$

式中，$\mathrm{TCT}_{max}(t)$ 和 $\mathrm{TCT}_{min}(t)$ 分别表示种群在第 t 代中 TCT 的最大值和最小值。

鉴于蚂蚁种群的迭代会导致信息素踪迹逐渐分化，进而降低种群的多样性甚至导致停滞搜索。为了提高种群搜索的多样性，本节设置了初始化信息素踪迹的阈值 T_r，用于初始化信息素踪迹矩阵 τ_{jk}。具体来说，若迄今最优蚂蚁持续未改进的迭代数达到 T_r，则根据式（4-67）初始化 τ_{jk}。

4.4 制造工程管理中的决策技术

决策是制造工程管理中的重要环节，本节首先介绍了决策科学与科学决策的基本知识；然后介绍了关于确定型决策与不确定型决策的智能决策方法，并阐述了单目标决策与多目标决策、单人决策与群体决策、短期决策与长期决策的基本思想；最后以轿车整车开发决策支持系统案例说明决策技术的综合运用。

4.4.1 决策科学与科学决策

决策是人们为了达到某一目的而进行的方案选择行动，是决策主体以问题为导向，对个人或组织未来行动的方向、目标、方法和原则所做的判断和抉择。科学决策是指决策者凭借逻辑思维、形象思维、直觉思维等，利用科学的理论、方法和技术，按照一定程式和机制完成决策，它具有程序性、创造性、择优性、指导性等特征。领导个人"拍脑袋"与形式上的"集体讨论通过"都是不科学、不合理的决策形式。

科学决策是决策科学和决策艺术、逻辑推理和直觉判断的有机统一。决策科学从自然规律和社会规律出发，以逻辑推理为基础，基于严密的定量决策方法选择行动方案，追求清晰、一致的决策，体现了决策的科学性。但是，并非所有决策都可以归纳为数学定量运算和方案的后果值比较。许多决策面临的自然环境、社会环境异常复杂和不确定，由于人类对自然规律和社会规律认识的有限性，因此应用定量决策方法存在诸多困难。具有丰富经验和相关理论的人在决策中的作用不是数学模型或人工智能所能取代的，人的思想、情感、意志、价值观、审美观等在决策过程中都有体现，因此决策还需要依靠人的直觉判断，它体现了决策的艺术性。决策艺术充分体现了决策过程中人的主观能动性，而决策科学能够帮助决策者提高决策水平，是科学决策的重要基础和参考。

决策活动自古有之，但决策作为一门科学起源于 20 世纪 40 年代的统计决策理论。在决

策科学发展历程中，产生于第二次世界大战前夕的运筹学也是解决管理决策问题的重要定量方法，主要包括线性和非线性规划、整数规划、多目标规划、动态规划、图论、排队论、库存理论等。这些方法和模型被广泛应用于各类管理活动中，如资源优化配置、工序问题、排产与调度问题、运输问题、优化设计、质量控制、设备维护与更新问题等。

随着社会进步和科学技术发展，管理中的决策问题面临着越来越复杂的环境，决策问题所涉及的变量规模越来越大，决策所需信息不完备、模糊和不确定等，甚至某些问题的决策目标都是模糊、不确定的，使得决策问题难以完全定量化地表示出来，导致传统的决策数学方法和模型无法胜任问题求解，因而产生了智能决策方法和决策支持系统。

智能决策方法是应用人工智能、专家系统等理论，融合传统的决策数学方法和模型而产生的具有智能化推理和求解能力的决策方法。人工智能主要以两种形式应用于决策科学：一是针对可建立精确数学模型的决策问题，由于问题的复杂性，如组合爆炸、参数过多而无法获得数学模型的解析解，需要借助人工智能中的智能搜索算法获得问题的数值解；二是针对无法建立精确数学模型的不确定性决策问题，需要借助机器学习方法和不确定性理论，如贝叶斯网络、证据理论、粗糙集理论、数据挖掘方法等建立相应的决策模型并获得问题的近似解。

在实际工程管理中，从工程的战略规划、工程设计到工程实施等各个环节都存在着多种类型的决策问题，根据不同的分类准则，决策问题可分为确定型决策与不确定型决策、单目标决策与多目标决策、单人决策与群体决策、短期决策与长期决策、逻辑决策与直觉决策、程序化决策与非程序化决策、定性决策与定量决策等。决策科学的相关理论、方法和技术在工程管理任务中都有着广泛的应用。

4.4.2 确定型决策与不确定型决策

决策问题总是面临着某些自然的、社会的决策环境，如地质条件、市场需求、经济政策等。若决策所面临决策环境的自然状态完全已知、确定，则其为确定型决策；若某些自然状态具有不确定性或非唯一性，但不确定状态出现的概率已知或可预测，则为风险型决策或随机型决策；若某些自然状态具有不确定性或非唯一性，且难以获得各种状态发生的概率，甚至对未来状态都难以把握，则为不确定型决策。不确定性来自人类的主观认知与客观实际之间存在的差异，事物发生的随机性、人类知识的有限性以及信息表达的模糊性和歧义性都会带来不确定性。不确定型决策的困难在于对未来状态的分析估计，这种分析估计在决策问题规模较小的情形下，可依据某些决策准则如风险偏好准则、后悔值准则或等概率准则进行；而在决策问题规模很大的情形下，需要借助人工智能与不确定性理论进行建模和求解，即所谓的智能决策方法。

1. 基于机器学习的智能决策方法

智能决策的核心问题是如何获取支持决策的信息和知识。机器学习从模拟人类的学习行为出发，建立人类学习过程的计算模型或认知模型，发展各种学习理论和学习方法，从根本上提高计算机智能和学习能力。随着互联网技术的快速发展和信息系统的广泛使用，企业和社会积累了大量有价值的数据，如何从数据中获取支持决策的知识即知识发现，成为机器学习的重要组成部分。决策树、神经网络、支持向量机及强化学习等都是常用的机器学习方法。

（1）决策树 决策树的概念最早可以追溯到 20 世纪 50 年代，是以实例为基础的归纳学习算法。所谓决策树是一个类似流程图的树结构，其中，树的内节点对应属性或属性集，每个分枝表示检验结果，即属性值，树枝上的叶节点表示所关心因变量的取值，即类标签，最顶端的节点称为根节点。决策树学习采用自顶向下的递归方式，在决策树的内节点进行属性值比较并根据不同的属性值判断从该节点向下的分支，在叶节点得到结论。从根节点到每个叶节点都有唯一的一条路径，对应一条决策"规则"。当经过有限训练实例集的训练产生一颗决策树时，该决策树就可以根据属性的取值对未知实例集进行分类决策。决策树的经典学习算法包括概念学习系统、迭代二叉树 3 代、C4.5 算法、分类回归树、随机森林、提升树、极端随机树等。

（2）支持向量机（Support Vector Machine，SVM） 支持向量机是 20 世纪 90 年代基于统计学习理论提出的用于分类和回归分析的监督学习算法。其核心思想是将统计学习理论的结构风险最小化原则引入分类问题的求解，针对线性可分问题，在高维空间中寻找一个超平面将其分割为两类，使分类错误率最小化；对于线性不可分问题，引入核函数将问题转换为学习样本特征空间的线性可分问题，常见核函数包括 d 次多项式函数、高斯径向基函数和神经网络核函数等。SVM 在数学上可归结为一个求解不等式约束的正定二次规划问题。由于 SVM 中二次规划的变量维数等于学习样本的个数，使得实际求解规模过大。J. C. Platt 提出的序列最小优化方法将一个大型的 SVM 二次规划模型转化为一系列可以解析求解的小型子问题，成为 SVM 最常用的学习算法。

（3）神经网络与深度学习 神经网络是由具有自适应性的简单单元组成的广泛、并行、互连的网络，用于模拟生物神经系统对真实世界物体所做出的交互反应。神经网络分为前向型、反馈型、随机型以及自组织型。神经网络的性质主要取决于网络的拓扑结构及网络的权值和工作规则。神经网络学习过程可以视为网络权值的调整问题。网络权值的确定一般有两种方式：

1）固定权值。网络的连接权值是根据某种特殊的记忆模式设计而成的，其值不变。

2）学习训练。学习方式分为有监督学习和无监督学习。有监督学习策略给定网络输出的评价标准，网络通过比较实际输出与评价标准，由其误差信号决定连接权值的调整；无监督学习是一种自组织学习，网络根据某种规则反复调整连接权值以适应输入模式的激励，指导网络最后形成某种有序状态。

深度学习是机器学习的一个子集，本质上是一个三层或更多层的神经网络。尽管单层的神经网络仍然可以进行近似预测，但额外的隐藏层可以帮助优化和改进准确性。神经网络是深度学习的基础，深度学习是神经网络的一般框架。神经网络模型包含了大量的超参数和模型权重，这些参数是依据历史数据训练出来的。深度学习可以有效地调整神经网络模型，通过更新参数和学习策略，模型能够应对数据变化带来的影响，从而达到更好的推理效果。因此，深度学习可以帮助模型调整参数，以利用大量的历史数据来学习和优化网络模型。

（4）强化学习 强化学习又称再励学习、评价学习或增强学习，是机器学习的范式和方法论之一，用于描述和解决智能体在与环境的交互过程中通过学习策略以达成回报最大化或实现特定目标的问题。强化学习的常见模型是标准的马尔可夫决策过程。按给定条件，强化学习可分为基于模式的强化学习和无模式强化学习，以及主动强化学习和被动强化学习。强化学习的变体包括逆向强化学习、阶层强化学习和部分可观测系统的强化学习。求解强化学习问题所使用的算法可分为策略搜索算法和值函数算法两类。

2. 基于不确定性理论的智能决策方法

不确定型决策所依赖的信息往往具有模糊性、不完全性、随机性、不精确性等特点，需要应用相关不确定性理论对信息进行处理，常用的不确定性理论主要包括贝叶斯网络、证据理论、模糊集理论及粗糙集理论等。

（1）贝叶斯网络 贝叶斯网络又称信度网络，于 1985 年由 JudeaPearl 首先提出，它是用来表示变量集合连接概率分布的图形模型，提供了一种自然地表示因果信息的方法。贝叶斯网络本身并没有输入和输出的概念，各结点的计算是独立的，因此，贝叶斯网络的学习既可以由上级结点向下级结点推理，也可以由下级结点向上级结点推理。贝叶斯网络早期主要用于在专家系统中表述不确定的专家知识。贝叶斯网络的学习旨在找出一个能够最真实地反映现有决策变量之间依赖关系的贝叶斯网络模型。利用贝叶斯网络进行决策分析，主要问题在于先验知识的获取。

（2）证据理论 证据理论是 Dempster 于 1967 年首先提出，由他的学生 Shafer 于 1976 年进一步发展起来的一种不精确推理理论，因而也称为 D-S 证据理论。证据理论引进了信念函数概念，对经典概率理论加以推广，利用信念函数，人们无需给出具体的概率值，而只需要根据已有的领域知识就能对事件的概率分布加以约束。证据理论满足比概率论更弱的公理系统，具有直接表达"不确定"和"不知道"的能力。当概率值已知时，证据理论就等价于概率理论。

（3）模糊集理论 早在 20 世纪 20 年代，著名的哲学家和数学家 B. Russell 就写出了有关"含糊性"的论文。他认为所有的自然语言均是模糊的，在现实世界中，一些模糊性概念如"中年""青年"所描述对象的界限往往不清晰，因而无法确定一些对象属于某个概念，经典集合论已无法解决此类问题。Zadeh 于 1965 年提出的模糊集理论为解决由模糊概念引起的不确定问题提供了一种有效框架。模糊集理论用隶属函数定量描述模糊概念，隶属函数值反映了对象隶属于某概念的程度，隶属函数的值域是［0，1］，若隶属函数值仅取 0 或 1，则模糊集就退化为经典集合。模糊集理论在专家系统、自动控制领域得到了非常成功的应用，模糊数据分析技术如模糊聚类、语言概括及模糊规则发现等也广泛应用于不确定型决策问题的求解。模糊集理论用于决策分析的困难在于隶属函数的选择及计算的复杂性。

（4）粗糙集理论 粗糙集理论最早由波兰数学家 Z. Pawlak 于 1982 年提出。数据集有精确集和粗糙集之分。所谓粗糙数据集是指数据集中的数据符合同一特征描述却分属于不同概念。许多实际决策问题所面向的数据集是粗糙的。Pawlak 提出的粗糙集理论反映了人们以不完全信息或知识去处理一些不可分辨现象的能力，或依据观察度量到某些不精确结果而进行数据分类的能力。粗糙集的提出为处理模糊信息系统或不确定性问题提供了一种新型数学工具，是对其他处理不确定性问题理论的一种补充。粗糙集理论不仅能够处理传统的数据分析方法如覆盖正例排斥反例方法、决策树方法不能处理的粗糙数据集，得到诸如神经网络等传统机器学习方法得不到的较高精度规则，而且能发现属性之间的依赖关系并对所得结果进行简明易懂的解释。

4.4.3 单目标决策与多目标决策

实际决策总是为了实现某种目标而进行的，如果决策涉及的目标仅有一个则为单目标决策问题，否则若涉及的目标不少于两个则为多目标决策问题。在实际工程管理中，大多数决策问题都是多目标决策问题，例如在轿车设计开发过程中，决策目标涉及汽车造型、成本/价格、质量等多个目标。多目标决策问题往往具有不可公度性和矛盾性，即各目标没有统一的衡量标准，难以比较，且各目标之间存在矛盾。多目标决策的核心问题是如何在不同目标之间达到平衡。一般将决策变量离散、决策方案有限的多目标决策问题定义为多属性决策问题；而将决策变量连续、决策方案无限的多目标决策问题定义为多目标决策问题。两者又可以统称为多准则决策问题。

1. 多目标规划及其求解策略

多目标规划（Multi-Objective Programming，MOP）指在决策变量满足给定约束条件下研究多个可数值化的目标函数同时极小化或极大化的问题。其一般形式为

$$\min f(X) = (f_1(X), f_2(X), \cdots, f_p(X))^T$$
$$\text{s. t. } g_i(X) \geqslant 0, i \in I \tag{4-72}$$
$$h_j(X) = 0, j \in \epsilon$$

通常情况下，直接求解多目标规划问题的有效解集是 NP-hard 问题。因此，多目标规划问题一般采用间接求解法，其思路是将多目标规划问题转化为一个或多个单目标优化问题进行求解。

（1）基于一个单目标问题的求解方法　基于一个单目标问题的求解方法是将原来的多目标规划问题转化为一个单目标优化问题，然后利用非线性优化算法求解该单目标问题，将所得解作为 MOP 问题的最优解。转换、求解的关键在于保证所构造单目标问题的最优解是 MOP 问题的有效解或弱有效解。主要转换方法包括线性加权和法、主要目标法、极小化极大法和理想点法等。

（2）基于多个单目标问题的求解方法　基于多个单目标问题的求解方法是将原来的多目标规划问题转化为具有一定次序的多个单目标优化问题，然后依次求解这些单目标优化问题，并将最后一个单目标优化问题的解作为 MOP 问题的最优解。求解的关键在于保证最后一个单目标优化问题的最优解是 MOP 问题的有效解或弱有效解。分层排序法是典型多目标决策方法，其策略是将目标函数按重要度依次排序，然后在前一个目标函数的最优解集中寻找下一个目标函数的最优解集，并将最后一个目标的最优解作为 MOP 问题的最优解，其求解过程为：首先得到第一层目标（不妨设为 $f_1(X)$）的最优解集 S^1；然后依次得到不同层次的最优解集 S^j：$\min\limits_{X \in S^{j-1}} f_j(X)$，$j = 2, 3, \cdots, p$；最后将 S_p 中的点作为多目标问题的最优解。

2. 多属性决策分析

多属性决策问题的求解一般经过非量纲化与归一化等预处理、指标权重确定、决策分析三个阶段。指标权重确定是对目标重要性的数量化表示，权值大小体现了决策人对目标的重视程度、各目标属性值的差异程度、各目标属性值的可靠程度。权重确定分为主观赋权法、客观赋权法和组合赋权法。主观赋权法通常由专家根据经验主观判断获得，主要有层次分析（Analytical Hierarchy Process，AHP）法、德尔菲（Delphi）法等。客观赋权法通常依据指标内属性值的差异程度、指标间的依赖程度获得，主要方法有主成分分析法、离差及均方差法、熵权法等。组合赋权法通过综合主观和客观赋权结果而获得指标权重。

设经过非量纲化、归一化处理及指标权重确定后，第 i 个方案的第 j 个指标的属性值记

为 z_{ij} ，第 j 个指标的权重值记为 w_j ，那么各决策方案的优劣就可以借助某些决策分析方法确定，主要分析方法包括一般加权和法、逼近理想解排序法、AHP 法等。

（1）一般加权和法 一般加权和法首先计算各方案的综合指标，即 $C_i = \sum_j w_j z_{ij}$ ，而后根据 C_i 大小进行各方案的优劣排序。一般加权和法适用条件比较严格，要求多属性决策的指标体系为树状结构、每个指标的边际价值是线性的，即优劣与属性值大小成正比，且任意两个指标的相互价值都是独立的、指标间具有完全可补偿性，即一个方案优于另一个方案，但并不要求在所有指标上都优于另一个方案。

（2）逼近理想解排序法 逼近理想解排序法，借助多属性决策问题的正负理想解对方案集中的各方案进行排序。在多属性决策中，对于给定的方案集，每个指标都有一个最优属性值和一个最差属性值。取所有指标的最优属性值构造一个虚拟方案 z^* ，同时取所有指标的最差属性值构造另一个虚拟方案 z^0 ，称 z^* 为正理想解，z^0 为负理想解。逼近理想解排序法将各实际方案与正负理想解进行比较，离正理想解越近、负理想解越远的方案越好。具体决策分析方法及准则是计算方案 i 到正负理想解的加权距离 d_i^* 、d_i^0 和综合评价指标 C_i ，即

$$d_i^* = \sqrt{\sum_{j=1}^{n}(w_j z_{ij} - w_j z_j^*)^2}, d_i^0 = \sqrt{\sum_{j=1}^{n}(w_j z_{ij} - w_j z_j^0)^2}, C_i = \frac{d_i^0}{d_i^0 + d_i^*} \tag{4-73}$$

按 C_i 的大小对各方案进行排序，C_i 越大方案越优，否则越劣。

（3）AHP 法 AHP 法适用于决策问题中存在某些指标不可测，但依据这些指标，不同方案可以进行优劣比较的情形。AHP 法的思想是依据不可测指标，两两比较每个方案的优劣，构造各方案优劣性的判断矩阵，从而得到各方案关于该指标的规范化属性值，而后应用一般加权和法或逼近理想解排序法评价各方案的优劣。

4.4.4　单人决策与群体决策

决策可以由个人做出，也可以由群体做出。在实际决策中很少有决策任务是由个人单独完成的，即使是由执行某种职权的个人来做最后决策，也离不开其他人的参与，如提供信息、提出参考意见等。社会上存在的各种委员会、董事会、代表大会等就是各种类型的群体决策机构。群体决策指具有不同知识结构、不同经验、共同责任、相同或不同目标的群体对管理问题进行求解的过程。由于参与决策的群体成员在知识、经验、判断能力等个人特征以及决策目标、优先观念等方面存在差异，对方案优劣的认识也就不尽相同，如何集结群中各位成员的意见是群决策研究的关键，解决此问题的核心在于群决策机制的设计。最常见的群决策机制包括票决制、社会选择与专家咨询。

1. 票决制与社会选择

票决制是一个多准则决策过程，具有一定的民主基础，同时也存在着诸如策略性投票、投票悖论等问题，因此研究者分别从"社会选择"和"社会福利"两个角度研究了公平合理的群决策方法。

社会选择函数通过采用某种与群中成员偏好相关的数量指标即投票计票规则来反映群体对各候选人的总体评价，记为 $F(D)$ 。D 表示每个投票人的偏好集合，$F(D)$ 表示集结后的群体偏好。社会选择函数应具备明确性、对偶性、匿名性、单调性、一致性、齐次性和 Pareto（帕累托）性。决策者可依据这些性质设计社会选择函数并判断其优劣，常见的社会选

择函数包括 Condorcet 函数、Borda 函数、Copeland 函数、Nanson 函数、特征向量函数等。

社会福利函数从符合社会福利、伦理标准的角度将群中个体成员的偏好序映射为群体的偏好序，它与社会选择函数一样，从个人对社会状况的排序得到社会总体排序。社会福利函数应满足具备连通性和传递性，同时符合完全域、单调性、无关方案独立性、非强加性、非独裁性五个条件。

2. 专家咨询

现实中的许多群决策问题，尤其是大型工程技术问题和社会经济问题，开始时并无成熟的方案可供选择，备选方案往往需要依靠各方面的专家、科技小组，采用诸如头脑风暴法、Delphi 法、集体参与分配网法等，在决策问题的求解过程中逐步形成，并在方案的评价过程中不断改进方案或产生新方案。专家的价值体现在咨询和方案建议，最终决策可能需要由具有裁决权的负责人或决策机构完成。在此过程中，集结不同专家对不同方案的评价意见，形成提交表决的决策方案是问题的关键。

设参与决策的专家成员为 n 名，待评方案为 m 种，评价准则为 p 个。则专家 i 对各备选方案的评价矩阵或决策矩阵记为：

$$\boldsymbol{A}^i = \left[a_{jl} \right]^i = \begin{bmatrix} a_{11} & \cdots & a_{1p} \\ a_{21} & \cdots & a_{2p} \\ \vdots & & \vdots \\ a_{m1} & \cdots & a_{mp} \end{bmatrix}, i = 1, 2, \cdots, n \tag{4-74}$$

式中，$\left[a_{jl} \right]^i$ 表示第 i 个专家根据准则 l 对方案 j 的评价。确定 a_{jl} 的值和集结专家决策矩阵形成群体决策矩阵 $\boldsymbol{B} = \left[b_{jl} \right]_{m \times p}$ 是需要解决的两个核心问题。常用序数评价法、基数评价法和信度评价法等进行专家评价意见表示和集结。

4.4.5 短期决策与长期决策

从时间维度大致可以将决策问题分为短期决策和长期决策。短期决策通常是在较短的时间内做出的，通常涉及时间跨度为几天到几个月。短期决策通常侧重于解决当前问题，满足当前需求，以维持或改善短期业绩。它通常涉及日常运营、生产安排、库存管理、市场营销策略等方面的决策。由于时间较短，短期决策具有较高的灵活性，可以根据当前情况随时进行调整和改变。长期决策则是在较长时间范围内制定的，通常涉及时间跨度为数年甚至更长。长期决策注重未来发展规划和战略定位，以实现长期利益最大化和持续发展。它涉及组织的整体战略、市场定位、产品研发、资本投资、人力资源规划等方面的决策。长期决策相对较稳定，需要考虑长期趋势和未来发展，因此一般不会频繁调整。组织在决策时，需要全面考虑利益相关方之间的关系和利益，以确保决策的公正性、可持续性和有效性。决策参与方为实现个人或组织整体目标而做出决策选择的过程，也是博弈的过程。本节介绍短期决策和长期决策的博弈模型。

1. 基于博弈理论的短期决策

（1）古诺模型 古诺模型又称古诺双寡头模型或双寡头模型。古诺模型是早期的寡头模型，它是由法国经济学家古诺于 1838 年提出的。古诺模型是寡头竞争厂商决策产量的博弈模型，它的结论很容易推广到三个及以上的情况。

实例 1　假设市场有两个厂商供应同样的产品。厂商 1 的产量 q_1，厂商 2 的产量 q_2，市场总供给 $Q=q_1+q_2$。市场出清价格 P（可以将产品全部卖出去的价格）是市场总供给的函数，$P=P(Q)=8-Q$，其中，8 是市场总容量。再设定两个厂商生产都无固定成本，每增加一单位产量的边际成本 $c_1=c_2=2$。最后强调两个厂商同时决策，即决策之前都不知道另一方的产量。双方博弈的收益是各自的利润，即

$$u_1=q_1P(Q)-c_1q_1=q_1[8-(q_1+q_2)]-2q_1=6q_1-q_1q_2-q_1^2 \tag{4-75}$$

$$u_2=q_2P(Q)-c_2q_2=q_2[8-(q_1+q_2)]-2q_2=6q_2-q_1q_2-q_2^2 \tag{4-76}$$

根据纳什均衡的定义可知，纳什均衡就是相互为最优对策的各博弈方策略组合。因此，如果策略组合（q_1^*，q_2^*）是本博弈的纳什均衡，就必须是最大值问题式（4-77）的解。

$$\begin{cases} \max\limits_{q_1}(6q_1-q_1q_2^*-q_1^2) \\ \max\limits_{q_2}(6q_2-q_1^*q_2-q_2^2) \end{cases} \tag{4-77}$$

通过求导可以得到该方程组存在唯一解 $q_1^*=q_2^*=2$。

（2）伯特兰德寡头模型　伯特兰德寡头模型是由法国经济学家约瑟夫·伯特兰德于 1883 年提出的。该模型假设各大厂商决策的是价格而不是产量，并且各寡头厂商生产的产品是同质的，即是可完全替代的。此外，寡头厂商之间也没有正式或非正式的串谋行为。

实例 2　假设厂商 1 和厂商 2 的价格分别为 P_1 和 P_2 时，各自的需求函数分别为 $q_1=q_1(P_1，P_2)=a_1-b_1P_1+d_1P_2$ 和 $q_2=q_2(P_1，P_2)=a_2-b_2P_2+d_2P_1$，其中，$d_1$，$d_2>0$，即两个厂商的替代系数。再假设两个厂商无固定成本，边际生产成本分别为 c_1 和 c_2。最后，两个厂商是同时决策的，并且追求各自的利润最大化，即

$$u_1=P_1q_1-c_1q_1=(P_1-c_1)(a_1-b_1P_1+d_1P_2) \tag{4-78}$$

$$u_1=P_2q_2-c_2q_2=(P_2-c_2)(a_2-b_2P_2+d_2P_1) \tag{4-79}$$

直接用反应函数法分析这个博弈模型，根据上述得益函数在偏导数为 0 时有最大值，很容易求出两个厂商的反应函数分别为 $P_1=\dfrac{1}{2b_1}(a_1+b_1c_1+d_1P_2)$ 和 $P_2=\dfrac{1}{2b_2}(a_2+b_2c_2+d_2P_1)$，求解两个反应函数的交点，进而可以得到唯一的纳什均衡点（P_1^*，P_2^*），即

$$P_1^*=\frac{d_1}{4b_1b_2-d_1d_2}(a_2+b_2c_2)+\frac{2b_2}{4b_1b_2-d_1d_2}(a_1+b_1c_1) \tag{4-80}$$

$$P_2^*=\frac{d_2}{4b_1b_2-d_1d_2}(a_1+b_1c_1)+\frac{2b_1}{4b_1b_2-d_1d_2}(a_2+b_2c_2) \tag{4-81}$$

（3）斯塔克尔伯格模型　斯塔克尔伯格模型由德国经济学家斯塔克尔伯格在 20 世纪 30 年代提出。该模型的假定是：主导企业知道跟随企业一定会对它的产量做出反应，因而当它在确定产量时，把跟随企业的反应也考虑进去了。因此这个模型也被称为"主导企业模型"。

实例 3　在斯塔克尔伯格模型中，两博弈方的决策内容是产量（q_1，q_2），可以选择的产量水平理论上可以无限多，因此是有无限多种可选策略的无限策略动态博弈。设两个寡头为厂商 1 和厂商 2，厂商 1 先选择，厂商 2 后选择；策略空间都是 $[0，Q_{max})$ 中的所有实

数，其中，Q_{max} 可看作不至于使价格降到亏本的最大限度产量，或者厂商生产能力限度；价格函数 $P = P(Q) = 8 - Q$（其中，$Q = q_1 + q_2$），两个厂商的边际生产成本为 $c_1 = c_2 = 2$，且没有固定成本。根据上述假设，很容易得出两个厂商的收益函数分别为 $u_1 = q_1 P(Q) - c_1 q_1 = 6q_1 - q_1 q_2 - q_1^2$ 和 $u_2 = q_2 P(Q) - c_2 q_2 = 6q_2 - q_1 q_2 - q_2^2$。

直接用逆推归纳法求子博弈完美纳什均衡。先分析第二阶段厂商 2 的决策，此时厂商 1 的 q 已经决定且厂商 2 知道，因此对厂商 2 来说是在给定 q_1 的情况下求使 u_2 最大的 q_2。q_2 必须满足一阶条件，即 $6 - 2q_2 - q_1 = 0$，求得厂商 2 对厂商 1 的反应函数 $q_2 = 3 - 0.5q_1$。

厂商 1 知道厂商 2 的决策思路，在选择 q 时就知道厂商 2 的产量 q_2^* 会根据上述反应函数确定，所以可直接将上述反应函数代入自己的收益函数，这样厂商 1 的收益函数转化成自己产量的一元函数，即 $u_1(q_1, q_2^*) = 3q_1 - 0.5q_1^2$。显然，$q_1 = 3$ 时该式取得最大值，从而导出厂商 2 的最佳产量 $q_2^* = 1.5$。

2. 基于博弈论的长期决策

（1）重复博弈 重复博弈指基本博弈重复进行构成的博弈，即是静态或动态博弈的重复进行。给定一个基本博弈 G（静态博弈或动态博弈），重复进行 T 次 G，每次重复 G 时博弈方都能观察到之前博弈的结果，这样的博弈过程称为 "G 的 T 次重复博弈"，记为 $G(T)$。$G(T)$ 中的每次重复称为 $G(T)$ 的一个 "阶段"。从定义可知，重复博弈是一种连续进行的博弈过程，玩家的策略选择会受到前几轮博弈的影响，从而影响到后续博弈的结果。这种策略依赖性使得玩家需要考虑长期利益和短期收益之间的平衡。此外，玩家的信誉和声誉会影响到其他玩家对其策略选择的反应。建立良好的信誉可以带来更多的合作和更高的回报，而失信则可能导致长期损失。

根据重复次数，可以分为有限次重复博弈和无限次重复博弈。与一次性博弈不同，重复博弈中参与者的总收益是所有阶段博弈收益的贴现值之和，即 $\pi = \sum_{t=1}^{T} \delta^{t-1} \pi_t$ 或 $\pi = \sum_{t=1}^{\infty} \delta^{t-1} \pi_t$，其中，$\delta$ 是贴现系数。下面以有限次重复囚徒困境博弈进行说明，见表 4-4。

表 4-4 囚徒的困境博弈

		囚徒 2	
		坦白	不坦白
囚徒 1	坦白	$-5, -5$	$0, -8$
	不坦白	$-8, 0$	$-1, -1$

先考虑该博弈的两次重复博弈双方看到第一次博弈的结果以后再进行第二次博弈。可以理解成警方给这两个囚徒两次交代机会，两个囚徒的最后得益是两次得益之和。

根据逆推归纳法，先分析第二阶段两博弈方的选择。第二阶段就是一个囚徒困境博弈，此时前一阶段结果已既成事实，又不再有后续阶段，实现当前最大利益是两个博弈方该阶段决策的唯一原则。因此，不管前一阶段博弈结果如何，该阶段唯一结果是原博弈唯一的纳什均衡（坦白，坦白），双方得益（-5，-5）。回到第一阶的博弈，无论双方做什么决策，双方两阶段的总收益等于第一阶的收益减去 5，就相当于将表 4-4 中的收益减去 5 之后进行一次性博弈。根据上述方法，进行 n 次重复囚徒困境博弈的结果都一样。

（2）演化博弈 约翰·梅纳德·史密斯在 1982 出版的专著《演化与博弈论》中系统阐述了演化博弈的基础和应用前景。演化博弈研究的是群体中个体策略的演化和变化过程。与传统博弈论不同的是，演化博弈假设参与方是有限理性的，注重于描述和分析在多个博弈过程中，不同策略在群体中的传播和演化。演化博弈可以用来研究自然和社会系统中的各种演化现象，例如动物群体的行为、人类社会的文化传播、经济市场中的竞争行为等。

演化博弈把收益函数转为适应度函数，整个演化过程遵循选择机制和变异机制，选择机制即通过演化博弈矩阵来确定复制动态方程，并求出包含的解，变异机制是用来检验演化均衡是否是稳定的，即验证复制动态方程所求出的解是否是演化稳定策略解。演化博弈中的复制动态方程的基本形式为 $dx(t)/dt = [f(s_i, x) - f(x, x)]x_i$，其中，$s_i$ 是演化种群内博弈的策略集，x_i 是 t 时刻下博弈种群中选择了策略 s_i 的个体的数量比例，$f(s_i, x)$ 是当个体选择 s_i 策略时个体的期望收益，$f(x, x)$ 是整个群体的平均期望收益。

4.4.6 制造工程管理中的决策案例

轿车整车产品开发是一个典型的复杂产品开发，具有多阶段、多层次、多部门和多合作单位、多类型任务、多工具方法等特征，是一项高维度综合集成的复杂系统工程。下面以轿车整车产品开发决策支持系统为案例阐述有关理论和技术实现方法。

1. 轿车整车产品开发过程的决策问题

轿车整车产品开发过程中存在大量复杂的管理和协调问题，同时存在大量对复杂产品的本身及其工程管理效率和质量有重大影响的决策和评价问题。因此，按照复杂产品开发的纵向层次和横向协同的特点，根据轿车整车开发过程中的产品规划、概念设计、数字化设计、试制试验、产品制造五个阶段，列出各个阶段及各个阶段之间的主要决策问题：

1）整车产品开发是一个多种活动组成的有机集合体，企业利用系统工程理念、运筹学方法、工程管理技术和信息技术手段，对产品开发过程的各种要素（包括活动、人员、资源、时间、成本等）进行计划和安排，用工程量化的方法对实际工程与管理问题进行定量，消解各种冲突，并对复杂产品开发过程进行系统的分析、设计、优化、协调和部署，从而实现复杂产品开发过程的顺利和高效完成。

2）在整车概念设计中，存在着过程建模、信息建模、概念设计方案生成与评价、设计推理、设计决策等主要决策问题。

3）在数字化工程设计过程涉及工序比较繁多，内容也比较复杂，在时间上表现为一系列设计任务的开发、串行和交叉集合，在同一时间可能存在一个设计项目的多个任务，甚至可能存在不同项目的多个任务，其设计过程中涉及各种资源。

4）在整车试制试验阶段中，包括汽车试制和汽车试验两个主要过程。在整车试制阶段，试制时间控制和整车质量控制与分析是其主要的关键问题，根据项目组总体进度要求和试制公司的资源限制，利用网络计划技术和质量控制方法，在满足项目组硬性规定完工时间的限制下使资源得到充分利用，将非关键路线上面的人力物力调到关键路线上以缩短关键路线的时间，保证持续不断地改进样车质量，缩短整个工程的工期。

5）在整车产品制造中，为了增加企业的灵活性，降低和控制生产成本，提高产品质量，加强企业重组和获利能力，企业需要制定相关的产品制造策略，涉及零部件供应商选择与评价、整车产品质量检测与评价等重要的管理和决策问题。

2. 轿车整车开发系统平台

轿车整车产品开发平台由开发技术与设备要素、资源库要素、开发流程要素、项目管理要素等构成，包括开发轿车整车产品所必需的完整的设备、软件及管理规范等基础条件，企业可以根据特定车型开发的需要，在统一开发流程的指导下，利用上述要素制订特定的开发流程，从而适时开发出满足市场需求的轿车产品。

3. 决策支持系统体系结构

轿车整车产品是由几千个零部件组成的复杂产品，每款车型从设计开发到投放市场都是一项艰辛而复杂的系统工程。整车产品开发通常包含有产品概念设计、数字化设计、工程试验与验证等多个阶段，涉及产品设计、工艺、生产、质量、销售等各个部门以及与众多的零配件供应商的合作，涉及造型人员、总布置人员、各功能单元设计人员、工艺人员、采购人员、试验人员、试制人员等相关开发人员，是一个复杂的开发过程。在整车开发过程中存在大量的不确定的目标评价和定性群决策问题，涉及人的主观认识，难以采用传统定量优化和决策方法，需要借助智能决策方法和群决策支持系统辅助设计者进行决策。

4.5　制造工程管理中的评估技术

在制造工程管理中，评估过程无处不在、无时不在。在产品开发阶段、制造阶段和运维阶段，企业都要进行一系列的评估，以确保整个制造工程的顺利开展。本节首先介绍了制造工程管理中常见的评估问题和评估过程；然后分别介绍了基于证据推理、基于区间语言信息、基于人工智能方法的评估技术；最后介绍了一个产品生命周期评估案例。通过对本节的学习，读者能够了解制造工程管理中评估技术的关键方法和工具，从而更有效地应对项目管理中的挑战，确保项目的成功实施。

4.5.1　评估问题与评估过程

在制造工程管理中，企业首先会根据市场和顾客需求进行产品设计与开发；进而进行物料采购与供应链管理；接着通过对自身技术可行性和财务可行性的评估，进行生产计划与排程；最后投放市场。可将此过程看成一个漏斗形的过程，并在这一过程中设置若干个项目门，这些项目门是制造工程管理过程中设置的一系列控制点，在每个控制点都要进行评估，用来确保产品在每阶段所有活动的标准已经得到满足，可以进入下一个阶段。项目门是用来驱动制造工程管理的，以确保实现企业的目标。如在产品开发前要对新产品的潜在市场需求进行评估，从成本、竞争形势、技术等方面研究项目是否能启动；在项目启动后，要对产品制造的规划进行评估；接着，进行零部件和原材料的采购订货并进行批量生产，在产品投放市场后还要进行产品的后评估以不断改进产品的性能，提高消费者的满意度。通过设置项目门，可以发现制造工程管理中的潜在问题，根据市场情况对制造资源进行优化配置。制造工程管理必须依次通过每一个项目门，才能够最终完成。

在制造工程管理过程中存在着很多评估问题。如：①产品开发的阶段性评估，如产品开发项目的可行性评估分析、产品设计与计划方案评估；②生产效率和质量评估，如生产周期、产量、资源利用率、产品合格率等；③风险评估，如生产过程中可能出现的各种风险；④供应链绩效评估，如供应链的可靠性、效率和灵活性等。

这些评估过程是企业管理者决策的重要依据。在制造工程管理过程中，评估过程往往又面临很多新的特点，如评估过程的复杂性、评估方法的多样性、评估信息的不确定性、评估参与者背景的广泛性等。制造工程管理过程集聚了企业内外部众多的优势资源，因此，各个阶段的评估过程往往是一个群体专家评估过程，需要综合考虑各方面专家的意见，并且评估标准和评估指标体系的构建也需要考虑很多因素；评估方法的选择对于复杂产品开发过程的评估具有重要意义，不同评估方法的适用范围不同，评估结果也有所差异，直接影响评估的有效性；制造工程管理过程包含着众多的不确定因素，如政策法规的不可预知性、未来市场环境的不确定性、消费者偏好的变化性、产品试制过程的不确定性、供应商的不确定性、人力资源的不确定性、财务风险等，同时内外部环境也在不断发生着变化，因此评估过程中的不确定性尤为突出。

4.5.2 基于证据推理的评估技术

1. 基本知识

在评价过程中，评价指标往往既包含定量指标，也包含定性指标。随着评价问题规模的不断扩大，以及内外部环境的日益复杂，评价过程中信息的不确定性越来越多，有时这种不确定性占据着主导地位，而且会随着时间的变化发生动态改变。证据推理评估方法由英国曼彻斯特大学的杨剑波首先提出，他于1994年提出了一个基本的证据推理模型，该模型将传统多属性评价问题中的评价矩阵进行了扩展，使得传统的评价矩阵分解为定量指标部分和定性指标部分，其中，定性指标的评价值由单值扩展为一个 $N+1$ 维向量，$N+1$ 维向量中的每一个元素都是专家对某一个评价指标在某个语言评价等级上的置信度判断。证据推理方法对于解决既包含定量指标又包含定性指标的不确定性多属性评价问题具有很好的效果，它的理论基础是 Dempster-Shafer（D-S）证据理论以及多属性决策（Multiple Attribute Decision-Making，MADM）分析框架。

证据推理评估方法模型参数及符号说明如下：①a_l 为第 l 个被评价方案，$l=1, 2, \cdots, S$，S 表示所有被评价方案的个数；②e_i 为第 i 个指标，$i=1, 2, \cdots, L$，L 表示总的评价指标个数；③$E_{I(i)}$ 为前 i 个指标的集合，$E_{I(i)}=\{e_1, \cdots, e_i\}$，其中，$E=E_{I(L)}=\{e_1, \cdots, e_L\}$；④$\omega_i$ 为第 i 个指标的权重，且 $\sum_{i=1}^{L} \omega_i = 1$；⑤$\beta_{n,i}(a_l)$ 为方案 a_i 的第 i 个指标 e_i 在语言评价等级 H_n（$n=1, 2, \cdots, N$）上的置信度，N 表示所有评价等级的个数，且 $\sum_{n=1}^{N} \beta_{n,i}(a_l) \leqslant 1$；⑥$\beta_{H,i}(a_l)$ 为方案 a_l 在第 i 个指标 e_i 上的不确定性置信度；⑦$m_{n,i}(a_l)$ 为方案 a_l 的第 i 个指标 e_i 在语言评价等级 H_n 上的基本可信度分配；⑧$m_{H,i}(a_l)$ 为方案 a_l 在第 i 个指标 e_i 上的不确定的基本可信度分配；⑨$S(e_i(a_l))$ 为方案 a_l 在第 i 个指标 e_i 上的置信度向量，即：$S(e_i(a_l))=\{(H_n, \beta_{n,i}(a_l), n=1, \cdots, N; H, \beta_{H,i}(a_l)\}$。

2. 基本逻辑思路

证据推理的基本算法如下：

$$m_{n,i}(a_l)=\omega_i \beta_{n,i}(a_l), i=1, 2, \cdots, L; n=1, 2, \cdots, N; l=1, 2, \cdots, S \tag{4-82}$$

$$m_{H,i}(a_l) = 1 - \sum_{n=1}^{N} m_{n,i}(a_l) = 1 - \omega_i \sum_{n=1}^{N} \beta_{n,i}(a_l) \tag{4-83}$$

$$\overline{m}_{H,i}(a_l) = \overline{m}_i(H) = 1 - \omega_i \tag{4-84}$$

$$\widetilde{m}_{H,i}(a_l) = \widetilde{m}_i(H) = \omega_i\left(1 - \sum_{n=1}^{N} \beta_{n,i}(a_l)\right) \tag{4-85}$$

$$H : m_n(a_l) = k'\left[\prod_{i=1}^{L}\left(m_{n,i}(a_l) + \overline{m}_{H,i}(a_l) + \widetilde{m}_{H,i}(a_l)\right) - \prod_{i=1}^{L}\left(\overline{m}_{H,i}(a_l) + \widetilde{m}_{H,i}(a_l)\right)\right] \tag{4-86}$$

$$H : \widetilde{m}_H(a_l) = k'\left[\prod_{i=1}^{L}\left(\overline{m}_{H,i}(a_l) + \widetilde{m}_{H,i}(a_l)\right) - \prod_{i=1}^{L}\overline{m}_{H,i}(a_l)\right] \tag{4-87}$$

$$H : \overline{m}_H(a_l) = k'\left[\prod_{i=1}^{L}\overline{m}_{H,i}(a_l)\right] \tag{4-88}$$

$$k' = \left[\sum_{n=1}^{N}\prod_{i=1}^{L}\left(m_{n,i}(a_l) + \overline{m}_{H,i}(a_l) + \widetilde{m}_{H,i}(a_l)\right) - (N-1)\prod_{i=1}^{L}\left(\overline{m}_{H,i}(a_l) + \widetilde{m}_{H,i}(a_l)\right)\right]^{-1} \tag{4-89}$$

于是，方案 a_l 被评价到等级 H_n 上的置信度及不确定性上的置信度为

$$H_n : \beta_n(a_l) = \frac{m_n(a_l)}{1 - \overline{m}_H(a_l)}, n = 1, 2, \cdots, N \tag{4-90}$$

$$H : \beta_H(a_l) = \frac{\widetilde{m}_H(a_l)}{1 - \overline{m}_H(a_l)} \tag{4-91}$$

设等级 H_n（$n = 1$，2，$\cdots$，N）的效用值为 u（H_n），它的取值范围为 $[0，1]$。如果评价等级 H_{n+1} 优于 H_n，那么其效用 $u(H_{n+1})$ 大于 H_n 的效用 $u(H_n)$，即 $u(H_{n+1}) > u(H_n)$。于是，可将对方案 a_l 的置信度评价转换成最大效用值 u^+、最小效用值 u^- 和平均效用值。其中，最大效用值是将不确定性的总置信度 $\beta_H(a_l)$ 的效用值设定为最优评价等级 H_N 的效用值 $u(H_N)$ 并加入 $u(y(a_l))$ 中，最小效用值是将 $\beta_H(a_l)$ 的效用值设定为最劣评价等级 H_1 的效用值 $u(H_1)$ 并加入 $u(y(a_l))$ 中，平均效用值则是将最大效用值和最小效用值求算术平均而求得。于是，被评价方案 a_l 的总效用区间为 $[u^-(y(a_l))，u^+(y(a_l))]$。在求得最大效用值、最小效用值及平均效用值以后，就可以利用比较公式 $P(a_s > a_t)$ 表示方案 a_s 优于 a_t 的程度。

3. 基于模糊权重和效用的证据推理方法

（1）三角模糊数的表达 设 $X = \{x_1，x_2，\cdots，x_n\}$ 为一个论域，则定义在此论域上的模糊集 M 可以表示为

$$M = \frac{\mu_M(x_1)}{x_1} + \frac{\mu_M(x_2)}{x_2} + \cdots + \frac{\mu_M(x_n)}{x_n} \tag{4-92}$$

式中，μ_M 表示模糊集 M 的关系函数，即 $\mu_M : X \rightarrow [0，1]$。$\mu_M$（$x_i$）（$i = 1, 2, \cdots, n$）表示 x_i 隶属于模糊集 M 的关系度。如果 $\exists x_i \in X$ 使得 μ_M（x_i）$= 1$，那么模糊集 M 被称为标准模糊集；如果论域 X 上的模糊集既是标准模糊集又是凸集，那么它就是一个模糊数。

论域 X 下的三角模糊数可以表示成一个三角关系函数 $M=(l,\ m,\ u;\ w_M)$，其中，$w_M \in (0,\ 1]$，l，m 和 u 都是实数，u 和 l 分别是模糊数 M 的上界和下界，$l \leqslant m \leqslant u$。当 $w_M = 1$ 时，三角模糊数 M 称为标准三角模糊数，即 $M=(l,\ m,\ u;\ 1)=(l,\ m,\ u)$。当 $l=m=u$ 且 $w_M=1$ 时，M 就是一个精确数。一个标准三角模糊数 M 的关系函数为

$$\mu_M(x)=\begin{cases} 0, & x \in (-\infty,l] \cup [u,+\infty) \\ \dfrac{1}{m-l}x-\dfrac{l}{m-l}, & x \in [l,m] \\ \dfrac{1}{m-u}x-\dfrac{u}{m-u}, & x \in [m,u] \end{cases} \tag{4-93}$$

由（4-93）式可知，对 $\forall x \in [l,\ u]$，都可以计算出其关系函数 $\mu_M(x)$，且 $\mu_M(x) \in [0,\ w_M]$。设指标 e_i 的权重为三角模糊数 $\omega_i = (\omega_i^l,\ \omega_i^m,\ \omega_i^u;\ 1)=(\omega_i^l,\ \omega_i^m,\ \omega_i^u)$，并将其引入证据推理评估方法中。$\omega_i^m$ 表示指标 e_i 最有可能取到的权重值，它的关系函数值为 1，即 $\mu_M(\omega_i^m)=w_M=1$。ω_i^l 和 ω_i^u 分别是权重值 ω_i 的下界和上界，它们分别表示指标 e_i 的悲观估计值和乐观估计值，它们的关系函数值为 $\mu_M(\omega_i^l)=\mu_M(\omega_i^u)=0$。权重 ω_i 可以取区间 $[\omega_i^l,\ \omega_i^u]$ 内的任意数值，且 $|\omega_i^u-\omega_i^l|$ 表示指标 e_i 的权重的模糊度，$|\omega_i^u-\omega_i^l|$ 越大，表明 ω_i 越不确定，当 $|\omega_i^u-\omega_i^l|=0$ 时，表明此权重值为精确值。值得注意的是，ω_i^m 不一定是模糊区间 $[\omega_i^l,\ \omega_i^u]$ 的中点，它可以取该区间中的任意一个值。三角模糊权重较之区间权重表达了更多的评价信息，它不但有权重的取值范围，而且还反映出一个最有可能取到的权重值，并且在区间范围内的每一个可能取值都有对应的概率。因此，将证据推理方法中指标的权重设为三角模糊数更具有意义。

（2）评价等级效用值的区间表达　在证据推理评估方法中，对某一个方案的最终评价值是一个在识别框架所有 N 个评价等级以及不确定性上置信度的 $N+1$ 维向量，它形象地表达了专家对该方案在各个评价等级上的判断。通过对各个评价等级设定相应的效用值，可以将此 $N+1$ 维的置信度向量转化成一个总的效用值。在群评估条件下，不同专家由于其知识结构和价值取向不尽相同，对同一个评价等级的效用判断会有所差异，有时这种差异还会带来较强的冲突。

从风险偏好的视角分析，不同专家对评价等级效用判断的差异性来自于两个方面：①不同专家的风险偏好不同，即使两位专家的风险偏好类型相同，他们的偏好程度也可能不一致；②随着时间的变化，同一位专家的风险偏好也会发生变化，从而使得其对评价等级的效用判断发生变化。因此，为了更加准确地获取专家群组的偏好差异性及专家个体本身对风险态度的变化，将证据推理方法中的评价等级效用值由精确值扩展为区间数，并以此为约束条件建立基于证据推理方法的规划模型，通过求解模型可以计算得到对某个方案的总效用评价值。

设第 n 个语言评价等级 H_n 的效用区间为 $[u_n^l,\ u_n^u](n=1,\ 2,\ \cdots,\ N)$，即 $u_n^l \leqslant u(H_n) \leqslant u_n^u(n=1,\ 2,\ \cdots,\ N)$ 且满足 $u_n^+ < u_{n+1}^-$。在将评价等级的效用扩展为区间数后，如果将效用区间值和通过规划模型求解得到的总置信区间值直接代入效用函数公式且进行最优化求解运算并不能够真正得到方案 a_l 的总效用区间，而会陷入局部最优。为了得到全局最优解，以综合三角模糊权重和识别框架效用的区间表达同时作为约束条件建立了基于证据推理算法

的规划模型，通过求解该模型可以计算得到某被评价方案的最终效用评价区间。为了得到方案 a_l（$l=1, 2, \cdots, S$）总效用的最大值和最小值，建立如下规划模型：

模型 P1：$\max u_{\max}(a_l) = \sum_{n=1}^{N} \beta_n(a_l) u(H_n) + \beta_H(a_l) u(H_N)$

$$\omega_i^l \leqslant \omega_i \leqslant \omega_i^u (i=1, 2, \cdots, L)$$

s. t. $\sum_{i=1}^{L} \omega_i = 1$

$$u_n^l \leqslant u(H_n) \leqslant u_n^u \quad \text{且} u_n^+ < u_{n+1}^- (n=1, 2, \cdots, N)$$

模型 P2：$\min u_{\min}(a_l) = \sum_{n=1}^{N} \beta_n(a_l) u(H_n) + \beta_H(a_l) u(H_1)$

$$\omega_i^l \leqslant \omega_i \leqslant \omega_i^u (i=1, 2, \cdots, L)$$

s. t. $\sum_{i=1}^{L} \omega_i = 1$

$$u_n^l \leqslant u(H_n) \leqslant u_n^u \quad \text{且} u_n^+ < u_{n+1}^- (n=1, 2, \cdots, N)$$

在规划模型 P1 和 P2 中，共有 $L+N$ 个自变量，即 L 个指标的权重 $\omega_1, \omega_2, \cdots, \omega_L$ 和 N 个评价等级的效用 $u(H_1), u(H_2), \cdots, u(H_N)$。约束条件共有 $L+N+1$ 个，即 L 个指标的综合三角模糊权重约束、指标权重之和为 1 及 N 个语言评价等级效用的区间值约束。设 $U^u(a_l)$ 和 $U^l(a_l)$ 分别为以上两个规划模型的极值，它们分别是被评价方案 a_l 的最大效用值和最小效用值，于是有 $U(a_l) \in [U^l(a_l), U^u(a_l)]$。

此时，在综合三角模糊权重下，方案 a_s 优于 a_t 的程度为

$$W^{(k)} = (w_1^{(k)}, w_2^{(k)}, \cdots, w_n^{(k)})$$

$$P(a_s > a_t) = \max\left\{ 1 - \max\left[\frac{U^u(a_t) - U^l(a_s)}{[U^u(a_t) - U^l(a_t)] + [U^u(a_s) - U^l(a_s)]}, 0 \right], 0 \right\}$$

4. 基于风险态度和标准可靠性的证据推理方法

在现有方法的过程中，总是考虑准则权重来生成解。然而，当采用不同类型的方法来解决多属性决策问题时，准则的权重可以具有不同的含义并且能以不同的方式确定。这意味着应正确理解和确定标准权重，以保证不同方法的适用性。在证据推理方法中，除了标准的权重之外，可靠性是与标准相关的另一个重要概念，它是具有代表性的多属性决策方法。标准的可靠性可以解释为基于标准的个人表现正确描述整体表现的程度。结合决策者的风险态度，本节提出了一种新的证据推理方法。在该方法中，考虑决策者的风险态度，由每个备选方案的每个标准的原始可靠性构建该标准的组合可靠性。通过遵循回归思想来学习每个准则的原始可靠性，构建了一个统一的优化模型，其中优化目标为组合可靠性与其估计之间的最大差异最小化。在通过求解统一模型找到的标准可靠性后最优解空间内，构建了另一个优化模型，从中确定了每个备选方案的最小和最大期望效用，然后从期望的效用中生成多准则决策问题的解决方案。

4.5.3 基于区间语言信息的评估技术

1. 基本知识

自从 1965 年模糊概念被 Zadeh 提出，关于不确定信息的描述、获得、处理及求解过程掀起了学者的研究热情，并迅速地发展成为评估理论的热点。学者们先后提出并研究了若干存在于多属性决策理论应用中的不确定信息形式，分别有区间数信息、模糊信息以及语言信息等。区间数信息指在多属性决策过程中，对于参评对象所呈现的评判结果，专家以区间数的偏好信息形式给出；模糊信息是在多属性决策过程中，对于参评对象所呈现的评判结果，专家以模糊数的偏好信息形式给出；语言信息是在多属性决策过程中，对于参评对象所呈现的评判结果，专家是以语言的偏好信息形式给出，用通俗易懂的"好""差"或"比较差"的自然语言进行评价。

将不确定性多属性评价问题通过用集值的统计理论或者将不确定属性评价的数学期望值作为方案的属性值，转化为确定性多属性评价问题来求解。整个求解过程分信息的提取和评价值的集结两个过程。在评价值的集结过程中，对于每一个方案，根据评价值的大小来对备选方案进行择优和排序。在决策信息提取中，考虑决策的结果反映决策者所处的环境因素和决策者本身的个性特点，所以不确定性多属性评价问题不仅包括属性权重信息和属性值信息，还有决策者对方案的风险偏好信息。

2. 基于不确定语言和数值评价信息的多属性评价模型

在制造工程管理的评价过程中，人们倾向于利用语言来表达对某事物的判断。建立不确定语言信息与数值信息相混合的多属性评价模型是求解实际评估问题的必然要求。该模型可用矩阵形式表示如下：

$$\boldsymbol{D}^{(k)} = \begin{array}{c} A_1 \\ A_2 \\ \vdots \\ A_m \end{array} \begin{pmatrix} C_1 & C_2 & \cdots & C_n \\ \widetilde{S}_{11}^{(k)} & \widetilde{S}_{12}^{(k)} & \cdots & \widetilde{S}_{1n}^{(k)} \\ \widetilde{S}_{21}^{(k)} & \widetilde{S}_{22}^{(k)} & \cdots & \widetilde{S}_{2n}^{(k)} \\ \vdots & \vdots & & \vdots \\ \widetilde{S}_{m1}^{(k)} & \widetilde{S}_{m2}^{(k)} & \cdots & \widetilde{S}_{mn}^{(k)} \end{pmatrix}, \boldsymbol{\lambda}_k = (\lambda_1, \lambda_2, \cdots, \lambda_k), \boldsymbol{W}^{(k)} = (w_1^{(k)}, w_2^{(k)}, \cdots, w_n^{(k)})$$

式中，A_1，A_2，$\cdots$，A_m 是 m 个被评价方案；C_1，C_2，$\cdots$，C_n 是评价属性；$\boldsymbol{D}^{(k)}$ 是第 k 位专家给出的评价矩阵，$\boldsymbol{D}^{(k)}$ 的元素 $S_{ij}^{(k)}$ 代表方案 A_j 在属性 C_j 下的评价值；$\boldsymbol{\lambda}_k$ 是第 k 位专家的权重；$\boldsymbol{W}^{(k)}$ 是第 k 位专家所给出的属性权重向量。

在该模型中，各备选方案在定量属性下的评价值为精确数或区间数，在定性属性下的评价值为不确定语言变量。通过构造转换函数将不同形式的评价信息统一为区间数，并运用TOPSIS（基于理想解相似性的排序技术）方法的思想对区间数信息的方案进行排序。

3. 不确定语言和数值评价信息的表达

1) $\widetilde{S} = [s_\alpha, s_\beta]$ 是不确定语言评价等级，其中，s_α，$s_\beta \in \bar{S}$，s_α 和 s_β 是不确定语言评价等级的上界和下界，$\bar{S}$ 是不确定语言评价等级集合。构造转换函数，将不确定语言评价等级转换成区间数。

2）设 $\bar{S}$ 是不确定语言变量集合，T 是区间数集合，则由 $\bar{S}$ 到 T 的映射函数为 $\varphi: \bar{S} \rightarrow T$，其中，$\varphi(\tilde{S}) = [\alpha, \beta]$，$\forall \tilde{S} = [s_\alpha, s_\beta] \in \bar{S}$。

利用 TOPSIS 法评价方案的优劣程度时，方案间距离的计算方法直接决定着排序结果。方案的评价值可以是精确值也可以是区间值，但现有的距离计算方法的结果都是精确值。为了减少评价过程中信息的损失，可定义区间数距离度量方法。

3）设 $t_1 = [\alpha_1, \beta_1]$ 和 $t_2 = [\alpha_2, \beta_2]$ 是区间数，t_1 和 t_2 之间的距离定义为

$$d(t_1, t_2) = [\min(|\alpha_1 - \alpha_2|, |\beta_1 - \beta_2|), \max(|\alpha_1 - \alpha_2|, |\beta_1 - \beta_2|)] \tag{4-94}$$

4）设 $M = ([\alpha_1, \beta_1], [\alpha_2, \beta_2], \cdots, [\alpha_n, \beta_n])$ 和 $N = ([\gamma_1, \delta_1], [\gamma_2, \delta_2], \cdots, [\gamma_n, \delta_n])$ 是两个 n 维区间数，则 M 和 N 的距离被定义为

$$d(M, N) = \left[\min\left(\sqrt[k]{\sum_{j=1}^{n} |\alpha_j - \gamma_j|^k}, \sqrt[k]{\sum_{j=1}^{n} |\beta_j - \delta_j|^k} \right), \right.$$
$$\left. \max\left(\sqrt[k]{\sum_{j=1}^{n} |\alpha_j - \gamma_j|^k}, \sqrt[k]{\sum_{j=1}^{n} |\beta_j - \delta_j|^k} \right) \right] \tag{4-95}$$

式中，k 是任意的自然数。

4. 基于双边犹豫模糊非均衡语言集的评估方法

在应用多属性决策理论求解应急响应预案评估问题时，问题结构的复杂性往往使决策者评价信息存在高度不确定性且属性相对重要性仅能以优先级关系来表征。应急事件问题特征通常直接影响决策属性的相对重要性。尽管层次分析法等可获取属性权重，但构造偏好关系矩阵往往需要长时间协商及多轮调整，不能满足一致性要求。为此，提出了双边犹豫模糊非均衡语言集这种新型信息形式以使决策者能够灵活有效地表征应急事件管理中的复杂评价信息，通过定义运算法则、熵和距离测度开发了双边犹豫模糊非均衡语言优先加权集成算子，并构建了能够考虑属性优先关系的多属性决策方法。基本步骤如下：

1）定义双边犹豫模糊非均衡语言值。

令 X 为一个给定集合，S 为给定的连续型非均衡语言粒度集，则 X 上的双边犹豫模糊非均衡语言集定义为 $SD = \{<x, s_{\theta(x)}, h(x), g(x)> | x \in X\}$。

$s_{\theta(x)} \in S$，$h(x) = U_{\mu \in (x)} \{\mu\}$，$g(x) = U_{v \in (x)} \{v\}$；$h(x)$ 和 $g(x)$ 是由若干个 $[0, 1]$ 上数的集合，满足 $0 \le \mu + v \le 1$，表征元素 x 隶属于和非隶属于非均衡语言短语 $s_{\theta(x)}$ 的程度。双边犹豫模糊非均衡语言集中的元素称为双边犹豫模糊非均衡语言值。

2）定义双边犹豫模糊非均衡语言集的信息测度方法和熵测度。

设任意两个双边犹豫模糊非均衡语言值 $d_1 = \{s_{\theta_1}, h_1, g_1\}$ 和 $d_2 = \{s_{\theta_2}, h_2, g_2\}$，$l_{h_1}, l_{g_1}, l_{h_2}$ 及 l_{g_2} 分别表示隶属度集 h_1, h_2 和非隶属度集 g_1, g_2 中元素的个数。令：

$$I_1 = \frac{1}{n(t_0) - 1} \Delta_{t_0}^{-1}(TF_{t_0}^{t_1}(\psi(s_{\theta_1}))), I_2 = \frac{1}{n(t_0) - 1} \Delta_{t_0}^{-1}(TF_{t_0}^{t_2}(\psi(s_{\theta_2}))) \tag{4-96}$$

设 $sd_1 = \{s_{\theta_1}, h_1, g_1\}$ 为双边犹豫模糊非均衡语言值，则其熵测度为

$$e(sd_1) = 1 - \left(\frac{1}{l_1} \sum_{k=1}^{l_1} (I_1 \mu_{h_1} - 0.5)^2 + \frac{1}{l_2} \sum_{k=1}^{l_2} (I_1 \mu_{g_1} - 0.5)^2 \right)^{\frac{1}{2}} \tag{4-97}$$

3）构建双边犹豫模糊非均衡语言优先加权平均算子。

设 $C = \{c_1, c_2, \cdots, c_n\}$ 为一组属性，存在优先级关系 $c_1 > c_2 > \cdots > c_n$，表征 c_j 在 $j<k$ 时比 c_k 有更高优先级。设方案在 c_j 对应值为 $sd_j = \{s_{v_j}, h_j, g_j\}$（$j=1, 2, \cdots, n$），则双边犹豫模糊非均衡语言优先加权平均算子表示为

$$\mathrm{DHFUBLPWA}\,(sd_j) = \bigoplus_{j=1}^{n} w_j sd_j = \frac{\bigoplus\limits_{j=1}^{n} T_j sd_j}{\sum\limits_{i=1}^{n} T_i} \tag{4-98}$$

w_j 为相关权重，$w_j = \dfrac{T_j}{\sum\limits_{i=1}^{n} T_j}$，$T_1 = 1$，$T_j = \prod\limits_{k=1}^{j-1}(1 - e(sd_k)) = (1 - e(sd_{j-1}))T_{j-1}$。

4）根据熵测度公式计算评价值。

$$T_{ij} = \prod_{k=1}^{i-1} 1 - e(sd_{kj}) = (1 - e(sd_{(i-1)j}))T_{(i-1)j}, \quad T_{1j} = 1 \tag{4-99}$$

5）计算与双边犹豫模糊非均衡语言优先加权平均算子关联的具有优先级关系的属性权

重 $w_{ij} = \dfrac{\sum\limits_{k=1}^{i} T_{kj}}{\sum\limits_{i=1}^{n} T_{ij}} - \dfrac{\sum\limits_{i=1}^{i-1} T_{kj}}{\sum\limits_{i=1}^{n} T_{ij}}$。利用双边犹豫模糊非均衡语言优先加权平均算子将评价值集结成方

案值 $r_j = \mathrm{DHFUBLPWA}\,(r_{1j}, r_{2j}, \cdots, r_{nj})$。

6）计算方案得分值 $s(r_j)$ 并进行排序。

4.5.4 基于人工智能方法的评估技术

1. 基于人工神经网络的评估方法

（1）基本介绍　人工神经网络是一种模仿生物神经网络的结构和功能的数学模型或计算模型，用于对函数进行估计或近似。神经网络对非线性关系的强映射能力使其应用领域不断拓展。

针对复杂环境下的评估是一个需要具备对指标与评估值之间复杂关系强映射能力的过程。因此，基于神经网络的评估技术开始进入高速发展期，神经网络成为被极度认可的评估技术之一。神经网络的评估技术的发展主要可以划分为三个阶段：第一阶段是基于模糊神经网络的评估技术的发展，也是基于神经网络评估技术的发展开端；第二阶段是以反向传播（Back Propagation，BP）神经网络为主支持向量机为辅，并辅以遗传算法等智能算法进行算法改进的评估技术的发展；第三阶段也是当前基于神经网络的评估技术的发展，基于深度学习为主的评估技术逐渐占据主流，成为复杂体系评估的主要方法。

基于模糊神经网络的评估技术的基本思想是将模糊逻辑和神经网络相结合，以实现对模糊系统的建模和评估。其本质是将神经网络的输入经过模糊系统处理后变为模糊输入信号和模糊权值，并将神经网络的输出反模糊化，成为直观的有效数值。具体来说，就是在模糊神经网络中，神经网络的输入、输出表示模糊系统的输入、输出，将模糊系统的隶属函数、模糊规则加入了神经网络的隐含节点中，充分发挥神经网络的并行处理能力和模糊系统的推理能力。模糊逻辑处理复杂评估系统中的不确定性和模糊性信息，神经网络学习和逼近非线性

函数关系。

基于 BP 神经网络的评估技术的基本思想是通过反向传播算法来训练神经网络，并利用该网络对给定的输入进行评估和预测。BP 神经网络是一种前馈型神经网络，它能够学习和逼近非线性函数关系。误差反向传播网络结构是可以多样化调整的、按照给定精度拟合任意连续函数、对于非线性关系的强映射能力。正因为结构灵活，所以它的改进性也很强。而绝大多数改进方式都是从其阈值、初始权值设定上出发的，增加其随机性以期望能够产生更大的解空间获取更优的解；因此 BP 神经网络已成为神经网络模式中应用最为广泛的一种模型。由于具备高度的非线性映射能力，基于 BP 神经网络的评估技术也得到了广泛的应用。

基于深度学习的评估技术是指利用深度神经网络进行评估和预测的方法，通过构建深层神经网络来学习和逼近复杂的非线性关系。其含义就是通过对样本数据采取一定的训练方法得到包含多个层级的深度网络结构的机器学习过程。深度神经网络由大量的单一神经元在一定的网络结构连接下，通过学习的过程建立连接之间的权重关系来修改网络功能。深度学习的多层次深度网络结构可以高效、准确地对全体数据进行大数据处理，具有更好的逐层特征提取能力。同时理论上深度学习理论上可以拟合任意非线性函数，处理复杂评估系统的效果更佳，基于深度学习的评估技术也是目前评估技术的主要研究趋势。

（2）基于模糊神经网络的评估技术的基本逻辑框架 在基于模糊神经网络的评估技术中，首先需要构建一个模糊推理系统，它由模糊集合、模糊规则和推理机制组成。模糊集合用于描述输入和输出的模糊性，模糊规则定义了输入和输出之间的关系，推理机制则通过模糊规则进行推理和决策。然后，使用神经网络来学习和逼近这个模糊推理系统。神经网络通过输入和输出之间的样本数据进行训练，通过不断调整网络的权重和偏置，网络能够准确地模拟模糊推理系统的行为。具体而言，神经网络的输入层接收输入数据，隐藏层进行特征提取和非线性映射，输出层给出最终的评估结果。最后，通过评估模型的输出结果与实际情况的对比，来验证和调整模糊神经网络的性能。通过如均方误差、准确率等评估指标来度量模型的拟合程度和预测准确性。如果评估结果不满足要求，则可以通过调整网络结构、训练参数或增加训练数据等方式进行改进。

（3）基于 BP 神经网络的评估技术的主要步骤 在基于 BP 神经网络的评估技术中，主要包括以下几个步骤：

1）数据准备，收集和准备用于训练和评估的数据集。数据集包括输入样本和对应的输出标签。输入样本可以是数值型、二进制型或离散型的数据。

2）网络构建，确定神经网络的结构和参数。网络构建包括输入层、隐藏层和输出层的节点数量，以及激活函数、损失函数等的选择。通常情况下，输入层的节点数量与输入样本的特征数相同，输出层的节点数量与输出标签的维度相同。

3）初始化权重和偏置，为神经网络的连接权重和偏置赋予初始值。通常可以使用随机初始化的方法。

4）前向传播，将输入样本通过神经网络，从输入层传递到输出层，计算网络的输出结果。

5）计算误差，将网络的输出结果与实际的输出标签进行比较，计算评估指标（如均方误差）来度量网络的性能。

6）反向传播，根据误差，使用反向传播算法来调整网络的权重和偏置。反向传播算法通过链式法则计算每个权重和偏置对误差的贡献，并更新它们的值，以减小误差。

7）重复迭代，重复执行前向传播至反向传播，直到达到预定的停止条件，如达到最大迭代次数或误差降至可接受范围。

8）评估和预测，使用已训练好的神经网络对新的输入样本进行评估和预测。将输入样本传递到网络中，得到相应的输出结果。

2. 基于人工智能方法的 DEA 评估技术

（1）基本介绍　数据包络分析法（Data Envelopment Analysis，DEA）是一种多指标和产出评价的研究方法，通过比较决策单元（Decision Making Unit，DMU）之间的相对效率来确定最有效的决策单元，并为那些效率不高的决策单元提供改进的方向和目标。Fare 和 Grosskopf 首先建立了动态 DEA 概念，设计了一种动态分析形式，然后提出了动态模型的延滞变量。随后 Tone 和 Tsutsui 将其扩展到基于加权松弛的动态 DEA 方法。研究人员将 DEA 扩展到处理更复杂的情景，例如纳入环境变量、处理非自主输入和输出及解决规模效率问题。这些发展导致了基于剩余的度量模型和基于 DEA 的 Malmquist 生产率指数的创建。DEA 的基本思想可以概括为以下几点：

1）相对效率评价：DEA 通过比较一组具有相似任务和功能的决策单元来评价每个单元的效率。这些 DMU 可以是企业、部门、项目等。

2）确定有效生产前沿：DEA 模型通过数学规划技术构建一个有效生产前沿（也称为效率边界或包络面），这是由最有效决策单元构成的一条曲线或表面，代表了在给定输入条件下可能获得的最大输出。

3）多输入和多输出处理能力：DEA 允许同时考虑多个输入和输出指标，这反映了现实世界中生产过程的复杂性。

4）识别改进方向和潜力：DEA 不仅能提供效率评分，还能指出无效决策单元相对于有效前沿的改进方向和潜在的改进量。

随着大数据的出现和组织结构日益复杂，DEA 已被扩展到分析网络结构，在这些结构中，决策单元彼此相互作用。此外，研究已经致力于有效处理大数据集，并为大规模 DEA 应用开发可扩展的算法。近年来，DEA 研究持续发展，进展包括将机器学习技术与 DEA 结合，增强模型对异常值和噪声的鲁棒性，探索针对时变数据的动态 DEA 模型，并解决与模型规范和解释相关的挑战。

1）研究人员将传统的 DEA 模型与机器学习和深度学习技术相结合，以提高对数据的建模能力和预测准确性。例如，使用神经网络模型对 DEA 中的复杂数据进行建模，以识别潜在的非线性关系和模式。

2）结合机器学习和深度学习的技术，研究人员提出了自适应 DEA 模型，该模型能够根据环境和数据的变化自动调整参数和权重，从而实现更动态和灵活的效率评估。

3）随着数据来源和类型的多样化，研究人员将 DEA 与多模态数据处理技术相结合，包括图像、文本和时间序列数据等，以扩展 DEA 模型。

（2）数学模型　在 DEA 中通常称被衡量绩效的组织称为决策单元。设有 n 个决策单元（$j=1, \cdots, n$），每个决策单元有相同的 m 项投入（$i=1, \cdots, m$）和相同的 s 项产出（$r=1, \cdots, s$）。用 x_{ij} 表示第 j 决策单元的第 i 项投入，用 y_{rj} 表示第 j 决策单元的第 r 项产出。现在要衡量某一决策单元 j_0 是否 DEA 有效，即是否处于由包络线组成的生产前沿面上，为此

先构造一个由 n 个决策单元线性组合成的假想决策单元。这个假想决策单元的第 i 项投入为 $\sum_{j=1}^{n} \lambda_j x_{ij}(i=1, \cdots, m)$ 且 $\sum_{j=1}^{n} \lambda_j = 1(\lambda_j \geqslant 0)$，该假想决策单元的第 r 项产出为 $\sum_{j=1}^{n} \lambda_j y_{rj}(r = 1, \cdots, s)$ 且 $\sum_{j=1}^{n} \lambda_j = 1(\lambda_j \geqslant 0)$。如果这个假想单元的各项产出均不低于 j_0 决策单元的各项产出，它的各项投入均不高于 j_0 决策单元的投入，$\sum_{j=1}^{n} \lambda_j y_{nj} \geqslant y_{r_0}(r = 1, \cdots, s)$，$\sum_{j=1}^{n} \lambda_j x_{ij} \leqslant Ex_{ij_0}(i = 1, \cdots, m, E < 1)$，$\sum_{j=1}^{n} \lambda_j = 1, \lambda_j \geqslant 0(j = 1, \cdots, n)$。这说明 j_0 决策单元不处在生产前沿面上。基于上述可写出如下线性规划的数学模型：

$$\min E \text{ s.t.} \begin{cases} \sum_{j=1}^{n} \lambda_j y_{rj} \geqslant y_{r_0}, r = 1, \cdots, s \\ \sum_{j=1}^{n} \lambda_j x_{ij} \leqslant Ex_{ij_0}, i = 1, \cdots, m \\ \sum_{j=1}^{n} \lambda_j = 1, \lambda_j \geqslant 0, j = 1, \cdots, n \end{cases}$$

当求解结果有 $E < 1$ 时，则 j_0 决策单元非 DEA 有效，否则 j_0 决策单元 DEA 有效。

4.5.5 制造工程管理中的评估案例

制造工程管理重要的评估过程之一是产品生命周期评价（Life Cycle Assessment），它是一种评估产品从原材料的获取和加工到生产、装配、销售、使用、维护和最终报废的整个生命周期对环境影响的工具，最早是由国际环境生态与化学学会在 1990 年的一次研讨会上提出的。生命周期评价可以为企业预测产品发展前景，提供相应的战略指导。本节以汽车生命周期评估为案例，由一组专家将生命周期评价应用于不同类型汽车的排序，说明评估技术在制造工程管理中的实际应用方法。

假设有 5 种备选车辆，标号为 $\{A1, A2, \cdots, A5\}$，邀请来自企业 6 个部门的 12 位专家，参与由 $E = \{E1, E2, \cdots, E12\}$ 表示的决策，通过对一组评价等级进行比较来评价这 5 种车辆类型，$\Omega = \{H1, H2, \cdots, H7\}$，分别表示绝对劣、相当劣、略劣、无所谓、略优、相当优、绝对优。7 个评价等级的分值设为 $\{-1, -0.7, -0.3, 0, 0.3, 0.7, 1\}$。专家给出的初步评估是基于部门观点和生命周期评价的不同维度。例如，金融部门可能更关注产品生命周期的各种成本，而研发部门则侧重于技术层面。由于不同部门专家的利益不同，在替代产品的优先级上存在差异。同时，由于认知模糊性的存在，专家对自己的判断可能存在局部或全局的无知。

首先构建专家之间的信任/不信任关系，通过估计专家之间的间接关系-不信任关系的缺失值，生成完全信任/不信任关系矩阵。根据公式计算每位专家的信任得分，并通过进一步标准化，生成专家的权重。其次是共识识别和调整过程，12 位专家根据各自的专业知识和工作经验，对 5 种备选车辆进行比较，给出相邻备选车辆的分布式偏好关系矩阵并计算全局和专家共识指数。通过两轮共识调整过程使全局和专家层面达成共识。最后融合专家的最终评估，将整体分布式偏好关系转化为概率矩阵，获得总体组合结果：备选车辆的排名顺序为 $A3>A1>A2>A4>A5$。

本章小结

　　本章从预测、优化、决策、评估四个方面介绍了制造工程管理中的优化与决策技术，并分别给出这些技术在制造工程管理中的应用案例。针对制造工程管理中的预测技术，首先列举了制造工程管理中的常见预测问题，并介绍了常见的预测分类；然后介绍了常用的回归分析预测技术、时间序列分析预测技术、机器学习预测技术的基本知识；最后以制造工程管理中的设备寿命预测问题为案例，说明预测技术的应用。针对制造工程管理中的优化技术，首先列举了制造工程管理中常见的优化问题及常见的优化模型；然后介绍了精确优化技术、元启发式优化技术、模型与数据混合驱动优化技术的基本思想和使用注意事项；最后以半导体芯片生产为例，介绍了制造工程管理优化问题的建模与优化过程。针对制造工程管理中的决策技术，首先介绍了决策科学与科学决策的基本知识；然后从确定型决策与不确定型决策、单目标决策与多目标决策、单人决策与群体决策、短期决策与长期决策等不同角度介绍了不同类型决策的基本思想及其相互之间的差异；最后以轿车整车开发决策支持系统案例说明决策技术的综合运用。针对制造工程管理中的评估技术，首先介绍了制造工程管理中常见的评估问题和评估过程及其注意事项；然后介绍了基于证据推理的评估技术、基于区间语言信息的评估技术、基于人工智能方法的评估技术的基本知识和基本逻辑思路；最后以产品生命周期评估为例，说明评估技术在制造工程管理中的应用。

　　通过本章学习，读者应对制造工程管理中的常见预测、优化、决策、评估问题具有直观认识，理解常用预测、优化、决策、评估技术的基本思想与基本方法，并具有运用这些技术解决实际制造工程管理问题的能力。

习题扩展

思考题

　　1. 如何运用大模型解决制造工程管理中的复杂预测问题？

　　2. 基于模型的和基于数据的两类优化技术之间有哪些可行的混合策略？

　　3. 生成式人工智能可能会对智能制造工程管理中的决策问题与决策技术带来什么革命性的变化？

　　4. 为有效实现制造工程管理效果，如何融合使用预测、优化、决策、评估技术？

第5章

制造工程管理的数字化、网络化、智能化技术

实验课 　　　章知识图谱 　　　说课视频

5.1 引言

随着云计算、大数据、物联网、5G通信、人工智能等技术迅猛发展,制造工程管理领域也发生了新一轮科技革命,其中,数字化、网络化、智能化是这一轮科技革命的突出特征,也是当前新一代制造工程管理中的核心技术。

数字化技术是指企业或组织将其研发、生产和运维全过程中的内部资源和业务流程转化为数字编码形式,以便进行数字化储存、传输、加工、处理和应用的技术。例如,美国通用电气公司(GE)对其航空引擎业务进行了全面数字化。GE将引擎的结构、运行参数和历史数据等全部数字化,基于这些数字模型,能够精确地仿真模拟航空引擎在各种条件下的表现,从而发现某型号产品的不足并改进设计流程。在产品运行过程中,安装在航空引擎上的各种传感器可以实时反馈温度、湿度、压力、振动等数据到数字模型中,使工程师能够及时了解引擎的当前状态并预测故障发生的概率,从而降低维护成本并提高产品可靠性。数字化技术包括数字化储存、传输、加工、处理和应用等环节,其中智能感知技术是核心技术之一。智能感知技术利用传感器技术和软传感器等,实时感知全过程生命周期中的内部资源和业务流程状态,实现动态跟踪与分析。例如,在智能网联汽车的研发、生产和运维等过程中,采用温度、湿度、压力、雷达、摄像头等多种传感器设备进行环境感知,从而提升智能网联汽车在设计、制造和运维等过程中的产品质量和生成效率,并实现自动驾驶、智能辅助驾驶、车辆主动安全等功能。

在数字化的基础上,网络化技术是指将研发、生成和运维全过程生命周期中的人、机、物进行互通互联的技术,从而实现跨企业(组织)的资源共享和协同制造。云边协同技术作为其中的核心技术,通过资源协同、数据协同和服务协同等方法,实现在云端和边缘设备之间的高效协同工作,加强了多个组织和主体之间的合作协同,减少了信息沟通的延迟,实现了制造资源的服务化、虚拟化和集中统一的智能化经营和管理。例如,在西门子的Mind-Sphere平台中,物联网技术和边缘计算技术支持边缘设备在本地对数据进行收集和初步处理;5G通信等先进通信技术实现数据的快速传输,将重要的数据传输到云端,而云端利用强大的算力进行大规模的数据分析;再如,在智能网联汽车生产制造运维中,智能制造系统

将云边协同和制造技术相结合，实现了不同部门和团队之间的协同，为现代汽车制造业带来了巨大的变革和发展机遇。然而，网络化技术的推广也引发了网络安全的问题，这使得制造工程管理的安全性和可靠性受到严重威胁。例如，随着制造企业越来越多地采用物联网边缘设备，边缘设备便成为网络黑客攻击智能制造网络的重要突破口。由于边缘设备分布较为广泛且数量众多，一旦暴露在公开网络中，很容易出现安全漏洞。黑客可利用这些漏洞，将边缘设备作为进入整个网络的跳板，实施勒索攻击、窃取数据、篡改设备配置等危害智能制造网络安全的活动。因此，制造工程管理的网络安全对保障数据安全、维护生产系统稳定、防范制造数据篡改、保障产品质量等方面均有重要作用。事实上，当前很多平台如西门子的MindSphere、通用电气的 Predix 等均将网络安全作为重要的组成部分，保证智能制造工程的安全性和可靠性。

智能化技术在数字化和网络化技术上的应用，通过大数据分析、人工智能和机器学习等前沿技术，为企业内外部生产要素和生产活动赋能，支持研发、制造和运维全过程生命周期的科学精准化管理。举例来说，在研发过程中，企业可以根据过往的市场规模、增长率、竞争情况、客户需求、产品定位等市场数据，功率、速度、精度、可靠性、安全性等技术数据，以及材料的力学性能、耐磨性、耐蚀性、材质、制造工艺等性能数据，更科学地进行产品设计和参数设定，提高产品的市场竞争力和用户满意度。在制造过程中，企业每天都会产生大量的数据，这些数据涵盖了从原材料采购、生产过程、设备状态到产品销售等各个环节。然而，这些海量的数据本身并不具备意义，关键在于如何利用智能化技术进行深度分析，将这些数据转化为有价值的信息，为管理层提供决策支持。在运维过程中，企业可以通过收集设备的保养、维修和更换情况等设备维护数据，设备的运行日志、报警信息等故障分析数据，以及设备运行效率、能耗等实时状态数据，实现对设备的全方位监控和分析。举例来说，IBM 的 Watson IoT 系统提供了统计分析、时间序列分析、回归分析、聚类分析、分类分析等一系列数据分析方法，能够根据历史数据训练智能模型，从而实现预测性分析和智能决策。同时，Watson IoT 系统通过可视化分析技术进行展示，帮助用户直观地理解分析结果。该系统能够实现趋势预测、模式识别、异常检测等功能，从而帮助企业预测设备故障、优化生产计划、提高产品质量等。

5.2 制造工程管理的智能感知技术

智能感知技术作为数字化技术中的核心，将现实制造工程管理全生命周期中的温度、湿度、压力等全场景中的即时状态，通过各种传感器硬件设备进行直接感知或通过软传感技术进行间接感知，从而将制造工程管理的研发、生产和运维过程从物理空间映射到同构的数字空间，方便管理者基于数字空间洞悉实际物理空间中研发、生产和运维过程的状态。智能感知技术为数据存储、传输、处理等数字化任务提供了基础。基于传感器硬件设备的直接感知技术和基于软传感器的间接感知技术是智能制造管理中的两类关键感知技术。前者通过高精度、实时性强的物理传感器进行直接测量，适用于需要高精度和实时数据的场景，但要面临多源传感器融合和配置优化的挑战。后者通过数学模型和智能算法推断无法直接测量的关键参数，具有成本低、灵活性高的优势，适用于需要间接测量和优化成本的场景，但要面临低信噪比、标签稀疏、异构数据融合和性能成本权衡的挑战。本节将重点探讨融合多源传感器的感知技术、传感器的最优配置技术、针对低信噪比的软传感器感知技术及融合监督与无监督方法的软传感器感知技术如何应对以上问题，从而实现制造工程管理中精确且全面的智能感知。

5.2.1　基于传感器硬件设备的直接感知技术

基于传感器硬件设备的直接感知技术是指利用各种物理传感器设备直接测量特定对象的具体状态，其中的核心技术是传感器硬件设备的制造技术。基于传感器硬件设备的感知技术的优点在于：

1）传感器硬件设备的感知精度高，能够提供高精度的测量结果来获得准确的数据，用于生产制造和运维过程的精细化分析和判断，从而提高生产制造效率。

2）传感器硬件设备的感知实时性强，可以实时监测、采集和传输生产制造和运维过程中的数据信息，能够及时响应环境变化，有助于制造工程管理的实时控制和决策。

但基于传感器硬件设备的感知技术存在以下科学挑战：

1）由于制造工程管理中通常会采用多种不同的传感器设备，不同传感器提供了不同视角的信息，因此通常需要将多种不同传感器设备进行融合，来更全面地反映制造工程管理的状态。如何科学地综合多源传感器，以更全面地反映制造工程管理中相关对象的状态，成为其面临的关键挑战。

2）配置传感器设备需要耗费一定的资源，虽然更多数量的传感器能够获得更准确更全面的感知，但相应的运营成本也会成倍增加。因此，如何最优化地对传感器设备进行科学配置，成为其中的关键。

5.2.2　软传感器（Soft Sensors）技术

软传感器是一种利用数学模型和智能方法，基于传感器硬件设备已测量的相关状态数据，通过数学算法和统计分析来推断估计无法直接测量的关键参数的技术。软传感器技术用于监测和控制工业过程中的关键变量，例如温度、压力、流量等。

软传感器技术在智能制造管理的研发、生产和运维过程均有重要意义。首先，软传感器技术能够帮助企业更全面地感知产品在研发、生产和运维过程中关键变量的状态。由于制造过程的复杂性，很多关键变量无法直接测量得到，软传感器可以通过感知相关但更易测量的变量，间接获取目标变量的状态，从而解决目标变量无法观测的难题，有利于全面感知研发、生产和运维过程中的关键参数，提升智能制造管理的质量。其次，虽然在技术层面有的关键变量可以直接通过传感器设备观测到，但是由于成本、时间等多方面因素的限制，直接观测成本高昂、效率低下，因此可以使用软传感器技术观测相关且经济上更可行的变量，解决目标变量观测中的效率问题，从而提升智能制造管理的效率。

软传感器技术在智能制造管理的研发、生产和运维过程均有许多重要的应用场景。如软传感器在汽车的防夹系统设计中可提供一种成本效益高、性能可靠的解决方案。软传感器通过测量车门关闭的速度，并将其与预期的标准速度比较来检测是否存在障碍物。同时，软传感器通过测量的速度差值估算对障碍物施加的力，并将其与系统允许的最大力进行对比，从而采取相应的措施，例如停止并返回，保证了防夹系统的可靠性和安全性。

相比于直接采用传感器硬件设备进行感知，软传感器技术具有以下优点。首先，相比于硬件传感器，软传感器通常成本更低，因为它们不需要额外的传感器设备，只需要进行智能运算推理；其次，软传感器技术的灵活性更强。具体而言，硬件传感器设备容易受到环境等客观条件的限制，而软传感器可以根据不同的生产环境和需求进行定制和调整，从而具有较高的灵活性。但软传感器技术依然面临许多科学挑战，具体有以下四点：

第一，软传感器技术面临异构数据融合的问题。由于各种硬件传感器的规格和测量方法存在差异，例如，不同传感器数据可能具有不同的格式、采样率、精度和分辨率等，软传感器无法对来自不同传感器的异构数据进行直接建模，通常需要对不同类型的传感器数据进行标准化及数据的对齐和融合。因此，如何考虑不同数据源之间的相互关系，实现软传感器技术对多源异构数据的有效融合是软传感器技术面临的第一大科学挑战。

第二，软传感器技术面临性能和成本权衡的问题。不同类型的硬件传感器增加了数据源的多样性，能够为软传感器提供更准确和全面的信息支持。但硬件传感器数量的增多会耗费更多的计算资源，同时不同类型的传感器数据的对齐和融合也增加了软传感器建模的复杂性。如何在性能和成本之间进行权衡，保证预测精度的同时降低建模的复杂度，实现传感器的最优配置是软传感器技术面临的第二大科学挑战。

第三，软传感器技术面临低信噪比的问题。传感器本身质量问题、环境干扰、传感器位置选择不当、传感器损坏或老化、传感器特性与测量对象不匹配等都会引发硬件传感器本身的低信噪比的问题。而噪声积累等因素为软传感器技术带来更大的低信噪比挑战，从而直接影响智能感知的准确性，危害制造工程管理的效率和效果。然而，传统方法难以从数据中剔除复杂的噪声。因此，如何对非线性、高维的工业数据进行有效去噪，是软传感器技术面临的第三大科学挑战。

第四，软传感器技术面临标签稀疏的问题。在实际的工业系统中，由于软传感器技术为了训练得到准确的智能感知模型，需要利用标记方式对真实数据进行标记，例如专业人员人工标记标签或者基于现有标签数据对齐生成新的标签数据。然而，标签数据的获取可能受到主观判断和不确定性的影响。同时，获取准确的标签信息是昂贵、困难且耗时的。因此，如何解决标签稀疏的问题，是软传感器技术面临的第四大科学挑战。

5.2.3 融合多源传感器的感知技术

现实中的制造工程通常具有多个工作环境和复杂的工艺流程，涉及多种参数和变量。传统的软传感器感知技术通常基于单一传感器数据进行建模分析，只能提供特定环境的有限信息，而无法捕捉到生产、运维等复杂环境中的各种变化和影响因素。而多源传感器数据从多种维度反映了工艺流程的状态，如湿度、压力、振动等，不同维度的数据具有互补性，能够为软传感器建模提供更丰富、更全面的信息，以满足智能制造系统的复杂性、准确性和鲁棒性的需求。此外，在智能制造和工程管理等领域，软传感技术通常需要同时处理多个任务，如生产过程中的质量预测、产品性能检测等。软传感器建模技术能够将不同任务的多源数据融合起来，同时解决多个任务的建模和预测问题，从而提高系统的综合性能和效率。因此，如何融合多源传感器数据用于软传感器的多任务建模是制造工程中值得考虑的问题。

多源学习（Multisource Learning）是指利用多个领域来源的数据进行模型训练或预测的

机器学习策略。不同来源的数据可能具有不同的特征或分布，通过多源学习来融合这些数据，利用不同来源数据之间的特点和互补性，从而提高模型的性能和泛化能力。多源学习策略主要包括：原始数据融合、早期融合和晚期融合。原始数据融合直接拼接多源数据，并将拼接后的数据视为只有一个来源；早期融合从多源数据学习不同数据源特定的特征，利用一个共享的模型来连接不同数据源特定的特征；晚期融合则为每个数据源训练单独的模型，最终的预测结果是所有单独模型的综合，例如平均值。

多任务学习（Multitask Learning）是指通过利用相关任务训练数据中包含的特定领域信息，联合训练多个相关任务来提高学习性能的机器学习策略。

注意力机制（Attention Mechanism）是指通过学习权重分配，使模型有选择性地关注输入数据中的重要部分或特征技术。

对抗学习（Adversarial Learning）是指深度学习模型中的多个组件在零和博弈（Zero-sum Game）间相互竞争以提升性能的学习过程。竞争中的每个组成部分为了在零和博弈中获得更多收益而更新参数。经过多次迭代，实现了纳什均衡，整体模型性能得到了提高。

本节引入了基于对抗注意力的深度多源多任务学习框架（Adversarial Attention-based Deep Multisource Multitask Learning，AADMML），实现更全面有效的数据融合，从而提升多任务预测的有效性。AADMML 框架主要分为四个阶段：第一阶段，为每个数据源应用单独的 CNN-LSTM（卷积神经网络和长短期记忆）模型，从不同数据源中提取数据源特定特征；第二阶段，考虑不同数据源特征的相对重要性，利用注意力机制分配不同的注意力权重；第三阶段，基于注意力加权的特征，进行针对相关任务的多任务学习；第四阶段，引入对抗注意力竞争机制，允许不同数据源的注意力相互竞争，提升自身注意力的权重，从而提高第一阶段中学习到的数据源特定特征的有效性。

AADMML 框架的具体步骤如下：

1）变量定义。$X = \{X^{(1)}, \cdots, X^{(d)}, \cdots, X^{(D)}\}$ 表示多源传感器数据集，D 为多源传感器数据的总样本量。其中，第 d 个数据样本 $X^{(d)}$ 表示为 $\{x_1^{(d)}, \cdots, x_i^{(d)}, \cdots, x_m^{(d)}\}$，$X^{(d)}$ 由 m 种来源的传感器数据组成，m 则表示传感数据的来源数量。$Y = \{Y^{(1)}, \cdots, Y^{(d)}, \cdots, Y^{(D)}\}$ 定义为智能制造系统中相关对象的真实状态，$Y^{(d)} = \{y_1^{(d)}, \cdots, y_j^{(d)}, \cdots, y_n^{(d)}\}$ 则表示第 d 个样本在 n 个任务上的真实状态。

2）利用 CNN-LSTM 模型提取不同数据源的特征。CNN 擅长从局部信号中提取特征，而 LSTM 可以有效捕获时间序列数据中的长期依赖关系，因此 AADMML 框架依次使用 CNN 和 LSTM 模型提取多源传感器数据中的深层特征。具体来说，首先将输入数据 $x_i^{(d)}$ 切分成 r 个连续的片段 s，即 $x_i^{(d)} = [s_{i,1}^{(d)}, \cdots, s_{i,q}^{(d)}, \cdots, s_{i,r}^{(d)}]$。CNN 模型学习片段 $s_{i,q}^{(d)}$ 中的局部特征信息，并输出表征 $o_{i,q}^{(d)}$。因而，r 个连续的片段 s 输入 CNN 模型，可以得到表征序列 $o_i^{(d)} = [o_{i,1}^{(d)}, \cdots, o_{i,q}^{(d)}, \cdots, o_{i,r}^{(d)}]$。LSTM 模型则学习表征序列 $o_i^{(d)}$ 中的时序特征，输出第 i 种数据源相应的表征 $R_i^{(d)}$。最终，原始数据 $X^{(d)}$ 经过 CNN-LSTM 模型转换为了表征序列，即 $R^{(d)} = (R_1^{(d)}, \cdots, R_i^{(d)}, \cdots, R_m^{(d)})$。

3）基于早期融合的注意力机制，为不同来源的表征序列赋权。下面是预测任务 j（$j = 1, 2, \cdots, n$）的注意力分配过程。表征序列 $R_i^{(d)}$ 作为输入，第 i 种传感器数据的注意力权重 $A_{j,i}^{(d)}$ 通过式（5-1）和式（5-2）计算得到：

$$u_{j,i}^{(d)} = \tanh(\boldsymbol{W}_{j,i}^a \boldsymbol{R}_{j,i}^{(d)} + b_{j,i}^a) \tag{5-1}$$

$$A_{j,i}^{(d)} = \frac{\exp(u_{j,i}^{(d)} w_j)}{\sum_{i=1}^{m} \exp(u_{j,i}^{(d)} w_j)} \tag{5-2}$$

式中，$\{\boldsymbol{W}_{j,i}^a,\ b_{j,i}^a,\ w_j\}$ 是注意力分配过程的参数。

通过式（5-1）和式（5-2），得到 m 种来源的特征和相应的注意力权重，合记为 $(\boldsymbol{R}_1^{(d)},\ \cdots,\ \boldsymbol{R}_i^{(d)},\ \cdots,\ \boldsymbol{R}_m^{(d)},\ A_{j,1}^{(d)},\ \cdots,\ A_{j,i}^{(d)},\ \cdots,\ A_{j,m}^{(d)})$。通过式（5-3），计算得到注意力加权的特征 $\boldsymbol{C}_j^{(d)}$ 为

$$\boldsymbol{C}_j^{(d)} = \sum_{i=1}^{m} A_{j,i}^{(d)} \boldsymbol{R}_i^{(d)} \tag{5-3}$$

4）基于注意力加权的特征，进行多任务学习。AADMML 框架使用两层全连接层预测任务 j 的状态值 $\hat{y}_j^{(d)}$：

$$\boldsymbol{F}_j^{(d),1} = \text{sigmoid}\left(\boldsymbol{W}_j^1 \boldsymbol{C}_j^{(d)} + b_j^1\right) \tag{5-4}$$

$$\boldsymbol{F}_j^{(d),2} = \text{sigmoid}\left(\boldsymbol{W}_j^2 \boldsymbol{F}_j^{(d),1} + b_j^2\right) \tag{5-5}$$

$$\hat{y}_j^{(d)} = \boldsymbol{W}_j^L \boldsymbol{F}_j^{(d),2} + b_j^L \tag{5-6}$$

式中，$\{\boldsymbol{W}_j^1,\ b_j^1\}$、$\{\boldsymbol{W}_j^2,\ b_j^2\}$ 和 $\{\boldsymbol{W}_j^L,\ b_j^L\}$ 分别表示第一层、第二层全连接层和输出层的参数；$\boldsymbol{F}_j^{(d),1}$ 和 $\boldsymbol{F}_j^{(d),2}$ 分别表示第一层和第二层全连接层的输出。

损失函数的选择取决于任务的性质。对于回归任务，通常使用均方误差（Mean Square Error，MSE）损失函数来评估每个单独任务的模型输出，并将所有任务的加权均方误差损失之和作为总损失。因此，第 d 个样本在 n 个任务上的损失 $\mathcal{L}^{(d)}$ 为

$$\mathcal{L}^{(d)} = \sum_{j=1}^{n} \omega_j \left(\hat{y}_j^{(d)} - y_j^{(d)}\right)^2 \tag{5-7}$$

式中，$\hat{y}_j^{(d)}$ 和 $y_j^{(d)}$ 分别表示任务 j 的预测得分和真实得分；ω_j 表示任务 j 的相对重要性。

5）引入对抗注意力竞争机制，允许不同数据源的注意力相互竞争。由于数据源的注意力权重反映数据源的相对重要性，相应的 CNN-LSTM 模型必须调整网络参数，以便从数据源中提取更相关的特征，从而增加其注意力权重。为了增加自身的注意力权重，其他数据源也会更新其相应的 CNN-LSTM 模型参数，从数据源中提取更相关的特征。每个数据源提取特征的相关性在多次训练迭代中逐渐提高。相比没有对抗注意力竞争的模型（模型参数仅在任务损失函数的指导下进行更新），AADMML 的参数是在任务损失函数和对抗注意力竞争的共同指导下更新的，从而减少训练迭代次数并提高模型性能。

AADMML 框架将对抗注意力竞争机制实现为一个迭代过程，在每次迭代中，每个数据源交替更新其模型参数来增加注意力权重。对于 m 种数据源，随机选择更新它们参数的顺序。同时，超参数 K 定义为对抗学习因子。在模型参数通过传统损失函数反向传播更新 K 轮后，进行一次对抗注意力竞争。通过对抗注意力竞争，每个数据源在竞争过程中学到了更相关的特征，从而提高了整体模型性能。

5.2.4 传感器的最优化配置技术

在制造工程中，不同类型的硬件传感器可以用于单独实现特定参数或环境的精准监测和控制。但工业系统通常涉及复杂的生产过程、设备状态和环境条件，因此不同类型的硬件传感器通常要协同工作，共同负责多种生产制造事件的建模分析与预测。例如，产品生产质量评估、设备故障监测等，来获得多维度的数据信息，进而实现系统的全面监测和控制。不同类型的硬件传感器能够为软传感器的建模分析提供多样的信息。但是，一方面传感器参与的生产运维事件存在重叠，从而可能导致后续软传感器建模的信息冗余；另一方面，传感器数量的增多会带来成本的增加。因此，如何在性能和成本之间进行权衡，实现传感器的最优配置是需要考虑的重要科学问题。下面介绍传感器的最优化配置技术。

1. 问题定义

工业系统中，传感器和传感器参与的事件构成了一个二部图网络，称为传感器感知网络。具体来说，$G = (V, E, C)$ 定义为一个传感器感知网络，其中，V 和 C 分别表示两种类型的节点。每个节点 $u \in V$ 表示一个传感器，$e \in E$ 表示连接传感器节点 u 和事件节点 c 的边，表明传感器 u 参与生产运维事件 c 的建模分析或预测过程。同时，相应的参与时间戳 t_{uc} 也随着连接的边一起记录。

传感器的最优配置也就是在预算范围内寻找一组对目标事件提供最大感知能力的传感器，本节将其定义为感知最大化（Sensing Maximization，SM）问题。SM 问题的总体目标是根据事件参与历史选择一个传感器子集来实现有效的信息获取。具体来说，设传感器集合为 A，A 检测到的对应生产运维事件集为 C_A，则可以得到一个奖励分数 $R(A)$。该奖励分数用来评价传感器集合获取检测可能性和延迟时间信息的能力。当传感器 u 被添加到集合中时，传感器集合可以检测到更多的事件，因此产生额外的收益；但是，相应的传感器 u 也会产生额外的成本 $f(u)$。总成本是每个传感器成本的总和，定义为 $f(A) = \sum_{u \in A} f(u)$，并受到预算 b 的约束。最终，可以将 SM 问题定义为给定一个感知网络 $G = (V, E, C)$ 和传感器的预算 b，在预算约束 $f(A) \leqslant b$ 的条件下，选择一组传感器 $A \in V$，使其奖励 $R(A)$ 最大化。

2. SM 问题的数学化表示

为了数学化地表示上述问题，首先需要确定传感器的奖励函数。直观地说，目标函数应该包括信息的全面性和时效性。即传感器获取的信息是否能够覆盖大部分的事件，以及这些信息的收集是否具有较小的延迟时间，这两方面共同决定了传感器感知的质量。一个高质量的传感器首先应该检测尽可能多的事件，以保证信息的全面性。然后，在大多数事件已经被传感器覆盖的情况下，考虑检测这些事件的延迟时间。

为了确保奖励函数给予尽早检测到相应事件的传感器更大的奖励，本节引入了基于偏好检测的奖励函数（Preference-Based Detection Ability，PDA）。

$$R_c(u) = \begin{cases} t_c - t_{uc}, & \text{如果检测到 } c \\ -\infty, & \text{如果检测不到 } c \end{cases} \tag{5-8}$$

式中，t_c 定义为事件 c 的发生时间；t_{uc} 定义为事件 c 被传感器 u 检测到的时间。如果一个事件 c 被传感器 u 检测到，u 则被给予奖励 $R_c(u) = t_c - t_{uc}$。传感器 u 越早检测到事件 c，被给予奖励 $R_c(u)$ 越大，该奖励度量了事件 c 到传感器 u 的实际延迟时间。如果事件 c 没有被传

感器 u 检测到，则会对 u 施加较大的惩罚。

因此，在本节中 SM 问题将采用 PDA 作为每个传感器的奖励函数。基于以上定义，SM 问题可以数学化地表示为

$$
\begin{cases}
\max\limits_{A} \sum\limits_{c \in C} \max\limits_{\mu \in A} R_c(u) \\
\mathrm{s.\,t.} \sum\limits_{\mu \in A} f(u) \leqslant b
\end{cases}
\tag{5-9}
$$

3. SM 问题的求解

然而，数学上形式化的 SM 问题很难获得全局最优解，因为该问题是 NP-hard 问题。对于 NP-hard 问题，朴素贪婪算法可以用来求解 SM 问题的近似解。通过利用朴素贪婪算法来选择传感器，并在每次迭代中选择边际增益最大的传感器，加入集合 A 中。但是，当感知网络包含较多传感器时，朴素贪婪算法过于耗时。具体来说，在每次迭代中，由于任何候选节点和传感器检测到的事件都不能解释该候选节点的边际增益，因此，必须通过反复评估新节点添加到传感器集合后的边际增益来探测所有候选节点，导致重新评估次数过多。尽管贪婪算法可以保证接近最优解，但由于大量重复的重新评估导致的高计算复杂度问题限制了该方法的应用。

为了减少每个候选传感器的重新评估次数，一些方法已经被提出。其中，具有成本效益的惰性前向选择（Cost-Effective Lazy Forward，CELF）算法通过一种"惰性评估"机制实现了显著的加速和良好的近似保证。该机制通过维护一个排名列表来跟踪每个传感器的边际增益在迭代过程中的情况。在每次迭代的开始，所有传感器首先被标记为"未重新评估"。然后，传感器按照排名列表的降序进行重新评估，并重新插入排名列表中。重新评估后，如果顶部传感器的边际奖励大于其下方候选传感器的边际奖励，那么顶部传感器可以直接被选择，不再需要其他传感器进行重新评估。反之，传感器将根据重新评估的值插入排名列表中。但 CELF 算法的先决条件是候选传感器在共同检测的事件中与选择的传感器有较少的交集，称之为松耦合效应。实际上，随着传感器的数量增加，候选传感器之间变得更加紧密耦合。例如，某些传感器更有可能参与不同的生产运维事件，然后它们与其他候选传感器显示出紧密的耦合结构。一旦被选为候选传感器，与上一次迭代相比，其他候选传感器的边际奖励将大大降低，需要花费大量时间重新评估这些候选传感器。特别是当传感器集合变得更大时，紧密耦合效应将变得更加突出，"惰性贪婪"策略将变得低效，进一步影响 CELF 算法的效率。

因此，本节引入了一种高效的具有列表增强成本效益的惰性前向选择（List-enhanced Cost-Effective Lazy Forward，LeCELF）算法，该算法通过引入一个额外的事件列表，大大减少了搜索空间，提高了计算效率。在 LeCELF 算法中，第 k 次迭代的排名列表表示为 $LR^k = [R_{i-1}^{(k,\mathrm{eva})}, R_i^{(k,\mathrm{eva})}, \cdots, R_{i+j}^{(k,\mathrm{non})}, \cdots]$，$R_i^{(k,\mathrm{eva})}$ 定义为第 k 次迭代中带有 eva 标记的传感器 u_i 的重新评估奖励，而标记 non 表示该传感器尚未被重新评估。在第 k 次迭代中传感器 u_{i-1} 将被添加到传感器集合中。然后，在第 $k+1$ 次迭代中，该算法重新评估列表中顶部传感器 u_i 的边际奖励。根据式（5-9）中的目标函数，通过从当前传感器集合检测到的事件中删除冗余检测，可以重新评估相对于事件集合 C_A^k 检测到的事件 C_i 的感知奖励 u_i。

$$R_i^{(k+1,\mathrm{eva})} = R_i^{(0)} - \sum_{c \in C_i \cap C_A^k} \delta_i^c \tag{5-10}$$

式中，$R_i^{(0)}$ 表示传感器 u_i 被添加到空传感器集合的初始奖励。

与 CELF 算法仅注重边际奖励不同，LeCELF 算法引入了事件列表 L，用于记录网络中每个传感器 $u \in V \setminus A$ 检测到的事件数量，其中 $V \setminus A$ 表示集合 V 和集合 A 的差集。然后，将检测到的事件数量按降序对候选传感器进行排序，并选择列表顶部的传感器组成目标列表，其中可能存在几个传感器具有相同的值。然后，仅对目标列表应用 CELF 算法中的重新评估策略，以寻找最佳节点并将其插入传感器集合 A。另外，该算法将传感器添加到集合 A，同时更新事件列表 L，即删除传感器检测到的所有事件以避免冗余检测，并随后修改 L 中每个传感器的检测事件数量。因此，通过比较事件列表中节点的检测事件数量，构建包括当前迭代中潜在最佳传感器的目标列表。最后，对这个缩小的目标列表中的传感器进行重新评估。由于目标列表缩小，CELF 算法可大大减少重新评估的次数。

在计算复杂度上，CELF 算法的计算时间随着传感器数量 k 的大小呈现出非线性增加。然而，LeCELF 算法中每轮目标列表的构建需要成本 $\Omega_1 (\parallel V \parallel)$，并且从目标列表（Top-List）中选择局部最优传感器需要成本 $\Omega_2 (\parallel \mathrm{Top\text{-}List} \parallel)$。此外，维护事件列表 L 同时需要成本 $\sum_{c \in c^{S^*}} \mathrm{size}(c)$，该成本随着事件 c 的数量增加而增加。因此，LeCELF 算法的整体复杂度几乎随着传感器集的数量 k 线性增加，可以很容易地扩展到大规模的感知网络和大型传感器集。

5.2.5　针对低信噪比的软传感器感知技术

信噪比（Signal to Noise Ratio）是描述信号与噪声之间相对强度的度量。较低的信噪比意味着信号相对于噪声较弱。在实际工业系统的数据采集和传输过程中，传感器设备内部老化、外部电磁辐射干扰等各种因素导致大量噪声混入传感器数据，从而引发硬件传感器低信噪比的问题。而噪声积累等因素会导致软传感器技术面临更大的低信噪比的问题，降低软传感器的精度和鲁棒性，从而影响智能制造管理中生产制造的效率。因此，如何开发高性能、鲁棒性强的软传感器处理复杂噪声是具有挑战性的科学问题。下面介绍针对低信噪比的软传感器感知技术。

针对低信噪比的软传感器感知技术可以划分为三类：基于统计方法的去噪技术、基于机器学习的去噪技术和基于深度学习的去噪技术。主成分分析（Principal Component Analysis，PCA）和偏最小二乘法（Partial Least Square，PLS）是软传感器去噪方法中最常用的多元线性统计方法。虽然 PCA 和 PLS 方法在线性数据建模中表现出优异的性能，但在处理非线性数据时却存在不可避免的缺陷。基于机器学习方法的去噪技术已被广泛应用于软传感器中的非线性数据，包括人工神经网络和支持向量回归（Support Vector Regression，SVR）等。然而，实际的工业过程数据通常具有非线性、高维和冗余的特点，使得基于传统机器学习的去噪技术难以从数据中剔除复杂的噪声信息。

相比以上两种方法，基于深度学习的去噪技术则能够直接从原始数据中学习抽象的潜在表征，以其强大的表征能力在软传感器去噪方面受到了广泛的关注和认可。基于深度学习方法的去噪技术主要包括递归神经网络（Recurrent Neural Network，RNN）、卷积神经网络

（Convolutional Neural Network，CNN）和堆叠自编码器（Stacked Auto-Encoder，SAE）等。RNN 能够捕捉到数据中的时间依赖关系，从而有效去除噪声并保留数据的序列特性。而 CNN 更擅于处理具有空间结构的数据，利用局部特征进行噪声的识别和去除。接下来，本小节主要重点介绍堆叠自编码器（SAE）、堆叠去噪自编码器（Stacked Denoising Auto-Encoder，SDAE）和基于层次感知注意力的堆叠去噪自编码器（Stacked Denoising Auto-Encoder with Level-Aware Attention，SDAE-LA）在工业数据去噪中的应用。

1. SAE 和 SDAE

SAE 是一种经典的无监督深度学习方法，由多个基本自编码器组成，被广泛应用于特征学习、数据降维、去噪和生成等任务。其中，自编码器通常由两部分组成：编码器和解码器。编码器负责将输入数据转换为编码表征，解码器则将编码表征解码为重构数据，尽可能地还原为原始的输入数据。SAE 的训练过程旨在最小化重构误差，从而学习到数据深层的高级特征表示。SDAE 作为 SAE 方法的一种变体，能够从低信噪比的数据中去除噪声来捕获更关键的信息，可以在输入存在波动的情况下学习到鲁棒的特征表示。虽然 SDAE 已经被用于消除传感器数据中噪声的影响，但现有的 SDAE 方法仅使用最后一层去噪的特征进行最终预测，而忽略了其他层的建模价值。

2. SDAE-LA

层次感知注意力（Level-Aware Attention，LA）是一种注意力机制，适用于处理具有多层次结构的数据，为不同层次提供不同的注意力权重。层次感知注意力是在样本水平上执行的，可以为每个样本区分不同的重要性。此外，基于多头注意力的层次感知注意力能够从不同位置的子空间中学习相关表征信息，从而学习到更丰富的表征信息。同时，虽然层次感知注意力将特征映射到多个头部来计算注意力值，但由于每个头部的维数减少了，因此多头注意力中的权重参数数量与全维的单头注意力的权重参数数量一致。因此，层次感知注意力具有更强大的表征能力，同时保持与单头注意力相似的计算成本。

相比 SDAE 方法，SDAE-LA 方法通过引入了层次感知注意力来量化所有隐藏层对于软传感器去噪的贡献，并对不同层次的去噪表征进行整合，从而能够获得更全面、鲁棒性更强的去噪表征。由于不同层次去噪表征的重要性不同，并且对最终模型的性能有不同的贡献。所以，SDAE-LA 方法基于层次感知注意力来衡量不同层次去噪表征的重要性，即计算每一层去噪表征的权重，再根据权值对序列特征进行合并，提升了软传感器的去噪性能。

SDAE-LA 方法主要包括两个阶段：第一阶段，利用 SDAE 从传感器数据中逐层提取关键特征，过滤无关噪声信息，得到不同层次的去噪表征；第二阶段，利用层次感知注意力来量化不同隐藏层的贡献，并对不同层次的去噪表征进行融合。

SDAE-LA 方法的具体步骤如下：

1）变量定义。假设给定原始数据 $D = \{(\boldsymbol{x}_t, \boldsymbol{y}_t)\}_{t=1}^T$，其中，$\boldsymbol{x}_t = [x_t^1, x_t^2, x_t^3, \cdots, x_t^N] \in R^{NT}$ 表示在时刻 t 收集到的 N 个过程变量数据，T 为样本总数。在时刻 t 下，加入高斯噪声的过程变量数据定义为 $\bar{\boldsymbol{x}}_t = [\bar{x}_t^1, \bar{x}_t^2, \bar{x}_t^3, \cdots, \bar{x}_t^N] \in R^{NT}$，含噪数据集则表示为 $\bar{D} = \{(\bar{\boldsymbol{x}}_t, \boldsymbol{y}_t)\}_{t=1}^T$。

2）加噪的过程变量数据输入到第一层去噪自编码器（Denoising Auto-Encoder，DAE），通过非线性映射转换为隐藏特征表示。第一层 DAE 中的表征定义为 $\boldsymbol{h}_{t,1} = [h_{t,1}^1, h_{t,1}^2,$

$h_{t,1}^3, \cdots, h_{t,1}^{d_h}] \in R^{d_h T}$，其中，$d_h$ 为特征表示的维数。式（5-11）表示了编码的计算过程

$$h_{t,1} = f_e(W_{e,1}\overline{x}_t + b_{e,1}) \tag{5-11}$$

式中，f_e 是非线性激活函数，例如 sigmoid 函数或 tanh 函数；$W_{e,1}$ 和 $b_{e,1}$ 分别表示第一层编码器阶段的权重矩阵和偏置的参数。

3）对特征向量 $h_{t,1}$ 进行解码，映射回原始数据。具体计算为

$$\widetilde{x}_t = f_d(W_{d,1}h_{t,1} + b_{d,1}) \tag{5-12}$$

式中，$\widetilde{x}_t = [\widetilde{x}_t^1, \widetilde{x}_t^2, \widetilde{x}_t^3, \cdots, \widetilde{x}_t^N] \in R^{NT}$ 表示重构数据；f_d、$W_{d,1}$ 和 $b_{d,1}$ 分别表示第一层解码器阶段的激活函数、权重矩阵和偏置的参数。

为得到去噪后的特征表示，需要对参数进行优化，使得原始数据与重构数据之间的重构误差最小化。因此，通过反向传播最小化损失函数：

$$J = (W_{e,1}, b_{e,1}, W_{d,1}, b_{d,1}) = \frac{1}{2T}\sum_{t=1}^{T} \| x_t - \widetilde{x}_t \|^2 \tag{5-13}$$

通过步骤 1）～步骤 3），含噪数据 x_t 转换为第一层的去噪表征向量 $h_{t,1}$。

4）对去噪表征向量再次加入噪声，重复上述的编码、解码和损失计算过程，直到得到其他层的去噪表征。具体来说，去噪表征 $h_{t,1}$ 加入噪声作为第二层 DAE 的输入，再次进行编码、解码和损失计算过程，得到第二层的去噪表征 $h_{t,2}$。利用上述方法对数据进行逐层去噪，对于具有 L 层的 DAEs，该方法将输出表征序列 $h_t = [h_{t,1}, h_{t,2}, \cdots, h_{t,L}] \in R^{Ld_h}$。

5）表征序列 h_t 被投影到 $h_t = [h_t^1, h_t^2, \cdots, h_t^h, \cdots, h_t^H] \in R^{Ld_h/H}$ 的空间中，其中 H 组头用于线性变换，得到 H 组注意力加权的特征，每组注意力都被称为一个头。在每个投影部分，层次感知注意力为不同层次的去噪表征序列 h_t 进行注意力计算并分配权重。然后，将所有头部的注意力加权的去噪表征进行连接，得到融合的去噪表征 m_t：

$$\alpha_t^h = \text{softmax}[W_Q^h h_t^h (h_t^h W_K^h)^T] \tag{5-14}$$

$$DA_t^h = \alpha_t^h h_t^h W_V^h \tag{5-15}$$

$$m_t = \text{Concat}(DA_t^1, DA_t^2, \cdots, DA_t^H) \tag{5-16}$$

式中，W_Q^h、W_K^h 和 W_V^h 为第 h 个头的投影参数；$\alpha_t^h \in R^{1 \times L}$ 定义为第 h 个头的注意力权重；DA_t^h 为第 h 个头的注意力加权的表征；m_t 为 H 组多头注意力加权后拼接的去噪表征。

SDAE-LA 方法基于堆叠去噪自编码器过滤噪声信息、捕获关键特征表示，学习不同层次的去噪表征；SDAE-LA 方法中的层次感知注意力则为不同层次的去噪表征计算注意力权重，实现了不同层次表征的融合和利用。该方法能够从低信噪比的传感器数据中提取重要特征表示，去除无关的噪声信息，进而为后续的软传感器建模提供更全面、鲁棒性更强的传感器数据特征。

5.2.6 融合监督和无监督方法的软传感器感知技术

标签稀疏是指在数据集中可用的标签数据相对较少或不足。在制造工程中，软传感器技术也面临标签稀疏的挑战。由于标签数据采集困难、收集和标注代价昂贵、数据缺失等因素，可用于软传感器模型训练的标签数据相对较少。因而，软传感器感知技术无法充分利用

所有数据样本捕捉特征之间的关系，限制了模型的性能和泛化能力，从而导致分析或预测结果的不准确性和不稳定性。融合监督和无监督学习能够解决该问题，因此下面介绍融合监督和无监督方法的软传感器感知技术。

监督学习和无监督学习是机器学习中两种常见的学习范式。监督学习使用标签数据学习输入和输出之间的映射关系，通常可以获得较高的预测准确率，但无法利用已有的未标记数据。而非监督学习从未标记数据中学习潜在的模式和结构，不受标签数据的限制，但模型的性能通常难以准确评估。监督学习和无监督学习的结合不仅可以利用有限的标签数据，而且从大量未标记数据进行模式发现，可以提高模型的泛化能力和预测性能。

然而传统的监督和无监督融合方法可能会捕获相似的信息，导致融合过程中出现冗余或不相关的特征，对软传感器的性能产生不利影响。因此，有必要引入特征选择方法来识别重要特征，过滤无关特征，提高融合特征子集的质量。最近，结构化稀疏学习（Structured Sparsity Learning）方法在面对高维数据时表现出了优越性。结构化稀疏学习方法是一种利用数据之间的结构信息进行特征选择和稀疏表示的技术。基于组结构（Group Structure）的结构化稀疏方法则进一步考虑了数据中存在的组结构特征，例如组索套（Group Lasso，GL）和稀疏组索套（Sparse Group Lasso，SGL）。在这类方法中，特征被分割成不同的组，每个组内的特征之间具有相关性，通过利用组结构的知识，可以更有效地选择和利用特征。由于同一特征组内的单个特征的重要性可能是不同的，而且不同特征组对于特征选择的贡献也是不同的。但现有方法没有考虑特征组间的相对重要性，因而上述特征选择方法对模型性能的提升具有局限性。

为了解决标签稀疏和特征选择的问题，本节引入了一种结合堆叠自编码器和双向长短期记忆网络（Bi-LSTM）的随机子空间中加权稀疏组索套（Weight Sparse Group Lasso，WSGL）方法。具体来说，首先，该方法利用 SAE 和 Bi-LSTM 分别提取无监督和有监督深度学习表征；其次，考虑到无监督和有监督特征的互补性，设计了一种改进的稀疏组索套方法——WSGL 方法，来减少冗余特征和不相关特征的影响，生成高质量的特征子集，解决了标签稀疏和特征选择的问题；最后，基于生成的特征子集训练 SVR 基学习器，平均集成基学习器并输出集成预测结果。

该方法主要包括三个阶段：第一阶段，采用 Bi-LSTM 方法提取有监督学习表征，基于 SAE 方法提取无监督学习表征；第二阶段，基于 WSGL 方法生成一系列的特征子集，用于训练基学习器；第三阶段，结合基学习器的结果，输出集成预测结果。

结合堆叠自编码器和双向长短期记忆网络的随机子空间方法（Random Subspace Method with SAE and Bi-LSTM，RS-SBL）的具体步骤如下：

1）变量定义。输入数据表示为 $D = \{(x_1, y_1), (x_2, y_2), \cdots, (x_i, y_i), \cdots, (x_N, y_N)\}$。其中，$x_i \in R^m$ 定义为 m 维过程变量的第 i 个样本，$y_i \in R$ 定义为 x_i 的质量变量，N 为样本数量；时刻 t 下，无监督和有监督学习的表征分别定义为 $F_{t,1}$ 和 $F_{t,2}$。

2）SAE 提取软传感器的无监督深度学习表征。在编码阶段，原始数据 x 映射为隐藏特征向量 $h = f_{en}(W_{en}x + b_{en})$。$f_{en}$、$W_{en}$ 和 b_{en} 分别表示编码器层的激活函数、权重参数和偏置参数。在解码阶段，解码器将隐藏特征向量 h 解码为重构数据 $\tilde{x} = f_{de}(W_{de}h + b_{de})$。通过计算下面的均方误差来最小化原始 x 和重构数据 $\tilde{x}$ 之间的重构误差，从而学习网络参数 $\theta =$

$\{\boldsymbol{W}_{en},\ \boldsymbol{W}_{de},\ b_{en},\ b_{de}\}$。

$$J(\boldsymbol{W}_{en},\boldsymbol{W}_{de},b_{en},b_{de})=\frac{1}{2N}\sum_{i=1}^{N}\parallel\tilde{\boldsymbol{x}}_{i}-\boldsymbol{x}_{i}\parallel^{2} \tag{5-17}$$

首先，原始数据 $\boldsymbol{x}$ 输入第一个自编码器 AE1，经过上述的编码、解码和损失计算的过程，得到 AE1 的隐藏特征向量 $\boldsymbol{h}_1$；然后，将隐藏特征向量 $\boldsymbol{h}_1$ 输入第二个自编码器 AE2，再次进行编码、解码和损失计算，得到 AE2 的隐藏特征向量 $\boldsymbol{h}_2$。重复编码、解码和损失计算的过程，对整个 SAE 进行逐层训练，最终提取到的无监督深度学习表征可以表示为 $F_{t,1}=\{f_{t,1}^{1},\ f_{t,2}^{1},\ \cdots,\ f_{t,j}^{1},\ \cdots,\ f_{t,m_1}^{1}\}$，$m_1$ 表示无监督深度学习表征的维度。

3）Bi-LSTM 提取有监督深度学习表征。在时刻 t，原始数据 $\boldsymbol{x}$ 通过前向和后向输入 Bi-LSTM，可以同时考虑到当前时刻的输入和序列中前后时刻的信息。在前向传递中，输入序列 $\boldsymbol{x}$ 按照正向顺序输入 Bi-LSTM 中的 LSTM 单元；而在后向传递中，输入序列 $\boldsymbol{x}$ 按照相反的顺序输入 Bi-LSTM 中的 LSTM 单元。隐藏层特征 $\overrightarrow{\boldsymbol{h}}_{t}$ 和 $\overleftarrow{\boldsymbol{h}}_{t-T+1}$ 的计算为

$$\boldsymbol{f}_{t}=\sigma(\boldsymbol{W}_{fx}[\boldsymbol{x}_{t},\boldsymbol{h}_{t-1}]+b_{f}) \tag{5-18}$$

$$\boldsymbol{i}_{t}=\sigma(\boldsymbol{W}_{ix}[\boldsymbol{x}_{t},\boldsymbol{h}_{t-1}]+b_{i}) \tag{5-19}$$

$$\boldsymbol{o}_{t}=\sigma(\boldsymbol{W}_{ox}[\boldsymbol{x}_{t},\boldsymbol{h}_{t-1}]+b_{o}) \tag{5-20}$$

$$\boldsymbol{C}_{t}=\boldsymbol{f}_{t}\odot\boldsymbol{C}_{t-1}+\boldsymbol{i}_{t}\odot\tanh(\boldsymbol{W}_{cx}[\boldsymbol{x}_{t},\boldsymbol{h}_{t-1}]+b_{c}) \tag{5-21}$$

$$\boldsymbol{h}_{t}=\boldsymbol{o}_{t}\tanh\odot(\boldsymbol{C}_{t}) \tag{5-22}$$

式中，σ 表示 sigmoid 激活函数；$\boldsymbol{f}_{t}$、$\boldsymbol{i}_{t}$ 和 $\boldsymbol{o}_{t}$ 分别表示遗忘门、输入门和输出门；$\boldsymbol{W}_{fx}$、$\boldsymbol{W}_{ix}$ 和 $\boldsymbol{W}_{ox}$ 定义为遗忘门、输入门和输出门的权重参数；b_{f}、b_{i} 和 b_{o} 定义为遗忘门、输入门和输出门的偏置参数；前一个单元状态 $\boldsymbol{C}_{t-1}$、前一个单元隐藏状态 $\boldsymbol{h}_{t-1}$ 和当前输入向量 $\boldsymbol{x}_{t}$ 是 LSTM 单元在时间步 t 的三个外部输入。

前向和后向隐藏层特征进行连接，得到 Bi-LSTM 提取的特征向量 $\boldsymbol{h}=[\overrightarrow{\boldsymbol{h}}_{t}^{1},\ \overrightarrow{\boldsymbol{h}}_{t}^{2},\ \cdots,\ \overrightarrow{\boldsymbol{h}}_{t}^{j}]^{\mathrm{T}}\oplus[\overleftarrow{\boldsymbol{h}}_{t-T+1}^{1},\ \overleftarrow{\boldsymbol{h}}_{t-T+1}^{2},\ \cdots,\ \overleftarrow{\boldsymbol{h}}_{t-T+1}^{j}]^{\mathrm{T}}$。为了训练 Bi-LSTM，采用均方误差作为损失函数，计算为

$$J_{\mathrm{MSE}}=\frac{1}{2N}\sum_{i=1}^{N}(y_{i}-\tilde{y}_{i})^{2} \tag{5-23}$$

最终，Bi-LSTM 提取到的有监督深度学习表征表示为 $F_{t,2}=\{f_{t,1}^{2},\ f_{t,2}^{2},\ \cdots,\ f_{t,j}^{2},\ \cdots,\ f_{t,m_2}^{2}\}$。其中，$f_{t,j}^{2}$ 为 Bi-LSTM 提取的特征向量 $\boldsymbol{h}$；m_2 为有监督深度学习表征的维度。

4）WSGL 方法基于无监督表征和有监督表征，生成一系列融合特征子集。WSGL 方法的输入矩阵数据为 $\{(\boldsymbol{X}_1,\ y_1),\ (\boldsymbol{X}_2,\ y_2),\ \cdots,\ (\boldsymbol{X}_i,\ y_i),\ \cdots,\ (\boldsymbol{X}_N,\ y_N)\}$。其中，$\boldsymbol{X}_i=\{\boldsymbol{X}_i^{1},\ \boldsymbol{X}_i^{2}\}$，$\boldsymbol{X}_i^{1}=\{f_{t,1}^{1},\ f_{t,2}^{1},\ \cdots,\ f_{t,j}^{1},\ \cdots,\ f_{t,m_1}^{1}\}$ 和 $\boldsymbol{X}_i^{2}=\{f_{t,1}^{2},\ f_{t,2}^{2},\ \cdots,\ f_{t,j}^{2},\ \cdots,\ f_{t,m_2}^{2}\}$ 分别表示第 i 个样本的无监督特征和有监督特征。与 SGL 方法相比，WSGL 方法通过考虑特征组和单个特征的权重并同时确保特征组内和组间的稀疏性，可以有效地过滤掉不相关和冗余的特征，实现无监督表征和有监督表征的深层融合。WSGL 方法生成融合特征子集，可以被描述为如下的优化任务

$$\begin{cases} \min\limits_{\boldsymbol{\beta},b} \dfrac{1}{2N}\left\|\boldsymbol{y} - \sum\limits_{c=1}^{2} v_c(\boldsymbol{\beta}_c \boldsymbol{X}_c + b_c)\right\|_2^2 + (1-\alpha)\lambda \sum\limits_{c=1}^{2} \sqrt{m_c}\|\boldsymbol{\beta}_c\|_2 + \alpha\lambda\|\boldsymbol{\beta}\|_1 \\ \text{s. t. } \|v_c\| = 1, v_c > 0 \end{cases} \tag{5-24}$$

式中，惩罚参数 λ 和组合系数 α 确定收缩程度；β 是单个特征的系数向量；$\boldsymbol{\beta}_c$ 是第 c 个特征组的系数向量（$c=1,2$）；v_c 是第 c 个特征组的权重。具体来说，v_c 自适应地学习不同特征组的权重，并确定每种特征组的相对重要性。此外，优化目标中的 $(1-\alpha)\lambda\sum\limits_{c=1}^{2}\sqrt{m_c}\|\boldsymbol{\beta}_c\|_2$ 项使 GL 具有组稀疏性，并进一步确保特征在协同中发挥预测作用。$\alpha\lambda\|\boldsymbol{\beta}\|_1$ 则将稀疏性施加在单个特征上，实现单个特征的稀疏性。WSGL 通过最小化上述优化目标来自适应学习不同特征组的特征权重 $\boldsymbol{\beta}_c = [\beta_1^c, \beta_2^c, \cdots, \beta_{m_c}^c]$。子空间比率（Subspace Rate Ratio）指的是特征子集中特征数量与总特征数量的比例。因此，在子空间比率和特征的抽样概率 β_c 的共同作用下，重要特征具有更高的权重，特征子集中被选择的概率则更大。通过这种方式，WSGL 方法生成的一组特征子集可定义为 $\{\boldsymbol{D}_{\text{sub}}^1, \boldsymbol{D}_{\text{sub}}^2, \cdots, \boldsymbol{D}_{\text{sub}}^j, \cdots, \boldsymbol{D}_{\text{sub}}^S\}$，$\boldsymbol{D}_{\text{sub}}^j = \{(\boldsymbol{f'}_1, y_1), (\boldsymbol{f'}_2, y_2), \cdots, (\boldsymbol{f'}_N, y_N)\}$ 则表示其中的一个特征子集。WSGL 方法以更高的概率选择特征组内和组间的重要特征，实现无监督表征和有监督表征的有效融合。

5）结合基学习器的结果，输出集成预测结果。集成学习通过集成基学习器的预测结果，能够增强软传感器模型的多样性和稳定性。因此，RS-SBL 方法利用特征子集 $\{\boldsymbol{D}_{\text{sub}}^1, \boldsymbol{D}_{\text{sub}}^2, \cdots, \boldsymbol{D}_{\text{sub}}^j, \cdots, \boldsymbol{D}_{\text{sub}}^S\}$ 来训练基学习器。SVR 能够处理非线性问题，所以该模型作为基学习器进行集成。为了解决非线性回归问题，SVR 形式化可以考虑表示为线性估计函数 $f(\boldsymbol{x}) = (\boldsymbol{w}^{\text{T}}\varphi(\boldsymbol{x})) + b$，其中，$\varphi(\boldsymbol{x})$ 为特征的函数，$\boldsymbol{w}$ 和 b 分别表示权重向量和常数。SVR 可以通过以下优化问题来求解

$$\min \frac{1}{2}\boldsymbol{w}^{\text{T}}\boldsymbol{w} + C\sum_{i=1}^{N}(\xi_i^+ + \xi_i^-) \tag{5-25}$$

$$\text{s. t. } \begin{cases} y_i - \boldsymbol{w}^{\text{T}}\boldsymbol{\phi}(\boldsymbol{x}) - b \leq \varepsilon + \xi_i \\ \boldsymbol{w}^{\text{T}}\boldsymbol{\phi}(\boldsymbol{x}) + b - y_i \leq \varepsilon + \xi_i^* \\ \xi_i \geq 0, \xi_i^* \geq 0, C \geq 0 \end{cases} \tag{5-26}$$

式中，ε 是在训练过程中允许的最大偏差；C 是惩罚系数；ξ_i^+ 和 ξ_i^- 是松弛变量，分别对应于正偏差和负偏差的大小。通过简单平均集成公式来集成 S 个 SVR 的预测结果，以获得集成预测结果 $\widetilde{y}^{\text{final}}$，从而提高整体预测的准确性。

$$\widetilde{y}^{\text{final}} = \frac{1}{S}\sum_{j=1}^{S}\widetilde{y}^j \tag{5-27}$$

式中，$\widetilde{y}^j$ 是第 j 个基学习器的预测结果。

该方法基于 SAE 和 Bi-LSTM 方法分别捕获无监督和监督深度学习表征，WSGL 方法则解决了传感器数据的标签稀疏问题和特征选择问题，实现了无监督和监督表征的深度融合，过滤了冗余特征和不相关特征。基于生成的高质量特征子集训练基学习器 SVR，通过平均集成进而获得最终预测结果。

5.2.7　实例分析：智能网联汽车的智能感知系统

智能网联汽车的智能感知系统是基于传感器设备和软传感器技术实现的。智能感知系统利用多种传感器来感知和获取车辆周围的环境信息，并利用软传感器技术进行数据处理和分析，从而实现对车辆周围环境的智能感知，为自动驾驶、主动安全等提供关键的信息支持。本小节将从智能感知系统中的传感器设备和软传感器技术两个方面展开详细介绍。

1. 智能感知系统中的传感器设备

在智能网联汽车的研发、生产和运维全生命周期中，各种生产资源和流程复杂，需要多种传感器硬件设备对各种目标状态进行准确感知，如监测车辆的各种状态、环境和周围的情况，以实现车辆自动驾驶、智能辅助驾驶、车辆安全等功能。除了温度、湿度、压力等一般性硬件传感器外，目前主要的传感器硬件设备还包括雷达传感器和摄像头传感器等。

雷达传感器通过发射无线电波并接收其反射信号来探测车辆周围的物体和障碍物，可以提供准确的距离和速度信息，用于实现车辆的跟随、自动紧急制动和避障等功能。雷达传感器的特点在于具备高精度的物体定位和距离测量能力，能够在长距离上进行探测，并且受到天气、光照等环境条件的影响较小。该传感器主要应用于自适应巡航控制、盲点监测和障碍物监测及避障。雷达传感器通过无线电波监测前方车辆的速度和距离，与车辆的自适应巡航控制系统配合使用，保持与前车的安全距离，实现自适应巡航控制；雷达传感器也可以监测车辆周围的盲点区域，提供驾驶员无法直接看到的区域的信息，帮助驾驶员识别潜在的危险，实现智能网联汽车的盲点监测。此外，该传感器可以探测周围的障碍物，如其他车辆、行人、建筑物等，并提供准确的位置和距离信息，帮助车辆实现自动驾驶或智能辅助驾驶的障碍物检测和避障操作。

摄像头传感器利用图像捕捉和处理技术来观察和分析车辆周围的环境，提供高分辨率的图像和视频流，用于识别和跟踪道路标志、车辆、行人和其他物体。该传感器的特点在于能够捕获丰富的视觉信息，配合计算机视觉和图像处理技术，能够为智能网联汽车提供目标识别、行为分析等复杂的功能。该传感器主要应用于路况感知、目标识别和跟踪以及驾驶员监控。在路况感知应用中，摄像头传感器获取的图像数据可以用于识别与跟踪道路标记、交通信号灯等，为车辆和驾驶员提供路况信息，支持智能导航和路径规划；在目标识别与跟踪应用中，摄像头传感器可以识别和跟踪行人、车辆等目标，帮助车辆实现智能辅助驾驶功能，如行人检测、碰撞预警、自动紧急制动等；在驾驶员监控应用中，摄像头传感器可以用于监测驾驶员的行为和状态，如疲劳驾驶、饮酒驾驶等，提供驾驶员监控和警示功能，增强车辆的安全性。

雷达传感器和摄像头传感器在智能感知系统中扮演着重要的角色。雷达传感器主要用于距离和速度测量，适用于复杂环境和恶劣天气条件下的感知；而摄像头传感器则侧重于图像和视频数据的获取，提供更详细和丰富的视觉信息。这两种传感器的组合使得网联汽车具备多层次、多角度的感知能力，提高车辆对环境的理解和决策能力，从而提供更安全、智能的驾驶体验。

2. 智能感知系统中的软传感器技术

除了传感器设备，软传感器技术也在智能网联汽车的智能感知系统中发挥着重要作用。基于传感器设备收集的车辆行驶状态和环境数据，软传感器技术通过软件算法和数据分析，从传感器数据中提取有用的信息，实现更精准的环境感知和决策。软传感器技术的应用实例主要包括驾驶情感识别和行为分析、路况感知及车辆健康监测等。下面以驾驶行为分析为实例，分析软传感器技术在智能感知系统中的应用。

驾驶员的情绪是影响驾驶安全与舒适度的重要因素，驾驶员情绪状态的实时监测和适时的危险预警可以有效降低交通事故的发生率。基于多特征融合的软传感器技术用于驾驶员情绪状态的识别，该方法通过融合面部表情和语音文本特征来识别驾驶员的情绪。一方面，利用计算机视觉技术对驾驶员的脸部图像进行识别与分析；另一方面，对驾驶员语音数据中的韵律特征、音质特征和谱特征进行全面分析。CNN、RNN 和 LSTM 等深度学习方法能够通过训练大规模的标注数据集来学习特征表示和模式识别，从而实现对驾驶员情绪状态的准确识别。同时，通过模型的优化和调整来提高软传感器的识别性能和泛化能力。

因此，智能网联汽车能够利用软传感器技术识别驾驶员情感，并做出相应的反应。例如，如果汽车检测到驾驶员出现路怒症，那么车辆就会播放舒缓的音乐并自动降低速度，让驾驶员的情绪放松下来。这种通过识别和实时应对驾驶员的情绪反应的"情感智能感知系统"能够有效预防潜在的交通事故，对保障驾驶员和行人的生命安全具有重要的作用。

随着物联网设备的普及，智能网联汽车的智能感知系统得到了极大地增强。各种传感器设备的多样化、软传感器技术的数据融合与协同处理、实时性和响应性的提升，以及数据安全和隐私保护等方面的改进，为智能网联汽车提供了更为精准、全面的环境感知能力。这些技术的进步不仅提升了驾驶舒适性和安全性，也为自动驾驶、驾驶辅助和安全系统的广泛应用奠定了坚实的基础。

5.3 制造工程管理中的云边协同技术

在制造工程管理中，实现高效协同工作和智能化管理是关键挑战之一。云边协同技术（Cloud-Edge Collaboration，CEC）作为一种融合云计算和边缘计算的先进技术，为制造工程管理带来了新的可能性。通过将制造过程中的关键数据和信息实时共享与传输，云边协同技术有效地提升了生产过程的可视化和监测能力。同时，云边协同技术还为制造业的运维管理提供了更精细化和预测性的手段，通过实时监控和分析设备数据，预测设备故障并提供维护建议，提高设备的可靠性和生产效率，为制造工程管理带来了更高层次的敏捷性、智能化、集成化和网络化。本节将重点探讨云边协同技术在制造工程管理中的应用和优势，以及面临的挑战和解决方法。此外，还将介绍云服务调度技术和云服务选择技术作为云边协同技术的关键组成部分，为制造业提供更灵活、高效的服务和资源管理手段。

5.3.1 云边协同技术

云边协同技术是一种将云计算和边缘计算相融合的技术，通过资源协同、数据协同和服务协同等方法，实现在云端和边缘设备之间的高效协同工作。它利用云计算和边缘计算的优势，通过动态分配和卸载计算任务，优化数据传输和管理，以提供更灵活、高效的计算、存储和服务的功能。云边协同技术促进了云计算和边缘计算的融合，推动了计算资源的分布式部署和智能化管理，实现了更高层次的智能化、集成化和网络化，为各种应用场景提供了更好的支持和解决方案。云边协同技术作为制造工程管理中的核心技术，实现了制造资源的服务化、虚拟化和集中统一的智能化经营和管理。在制造业中，特别是在复杂产品的生产制造过程中，涉及多个组织和主体的协同工作，同时还存在着信息沟通的延迟和资源分配的挑战。云边协同技术加强了多个组织和主体之间的协同工作，减少了信息沟通的延迟，加快了决策和响应的速度。此外，云边协同技术还解决了资源分配的挑战，实现了更加均衡和高效的资源利用。

以汽车制造为例，汽车作为复杂产品，其研发和生产过程需要各个参与主体的协同配合。云边协同技术为研发团队提供了一个统一的平台，使得不同部门和团队之间可以实时共享数据和信息。这样可以加快研发过程中的信息传递和沟通，提高协同效率。研发人员可以共同访问和编辑设计文件、模型和文档，实现实时协作和并行开发。通过云边协同技术，研发团队可以更好地协同工作，加快产品设计和开发的速度。在生产方面，云边协同技术可以将制造企业的生产过程与云平台连接起来，实现生产数据的实时监控和分析。制造工厂的设备和系统可以通过云边协同技术与云平台进行连接，实现远程监控和控制。生产数据和关键指标可以通过云边协同技术实时收集和传输给相关人员，实现生产过程的实时可视化和监测。此外，在运维方面，云边协同技术可以实现设备的实时监控和预测性维护。通过将设备连接到云平台，企业可以实时收集和分析设备数据，监测设备的运行状态和性能指标。基于数据分析和机器学习算法，云边协同技术可以预测设备故障，并提供相应的维护建议。运维团队可以通过云边协同技术实时获取设备状态和维护信息，提前采取维护措施，减少设备故障和生产中断，从而提高生产的可靠性和效率。

然而，云边协同在现实智能制造工程管理中依然面临着两个挑战。首先，云计算为提高处理文件的高效性，通常需要将每个工作请求分成若干个相互独立的任务，而后将云任务分配给服务资源处理。随着云计算虚拟化技术的发展，用户需求不断变化、服务资源不断增加，如何在云计算环境下满足用户请求并合理利用服务资源，成为关键挑战之一。为解决该挑战，云服务调度技术被提出。其次，制造云中有大量的云服务，但单个云服务往往功能比较单一，不能满足复杂制造业务的需求。因此，如何高效动态地组合制造云中单个的云服务，形成一种新的功能强大的增值云服务组合，以满足不同客户复杂的应用需求和实现云服务的增值和增效，成为关键挑战。为解决该挑战，云服务选择技术被提出。下面分别详细介绍云服务调度技术和云服务选择技术。

5.3.2 云服务调度技术

云服务（Cloud Service，CS）是通过采用物联网、虚拟化等技术，将分散的制造资源和制造能力基于知识进行虚拟封装，并智能接入云平台中，从而通过网络将高度虚拟化的资源以服务的形式为用户提供制造全生命周期应用。云服务的概念对应云计算的服务，是由云服务提供者在统一描述、发现和集成（Universal Description Discovery and Integration，UDDI）注册中心中注册的可以执行的服务。云服务的形式化描述为 CS = <Name，Desc，Stat，Loc，URL，Opers，Paras，QoS，QoS-value>，其中的各元素分别表示云服务的名称、描述、状态、所在的服务器、访问地址、包含的操作、输入输出参数、服务质量属性及值。云服务的状态是指云服务的可用状况，因为制造资源（如车床）在同一时间只能被一个任务所使用，一个任务完成后才能开始另一任务，因此，其封装的云服务状态需要标记可用的时间表，即使用状况。假设云服务的服务质量（Quality of Service，QoS）属性包括云服务执行时间 t、费用 C、信誉等级 Rep、可靠性 R，则云服务 QoS 的形式化描述为 QoS = <t_{CS}，C_{CS}，Rep_{CS}，R_{CS}>，下标 CS 表示云服务。

抽象云服务（Abstract Cloud Service，ACS）是从功能相同的云服务中抽象出的基本逻辑单元，每个 ACS 都隶属于某个服务分类，仅包含功能描述和接口信息，用于构成用户服务组合流程。一个 ACS 关联多个云服务，这些 CS 由不同云服务提供者提供，具有相同的功能和调用接口，但其质量值各不相同。抽象云服务的形式化描述为 ACS = <Id，Desc，ACS-CS，Ops，Input-Params，Output-Params>，其中各元素分别表示抽象云服务的标识、描述、关联的云服务列表、包含的操作、输入参数和输出参数。抽象云服务之间存在顺序、选择、并行和循环等控制关系。

云环境下的任务调度问题与传统分布式的任务调度具有一定的相似性，同时也存在一定的本质区别。首先，云系统中的资源动态多变，云计算任务调度策略必须实时监控云计算环境中资源的变化情况；而传统分布式任务调度的计算资源规模在传统分布式环境下是固定不变的。其次，云计算环境中的资源类型异构多样，其通过成熟的虚拟化技术屏蔽了资源之间的差异性；而在传统的分布式环境中，其计算资源往往是同构的。此外，与传统分布式环境一般针对特定应用来制订具体的调度策略不同，云计算任务调度策略一般不限于特定的应用，其能够支持多种类型的应用，并且可以同时运行多种应用。最后，传统分布式环境下的任务调度目标较为简单，其仅关注任务完成时间及系统吞吐量等传统分布式系统环境的整体性能指标；而在云计算环境下，其任务调度策略应尽可能地提高云服务提供者的服务收益；同时还必须尽量满足大量用户对于不同资源类型的应用需求以及不同调度任务的服务质量目标约束要求。

当前的云服务调度技术存在两个局限性。第一，现有云服务调度模型聚焦于单方面需求，而没有同时考虑用户和资源服务商的满意度，这制约了云服务技术的有效性；第二，目前离散人工蜂群算法（Discrete Artificial Bee Colony，DABC）是求解云服务调度的主流方法，然而当前的离散人工蜂群算法没有充分利用种群中较优解，且没有针对云服务高维特征进行有选择地更新。接下来，本小节将给出云调度问题的数学化表示，介绍人工蜂群算法（Artificial Bee Colony，ABC）并给出基于多目标离散型人工蜂群算法的求解。

1. 云服务调度问题定义

云服务调度模型在批处理用户需求时，需要将较大的任务需求分割成若干个逻辑无关的子任务，同时在云计算虚拟化的特征下，配置子任务给虚拟服务资源从而满足用户需求。假设有 n 个独立待处理的云服务 $Cl = \{Cl_1, Cl_2, \cdots, Cl_n\}$，对于每个云服务 $Cl_i(i = 1, 2, \cdots, n)$ 都有属性 $ClL_i = \{sT_i, eT_i, dt_i\}$，其中，$ClL_i$、$sT_i$、$eT_i$、$dt_i$ 分别表示云服务 Cl_i 的大小、最早开始时间、最迟完成时间和任务的执行时间。在云环境下有 m 个虚拟服务资源 $V = \{V_1, V_2, \cdots, V_m\}$，对于每个虚拟机 $V_j(j = 1, 2, \cdots, m)$ 都有属性 $Mips_j = \{Ccpu_j, Cram_j, Cbw_j\}$，其中 $Mips_j$、$Ccpu_j$、$Cram_j$、Cbw_j 分别表示虚拟机 V_j 的处理能力、CPU 花费价格、内存花费价格和带宽花费价格。

（1）用户最短等待时间 W

$$W = \max_{j=1}^{m} \sum_{i=1}^{sum(j)} time_{ij} \qquad (5-28)$$

式中，$time_{ij}$ 表示任务 Cl_i 在虚拟机 V_j 上所需的执行时间，$sum(j)$ 表示分配到虚拟机 V_j 上的任务总数。

（2）服务资源负载均衡 δ

$$\delta = \sqrt{\dfrac{\left(\sum_{j=1}^{m} (vl_j - avl)^2 \right)}{mn}} \qquad (5-29)$$

式中，vl_j 表示虚拟机 V_j 的负载，即虚拟机 V_j 的任务完成时间；avl 表示虚拟机的平均负载，即虚拟机的平均任务完成时间；δ 值越小，说明负载均衡度越好。

（3）最佳经济原则　C 表示用户需支付的费用，记为

$$C = \sum_{j=1}^{m} P_j (Ccpu_j + Cram_j + Cbw_j); P_j = sum(j) \qquad (5-30)$$

式（5-30）体现了云计算按需计算的特征。本节假设虚拟机的单位价格只与虚拟资源计算性能相关，虚拟资源计算性能在不同等级，虚拟机 V_j 的单价也分为不同等级，P_j 表示分配到虚拟机 V_j 上的任务总数。

考虑用户等待时间、服务资源负载均衡、最佳经济原则，云服务调度问题的数学模型可以写成如下形式：

$$\min W, \min \delta, \min C$$
$$s.t.\ a_{ij} \in \{0,1\}; i=1,2,\cdots,n, j=1,2,\cdots,m \qquad (5-31)$$
$$\sum_{j=1}^{m} a_{ij} = 1; i = 1,2,\cdots,n \qquad (5-32)$$

式（5-31）中 $a_{ij}=1$ 表示第 i 个云服务分配到虚拟机 j 上处理；约束条件式（5-32）表示一个云服务只能被一个虚拟机处理。

2. 人工蜂群算法

人工蜂群算法是 2005 年由 Karaboga 提出的一种群智能算法。该算法模拟自然界蜜蜂的觅食行为。在蜜蜂采蜜的过程中通常有三种蜜蜂群体：雇佣蜂（Employed Bees）、跟随蜂（Onlooker Bees）和侦察蜂（Scout Bees）。雇佣蜂靠自身去寻找蜜源，并将蜜源的信息分享（蜜源位置、蜜源质量等）给侦查蜂；侦察蜂根据雇佣蜂提供的蜜源信息寻找蜜源；当蜜源的花蜜被采尽后，跟随蜂负责重新寻找一个新的蜜源代替。在人工蜂群算法中，蜜源位置相当于问题的一个可行解，蜜源的蜂蜜量及采集难度等因素对应解的质量，用适应度值表示，蜜蜂通过观察各个蜜源适应度值的大小选择最优蜜源。在每一次搜索过程中，先由雇佣蜂在一定范围内寻找新蜜源，然后将新蜜源的地点等信息分享给跟随蜂，跟随蜂根据信息选择合适蜜源并进行采集，蜜源的蜂蜜被采尽后，侦查蜂负责在搜索范围内寻找新蜜源代替。算法主要步骤分为种群初始化、雇佣蜂阶段、跟随蜂阶段和侦查蜂阶段。具体步骤如下：

（1）种群初始化　首先需要初始化，确定控制参数 limit、蜜源数 SN 和蜜源的开采次数

abs，蜜源数与雇佣蜂数量相等。随即种群初始化，随机产生 SN 个初始化解（X_1，X_2，$\cdots$，X_{SN}），即 SN 个蜜源，蜜源是一个 D 维向量。具体按式（5-33）随机产生可行解X_i，

$$x_i^j = x_{min}^j + rand[0,1](x_{max}^j - x_{min}^j) \tag{5-33}$$

式中，x_{max}^j 与 x_{min}^j 分别表示蜜源搜索范围的上限和下限，$i \in \{1, 2, \cdots, SN\}$，$j \in \{1, 2, \cdots, D\}$。

（2）雇佣蜂阶段 每个雇佣蜂对解 X_i 进行邻域搜索，随机选择 X_i 的一维 x_{ij} 根据式（5-34）将其更新为 v_{ij}，产生邻域解 V_i，φ_{ij} 为 $[-1, 1]$ 之间的随机数。比较 X_i 和 V_i 的适应度值 fit，计算方法见式（5-35）：

$$v_{ij} = x_{ij} + \varphi_{ij}(x_{ij} - x_{kj}); \varphi_{ij} \in [-1, 1] \tag{5-34}$$

$$fit_i = \begin{cases} \dfrac{1}{fun(X_i)} & fun(X_i) > 0 \\ 1 + abs(fun(X_i)), & fun(X_i) \leq 0 \end{cases} \tag{5-35}$$

式中，$fun(X_i)$ 为目标函数值。

若 $fit(V_i) > fit(X_i)$，则 V_i 替换 X_i；否则，保持 X_i 的位置不变，该蜜源的开采次数 abs 增加一次。

（3）跟随蜂阶段 采取赌轮盘方法挑选雇佣蜂，即雇佣蜂所处的蜜源质量越好，跟随蜂选择的概率越大，按式（5-36）计算X_i 被跟随蜂选择的概率 P_i，$\sum\limits_{n=1}^{SN} fit_n$ 为所有蜜源位置的适应度总和。之后，跟随蜂在蜜源周围寻找新的蜜源，新蜜源生成过程与雇佣蜂阶段一致，即当X_i 被选择时，X_i 按式（5-34）进行邻域搜索，产生邻域解V_i，比较X_i 和 V_i 的适应度值，若 $fit(V_i) > fit(X_i)$，则 V_i 替换 X_i；否则，保持X_i 的位置不变，同时该蜜源的开采次数 abs 增加一次。

$$P_i = \frac{fit_i}{\left(\sum\limits_{n=1}^{SN} fit_n\right)} \tag{5-36}$$

（4）侦查蜂阶段 记录蜜源 X_i 的开采次数 abs，若 abs > limit，则放弃该蜜源，然后，用式（5-33）产生新解 X_i。

3. 改进离散人工蜂群算法

（1）目标函数构造 根据式（5-28）~式（5-32）给出的云服务调度问题的目标函数，改进离散人工蜂群算法将目标函数中的指标 W，δ，C 基于先验偏好构造满意度函数，再用云服务调度方案综合满意度将多目标问题转化为单目标问题求解。

假设任务完成最短等待时间的满意度区间为 $[t_1, t_2]$，则满意度 $S(W)$ 计算见式（5-37）。当 $W \notin [t_1, t_2]$ 时，$S(W)$ 为 ε/W，这样可以在区分较高 $[t_1, t_2]$ 满意度区间计算方式的同时保证在不满足区间时能够比较综合满意度的优劣。同理，虚拟资源负载均衡度的满意度区间为 $[b_1, b_2]$，满意度 $S(\delta)$ 的计算见式（5-38）；经济花费的满意度区间为 $[h_1, h_2]$，满意度 $S(C)$ 的计算见式（5-39）。ε 为极小的常数。

$$S(W) = \begin{cases} 1, & W \leq t_1 \\ \dfrac{t_2 - W}{t_2 - t_1}, & W \in (t_1, t_2) \\ \dfrac{\varepsilon}{W}, & W \geq t_2 \end{cases} \tag{5-37}$$

$$S(\delta) = \begin{cases} 1, & \delta \leq b_1 \\ \dfrac{b_2 - \delta}{b_2 - b_1}, & \delta \in (b_1, b_2) \\ \dfrac{\varepsilon}{\delta}, & \delta \geq b_2 \end{cases} \tag{5-38}$$

$$S(C) = \begin{cases} 1, & C \leq h_1 \\ \dfrac{h_2 - C}{h_2 - h_1}, & C \in (h_1, h_2) \\ \dfrac{\varepsilon}{C}, & C \geq h_2 \end{cases} \tag{5-39}$$

综合满意度采用几何平均法见式（5-40）。当且仅当目标 $S(W)$、$S(\delta)$、$S(C)$ 三个满意度分量均为 1 时，综合评价值为 1；若其中一个满意度分量为 0，综合评价值则为 0。

$$F = \left(S(W) S(\delta) S(C) \right)^{\frac{1}{3}} \tag{5-40}$$

（2）改进离散人工蜂群算法求解

1）解的构造。假设有 m 个虚拟服务资源批处理 n 个云任务，则解的结构定义为

$$\boldsymbol{X}_i = (x_{i1}, x_{i2}, \cdots, x_{in}); i = 1, 2, \cdots, SN \tag{5-41}$$

式中，$\boldsymbol{X}_i$ 表示第 i 只蜜蜂（即第 i 个云调度任务）；SN 表示蜜蜂总数；变量 x_{ij} 的取值为 $[0, m-1]$ 区间的整数，代表第 j 个云任务在虚拟资源 x_{ij} 上处理。如 $\boldsymbol{X}_i = (4, 2, 1, 3, 4, 1, 1, 3, 0, 0)$ 表示有 10 个云任务待处理，第 1 个云任务在虚拟资源 $ID = 4$ 上处理，第 2 个云任务在虚拟资源 $ID = 2$ 上处理，$\cdots$，第 10 个云任务在虚拟资源 $ID = 0$ 上处理。

2）解的初始化。通过式（5-33）初始化解，其中有可能产生非可行解（即 x_{ij} 为非整数），通过取整使非可行解变为可行解。

3）位置更新阶段。在基本人工蜂群算法中，位置更新主要按式（5-34）进行搜索，即每次只更新父解的一维从而产生新解，但在云计算任务调度问题中，面对的是大批量的云任务，即高维度搜索。基于此，改进离散人工蜂群算法提出两种维数更新方法。两种位置更新描述如下：

① 随机改变 S_1。将连续人工蜂群算法位置更新公式取整数值随机生成位置：见式（5-42）。

$$v_{ij} = \text{int}[x_{ij} + \varphi_{ij}(x_{ij} - x_{kj})]; \varphi_{ij} \in [-1, 1] \tag{5-42}$$

② 突变算子 S_2。面向高维度搜索，加入负载过重资源突变算子，有方向地进行位置改变。突变算子见式（5-43），即选择分配在最高负载的虚拟资源上 vl_j 的任务 Cl_i 之一进行随

机突变再分配，$x_{ij} \in \text{Vid}(\max(vl_j))$ 表示 x_{ij} 值为最高负载 $\max(vl)$ 虚拟机（Virtual Machine，VM）的 ID 号 Vid。随机改变算子使每一只蜜蜂都有机会与其他蜜蜂进行信息交互，而突变算子按一定方向选择减少高负载资源的任务量，有方向地改善种群较劣解，在算法位置更新阶段中，随机等概率地选择这两种算子，这样在保持平衡的同时保证了种群多样性及一定的收敛性。

$$v_{ij} = (x_{ij} \rightarrow \text{int}(\text{rand}[0,1)m)); x_{ij} \in \text{Vid}(\max(vl_j)) \tag{5-43}$$

4）跟随蜂选择蜜源策略。改进离散人工蜂群算法采用锦标赛方式作为跟随蜂选择蜜源策略。锦标赛选择方式是一种用于选择适应度较高个体的方法，首先从种群中随机选择一定数量的个体，通常是两个或更多个，然后在锦标赛个体中选择具有最高适应度值的个体作为胜者。在改进离散人工蜂群算法中，首先随机选择两个蜜源，跟随蜂从中选择适应度较高的蜜源。因为锦标赛选择方式在选择蜜源阶段是随机的，以蜜源大小为选择基准，但不涉及数值大小，能够保证较小的适应度蜜源也有机会被跟随蜂选择。

5）局部搜索。在雇佣蜂和跟随蜂阶段加入局部搜索算子，产生新解 V_i 后，雇佣蜂使用小概率 $P_{LS} = 0.01$，而跟随蜂采用全概率对 V_i 进行局部搜索产生 U_i。局部搜索算子见表 5-1。

表 5-1　局部搜索算子

步骤	算法
1	$U_i = V_i, V_{i0} = V_i$
2	$k = 0; t = 1$
3	while$(t < n)$ {
4	$k = (k+1)\%n$
5	$V_{i0}[k]$ = select best VM ID with max Fitness
6	if$(F(V_{i0}) > F(U_i))$ {
7	$U_i = V_{i0}$
8	$t = 1;$ }
9	else $t = t + 1;$ }
10	Return U_i

6）侦查蜂阶段。基本人工蜂群算法在侦察蜂阶段随机产生解会降低搜索效率，而改进离散人工蜂群算法采用维度为 2 的锦标赛选择方式，随机在种群中选择两个蜜源 X_i、X_j，较差蜜源被选择记为 X_{select}，然后再将种群最优解 X_{best} 随机与种群中的一个蜜源 X_k 进行交叉（Crossover），操作如图 5-1 所示。产生两个新解为 JC_1、JC_2，选择较优解记为 JC_{select}，再对 X_{select}、JC_{select} 使用贪婪算子进行选择。侦察蜂阶段充分利用种群中最优解，有利于改善种群中较劣解。侦察蜂阶段详细搜索方式见表 5-2。

MDABC（多目标离散型人工蜂群）算法改进了邻域解的搜索机制并引入局部搜索算子，改变侦查蜂搜索方式，以此来提高云计算处理任务效率和均衡度，满足了云服务资源调度系统的多目标要求，见表 5-3。该方法涉及云调度系统的最短等待时间、经济原则和资源负载均衡三个目标，实际上云调度系统可以考虑其他目标来建立综合具体的调度模型，使云服务调度系统达到最大满意度。

表 5-2 侦查蜂阶段搜索算法

步骤	算法
1	Select $\boldsymbol{X}_i, \boldsymbol{X}_j$ from SN randomly
2	$\boldsymbol{X}_{\text{select}} = \boldsymbol{X}_i$
3	If$(F(\boldsymbol{X}_i) > F(\boldsymbol{X}_j))$
4	$\boldsymbol{X}_{\text{select}} = \boldsymbol{X}_j$
5	Select $\boldsymbol{X}_k$ from SN randomly
6	$\boldsymbol{JC}_1, \boldsymbol{JC}_2 = \text{Crossover}(\boldsymbol{X}_k, \boldsymbol{X}_{\text{best}})$ with figure
7	$\boldsymbol{JC}_{\text{select}} = \boldsymbol{JC}_1$
8	If$(F(\boldsymbol{JC}_2) < F(\boldsymbol{JC}_2))$
9	$\boldsymbol{JC}_{\text{select}} = \boldsymbol{JC}_2$
10	If$(F(\boldsymbol{X}_{\text{best}}) < F(\boldsymbol{JC}_{\text{select}}))$
11	$\boldsymbol{X}_{\text{select}} = \boldsymbol{JC}_{\text{select}}$
12	Else
13	$\boldsymbol{X}_{\text{select}} = \boldsymbol{X}_{\text{select}}$

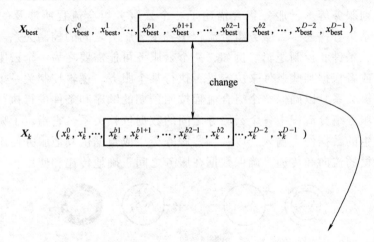

$$\boldsymbol{X}_{\text{best}} \quad (x_{\text{best}}^0, x_{\text{best}}^1, \cdots, x_{\text{best}}^{b1}, x_{\text{best}}^{b1+1}, \cdots, x_{\text{best}}^{b2-1}, x_{\text{best}}^{b2}, \cdots, x_{\text{best}}^{D-2}, x_{\text{best}}^{D-1})$$

change

$$\boldsymbol{X}_k \quad (x_k^0, x_k^1, \cdots, x_k^{b1}, x_k^{b1+1}, \cdots, x_k^{b2-1}, x_k^{b2}, \cdots, x_k^{D-2}, x_k^{D-1})$$

$$\boldsymbol{JC}_2 \quad (x_k^0, x_k^1, \cdots, x_k^{b1}, x_{\text{best}}^{b1+1}, \cdots, x_{\text{best}}^{b2-1}, x_{\text{best}}^{b2}, \cdots, x_k^{D-2}, x_k^{D-1})$$

图 5-1 交叉算子

表 5-3 MDABC 算法步骤

步骤	算法
1	初始化种群,设置种群基本参数 SN、算法最大迭代次数 MaxCycle、P_{LS}
2	雇佣蜂阶段,每一蜜源等概率选择 $S(i)(i=1,2)$,采用式(5-42)或式(5-43),对 x_{ij} 进行位置更新产生 v_{ij}。产生随机数 $r, r \in [0,1)$,当 $r < P_{LS}$ 时,则对 V_i 进行局部搜索;否则如果 V_i 优于 X_i,则用 V_i 替代 $\boldsymbol{X}_i$
3	跟随蜂利用 $d=2$ 的锦标赛方法选择蜜源
4	跟随蜂阶段,对选择蜜源 $\boldsymbol{X}_i$ 进行位置更新产生新解 V_i,利用局部搜索算子对 V_i 产生局部解 U_i,如果 U_i 优于 $\boldsymbol{X}_i$,则用 U_i 替代 $\boldsymbol{X}_i$
5	记录种群最优解
6	侦查蜂阶段,使用交叉操作和贪婪算子对蜜源进行更新替换
7	当终止条件满足时,返回算法最优解;否则转入步骤 2

5.3.3 云服务选择技术

1. 云服务组合流程

云服务组合流程（Service Composition Process，SCP）是指依据任务之间的流程约束构造出来的组合关系或流程。云服务组合流程由控制结构连接的一组抽象云服务组成，但不指定调用的云服务实例，每个抽象云服务关联一个云服务群。若云服务组合流程中包含 n 个抽象云服务，则其可形式化描述为 $SCP = <ACS_1，ACS_2，\cdots，ACS_n>$。关于云服务组合的应用大多侧重于半自动方式。半自动服务组合方式的实现是由业务人员根据特定的行业背景建立的适合具体应用需求的通用服务组合流程。

图 5-2 所示为云服务组合流程的四种基本模型。为方便明晰表述这四种模型各自的开始和结束逻辑关系状态，引入虚拟的初始抽象云服务标志 ACS_b 和虚拟的终止抽象云服务标志 ACS_e 来标记一个云服务组合逻辑上的开始和结束。通常，一个云服务组合流程由云服务集合、逻辑控制关系集合、数据依赖关系集合共同进行描述。云服务集合指的是一组在云计算环境中可用的服务，云服务集合可以包括各种类型的服务，例如存储服务、计算服务、数据库服务、消息队列服务等。云服务集合描述了一个云服务组合流程所涉及的可用服务的集合。逻辑控制关系集合描述了云服务组合流程中各个云服务之间的控制关系。它定义了服务之间的执行顺序、条件和控制逻辑。例如，一个云服务可能需要在另一个云服务执行完毕后才能开始执行，或者根据某些条件来决定是否执行某个服务。逻辑控制关系集合描述了这些云服务之间的逻辑关系，以确保整个组合流程按照预期的顺序和条件进行执行。数据依赖关系集合描述了云服务组合流程中各个云服务之间的数据依赖关系。它指定了哪些服务需要使用另一个服务产生的数据作为输入，以及哪些服务会生成数据供其他服务使用。数据依赖关系集合定义了数据的流向和传递，确保数据在服务之间正确地传递和使用。

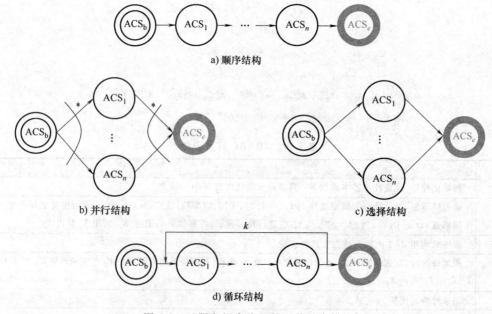

图 5-2 云服务组合流程的四种基本模型

2. 云服务组合执行路径

云服务组合执行路径（Cloud Service Composition Execution Path，SCEP）是将服务组合流程中的抽象云服务映射到具体的云服务实例，并根据用户的非功能需求和云服务的 QoS 及可用状态，选择出合适的云服务参与组合，生成可被执行的云服务组合执行路径或方案。若云服务组合流程中包含 n 个抽象云服务，每个抽象云服务 ACS_i 映射到一个云服务 CS_i，则云服务组合的执行路径可形式化描述为 $SCEP = <CS_1，CS_2，\cdots，CS_n>$。云服务有 QoS 属性，由云服务组合而成的云服务组合执行路径的 QoS 属性可形式化描述为 $SCEP = <t_{SCEP}，C_{SCEP}，Rep_{SCEP}，R_{SCEP}>$。云服务组合流程的四种基本模型对应的云服务组合执行路径基本模型的 QoS 计算方法见表 5-4。

表 5-4　云服务组合执行路径基本模型的 QoS 计算方法

控制结构	运行时间t_{SCEP}	费用C_{SCEP}	信誉等级Rep_{SCEP}	可靠性R_{SCEP}
顺序结构	$\sum_{i=1}^{n} t_i$	$\sum_{i=1}^{n} C_i$	$\left(\sum_{i=1}^{n} Rep_i\right)/n$	$\prod_{i=1}^{n} R_i$
并行结构	$\max(t_1,t_2,\cdots,t_n)$	$\sum_{i=1}^{n} C_i$	$\left(\sum_{i=1}^{n} Rep_i\right)/n$	$\min(R_1,R_2,\cdots,R_n)$
选择结构	$\sum_{i=1}^{n} p_i = 1,$ $\sum_{i=1}^{n} p_i t_i$	$\sum_{i=1}^{n} p_i C_i$	$\sum_{i=1}^{n} p_i Rep_i$	$\sum_{i=1}^{n} p_i R_i$
循环结构	$k\sum_{i=1}^{n} t_i$	$k\sum_{i=1}^{n} C_i$	$\left(\sum_{i=1}^{n} Rep_i\right)/n$	$\prod_{i=1}^{n} R_i$

制造云服务组合作为提高云制造资源利用率、实现制造资源增值的关键途径之一，对云制造的实施和开展具有重要作用。通过云服务组合，制造企业可以充分利用云计算的弹性和灵活性，使制造企业能够按需使用、灵活扩展和按量计费地获取所需的计算、存储、网络和软件等资源。通过根据实际需求和情况动态调整及优化资源的使用，制造企业能够更高效地利用制造资源。例如，当需求量增长时，企业可以快速扩展云服务的规模，以满足生产需求；而在需求减少时，可以减少云资源的使用量，避免资源浪费；云服务组合还能够实现制造资源的增值。通过选择和集成不同的云服务，制造企业可以提供更多的增值服务和功能，满足客户的个性化需求。举例来说，通过将物联网服务、数据分析服务和虚拟仿真服务等组合在一起，制造企业可以提供智能化的生产监控和预测分析功能，帮助客户实现生产过程的优化和效率提升。这样的增值服务可以为制造企业带来更高的竞争优势和商业价值。云服务组合作为提高云制造资源利用率和实现制造资源增值的重要途径，为制造企业提供了灵活性、高效性和创新性的资源利用方式。通过组合和集成各种云服务，制造企业能够更好地利用和管理制造资源，并提供更多的增值服务，从而实现生产效率的提升和商业竞争力的增强。这种综合性的云服务组合为制造业的数字化转型和智能化升级提供了关键支持，可推动制造业的可持续发展和创新能力的提升。

制造云中，功能相同但非功能属性 QoS（如运行时间、费用、信誉等级、可靠性等）不同的云服务很多，且经常变化。本文把从众多云服务中提取的、具备多种云服务功能的、能够满足用户各种需求的云组合链服务，称为云服务动态选择问题。云服务动态选择问题的选择流程是根据云服务组合流程、用户的非功能需求、云服务的状态和 QoS 属性，为云服务组合流程中的每个抽象云服务，从一组功能相同而非功能属性不同的云服务群（即 ACS-CS_l）中动态地选择一个云服务的具体实例，形成云服务组合执行路径，并且使得云服务组合执行路径的多个 QoS 指标得到优化。

3. 云制造服务层级化模型

为明确云制造服务相关元素之间的层次关系，本小节介绍一种云制造服务层次化模型。制造过程通常是以层次化的方式进行管理和执行的。比如，机械产品的装配过程非常复杂。为了解决虚拟装配过程中模型信息不完整的问题，可以采用基于层次链的方法对产品装配过程进行建模。这种方法将制造任务分解为一系列子任务，并按照一定的层次结构进行组合。云制造中，需要对云制造应用层中的用户需求进行任务分解、功能需求分析、流程分析与匹配及抽象云服务功能匹配等处理和操作，形成满足用户功能需求的一个或多个云服务组合流程。云服务组合流程由抽象云服务层中的抽象云服务按照一定的逻辑控制关系组合而成。根据用户非功能需求和云服务的可用状态及 QoS 属性，利用服务选择和优化算法，从云服务层中为服务组合流程的每个抽象云服务选取一个云服务，构成优化的云服务组合执行路径。根据云服务组合执行路径调用制造云平台基础设施层中的云服务和云服务对应的制造资源来完成用户任务，如图 5-3 所示。

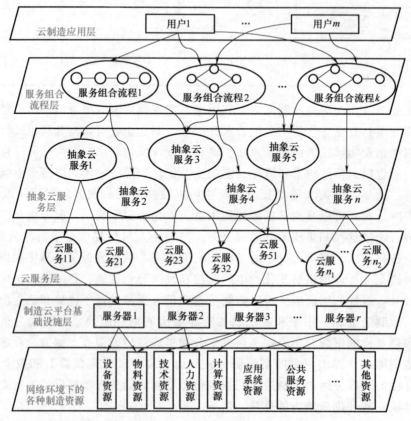

图 5-3 云制造服务层次化

4. 云服务动态选择的技术难题

服务动态选择问题从优化算法的角度分类可分为线性方法和非线性方法两种。线性方法难以求解大规模问题，且基于 QoS 的服务选择已经被证明是 NP-hard 问题。非线性方法主要是进化方法，如遗传算法，粒子群算法等。服务动态选择问题可分为基于 QoS 的局部最优方案和全局最优方案两种。但非劣解集的某些区域存在不可能求出的缺陷。由于有关云制造的研究目前还主要集中在概念、体系架构等方面，设计综合云制造、云计算和云服务的研究较少，且服务选择算法大多不以并行的方式运行，难以适应分布式并行的制造云环境。因此，基于以上问题，本小节重点介绍一种基于 MapReduce 和多目标蚁群算法的制造云服务动态选择方法（CSSMA）。

（1）问题定义　CSSMA 算法将制造云服务动态选择问题转化为基于 QoS 的多目标全局最优化问题进行求解。问题假设云服务包含四个 QoS 参数，即运行时间 t、费用 C、信誉等级 Rep 和可靠性 R。云服务组合流程中包含 n 个抽象云服务，抽象云服务 ACS_i 的 $ACS\text{-}CS_i$ 属性关联 m 个云服务 CS_{ij}，记为 $ACS\text{-}CS_i = (CS_{i1}, CS_{i2}, \cdots, CS_{im})$，要求在满足信誉等级和可靠性的条件下，云服务组合执行路径 SCEP 的执行时间最短，费用最低，则问题转化为在信誉等级和可靠性的约束条件下，求 SCEP 的时间目标函数 t_{SCEP} 和费用目标函数 C_{SCEP} 都优化的非劣解集。用户可根据自己的偏好从非劣解集中选择最满意的云服务组合执行路径，其余的云服务组合执行路径将作为备选方案，在发生意外时启用。

（2）蚁群算法　蚁群算法（Ant Colony Optimization，ACO）是 1992 年由 Marco Dorigo 提出的一种用来寻找优化路径的群智能算法。受自然界蚂蚁觅食的行为启发，蚂蚁在搜索过程中通过觅食行为和信息素相互作用来选择路径。当一只蚂蚁在路径上行走时，它会根据路径上的信息素浓度和路径长度做出决策。信息素是蚂蚁释放的一种化学物质，用于标记路径和传递信息。蚂蚁在选择路径时倾向于选择信息素浓度高且路径短的路径。同时，蚂蚁会释放信息素，增加路径上的信息素浓度。这样，路径上的信息素浓度会随着蚂蚁的选择和释放而改变，从而影响其他蚂蚁的选择。算法中两个重要元素是启发函数和信息素。启发函数用于评估路径的好坏程度，指导蚂蚁的路径选择，而信息素用于记录蚁群搜索过程中的经验。这两个元素共同引导蚁群在解空间中进行搜索。通过不断积累信息素，蚁群可以在单目标问题中收敛到最优解。然而，在多目标问题中，解的优劣相对而言并不存在绝对最优解，通常会有一组非劣解。因此，需要设计多目标蚁群算法来处理这类问题。

（3）多目标蚁群算法　在多目标蚁群算法中，目标函数、启发函数和概率计算表达式需要重新设计。目标函数需要考虑多个目标的优化要求，启发函数则评估解的质量并指导蚂蚁的移动。概率计算表达式用于确定蚂蚁选择下一步移动的概率。通过综合考虑多个目标之间的权衡和平衡，多目标蚁群算法能够搜索出一组非劣解，该算法的目标函数、启发函数、概率计算表达式分别为

$$\begin{cases} \min Q(SCEP) = \min(t_{SCEP}, C_{SCEP}) \\ s.\,t.\ Rep_{SCFP} > Rep_0, R_{SCEP} > R_0 \end{cases} \tag{5-44}$$

$$\eta_{ij} = \frac{(\max t_i - t_{ij} + 1)}{(\max t_i - \min t_i + 1)} \tag{5-45}$$

$$\eta_{ij} = \frac{(\max C_i - C_{ij} + 1)}{(\max C_i - \min C_i + 1)} \tag{5-46}$$

$$p_{ij} = \frac{(\tau_{ij}^{(\alpha)} \eta^{(\beta)})}{\sum_{j \in NCS_i} (\tau_{ij}^{(\alpha)} \eta_j^{(\beta)})} \tag{5-47}$$

其中，目标函数包含时间目标函数 t_{SCEP} 和费用目标函数 C_{SCEP}。由于云服务的 QoS 不同，启发函数 η_{ij} 的设计也各不相同。当云服务 CS_{ij}（$i = 1, 2, \cdots, n$；$j = 1, 2, \cdots, m$）的时间属性优先时，启发函数设计为式（5-45）；当云服务 CS_{ij} 的费用属性优先时，启发函数设计为式（5-46）。其中 $\min t_i$、$\max t_i$ 和 $\min C_i$、$\max C_i$ 分别表示制造云平台中抽象云服务 ACS_i 关联的云服务的时间属性 t_{ij} 的最小值、最大值和费用属性 C_{ij} 的最小值和最大值。上述取项方法可保证启发函数的值域被规范到区间，并且服务的运行时间越长、费用越多，启发函数的值越小。

云服务 CS_{ij} 的信息素包含两方面，云服务 CS_{ij} 时间属性对应的信息素记为 τt_{ij}，且 $\tau t_{ij} = \tau_{ij}$，费用属性对应的信息素记为 τC_{ij}，且 $\tau C_{ij} = \tau_{ij}$。式（5-47）可以计算出每个抽象云服务关联的云服务的时间属性概率 pt_{ij} 与费用属性概率 pC_{ij}，其中 α、β 为参数，每个抽象云服务关联的所有云服务的时间属性概率之和为 1，费用属性概率之和也为 1。

（4）MapReduce 框架　MapReduce 通过 Map 和 Reduce 两个简单函数构成运算基本单元，编程人员只需提供自己的 Map 函数和 Reduce 函数即可并行处理海量数据，且只需将精力放在应用程序本身，而关于集群的处理问题包括可靠性和可扩展性，则交由平台来处理。在蚁群算法中，各个蚂蚁独立对问题进行求解，具有高的隐含并行性，可以很好地利用云计算的 MapReduce 编程模式和分布式文件系统（Hadoop Distributed File System，HDFS），在制造云平台中对问题进行分布式并行求解。

CSSMA 算法应用 MapReduce 来并行化多目标蚁群算法，且应用 Map 函数构建问题的解。它应用 Reduce 函数实现解的聚集和比较，得到非劣解集，并根据解的密度进行信息素的更新。当一代求解不能得到问题的最优解集时，则利用云计算的任务管道能力形成 $M_1 \rightarrow R_1 \rightarrow M_2 \rightarrow R_2 \rightarrow \cdots \rightarrow M_n \rightarrow R_n$ 的执行序列，进行多代求解，并将上一代 Reduce 的输出作为下一代 Map 的输入，使任务串行起来，经过进化，最终求得问题的非劣解集。

1）Map 函数。Map 函数的形式化描述为

$$Map(key1, value1) \rightarrow \{<key2, value2_i> | i = 1, 2, \cdots, k_1\} \tag{5-48}$$

式（5-48）中的输入为键值对 <key1, value1>，key1：integer 类型，表示蚂蚁家族的序号，value1：text 类型，为上一代求得的一个解对象；输出为键值对集合 <key2, value2_i>（中间结果），并将其作为 Reduce 函数的输入，key2 = 1；value2_i 为解对象。

Map 函数的主要功能为根据 SCP = <ACS_1, ACS_2, $\cdots$, ACS_n>，从每个抽象云服务相关联的云服务列表 $ACS\text{-}CS_i$ = （CS_{i1}, CS_{i2}, $\cdots$, CS_{im}）中，选取一个云服务 CS_{ij} 形成一个云服务组合执行路径（问题的一个解 s）；计算解的两个目标函数值 t_{SCEP}、C_{SCEP}；进行解对象的比较和选优处理，形成该蚂蚁家族的非劣解集，输出该非劣解集中的解对象。

CSSMA 算法的 Map 函数见表 5-5，其中，$sSet$ 为本算法中蚂蚁家族的非劣解集合；第 3 步为取相关云服务 CS_{ij} 的信息素 τ_{ij}，若是第一代求解，则 $\tau_{ij} = 1$，否则，从信息素文件中读

取信息素；第 8 步为从 ACS-CS$_i$ 中，根据 idx 和相应的概率，按轮盘赌方式选择一个云服务 CS$_{ij}$；第 11 步 compare（SO，$sSet$）为实现解对象 SO 和非劣解集合 $sSet$ 中的解对象的比较和选优，其描述见表 5-6。表 5-6 的 compare（SO，$sSet$）函数中的 $SO.\ t_{\text{SCEP}}$、$SO.\ C_{\text{SCEP}}$ 分别表示解对象 SO 的时间、费用目标函数值；表 5-6 第 4 步表示 SO 的两个目标函数值均优于 SO_i，则从非劣解集中删除 SO_i，且将 SO 标记为优解；表 5-6 第 6 步表示 SO 的值有一个优于 SO_i，则将 SO 标记为优解；表 5-6 第 8 步表示 SO 的值都不优于 SO_i，则跳出 for 循环，不再比较；表 5-6 第 9 步表示若 SO 是优解，则将 SO 加入 Set。通过表 5-6 给出的解对象比较寻优步骤，可保证非劣解集中的解对象为蚂蚁求得的当前最优非劣解。

表 5-5　CSSMA 算法的 Map 函数

步骤	算法
1	$sSet$ = null
2	$sSet.\ \text{add}(SO)$；//SO 为 value1 分解的解对象
3	getPheromone()；
4	按式 (5-47) 计算时间和费用概率 pt_{ij}，pC_{ij}
5	while（蚂蚁家族中的成员未求解完）｛
6	idx = 0 或 1；//随机取时间或费用属性
7	for（ACS$_i$ in SCP）｛//构造一个解
8	CS$_{ij}$ = selectCS（ACS$_i$）
9	CS$_{ij}$ 加入解 s｝//end for
10	求 s 的目标函数值 v；形成解对象 SO
11	compare（SO，$sSet$；）//end while
12	for（SO_i in $sSet$）｛
13	key2 = 1；value2 = SO_i
14	输出 <key2，value2>｝//end for

表 5-6　解对象比较优化函数（Compare 函数）

步骤	算法
1	if（$sSet$ = null）｛$sSet$，add（SO）；｝
2	isGood = false
3	for（SO_i in $sSet$）｛
4	if（$SO.\ t_{\text{SCEP}} < SO_i.\ t_{\text{SCEP}}$ && $SO.\ C_{\text{SCEP}} < SO_i.\ C_{\text{SCEP}}$）｛
5	$sSet$.delete（SO_i）；isGood = true；
6	｝else if（（$SO.\ t_{\text{SCEP}} < SO_i.\ t_{\text{SCEP}}$ && $SO.\ C_{\text{SCEP}} >= SO_i.\ C_{\text{SCEP}}$）$\parallel$（$SO.\ t_{\text{SCEP}} >= SO_i.\ t_{\text{SCEP}}$ && $SO.\ C_{\text{SCEP}} < SO_i.\ C_{\text{SCEP}}$））｛
7	isGood = true
8	｝else｛break；｝｝//end for
9	if（isGood）｛$sSet$.add（SO）；｝

2）Reduce 函数。在 CSSMA 算法中，Map 输出 key = 1，所有的 Map 输出结果将会交给一个 Reduce 进行处理。由于云制造平台会对 Map 函数输出的结果进行排序、聚集等操作，故能将相同 key 的中间结果交给一个 Reduce 函数进行处理。Reduce 函数的形式化可描述为

$$\text{Reduce}(\,\text{key2},\text{list}(\,\text{value2})\,)\rightarrow\{\,<\text{key3}_j,\text{value3}_j>\,|\,j=1,2,\cdots,k_3\,\} \tag{5-49}$$

$$\begin{cases} \tau_{ij}=(1-\rho)\tau_{ij}+\Delta\tau_{ij} \\ \Delta\tau_{ij}=\dfrac{1}{[\,(1+d_i)Q\,]} \end{cases} \tag{5-50}$$

式中，key3_j 为解对象属性索引；value3_j 为由解对象 SO_j 中的解和值连接而成的一个解对象量；Q 为参数，体现解密度 d_i 的重要程度；ρ 为信息素衰减参数。

Reduce 函数的主要功能是对各 Map 函数输出的多个云服务组合执行路径 SCEP 进行比较和选优，并根据优选的 SCEP 集合对云服务进行信息素更新和输出优选的 SCEP 相关信息集合。Reduce 函数流程如下：接受 Map 输出的各家族的非劣解集，并比较其中的解对象，得到问题当前最优的非劣解集，计算非劣解集中每个解对象的相似度、信息熵和解密度，并根据解对象的解及解密度进行信息素更新，输出当前非劣解集。

CSSMA 算法的 Reduce 函数见表 5-7，其中，第 2 步、第 4 步同 Map 中的相关操作；第 3 步为计算当前非劣解集 $sSet$ 中每个解对象的解密度；第 5 步为根据式（5-50）解对象的解密度 d_i 和解 s，对云服务的信息素进行更新。信息素更新方式为对所有相关云服务 CS_{ij}，先将时间信息素 τt_{ij} 和费用信息素 τC_{ij} 衰减为 $(1-\rho)\tau_{ij}$，再对非劣解集 $sSet$ 中的每个解对象 SO 的解（即云服务组合执行路径）中包含的云服务 CS_{ij} 增加 $\Delta\tau_{ij}$ 信息素。

表 5-7　CSSMA 算法的 Reduce 函数

步骤	算法
1	$sSet = \text{null}$
2	$\text{for}(SO \text{ in list}(\text{value2}))\ \text{compare}(SO,sSet)$
3	$\text{SD}(sSet);//$解密计算
4	$\text{getPheromone}();//$取信息素
5	$\text{for}(SO \text{ in } sSet)\{$信息素更新；$\}$
6	把更新后的信息素写入信息素文件；
7	$\text{for}(SO \text{ in } sSet)\{$
8	$\text{key3} = SO.\,\text{idx};\text{value3} = SO.\,s+SO.\,v$
9	输出 $<\text{key3},\text{value3}>;\}$

多目标优化问题的子目标通常是相互冲突的，因此在多目标优化算法求解过程中往往需要保持解的多样性以助于发现潜在最优解。CSSMA 算法采用基于 Shannon 的信息熵理论来保持解的多样性。对非劣解集中的解对象计算其信息熵和解密度，并根据解密度对云服务进行信息素更新，这样，解密度小的解对象包含云服务的信息素增加较多，且信息素直接影响下一代蚂蚁的求解，使蚂蚁的求解空间分散在解密度较小的区域，不至于过分集中，保持了解的多样性，能有效改善蚁群算法易过早收敛于局部最优解的缺陷。

解密度（Solution Density, SD）计算函数见表 5-8，其中，n 为云服务组合执行路径中包含云服务的个数；r 为当前非劣解集中和 s_i 相似解的数量；第 6 步为计算解 s_i 和 s_j 中相同云服务的比率 p 和信息熵 h；第 7 步为计算解 s_i 和 s_j 的相似程度 q，若 q 值不小于 0.9，则 s_i 和 s_j 相似，r 值加 1；第 8 步为计算解对象 SO_i 的解密度 d_i。函数 SD 输出非劣解集中各个解对象的解密度。

表 5-8　解密度计算函数（SD）函数

步骤	算法
1	for(SO_i in $sSet$){$r=0$
2	$s_i = SO_i.\,s$//取解对象中的解
3	for(SO_j in $sSet$){$s_j = SO_j.\,s$
4	if($s_i\,!\,=s_j$){
5	计算 s_i 和 s_j 中相同云服务的个数 k}
6	$p=\dfrac{k}{n}$；$h=-(p\cdot lnp)$
7	$q=\dfrac{1}{1+h}$；if($q>=0.9$){$r\leftarrow r+1$;}}
8	SO_i 的解密度 $d_i=\dfrac{r}{n}$;}
9	输出 $sSet$ 中各解对象的解密度

为了确保算法能够找到高质量的非支配解集，提高算法的收敛性和稳定性，需要采取措施来保持优良解。CSSMA 算法将 Reduce 函数的输出设计为当前最优非劣解集组成文件，通过制造云平台的任务管道将非劣解集文件作为下一代 Map 的输入文件，且在制造云平台中将其分割成许多数据段，设计每个数据段中包含一个非劣解。因此，非劣解集的每个解对象对应下一代的一个 Map 函数，并作为 Map 函数的输入，成为蚂蚁家族非劣解集中的初始解。这样，上一代的优良解被保持到下一代，且直接影响下一代蚂蚁家族的非劣解集，在使问题的求解具有较好收敛性的同时，加速问题的求解。

CSSMA 算法总体描述见表 5-9，其中，第 1 步为通过 CSSMA 的数据预处理实现云服务 CS 属性文件的预处理；第 2 步的相关参数包括：算法最大迭代次数 MG，蚁群算法的参数 α、β、ρ、Q，蚂蚁家族成员数 AN，初始解文件（解文件在制造云平台中将被分割成若干数据段，且每个数据段将作为 Map 函数的一个输入）等；第 4 步为 CSSMA 的 Map 函数描述和功能应用；第 5 步为 CSSMA 的 Reduce 函数描述和功能应用，该步输出由非劣解集构成的解文件；第 6 步为输出第 5 步的解文件到本地文件系统，目的是保留中间求解结果，以便对结果进行统计和分析，以及考查算法的性能；第 7 步为考查解文件的收敛性，若解文件中的非劣解已收敛，则结束算法，否则，进入下一代循环，将第 5 步输出的解文件作为下一代 Map 的输入。

表 5-9　CSSMA 算法总体描述

步骤	算法
1	云服务 CS 属性文件预处理
2	初始化相关参数
3	while（迭代次数小于 MG）{
4	Map(key1,value1)
5	Reduce(key2,list(value2))
6	输出当前非劣解集到本地解文件
7	若当前非劣解已收敛,结束算法;}

CSSMA 算法利用云计算的 MapReduce 编程模式和分布式文件系统将蚁群算法并行化，使其分布式并行地运行在制造云平台中，增强了蚁群算法处理大规模问题的能力。算法采用基于信息熵的解多样性保持策略和优良解的保持策略进行蚁群算法的性能改善，能有效改善蚁群算法求解时间长且易于收敛到局部优解的缺陷，为在制造云平台中分布式并行地求解制造云服务动态选择问题提供了可行方案。

5.3.4 实例分析：智能网联汽车的云制造系统

智能网联汽车的云制造系统将云计算和制造技术相结合，为汽车制造业带来了巨大的变革和发展机遇。在智能网联汽车的生产和制造过程中，云边协同中的云服务调度和云服务动态选择等关键技术得以应用，为制造企业提供了高效、灵活和可靠的生产环境。

1. 云服务调度技术

（1）物流管理与供应链协调　云服务调度可以通过智能算法和实时数据分析，优化零部件的运输和配送计划。例如，系统可以考虑交通拥堵、交通规则和运输工具的可用性等因素，自动计算最佳的物流路径和交付时间。此外，云服务调度还可以根据实际需求和优先级，对不同零部件进行优先级排序和分配，以确保关键零部件的及时交付。作为供应链协同和协作的平台，云服务调度系统可以连接制造商、供应商和物流服务提供商等各个环节的参与方。通过系统，不同参与方可以实时共享信息、协调行动并共同解决问题。例如，制造商可以与供应商实时共享生产计划和需求信息，供应商可以提供准确的交付时间和库存状况，物流服务提供商可以提供运输和配送的实时状态。这样的协同平台有助于加强供应链各方之间的合作，提高整体供应链的效率和灵活性。

（2）生产计划和调度　云服务调度在生产过程中起到资源调度和协调的关键作用。它可以根据生产计划和实时需求，智能地安排设备、人力和物料的调度。通过与设备的连接，云服务调度可以监测设备的状态和运行情况，并安排任务分配，以最大限度地利用设备的能力和效率。此外，云服务调度可以协调不同工作站之间的任务流程，确保生产线的顺畅运行。例如，当某个工作站出现故障时，云服务调度可以自动重新安排任务分配，将任务转移到其他可用的工作站，以减少生产线的停滞时间。云服务调度还可以通过实时监测和分析生产过程中的数据，检测异常事件并发出预警。当工作站的生产速度低于预期或质量问题出现时，云服务调度可以自动检测并发出警报。这样的预警功能使得生产管理人员能够及时采取措施，解决问题并减少生产线的停滞时间。同时，云服务调度还可以记录和分析异常事件的发生频率和影响，以识别潜在的改进机会，并优化生产过程。

2. 云服务动态选择技术

（1）车辆诊断和维修服务　智能网联汽车通过车载传感器和通信设备采集车辆诊断数据，并将其传输到云平台。在云平台上，集成了多个车辆诊断服务提供商，如汽车制造商、第三方服务提供商和维修技术供应商。通过动态选择算法，根据服务提供商的性能、准确性、可用性和用户反馈等因素，选择最合适的服务提供商。动态选择算法考虑车辆诊断数据和维修服务需求，并综合评估可用的服务提供商，以做出最佳选择。算法可能利用历史数据、机器学习模型和实时监控来不断优化选择。根据动态选择算法的结果，云平台将诊断请求和维修任务分配给最佳的服务提供商。这涉及将车辆定位、故障信息和维修需求传递给相应的服务提供商，并确保及时安排维修服务。同时，云平台实现车辆、驾驶员和服务提供之间的实时协作。车辆提供实时诊断数据，驾驶员报告问题和需求，服务提供商提供维修进度和反馈。这种实时协作有助于优化维修服务的执行和效果，并确保高效的沟通和协调。

（2）车辆共享和调度服务 智能网联汽车通过车载传感器和通信设备收集车辆位置、可用性和状态等数据，并将其传输到云平台。在云平台上，动态选择算法考虑了车辆的位置、目的地、行程需求和其他相关因素。动态选择算法综合考虑车辆的实时位置和行程需求，同时分析交通状况、用户优先级、电池电量和充电桩可用性等因素。基于这些数据和算法模型，动态选择算法将最合适的车辆分配给用户的共享请求，这确保了车辆的高效利用和用户的便利体验。在车辆调度方面，动态选择算法会考虑车辆的当前位置和行程需求，以及其他相关因素，如充电需求、维修状态和预定情况。通过综合评估这些因素，算法可以智能地决定将哪些车辆分配给特定的共享需求，并优化车辆的分布和调度。云平台实现了与车辆和用户之间的实时通信与协作。用户可以通过移动应用程序提交共享请求，获取车辆的实时位置和可用性信息，并收到预计到达时间等反馈。车辆则通过云平台接收共享请求，并根据指示导航到乘客所在位置。

说课视频

5.4 制造工程管理中的智能网络安全技术

网络化带来了便捷的数据交换和高效的资源管理，而网络安全技术能够有效保护制造工程中的关键数据和工艺流程，防止因网络攻击或数据泄露而导致的停工、生产损失和商业秘密泄露。当前入侵检测系统、入侵防御系统、漏洞管理等网络安全技术已经在制造工程管理中取得广泛应用。按照威胁事件发展的顺序，制造工程管理中面临的网络安全核心技术分为"威胁感知技术""安全评估技术"和"监控响应技术"。暗网由于其匿名性质，成为黑客攻击和恶意软件分发等活动的主要场所。暗网威胁技术通过监视暗网上的论坛、市场和社交平台，识别相关威胁，搜集有关新型攻击工具、恶意软件、漏洞利用和攻击技术的情报信息。漏洞是黑客发起攻击的关键，而不同设备的漏洞是不同的。因此，智能评估技术结合设备的漏洞信息评估设备安全性，帮助网络安全专业人员快速识别出设备的当前安全风险，从而进行相应处理（如隔离）。针对现代网络的攻击，需要实时监控网络活动，并快速响应潜在的安全威胁。实时监控和响应技术通过实时监控网络流量、用户行为以及系统日志等信息，及时发现异常活动，评估其潜在风险，并采取相应的措施进行处置。基于此，本节重点介绍网络安全中的核心技术，以威胁感知、安全评估、监控响应的顺序展开对制造工程管理过程的安全防护。

5.4.1 针对设备安全威胁的智能识别技术

随着信息全球化的发展，暗网中的威胁不仅涉及中文，而且也涉及英文、法文、德文等语言。这些全球化的暗网威胁对我国的制造工程管理带来了很大的危害。英文是暗网威胁的主流语言，而其他语言则相对较少，因此难以快速生成其他语言的表征，这使得如何同时感知多语言的威胁存在技术挑战。针对此，本节介绍一种综合多语言多种类的暗网威胁全面感知方法，在此之前先介绍基于文本的深度表征学习方法和生成性对抗网络（Generative Adversarial Networks，GANs）。

（1）基于文本的深度表征学习　指利用深度学习技术从文本数据中自动提取，并学习到对应的特征表示。由于深度学习的核心在于构建多层的神经网络模型，通过逐层传递和处理信息，因此可以用于从原始文本数据中学习高层次的抽象特征。

Bi-LSTM 作为一种深度学习架构，专门设计用于从文本中提取文本表征。具体来说，Bi-LSTM 包含两个独立的 LSTM 层：一个按时间顺序处理输入序列，从前往后捕捉特征；另一个则按时间倒序处理输入序列，从后往前捕捉特征。这两个 LSTM 层的输出最后会被拼接在一起，作为整个 Bi-LSTM 的输出。Bi-LSTM 可以同时利用输入序列的前后上下文信息，从而更全面地理解序列数据的内在规律和特征。

（2）GANs　GANs 采用两个神经网络，它们采用对抗学习策略（Adversarial Learning，AL）。对抗训练通过生成器 G 生成虚假的数据，试图欺骗判别器 D，将这种"生成"数据判断为真实数据，收敛为真假难辨时完成训练。因此，AL 可以表示为具有值函数 V 的极小极大博弈：

$$\min_{G}\max_{D} V(D,G) = E_x[\log D(x)] + E_z[\log(1-D(G(z)))] \tag{5-51}$$

式中，x 来自真实数据分布，z 来自噪声分布（如均匀分布或高斯分布）；$D(x)$ 是 x 来自真实数据的概率。

生成器被训练以最小化判别器的奖励，而判别器则被训练以通过给真实和合成数据分配正确的标签来最大化其奖励。如果判别器 D 正确识别出"真实"数据是真实的，那么 $E_x[\log D(x)]$ 为 D 的奖励。同样，如果 D 正确识别出"生成"数据是虚假的，则 $E_z[\log(1-D(G(z)))]$ 为 D 的奖励。GANs 的 AL 过程包括四个步骤：

1）生成器使用预定义分布从噪声中合成初始样本。

2）判别器被训练以区分真实数据和合成数据。

3）通过损失函数将判别器的预测与真实值进行比较，并更新生成器的权重以提高合成数据的质量。

4）重复步骤 1）~步骤 3），直到生成器合成的数据与真实数据无法区分，即 GANs 平衡。

（3）综合多语言多种类的暗网威胁全面感知方法　跨语言知识转移（Cross-Lingual Knowledge Transfer，CLKT）借鉴迁移学习的思想，旨在通过利用从高资源语言（主流语言如英语）中获取的知识，来提高低资源语言（数量分布较少的语言）中目标任务的学习。传统的 CLKT 方法需要特征工程，然而，特征工程费时费力且效果不佳。跨语言黑客资产检测模型（Cross-Lingual Hacker Asset Detection，CLHAD）作为一种改进的基于文本的深度表征学习方法，通过一种对抗性深度表征学习方法（Adversarial Deep Representation Learning，ADREL）实现自动学习。ADREL 通过改进生成性对抗网络 GANs 的方法，自动从英语语境中提取到语言不变的表示，并将它们转移到非英语语境中，而不需要外部资源或大量人工标注的训练数据。CLHAD 模型包括两个阶段：

阶段 1：对抗性深度表征学习方法，用于从暗网平台中英语和非英语的文本里学习到语言不变的表示，以解决不同语言的暗网威胁特征分布不同所带来的技术难题，实现对暗网威胁的自动感知。

阶段 2：利用二进制分类器，将学习到的表示分类，标记是否为网络威胁。

1）对抗性深度表征学习方法。深度表征学习作为一种有效的方法，具备从文本中自动提取特定于语言的显著特征的作用。通过引入 GANs 设计一种包含双生成器的对抗学习方式，在分析暗网威胁时提供跨语言知识转移的语言不变表示，提高模型的鲁棒性和泛化能力。

在包含双生成器的对抗学习中，博弈主体从传统的单生成器与单判别器，转变为双生成器联合体与单判别器；判别器 D 的损失为无法正确区别开两个生成器所生成的内容，而双生成器联合体的损失则是判别器 D 正确区别开两者所生成的内容。因此，双生成器联合体与判别器形成了零和博弈，通过两者对抗，促使双生成器生成的内容不断接近。接下来，采用非参对抗核学习的方式，通过神经网络拟合核函数，以最小化不同语言威胁特征的最大均值差异，进一步对齐特征分布。对抗性深度表征学习的 AL 表示为

$$\min_{G^{en},G^{NE}} \max_{D} V(D,G^{en},G^{NE}) = E_{R^{NE}}\left[\log D\left(G^{NE}(R^{NE})\right)\right] + E_{R^{en}}\left[\log\left(1 - D\left(G^{en}(R^{en})\right)\right)\right]$$

$$(5\text{-}52)$$

式中，R^{en} 和 R^{NE} 是初始的语言特定文本表示；G^{en} 和 G^{NE} 分别是英语和非英语表示的生成器。与传统的 GANs 类似，该方程表示判别器 D 的总奖励。G^{en} 和 G^{NE} 都被训练以最小化判别器的奖励。$E_{R^{NE}}\left[\log D(G^{NE}(R^{NE}))\right]$ 表示如果它正确标记来自非英语语言的合成表示时 D 的奖励。G^{en} 和 G^{NE} 与 D 对抗，直到它们学会生成两种语言都通用的特征。

基于以上特征分布对齐方法，为具有不同分布的特征分别建立生成器，实现特征映射；若映射后特征分布未对齐，则 D 很容易区分，造成双生成器的损失；双生成器为降低损失，就必须提高其对齐特征分布的能力，而这会增加 D 区分的难度，从而造成损失；因此 D 需要提升其区分能力，而这会促使双生成器进一步提升其对齐特征分布的能力。通过这种对抗的方式，不断提升双生成器特征分布对齐的能力，最终得到分布对齐的特征。

2）二元分类器。基于第一阶段得到的文本表示，第二阶段使用 Bi-LSTM 二元分类器对文本表示进行分类，预测输出是网络威胁的概率。

5.4.2　针对设备安全程度的智能评估技术

1. 已有设备安全评估指标介绍

通用漏洞评分系统（Common Vulnerability Scoring System，CVSS）是一种用于评估软件漏洞严重程度的系统。CVSS 通过为每个漏洞分配一个分数，指导组织和个人确定需要被优先处理的漏洞，从而采取适当的应对措施。CVSS 是由美国国家基础设施保护中心（NIST）开发的，通过考虑各种标准、环境和时间因素，如漏洞类型、年龄以及如果漏洞被利用所导致后果的严重程度，来标准化漏洞信息。CVSS 作为一项漏洞严重程度的评估指标，对于漏洞优先级排序和风险管理至关重要。CVSS 评分范围从 0.0～10.0，分为"Low""Medium""High"和"Critical"级别。表 5-10 中总结了 CVSS 评分的严重程度、范围及漏洞示例。

CVSS 为安全从业者提供了一种机制，用于优先考虑和管理其易受攻击设备的风险。尽管漏洞扫描器和 CVSS 被广泛使用于各漏洞评估设备中，但缺乏对暗网内容的融合，无法利用漏洞名称中的内容来从暗网中的在线黑客论坛中识别最相关的攻击名称。

表 5-10　CVSS 评分的严重程度、范围及漏洞示例

严重性（风险）程度	CVSS 范围	漏洞示例
Critical	9.0~10.0	不支持的操作系统、超文本预处理器（PHP）的版本检测和开放安全套接字层（OpenSSL）
High	7.0~8.9	SQL 注入，提供开放源代码的加密通信软件（OpenSSH）漏洞，缓冲区溢出，Linux 块处理
Medium	4.0~6.9	跨站点脚本（XSS）、可浏览 Web 目录、OpenPAM DoS、未加密的 Telnet 服务器、DropBear Secure SocketShell（SSH）漏洞
Low	0.1~3.9	明文提交凭据，没有 HTTPS（超文本传输安全协议）的身份验证

2. 设备漏洞与网络威胁的匹配技术

本节介绍一种用于自动识别黑客最可能利用的相关漏洞的方法——基于双重注意力机制的深度结构化语义模型（Exploit Vulnerability Attention-Deep Structured Semantic Model，EVA-DSSM），强化有效信息弱化无效信息从而进行特征提取。EVA-DSSM 算法集成了双向 LSTM（Bi-LSTM）层和两种注意力机制的体系结构（上下文注意和自注意），以提高利用-漏洞匹配成功率。所有的漏洞利用（Exploit）和漏洞（Vulnerability）名称都经过了词干提取、小写转换，并且移除停用词，并被分解为三元分词（Trigram）。EVA-DSSM 的整体流程包括五个模块：

1）Bi-LSTM。由于名称信息具有顺序依赖性（如系统名称出现在版本类型之前），因此采用 Bi-LSTM 层进行处理。每个 Bi-LSTM 时间步依次向前和向后处理一个 Trigram 方向，最后的输出是全面捕获整个 Trigram 序列的上下文。

2）上下文注意力层。与标准的 DSSM 模型将输入文本分开处理直到嵌入比较不同，该方法的目标是检查输入的漏洞和利用名称之间的相关关系。通过漏洞和威胁名称的相似性计算注意力得分，对漏洞信息进行基于注意力的加权综合，得到威胁中每一个 Trigram 的上下文向量。

3）自注意力层。将漏洞利用中每个 Trigram 的自身向量 $[h_1^e, h_2^e, \cdots, h_m^e]$ 和各自的上下文向量进行拼接得到向量 $[o_1, o_2, \cdots, o_m]$。自注意力层基于 $[o_1, o_2, \cdots, o_m]$ 为 $[h_1^e, h_2^e, \cdots, h_m^e]$ 分配注意力权重。将针对 E^e 作为隐藏状态的综合输出，使用 A_i^s 表示第 i 个 Trigram 分配的注意力权重，则

$$u_i = \tanh(W^s o_i + b) \tag{5-53}$$

$$A_i^s = \frac{\exp(u_i w)}{\sum_i^m \exp(u_i w)} \tag{5-54}$$

$$E^e = \sum_i^m A_i^s h_i^e \tag{5-55}$$

4）共享全连接层的 DNN（全连接神经网络）。将利用文本的综合输出（E^e）和漏洞文本综合输出（h_n^v）输入共享的全连接层中进行转换，即 $R^e = \text{ShareDense}(E^e)$，$R^v = \text{ShareDense}(h_n^v)$，$\text{ShareDense}(\cdot)$ 指共享全连接层。

5）威胁-漏洞相似性计算。使用余弦相似度计算 $\boldsymbol{R}^e$ 和 $\boldsymbol{R}^v$ 之间的距离，表示向量的相似性。进而使用 Softmax 来获得条件概率 P（E｜V），并定义损失函数为

$$\mathcal{L} = -\log\prod_{\mathrm{E},\mathrm{V}^+} P(\mathrm{E}\mid\mathrm{V}^+) \tag{5-56}$$

式中，V^+ 表示相关漏洞。在模型训练阶段基于梯度方法反向传播损失以更新网络参数。

3. 设备漏洞严重性度量指标

设备漏洞严重性度量指标（Device Vulnerability Severity Metric，DVSM）包含了攻击发布日期及漏洞严重程度。设备 DVSM 值越大，安全性越差，越需要对该设备进行安全保护。DVSM 的计算为

$$D = \sum_{j=0}^{J}\left(\frac{s_j}{\log(d_j+2)}\right) \tag{5-57}$$

式中，D 是整体设备严重性评分；J 是系统中的漏洞数量；s_j 是设备内特定漏洞的严重性，由设备漏洞的 CVSS 评分确定；d_j 是自漏洞 s_j 最相关的漏洞被发布以来的天数。最相关的漏洞是由模型算法确定的。如果最相关的漏洞较新，则严重性在度量中获得更高的权重；如果一个设备有更严重的漏洞或新的被利用的漏洞，那么它的总体得分就会更高。

5.4.3 针对多模态攻击的智能检测技术

很多黑客攻击均具有多模态数据的形式，如钓鱼攻击通常以电子邮件、短信、社交媒体等形式进行，攻击者伪装成合法的实体，如银行、互联网服务提供商等，诱使受害者提供个人敏感信息，如用户名、密码、银行账号等。钓鱼攻击的数据形式可以是文本、图片、链接等多样的形式，具有多模态的特性。本节引入了一个多模态分层注意力模型（Multi-Modal Hierarchical Attention Model，MMHAM），用于检测多模态数据攻击。MMHAM 采用多模式学习，从网页文本的信息内容、URL（统一资源定位符）的导航内容和图像的视觉内容三种形式的内容中，自动提取欺诈线索的深层表征。MMHAM 设计了一种创新的共享字典学习方法，该方法用于在注意力机制中对齐来自不同模态的表示。在介绍 MMHAM 之前，首先介绍共享字典学习的原理，然后介绍共享词典学习如何用于实现深度对齐表征。

1. 共享字典学习

字典学习通过另一个空间中的新表示来建模一个空间中的表示。因此，字典学习有助于在共同空间中为来自不同特定模态空间的原始表示学习新的表示，从而对齐每个维度捕获的深层模式。给定表示 $\boldsymbol{x}\in\mathbb{R}^M$，字典学习旨在学习一个字典 $\boldsymbol{D}\in\mathbb{R}^{M\times D}$（包含 D 列，每一列称为一个元素）和一个新的稀疏表示 $\boldsymbol{x}'$，以元素的线性组合形式表示。线性组合 $\boldsymbol{D}\boldsymbol{x}'$ 应以 L_2 距离逼近原始表示 $\boldsymbol{x}$，具体而言：

$$\min_{\boldsymbol{x}',\boldsymbol{D}}\|\boldsymbol{x}-\boldsymbol{D}\boldsymbol{x}'\|_2^2+\lambda\|\boldsymbol{x}'\|_1$$
$$\mathrm{s.t.}\ \|d_i\|_2\leqslant 1,\forall i=1,2,\cdots,D \tag{5-58}$$

d_i 是字典 $\boldsymbol{D}$ 的第 i 列；$\|\boldsymbol{x}'\|_1$ 是正则化项。因此，字典学习能够将表示 $\boldsymbol{x}$ 从原始空间映射为另一个空间中的表示 $\boldsymbol{x}'$，该空间的基是字典 $\boldsymbol{D}$。

受此启发，字典可以通过共享以对齐来自不同空间的表示，这称为共享字典学习。简单起见，使用两个不对齐的表示进行说明。给定原始的不对齐表示 $\boldsymbol{x}_1$ 和 $\boldsymbol{x}_2$，共享字典学习找

到一个共享字典 D 和相应的新稀疏表示 x_1' 和 x_2'。为每个原始表示引入投影矩阵，将其映射到易于学习的某个空间，即

$$\min_{P_1,x_1',P_2,x_2',D} \parallel P_1 x_1 - D x_1' \parallel_2^2 + \parallel P_2 x_2 - D x_2' \parallel_2^2 + \lambda \parallel x_1' \parallel_1 + \lambda \parallel x_2' \parallel_1$$

$$\text{s.t.} \parallel d_i \parallel_2 \leqslant 1, \forall i = 1, 2, \cdots, D \tag{5-59}$$

式中，P_1 和 P_2 是投影矩阵；x_1' 和 x_2' 都是相同基的线性组合形式。因此，x_1' 和 x_2' 在相同的共享空间中是对齐了的。

然而，共享字典学习并不是为对齐深度学习特征所设计的。下文引入一种多层次注意机制，进行深度表征对齐的共享词典学习。

2. 深度对齐表征的共享词典学习

由于黑客能够利用图像、文本和 URL 等多模态数据设计攻击，因此，需要能够迅速屏蔽具有多模态性的攻击并且揭示具有多模态性攻击的设计规律。在深度字典学习方法的基础上提出的深度学习特征空间对齐方法中，利用深度神经网络来解决共享词典学习，以对齐来自不同模态的深层表示，从而一方面保证提取的深度学习特征位于同一空间，另一方面保证目标任务的效果。假设 x_1 和 x_2 是由深度神经网络学习到的表示模态的函数，假设模态是 s_1 和 s_2，那么 x_1 和 x_2 计算公式为

$$x_1 = f_{\theta_1}(s_1) \tag{5-60}$$

$$x_2 = f_{\theta_2}(s_2) \tag{5-61}$$

式中，f_{θ_1} 和 f_{θ_2} 是由 θ_1 和 θ_2 参数化的深度神经网络学习的函数。因此，任务变成给定 θ_1、θ_2、s_1 和 s_2（与给定的 x_1 和 x_2 相同），寻求用深度神经网络实现 P_1、x_1'、P_2、x_2'、D 的可行解。由于 x_1' 和 x_2' 基于 x_1 和 x_2 而实现，因此 x_1' 和 x_2' 也可以分别表示为 s_1 和 s_2 的函数。因此，可以利用网络通过直接编码模态来生成 x_1' 和 x_2'。假设编码网络所涉及的函数分别是用于 x_1' 和 x_2' 的 $f_{\theta_1'}'$ 和 $f_{\theta_2'}'$，则 x_1' 和 x_2' 被表示为

$$x_1' = f_{\theta_1'}'(s_1) \tag{5-62}$$

$$x_2' = f_{\theta_2'}'(s_2) \tag{5-63}$$

因此，共享词典学习的目标是找到 θ_1'、θ_2'、P_1、P_2、D，可通过最小化问题进行求解，即

$$\min_{P_1,\theta_1',P_2,\theta_2',D} \parallel P_1 f_{\theta_1}(s_1) - D f_{\theta_1'}'(s_1) \parallel_2^2 +$$
$$\parallel P_2 f_{\theta_2}(s_2) - D f_{\theta_2'}'(s_2) \parallel_2^2 +$$
$$\lambda \parallel f_{\theta_1'}'(s_1) \parallel_1 + \lambda \parallel f_{\theta_2'}'(s_2) \parallel_1$$
$$\text{s.t.} \parallel d_i \parallel_2 \leqslant 1, \forall i = 1, 2, \cdots, D \tag{5-64}$$

采用拉格朗日乘子方法，引入拉格朗日乘子 $\mu_i \geqslant 0$，则损失函数则表示为

$$\mathcal{L}_s(P_1, \theta_1', P_2, \theta_2', D, \mu_i) = \parallel P_1 f_{\theta_1}(s_1) - D f_{\theta_1'}'(s_1) \parallel_F^2 + \parallel P_2 f_{\theta_2}(s_2) - D f_{\theta_2'}'(s_2) \parallel_F^2 +$$

$$\lambda \parallel f_{\theta_1'}'(s_1) \parallel_1 + \lambda \parallel f_{\theta_2'}'(s_2) \parallel_1 + \sum_{i=1}^{D} \mu_i(\parallel d_i \parallel_2 - 1) \tag{5-65}$$

因此，最小化问题变为：

$$\min_{P_1,\theta'_1,P_2,\theta'_2,D,\mu_i \geqslant 0} \mathcal{L}_s(P_1,\theta'_1,P_2,\theta'_2,D,\mu_i) \tag{5-66}$$

深度学习可以解决这个最小化问题。具体而言，由于 $f_{\theta_1}(s_1)$、$f'_{\theta'_1}(s_1)$、$f_{\theta_2}(s_2)$ 和 $f'_{\theta'_2}(s_2)$ 是深度神经网络隐含的函数，每个计算都可以通过一个前馈过程实现。同时，由于矩阵乘法等价于具有线性激活的全连接层，$P_1 f_{\theta_1}(s_1)$、$Df'_{\theta'_1}(s_1)$、$P_2 f_{\theta_2}(s_2)$ 和 $Df'_{\theta'_2}(s_2)$ 可以通过全连接层进行计算。约束条件 $\lambda\|f'_{\theta'_1}(s_1)\|_1 + \lambda\|f'_{\theta'_2}(s_2)\|_1 + \sum_{i=1}^{D}\mu_i(\|d_i\|_2 - 1)$ 也可以使用常见的深度学习算法进行求解，因此，$\mathcal{L}_s(P_1,\theta'_1,P_2,\theta'_2,D,\mu_i)$ 可以通过深度神经网络实现。深度学习模型采用的优化器（如 $Adam$）可以用于更新 P_1、θ'_1、P_2、θ'_2、D、μ（统称为 $\varTheta_s$）等参数。特别地：

$$\varTheta_s \leftarrow \text{Optimizer}(\nabla_{\varTheta_s}\mathcal{L}_s,\varTheta_s) \tag{5-67}$$

式中，$\nabla_{\varTheta_s}\mathcal{L}_s$ 指的是 $\mathcal{L}_s$ 相对于 $\varTheta_s$ 的梯度。参数 $\varTheta_s$ 更新直到收敛。

之后，可以计算得到新的对齐表示 x'_1 和 x'_2。接着，注意力机制可以进一步融合 x'_1 和 x'_2，则

$$z'_i = \tanh(Wx'_i + b) \tag{5-68}$$

$$a'_i = \frac{\exp((z'_i)^{\text{T}}\omega)}{\sum_{i=1}^{2}\exp((z'_i)^{\text{T}}\omega)} \tag{5-69}$$

$$\bar{x} = \sum_{i=1}^{2} a'_i z'_i \tag{5-70}$$

式中，$\bar{x}$ 是融合了来自所有模态表示的新表示。

3. 监督学习中的多模态注意机制

在监督学习方式下的深度学习特征空间对齐方法中，首先通过监督学习得到不同模态的特征，接着将监督信号加入深度字典学习的损失函数中，从而一方面保证提取的深度学习特征位于同一空间，另一方面保证目标任务的效果。

在监督学习中，具有丰富信息的表示 x_1 和 x_2 用于执行下游任务。因此，该方法将表示 x_1 和 x_2 连接起来，传递给由参数 θ_3 参数化的函数 f_3，以获得一个预测 $\hat{o}$：

$$\hat{o} = f_{\theta_3}([x_1;x_2]) \tag{5-71}$$

然后，利用优化器 $\hat{o}$ 与正确标签 o 的差异（如交叉熵损失）来更新 θ_1、θ_2、θ_3，即

$$\mathcal{L}_T = L(o,\hat{o}) \tag{5-72}$$

$$\theta_1 \leftarrow \text{Optimizer}(\nabla_{\theta_1}\mathcal{L}_T,\theta_1) \tag{5-73}$$

$$\theta_2 \leftarrow \text{Optimizer}(\nabla_{\theta_2}\mathcal{L}_T,\theta_2) \tag{5-74}$$

$$\theta_3 \leftarrow \text{Optimizer}(\nabla_{\theta_3}\mathcal{L}_T,\theta_3) \tag{5-75}$$

在有监督学习中，x_1 和 x_2 是通道 s_1、s_2 和正确标签 o 的函数，因此，在有监督的情况下可以根据 s_1、s_2 通过正确标签 o 编码得到 x'_1 和 x'_2。从而获得新的表示 $\bar{x}$，然后将该 $\bar{x}$ 传递到由 θ'_3 参数化的函数 f'_3，以获得由式（5-76）给出的预测值 $\hat{o}'$：

$$\hat{o}' = f'_{\theta'_3}(\bar{x}) \tag{5-76}$$

相应的损失表示为

$$\mathcal{L}' = L(o, \hat{o}') \tag{5-77}$$

然后，θ'_1、θ'_2、θ'_3 和注意力参数 θ_a 将根据损失进行更新，同时，θ'_1 和 θ'_2 也根据共享字典损失 $\mathcal{L}_s$ 进行更新。通过将监督学习引入编码过程，生成的 x'_1 和 x'_2 携带了更多用于检测的有用信息，这使其在下游任务中将更具优势。

5.4.4 实例分析：智能网联汽车制造工程管理的网络安全防护系统

1. 智能网联汽车安全风险事件

2015 年，美国某汽车公司生产的 140 万辆网联汽车被发现存在安全漏洞。黑客成功地从远程入侵了名为 Uconnect 的触屏车载无线电系统，对车辆的方向盘、节气门、制动系统等关键部件进行操控。这一事件引起了广泛关注，随后，该公司不得不召回了旗下多款汽车，以修复安全漏洞。

2018 年 5 月，美国佛罗里达州一辆 2014 年产的某智能汽车撞上了混凝土墙并起火。调查表明，事故发生时，该车一直半自动驾驶。自动驾驶软件将车辆引导至高速公路交叉口处的三角形"分流区"，并加速冲进混凝土屏障。事故调查显示，自动驾驶系统没有"提供有效的控制"。并且，该自动驾驶软件的使用已牵连数次撞车事故，而该驾驶员对软件的"过分依赖"导致此次事故发生。

2020 年 9 月，一辆智能汽车突然失控，撞上了多辆车辆和路边行人。这起事故造成了 2 人死亡，6 人受伤，多车受损。这起事故再次引发了公众对智能汽车安全性的关注和质疑。此后，相关部门对事故进行了深入调查，但具体的事故原因和责任划分并未立即公布。

2022 年 8 月，一辆智能汽车在宁波机场南路高架上冲向了一辆停在路上的故障车辆，致使一名男子身亡。驾驶者称事发时已经开启了车道居中辅助功能，但车辆并没有自动制动。这起事故引发了公众对辅助驾驶系统安全性的关注。

2. 智能网联汽车的网络安全防护系统实例

根据安全咨询公司 Upstream 的统计数据，2011—2019 年共发生 342 起针对智能汽车的攻击。从攻击频次看，智能汽车网络攻击呈现快速增长的趋势。从攻击手段看，已从传统物理接触破解，演变到远程非接触攻击，远程攻击占比 90% 以上，且近 1/3 威胁到车辆控制，除此之外甚至还出现了对供应链的攻击。因此，针对智能网联汽车的供应链攻击，需要制订一系列安全防护系统，保障车联网中的软件安全。

问题描述：2020 年 12 月 13 日，FireEye 发布了供应链攻击的通告，其基础网络管理软件供应商的 SolarWinds Orion 软件更新包中被黑客植入后门，并将其命名为 SUNBURST，与其相关的攻击事件被称为 UNC2452。

该企业的客户主要分布在美国本土，与众多世界 500 强企业有合作。本次供应链攻击事件，波及范围极大，包括政府部门、关键基础设施以及多家全球 500 强企业，造成的影响目前无法估计。当地时间 12 月 13 日，FireEye 发布安全通告称其在跟踪一起被命名为 UNC2452 的攻击活动中，发现了该企业软件在 2020 年 3~6 月期间发布的版本均受到供应链攻击的影响。攻击者在这段时间发布的 2019.5~2020.2.1 版本中植入了恶意的后门应用程序。这些程序利用数字证书绕过验证，与攻击者的通信会伪装成 Orion 改进计划（OIP）协议并将结果隐藏在众多合法的插件配置文件中，从而达成隐藏自身的目的。与此同时，该企业官方也发布通告，承认其 Orion 平台部分软件更新中被黑客植入恶意软件，提醒用户尽快更新到不受影响的版本。同时，该企业称入侵也损害了其 Microsoft Office 365 账户。

解决方案：随着近些年针对软件供应链发起的攻击次数越来越多，某企业近日推出了一个软件供应链安全框架：软件制品供应链等级（Supply-chain Levels for Software Artifacts，SLSA），目标是改善软件行业安全状况，尤其是开源软件，以抵御最紧迫的完整性威胁。

SLSA 框架被组织成一系列级别，这些级别描述了逐渐严格的安全性，旨在确保软件没有被篡改，并且可以安全地追溯到其来源。每个级别代表前一级别的增量进展，级别越高，对软件未被篡改的信心就越大。该框架使用了一种安全语言，使每个人都可以使用它来确定软件的位置以及如何评估其安全态势。它定义了讨论软件供应链安全的常用词汇，通过评估工件（如源代码、构建和容器映像）的可信度来评估上游依赖关系，并提供了软件安全性的可操作清单。此外，SLSA 还衡量了组织或个人在遵守安全软件开发框架中的行政命令标准方面所做的努力。SLSA 的主要目标是满足框架的需求，帮助公司避免类似 SolarWinds 类型的软件供应链攻击。它鼓励采用正确的标准、认证和技术控制来强化系统，以抵御供应链攻击等威胁和风险。

SLSA 由四个级别组成，其中 SLSA 4 表示理想状态。较低级别表示具有相应增量完整性保证的增量里程碑。这些要求目前定义如下：

（1）SLSA 1：基础溯源　在 SLSA 1 级别，要求构建过程完全脚本化或自动化，并生成出处（Provenance）。这意味着组织需要编写自动化脚本或利用现有的自动化工具来执行构建过程，确保每一步都是可重复和可预测的。同时，构建过程还需要生成关于工件如何构建的元数据，包括构建过程、顶级来源和依赖关系等。这些元数据可以用于追溯软件的来源和构建历史，从而提高软件的透明度和可信度。

（2）SLSA 2：使用版本控制和托管构建服务　在 SLSA 2 级别，除了要求构建过程自动化和生成溯源文档外，还需要使用版本控制和托管构建服务来生成经过认证的出处。这意味着组织需要利用版本控制系统（如 Git）来跟踪和管理源代码的更改，确保每次更改都有记录并可追溯。同时，构建过程应该在托管构建服务上执行，这些服务能够提供安全的构建环境和经过认证的构建结果，以防止恶意代码注入和篡改，提高软件的安全性。

（3）SLSA 3：源代码和构建平台符合特定标准　在 SLSA 3 级别，要求源代码和构建平台符合特定的安全标准，以保证源代码的可审计性和来源的完整性。这包括使用经过验证的源代码管理工具、实施严格的安全编码标准和最佳实践，以及确保构建平台的安全性。此外，还需要对构建过程进行更深入的审查和验证，以确保没有潜在的安全风险。

（4）SLSA 4：严格的审查和封闭构建过程　在 SLSA 4 级别，要求对所有更改进行两人审查，并采用封闭的、可重现的构建过程。这意味着每次对源代码或构建过程的更改都需要经过至少两个人的审查和批准，以确保更改的合法性和安全性。同时，构建过程应该是封闭的，不允许任何未经授权的修改或干预。此外，构建过程还需要是可重现的，即在不同的时间或环境下执行相同的构建操作应该得到相同的结果，确保软件的一致性和可靠性。

SLSA 框架的四个级别从基础溯源到严格的审查和封闭构建过程，逐渐提高了对软件供应链安全性的保障。通过实施这一框架，组织可以有效地减少软件供应链中的安全风险，提高软件的质量和可信度。

5.5　制造工程管理的数据分析技术

随着物联网、大数据等技术的不断发展，制造工程正逐步实现智能化。数据分析技术能够挖掘出潜在的信息，用于辅助决策和问题解决的技术，在制造工程管理智能化中发挥着不可或缺的作用，是实现制造工程管理智能化的核心，不仅可以帮助企业实现生产过程的自动化、智能化，还可以推动企业在产品设计、供应链管理、市场营销等方面实现全面智能化，这将有助于企业提升整体竞争力，实现可持续发展。但是，由于数据的稀疏性、序列性、多源性等性质，数据分析仍然面临多种挑战。本节将重点介绍制造工程管理中数据分析面临的挑战及针对稀疏传感器数据、序列传感器数据和基于多模型集成的传感器数据的分析方法。

5.5.1　制造工程管理中数据分析的挑战

制造工程管理中常见的数据分析方法包括线性回归、逻辑回归等传统机器学习方法及LSTM、CNN 等深度学习方法。但是，在制造工程管理中，数据分析仍面临着多种挑战，这些挑战与数据的特性密切相关，主要体现在稀疏性、序列性、多源性和准确性等方面。

首先，制造工程中产生的数据可能非常稀疏，即某些关键数据可能缺失或不完整。这可能是由于传感器故障、数据采集系统的限制或人为错误等原因造成的，而且在制造环境中某些设备的运行数据可能只在特定条件下被记录，导致数据分布不均，难以形成有效的分析模型。稀疏数据会严重影响数据分析的准确性和可靠性，使得模型训练变得困难。为了解决数据稀疏性带来的挑战，可以采用数据插值、填充或估算等方法来填补缺失值，还可以考虑使用先进的机器学习方法，如深度学习或生成模型，来预测或生成缺失的数据。此外，结合业务逻辑和专家知识，可以更有效地识别和处理数据稀疏性问题。其次，制造工程管理中的数据往往具有序列性，即数据是按照一定的时间顺序或操作顺序生成的。这种序列性数据需要特殊的处理和分析方法，以捕捉数据之间的时间依赖关系和动态变化，可以采用时间序列分析、循环神经网络（RNN）或长短期记忆（LSTM）等方法来处理，这些方法能够捕捉数据中的时间依赖关系，并对序列数据进行有效地建模和分析。再次，在制造工程管理中，数据可能来自不同的源头，如传感器、设备、操作员等。这些数据可能具有不同的格式、单位和精度，导致数据整合和分析变得复杂。为了处理多源性数据，需要进行数据清洗、整合和标准化，包括消除异常值、统一数据格式和单位、进行数据对齐等。此外，可以利用数据融合技术将不同来源的数据进行融合，以提高数据的质量和可用性，还可以建立统一的数据管理平台和数据仓库，以实现不同数据源之间的有效整合和同步。最后，制造工程管理中的数据准确性至关重要，因为错误的数据可能导致决策失误和生产问题。然而，由于各种原因（如设备故障、人为错误等），数据中可能存在噪声或误差。为了提高数据的准确性，可以采用数据清洗和预处理技术，如去噪、平滑、滤波等。此外，还可以利用数据质量评估方法，对数据的质量进行评估和监控，及时发现和纠正数据中的错误和异常。

5.5.2　针对稀疏传感器数据的智能分析方法

数据稀疏是制造工程管理中常见的现象，如在质量检验中，可能只对少部分产品进行抽样检查，导致质量检验数据稀疏。再例如，客户往往在主动要求提供反馈时才会有记录，导致客户数据稀疏。针对稀疏传感器数据的智能分析方法主要包括数据预处理、共享网络、分类器、域鉴别器和分布差异五个模块。

1. 数据预处理

数据预处理是稀疏传感器数据智能分析的第一个模块，它包括一系列操作，旨在改善数据质量、减少噪声、填充缺失值、归一化数据及选择或转换特征，从而为后续的数据分析和机器学习模型训练提供干净、一致和有效的数据集。数据预处理包括数据清洗、数据归一化、缺失值处理、数据降维、数据平滑等。数据预处理是稀疏传感器数据分析的关键步骤，因为它直接影响后续分析的准确性和模型的性能。预处理的具体步骤可能因应用场景、数据类型和分析目标的不同而有所调整。

2. 共享网络模块

在稀疏传感器数据的智能分析中，共享网络作为一个特征提取器，起到了至关重要的作用。它旨在从源域和目标域的数据中学习共同的特征表示，从而建立一个通用的特征空间，使得在两个不同领域之间的知识和信息能够得到有效传递和应用。该模块包含输入层、堆叠残差块和全连接层。

在机器学习中，域通常指的是数据分布和相关的任务。源域是指有大量标注数据可供训练的领域，定义为 D^s，而目标域是想要应用模型但实际标注数据较少的领域，定义为 D^t。此处描述采用 Resnet-18 结构的共享网络。

x_i 是包含来自 D^s 和 D^t 域的数据的输入特征向量。通过在 x_i，核 k^{c_1}，偏置 b^{c_1} 之间的卷积运算上施加激活函数 f^R，输出第一个标准卷积层为

$$x_i^{c_1} = g^{c_1}(x_i; \theta^{c_1}) = f^R(x_i * k^{c_1} + b^{c_1}) \tag{5-78}$$

式中，$\theta^{c_1} = \{k^{c_1}, b^{c_1}\}$ 表示输入层的参数；$*$ 表示卷积运算符；f^R 表示线性整流单元（Rectified Linear Unit，ReLU）激活函数。为了减少参数数量并提取特征相对于其他特征的粗略位置，采用 3×3 过滤器和步幅为 2 的最大池化。最大池化的输出可以表示为 $x_i^{c_{1p}}$。

与标准 CNN 相比，Resnet 模型具有多个堆叠的残差块来学习传递特征表示。一个基本残差块由两个卷积层和一个快捷方式连接组成，使其更容易优化，并从增加的深度中受益。首先使用两个卷积层处理第 1 个基本残差块的输入特征

$$x_i^{l_2} = g^l(x_i^{l-1}; \theta^l) = f^R(x_i^{l-1} * k^{l_1} + b^{l_1}) * k^{l_2} + b^{l_2} \tag{5-79}$$

式中，$\theta^l = \{k^{l_1}, b^{l_1}, k^{l_2}, b^{l_2}\}$ 表示基本残差块的参数，第 1 个基本残差块的输出可以通过应用 ReLU 函数 f^R 获得：

$$x_i^l = f^R(x_i^{l_2} + x_i^{l-1}), l = 1, 2, \cdots, L \tag{5-80}$$

数据进入全连接层之前，采用全局平均池化层，以减少网络参数的数量并避免过度拟合。基于全连接层，共享网络模块可按照式（5-81）计算：

$$x_i^{fc_2} = g^{fc_2}(x_i^{fc_1}; \theta^{fc_2}) = f^R(\omega^{fc_2} * x_i^{fc_1} + b^{fc_2}) \qquad (5\text{-}81)$$

式中，$\theta^{fc_2} = \{\omega^{fc_2}, b^{fc_2}\}$ 表示全连接层 fc_2 的训练参数；激活函数 f^R 仍然采用 ReLU 函数。

3. 分类器模块

在稀疏传感器数据的智能分析方法中，分类器负责接收从共享网络或其他特征提取器中提取的特征，并根据这些特征对输入数据进行分类或标记。分类器模块使用监督学习训练有效的分类器，因此只有来自源域的标记数据才能用作训练过程的输入。$x_{i,s}^{fc_2}$ 是来自源域的数据在共享网络上的输出，层 fc_4 的输出为

$$x_{i,s}^{fc_4} = f^R(\omega^{fc_4} f^R(\omega^{fc_{3c}} x_{i,s}^{fc_2} + b^{fc_{3c}}) + b^{fc_4}) \qquad (5\text{-}82)$$

分类器的输出可以通过 Softmax 回归估计为

$$P_{i,s}^{soft} = \frac{e^{w_k^{soft} x_{i,s}^{fc_4} + b_k^{soft}}}{\sum_{c=1}^{C} e^{w_k^{soft} x_{i,s}^{fc_4} + b_k^{soft}}} \qquad (5\text{-}83)$$

分类器模块的参数集 $\theta^{CO} = \{\omega^{fc_{3c}}, b^{fc_{3c}}, \omega^{fc_4}, b^{fc_4}, \omega^{soft}, b^{soft}\}$，$C$ 是类别数量。

4. 域鉴别器模块

在稀疏传感器数据的智能分析方法中，域鉴别器的主要目的是区分来自不同数据域的样本，帮助特征提取器学习到跨域不变的特征表示并压缩域特定特征，使得模型在目标域上也能获得良好的性能。它由全连接层的输出 fc_{3d} 和具有逻辑回归的二元分类器组成，分别表述为

$$x_i^{fc_{3d}} = f^R(\omega^{fc_{3d}} x_i^{fc_2} + b^{fc_{3d}}) \qquad (5\text{-}84)$$

$$P_i^{logit} = \frac{1}{1 + e^{-(\omega^{logit} x_i^{fc_{3d}} + b^{logit})}} \qquad (5\text{-}85)$$

其中，域鉴别模块的参数 $\theta^{DO} = \{\omega^{fc_{3d}}, b^{fc_{3d}}, \omega^{logit}, b^{logit}\}$。

5. 分布差异模块

在稀疏传感器数据的智能分析方法中，分布差异模块通过测量源域和目标域数据分布之间的距离或相似度，来评估两个域之间的差异。这种评估可以帮助人们了解两个域之间的数据不一致性，从而指导人们选择合适的迁移学习策略。分布差异模块的输出通常用于调整模型的训练过程，以减少域间差异，提高模型在目标域上的性能。

5.5.3 针对序列传感器数据的智能分析方法

智能制造工程管理中常需要对序列传感器数据进行分析，以获取有关生产过程、设备状态和产品质量的连续信息。这里介绍一种具有注意力机制的组序列多分支 CNN-LSTM 模型来进行序列传感器数据的智能分析。这个模型将具有相同采样间隔的连续多个采样波形作为一个组序列样本，同时将两个组序列样本分别输入两个核大小不同的一维卷积神经网络（1D-CNN）中提取每个时间点的特征，从而得到两个具有连续多个时间点特征的二维矩阵；其次，将提取的特征和具有领域知识的人工特征分别通过注意力机制进行特征重要性加权融

合，将融合后的特征输入 LSTM 中；最后，通过全连接层和 Softmax 函数进行分类，并采用焦点损失（Focal Loss，FL）函数代替传统的交叉熵损失（Cross Entropy Loss，CE）函数，以解决不同类型的误分类代价问题。

1. 1D-CNN

CNN 是一种深度学习模型，特别适用于处理图像和具有空间相关性的数据。然而，在用于序列传感器数据时，需要进行调整，以适应数据的一维时间序列特性。这种调整后的CNN 通常被称为 1D-CNN，它主要包括以下两个部分：

（1）一维卷积层 一维卷积层是 1D-CNN 的核心组件。与标准的二维卷积层不同，一维卷积层使用一维卷积核来扫描输入数据的时间维度。这种卷积操作可以捕捉数据中的局部时间依赖模式，类似于在图像中捕捉局部空间模式。通过调整卷积核的大小（即其长度），可以控制模型能够捕捉时间依赖性的范围。

（2）池化层 池化层通常用于减少数据的空间维度（在图像处理中）或时间维度（在序列数据中）。对于序列传感器数据，池化层可以帮助提取更高级别的特征，并减少模型中的参数数量，从而降低过拟合的风险。常见的池化操作包括最大池化（选择窗口内的最大值）和平均池化（计算窗口内的平均值）。

2. 注意力机制

注意力机制用于增强模型对输入数据中最相关部分的关注度，从而提高分析的准确性和效率。它通过动态地调整模型对不同时间步长或不同特征的权重，使得模型能够更好地聚焦于那些对任务完成至关重要的信息。通过将注意力机制嵌入深度学习模型中，可以增强模型对序列传感器数据的处理能力。例如，在 LSTM 中引入注意力机制可以帮助模型更好地捕捉序列数据中的长期依赖关系。

3. LSTM 部分

每个 LSTM 单元都有一个输入门、一个遗忘门和一个输出门，这些门控机制共同决定了哪些信息应该被记住，哪些信息应该被遗忘，以及何时将记忆的信息输出。遗忘信息通过遗忘门实现，其表达式为

$$f_i = \sigma(w_f[h_{t-1}, x_t] + b_f) \tag{5-86}$$

式中，h_{t-1} 表示前一个 LSTM 单元的输出；x_t 表示当前输入；σ 表示 sigmoid 激活函数；w_f，b_f 分别表示权重矩阵和偏置。

输入门决定哪些信息被更新（$\widetilde{C_t}$ 是当前时刻的单元状态）。选择 ReLU 作为激活函数，则

$$i_t = \sigma(w_i[h_{t-1}, x_t] + b_i) \tag{5-87}$$

$$\widetilde{C_t} = \text{ReLU}(w_c[h_{t-1}, x_t] + b_c) \tag{5-88}$$

式中，w_i，b_i 分别表示输入门的权重矩阵和偏置；w_c，b_c 分别表示状态的权重矩阵和偏置。

之后，通过输出门 O_t 决定当前输出的信息（C_t 表示长期状态），同时，根据更新后的单元状态来获得 LSTM 单元的输出 h_t。用 w_0，b_0 分别表示输出门的权重矩阵和偏置，则

$$C_t = f_t * C_{t-1} + i_t * \widetilde{C_t} \tag{5-89}$$

$$O_t = \sigma(w_0[h_{t-1}, x_t] + b_0) \tag{5-90}$$

$$h_t = O_t * \mathrm{ReLU}(C_t) \tag{5-91}$$

4. 焦点损失函数

焦点损失函数主要是为了解决样本类别不平衡的问题。在标准的交叉熵损失函数中，每个样本的损失权重是相同的，这导致模型在训练过程中可能会过于关注数量较多的简单样本，而忽视了数量较少的困难样本。为了解决这个问题，焦点损失函数引入了两个关键因子：平衡因子 α 和聚焦参数 γ。平衡因子 α 用于调整不同类别样本的权重，以解决类别不平衡的问题。在二元分类问题中，α 通常设置为正样本和负样本数量比例的倒数，以确保两类样本在损失函数中具有相同的权重，这样可以防止模型过度偏向于数量较多的类别。聚焦参数 γ 是一个可调的参数，用于控制模型对困难样本的关注程度。当 γ 大于 0 时，焦点损失函数会对分类错误的样本赋予更大的权重，使得模型在训练过程中更加关注这些样本。随着 γ 值的增加，模型对困难样本的关注程度也会增加。这种关注困难样本的特性使得模型能够更好地处理样本类别不平衡的问题，并提高少数类别的识别准确率。FL 函数定义为

$$\mathrm{FL}(\hat{y}, y) = \sum_{i=1}^{c} -\alpha_i y_i (1 - \hat{y}_i)^{\gamma} \log(\hat{y}_i) \tag{5-92}$$

式中，α_i 表示第 i 类样本赋予的权重；γ 表示固定正值的调制因子。

5.5.4 基于多模型集成的传感器数据分析方法

在智能制造工程管理中，经常集成多个模型用于分析各类传感器数据，以优化生产过程、提高质量、降低成本和提高效率。下面介绍一种基于集成聚类的分类方法。

基于机器学习的分类方法可以分为无监督学习方法、半监督学习方法和监督学习方法。相比之下，无监督学习方法利用海量未标记数据就可以实现较强的数据分类能力，因此，基于无监督的聚类方法非常适合难以收集标签的传感器数据。聚类方法可以将数据划分为不同的类别，使同一类别中的数据与其他类别中的数据非常相似但又不同，例如，K-Means、模糊 C-Means（FCM）等。但是这些聚类方法在复杂操作环境中仍面临泛化性差和稳定性较差的挑战。集成聚类将多个聚类结果集成到最终聚类预测中，具有更高的鲁棒性，它训练几个基学习器来解决同一个问题，赋予它处理复杂问题的能力。一般来说，基于聚类的分类由特征提取和模式识别两大过程组成。在特征提取过程中，通常可以通过时域、频域和时频域方法获得传统特征。为支持未标记数据而构建的深度学习方法可以通过分层网络架构从原始未标记的数据中自动学习高级表示。因此，传统和深度表示特征从不同角度利用了不同的传感器信息，并提供了不同的分类能力。然而，由于这些特征之间存在异质性和互补性，因此需要有效集成以获得更全面的信息。

在基于集成聚类的分类方法中，传统特征通过时域、频域和时频域方法提取，而深度表示特征则通过基于门控循环单元的自动编码器（GRU-AE）获得。然后，为了探究提取的特征之间的异质性和互补性，可使用一种名为自适应群正则化（AGR）的结构稀疏学习方法，共同优化这些特征，进一步提高基学习器在集成中的性能。最后，通过加权投票（WV）方法对每个基学习器的聚类预测进行积分。

1. 特征提取

在特征提取过程中，通常可以通过时域、频域和时频域方法获得传统特征：

时域方法直观地捕获原始时间信号中的相位差，并提取一些统计特征，例如峰度和偏度。频域方法将信号从时域转换为频域，描述频谱中的一些特性并揭示一些有效的频率信息。快速傅里叶变换（FFT）作为常用的方法之一，可以确定和分析信号的频率结构。此外，在复杂的工作环境中，振动信号通常包含非平稳分量，为了应对非平稳信号，人们采用了各种同时反映时域和频域信息的时频域方法，如小波包变换（WPT）等方法。

（1）FFT　FFT 是一种高效的计算离散傅里叶变换（DFT）和其逆变换的算法，它可分为按时间抽取算法和按频率抽取算法。按时间抽取算法是将 DFT 的运算过程分解为若干个较短的 DFT 运算过程，而按频率抽取算法则是将 DFT 的运算过程分解为若干个旋转因子的运算过程。FFT 的基本思想是把原始的 N 点序列分解成一系列的短序列，然后利用 DFT 计算式中指数因子的对称性和周期性，求出这些短序列的 DFT 并进行适当组合，以达到删除重复计算、减少乘法运算和简化结构的目的。当 N 是素数时，FFT 还可以将 DFT 转化为求循环卷积，从而更进一步减少乘法次数，提高速度。

（2）WPT　WPT 作为小波变换的变体，分解了高频区域的详细信息，它可以通过进一步缩小光谱窗口来减少低分辨率的问题，从而更有效地识别缺陷引起的瞬态分量。WPT 的主要步骤包括：

1）定义小波包基，对信号进行多层小波包分解。

2）对每个小波包，计算其能量和功率谱密度函数。

3）选择合适的小波包来提取信号特征，如频带中心位置、半径和能量等。

4）根据选定的小波包，重构原始信号。

WPT 相对于传统的小波变换，其分解精度更高，能够更好地描述信号的局部特征。同时，它在信号处理和特征提取中具有广泛的应用，如故障诊断、图像处理、语音处理等。

在特征提取过程中还可通过 GRU-AE 获得深度表示特征。GRU-AE 由编码器和解码器层组成，其中每一层都由 GRU 组成。编码器层将振动数据转换为低维表示，而解码器层则根据相应的表示重建振动数据。GRU-AE 的第一步是通过编码器层将振动数据 $\boldsymbol{x}$ 映射到隐藏表示 $\boldsymbol{h}$ 中，即

$$\boldsymbol{h} = f_{en}(w_{en}\boldsymbol{x} + b_{en}) \tag{5-93}$$

式中，f_{en} 表示一个激活函数；w_{en}、b_{en} 表示编码器层的参数。

然后，解码器层将隐藏的表示转换回原始振动数据，即

$$\hat{\boldsymbol{x}} = f_{de}(w_{de}\boldsymbol{h} + b_{de}) \tag{5-94}$$

式中，$\hat{\boldsymbol{x}}$ 是解码器层的输出；w_{de}、b_{de} 表示解码器层的参数。

GRU-AE 旨在通过最小化 x 和 $\hat{x}$ 之间的重构误差来优化参数。这里采用 MSE 作为平均重构误差：

$$J_{MSE} = \frac{1}{n}\sum_{i=1}^{n}\|\hat{\boldsymbol{x}}_i - \boldsymbol{x}_i\|_2 \tag{5-95}$$

在每一层中，采用 GRU 来捕捉振动数据的时间特征，基于 GRU 的几个 AE 堆叠在一起，生成深度神经网络，并通过逐层映射学习高级表示。通过最小化损失函数来训练每个参数，一旦训练了所有层，就可以从编码层获得深度表示特征。

2. 自适应群正则化（AGR）

对于通过时域、频域和时频域方法提取的传统特征和通过基于门控循环单元的自动编码

器提取的深度表示特征，需要探究提取的特征之间的异质性和互补性，因此采用 AGR 的结构稀疏学习方法，共同优化这些特征，以进一步提高基学习器在集成中的性能。

在介绍 AGR 之前，首先介绍正则化的概念。正则化是一种防止模型过拟合的技术，通过在模型的损失函数中添加一个额外的惩罚项来实现。这个惩罚项通常与模型的复杂度有关，用于控制模型的复杂性，从而避免过拟合。群正则化是正则化的一种特殊形式，它考虑了模型参数之间的结构关系。在群正则化中，参数被划分为不同的组，然后对每个组进行正则化。这样做的好处是可以同时考虑参数之间的相似性和差异性，从而更有效地控制模型的复杂度。AGR 在群正则化的基础上引入了自适应的思想。在传统的群正则化中，每个参数组的正则化权重通常是固定的，而 AGR 则允许这些权重在训练过程中动态调整。这意味着 AGR 可以根据数据的特性和模型的需求，为每个参数组分配不同的正则化强度。

3. 加权投票（WV）方法

WV 方法是一种计入权重的投票机制，它在多个决策者、分类器或投票者参与决策时，为每个参与者分配一个权重，该权重反映了其重要性或可靠性。在组合基础聚类结果的过程中，需要将多个基学习器的结果整合到最终预测中，考虑每个基学习器的相对重要性的 WV 方法是合并聚类结果的有效方法。

首先，每个基学习器的权重由其相对重要性决定，相对重要性受到其聚类结果与其他学习器之间的平均归一化互信息的影响。对于聚类预测 $\mathbf{y}_h = [y_1^{(h)}, y_2^{(h)}, \cdots, y_n^{(h)}]$，权重为

$$wl_h = \frac{1}{(H-1)} \sum_{h'=1, h' \neq h}^{H} \frac{2I(\mathbf{y}_h, \mathbf{y}_{h'})}{H(\mathbf{y}_h) + H(\mathbf{y}_{h'})} \tag{5-96}$$

式中，$I(\mathbf{y}_h, \mathbf{y}_{h'})$ 是 $\mathbf{y}_h$ 和 $\mathbf{y}_{h'}$ 之间的互信息；$H(\mathbf{y}_h)$ 是 $\mathbf{y}_h$ 的熵。

然后，对齐预测标签向量，使得不同聚类结果中的相同预测标签表示相似聚类。这是因为基本聚类结果可能会为相似的聚类分配不同的预测标签。最后，为基学习器分配不同的权重，并通过权重预测获得最终诊断结果。WV 规则可以公式化为

$$Y^*(x) = \arg\max_{y \in Y} \sum_{h=1}^{H} I(y = wl_h(x)y_h(x)) \tag{5-97}$$

5.5.5 实例分析：智能网联汽车的智能数据分析平台

长安汽车 Apache Doris 平台为长安汽车从机电化到智能化转型发展提供了有力支持，因此本小节将介绍长安汽车的 Apache Doris 平台。

1. 汽车智能化所面临的挑战

近些年来，长安汽车取得了令人瞩目的销量增长成绩。在汽车销量快速攀升的背后，车联网数据更是呈现爆发式增长的态势，其中最为核心的是车辆控制器局域网（Controller Area Network，CAN）总线数据。通过 CAN 总线可以对车辆上的各类电子控制系统进行统一通信，在实际车辆运行过程中，CAN 总线数据是车辆安全性、可靠性和高性能的重要保证。但是，随着网联车销量不断增长，车辆每天将产生千亿级别的 CAN 数据，清洗处理后的数据也在 50 亿级别，面对如此庞大且持续膨胀的数据规模，如何从海量数据中快速提取挖掘

有价值的信息，为研发、生产、销售等部门提供数据支持，成为当前亟须解决的问题。

而想要提供良好的数据支持及服务，首先需要应对以下几大挑战：

1）大规模数据实时写入及处理。为实现智能化，汽车的车门、座椅、制动灯设备被设置了大量的传感器，每个传感器收集一种或者多种信号数据，数据被汇聚后进一步加工处理。目前，长安汽车需要支持至少 400 万辆车的链接，车联网数据每秒吞吐量已达百万级TPS（系统吞吐量），每日新增数据规模高达数十 TB，且还在持续增长中。如何对数据进行实时写入成为长安汽车首要面临的挑战。

2）准确及时的实时数据分析需求。车联网场景下数据分析通常要求实时性，快速获取分析结果是实时监控、故障诊断、预警和实时决策等服务的重要保障。例如，在智能诊断中，车企需要实时地收集相关信号数据，并快速定位故障原因。通过分析车辆传感器数据、行驶记录等，可以提前发现潜在故障，进行预防性维护，提高车辆的可靠性和安全性。

3）更加低廉的数据存储和计算成本。面对快速增长的数据及日益强烈的全量写入和计算需求，数据存储和计算成本不断攀升。这要求数据平台具备低成本存储和计算的能力，以降低使用成本；同时需具备弹性伸缩能力，以便用户在业务高峰期快速扩容，提升海量数据计算场景的分析效率。

2. Hive 离线数据仓库

长安汽车最早以 Hive 为核心构建了数据平台架构，所处理数据包括车辆 CAN 总线数据和埋点数据，这些数据通过 4G 网络从车端传送至长安云端网关，然后由网关将数据写入Kafka。考虑到数据量级和存储空间的限制，早期架构中的数据处理流程是将 Kafka 采集到的数据直接通过 Flink 进行处理，并通过 ETL（提取、转换、加载）将结果存储到 Hive 中。下游应用使用 Spark SQL 进行逐层离线计算，并通过 Sqoop 将汇总数据导出到 MySQL 中，最终由 Hive 和 MySQL 分别为应用层提供数据服务。

尽管该架构在早期基本满足了数据处理需求，但随着车辆销量不断增长，当需要面对每天千亿级别的数据处理分析工作时，架构的问题逐步暴露出来。

1）数据时效性无法保证。Hive 的导入速度较慢，尤其在处理大规模数据时，导入时间明显增加；此外，Hive 只支持分区覆盖，不支持主键级别的数据更新，无法满足特殊场景的数据更新需求。

2）数据查询分析延迟较高。对于 10 亿级别以上大规模表，Hive 的查询性能较慢。通过 Spark SQL 进行数仓分层运算时，启动和任务执行的时间较长，对查询响应也会产生影响。此外，数据看板、BI（商业智能）展示应用无法直接从 Hive 中查询，需要将 Hive 中数据导入 MySQL 中，由 MySQL 提供服务，受限于 Hive 导数性能，当数据量较大时，导入MySQL 的耗时大幅增加，进而导致查询响应时间加长。

追根究底，产生这些问题的根本原因在于早期架构无法满足超大规模实时数据场景下的数据需求，这迫使长安汽车必须进行平台升级改造。

3. 基于 Apache Doris 车联网数据分析平台

长安汽车经过深入调研，决定引入开源实时数据仓库 Apache Doris，在导入性能、实时查询等方面具有显著优势。在新的车联网数据分析平台中，通过 Flink 结合 Doris 的 StreamLoad 功能，可直接将 Kafka 数据实时写入 Doris，同时，利用 Doris Broker Load 功能可以将Hive 中数据导入 Doris 中进行分析计算。在这个架构中，Apache Doris 承担了实时数据部分的计算和处理，还作为结果端直接输出数据供上游业务平台调用。

这一升级在系统上缩短了数据处理的路径，保证了大规模数据导入的时效性，从而提供了及时、准确的数据支持，并且可以不断探索和尝试新的机器学习方法来提升数据分析的准确性和效率。比如应用分类算法（如支持向量机、随机森林等）来识别驾驶员的驾驶风格，如激进型、保守型等；基于历史轨迹数据，利用时间序列分析、LSTM 或其他深度学习模型来预测车辆的未来行驶轨迹等。

此外，Apache Doris 的引入为上游应用层提供统一数据服务支持，提高了数据写入和迁移的便捷性，提升查询响应速度，降低存储和计算成本。凭借 Apache Doris 卓越的性能，目前长安汽车已经部署了数十台机器，支撑了近十条业务线，每天处理数据规模达到百亿级别。Apache Doris 的引入为长安汽车在提升用户用车体验、实时预警车辆故障、保证车辆安全驾驶等方面带来显著成果，为其在智能化方向的技术创新提供了有力支持。

本章小结

数字化转型作为核心驱动力，辅以网络化的互通互联和智能化的精准分析，极大地提升了制造工程管理的生产效率和响应速度，提高了产品的质量和可靠性，共同助力企业在商业决策上实现更高的效率和智能。数字化技术、网络化技术和智能化技术的综合应用为制造工程管理提供了全面的升级，帮助企业能够以更高的效率、更优的质量和更低的成本运营，并且保持创新、可持续性和全球竞争力。本章重点介绍了制造工程管理中的数字化技术、网络化技术和智能化技术。其中，数字化技术通过编码实现企业（组织）内部资源和业务流程的数字化储存、传输、加工、处理和应用。作为数字化技术中的核心技术，智能感知技术利用基于硬件传感器设备的直接感知技术和基于软传感器的间接感知技术，能够时刻地感知全过程生命周期中的内部资源和业务流程的状态，实现动态跟踪与分析。在数字化基础上，网络化技术通过人、机、物的互通互联，实现跨企业（组织）的资源共享和协同制造，其中的云边协同技术融合云计算和边缘计算，通过资源协同、数据协同和服务协同等方法，实现云端和边缘设备之间的高效协同。作为云边协同技术的关键组成部分，云服务调度和云服务选择技术为制造工程提供更灵活、高效的服务和资源管理手段。而智能网络安全技术是确保制造工程管理网络化成功的关键因素，针对设备安全威胁的智能识别、针对设备安全程度的智能评估、针对多模态攻击的智能检测等技术能够有效保护关键数据和工艺流程，减少潜在的安全威胁，保障企业的数字资产和生产运营效率。在数字化和网络化的基础上，智能化技术通过人工智能、机器学习、大数据分析等技术，采用针对不同类型传感器数据的智能分析方法，深入挖掘制造工程管理数据中的规律性信息，实现企业（组织）生产要素和业务流程的科学精准化管理。制造工程管理的数字化、网络化、智能化技术涵盖了多个学科领域，如计算机科学、信息技术、人工智能和工程管理等，帮助读者掌握智能传感、云服务调度、云服务选择、网络威胁检测、设备安全评估、数据分析方法等方面的相关知识，深入理解在新一代信息技术革命背景下，如何实现制造工程管理的数字化、网络化和智能化，从而更好地推进制造工程管理的新一轮革命。

思考题

1. 当前的数字化转型是否会加剧制造业中的贫富差距？如何确保数字化转型带来的经济利益能够公平分配？

2. 随着制造工程管理向数字化、网络化、智能化方向发展，企业是否需要重新定义"工匠精神"？在高度自动化的时代，"工匠精神"有哪些实际意义？

3. 在追求智能制造的过程中，企业是否会因过度依赖数据和算法而丧失创新能力？如何协调智能化与创新之间的关系？

4. 制造工程管理中数字化、网络化、智能化技术的发展是否会使得创新更多依赖于技术驱动而非市场需求？如何确保技术创新真正服务于市场和消费者需求？

5. 数字化网络化智能化技术在制造业中的应用是否会导致行业内的"技术垄断"？小型制造企业如何应对可能被边缘化的风险？

第6章

制造工程绿色化管理技术

章知识图谱　　说课视频

6.1 引言

　　党的二十大报告明确提出："实施产业基础再造工程和重大技术装备攻关工程，支持专精特新企业发展，推动制造业高端化、智能化、绿色化发展。"这一战略方针不仅描绘了中国制造业未来发展的宏伟蓝图，也明确了绿色化发展的战略地位。特别是在中国全力实现"双碳"目标的背景下，绿色化管理技术的实施显得尤为迫切和必要。绿色化管理技术的实施成为减少能源消耗、降低环境污染及实现资源高效利用的关键途径。

　　能源管理技术在绿色化管理体系中占据核心地位。高效的能源管理系统能够实时监测能源使用情况，识别出能源使用过程中的浪费环节，还能通过供给侧多能互补和需求侧用能优化两大策略提升能源利用效率和减少不必要的能源消耗。供给侧多能互补侧重于优化能源组合，利用各种能源之间的互补性，如结合太阳能、风能等可再生能源与传统能源，以提高能源利用的总效率，实现能源供应的稳定性和可靠性。这种多元能源的综合利用，有助于降低对单一能源的依赖，减少环境污染和碳排放，从而支持绿色、低碳发展战略。需求侧用能优化则通过智能化技术和高效管理措施，精确控制和调整企业的能源需求，如通过自动化控制系统优化生产流程，减少非生产时间的能源消耗，以及利用高峰和低谷电价差异调整能源使用时间，从而有效减少能源消耗和成本。这种从需求侧出发的能源管理策略，不仅提高了能源使用的灵活性和效率，也为企业带来经济上的节约，同时有助于减轻电网负荷，促进能源系统的整体稳定。

　　环境管理技术在现代制造业中的应用显得尤为重要，它广泛覆盖了从环境监测、环境评估到环境风险管理，以及环境绩效评价的全过程，确保企业遵守日益严格环保法规的同时，尽可能减少对环境的负面影响，实现可持续发展。具体而言，环境监测作为基础，通过收集和分析环境数据，提供对制造过程中可能产生环境影响的第一手资料。基于这些数据，环境风险管理进一步识别和评估潜在的环境风险，制定相应的管理措施，以预防或减轻这些风险的影响。最后，环境绩效评价通过量化的方式评估相关环境管理要素的有效性，为持续改进提供反馈。这三者相辅相成，既提供了全面的环境管理策略，又确保了制造过程的环境友好性和可持续性。

　　资源循环利用技术通过废物的减量化、再利用和循环利用，实现资源的最大化利用和生命周期的延长。它不仅有助于减轻对自然资源的依赖和开采，也促进了循环经济的发展，为制造工程的可持续发展提供了物质基础。绿色供应链管理将资源循环技术的理念扩展到了供应链的每个环节，通过整合供应链各环节的环保实践和资源高效流动，进一步提升企业和供应链的资源循环效率。这包括从选择环保的材料供应商，到改善物流网络减少运输环节的能耗和排放，以及促进产品的回收再利用，形成一个闭环的资源管理系统。在全球资源日益紧张和环境保护意识不断加强的背景下，资源循环利用技术及其管理的深度应用，不仅为企业带来经济和环境双重效益，也为全社会的可持续发展目标提供切实可行的解决方案。

绿色化管理技术体系通过能源管理技术、环境管理技术和资源循环利用技术的有机结合，不仅响应了全球可持续发展的要求，也为中国制造业的绿色转型和升级提供了全面的技术支撑。这一体系的成功实施，将促进中国制造业在减少能源消耗、降低环境污染和实现资源高效利用方面取得实质性进展，为实现绿色发展、构建生态文明贡献中国智慧和中国方案。

6.2　能源管理技术

在全球化的经济背景下，制造工程作为国家经济的重要支柱，正面临巨大的能源需求挑战。随着环境保护意识的提升和资源枯竭问题的日益严重，传统能源的开采和使用已难以满足可持续发展的要求。因此，迫切需要制造工程转向更智能、更高效的能源管理策略，以优化能源消耗、减轻环境压力并提高经济效益。本节将深入探讨制造工程中的能源管理技术，包括智慧能源管理的实施、供给侧和需求侧的优化策略，以及能效评价方法。本节将从制造工程的典型能源使用特征出发，详细分析多能互补优化策略的实际应用，并展望未来制造工程的评价方法和走向，为制造业的可持续发展提供切实可行的支持和解决方案。

6.2.1　制造工程能源管理概述

制造业作为国家经济的重要支柱，对能源的需求巨大。然而，传统能源的开采和使用带来的环境问题和资源枯竭问题，迫切要求制造工程寻找更为可持续的能源管理方案。智慧能源管理在制造工程中通过高效、智能的方式进行能源的使用和管理，降低制造过程中的能耗，提升制造工程经济效率。智慧能源管理基于制造工程中的能量流和信息流，依托信息技术、物联网技术和大数据分析技术，对制造工程中的创能、储能、送能、用能各阶段进行精准监测、实时优化和高效调配。在制造工程中，智慧能源管理不仅涉及生产环节的能源优化，还包括整个供应链中从原材料采购到产品生命周期的全过程能源管理。通过智慧能源管理，制造工程能够提升能源使用效率，降低生产成本，同时减少对环境的负面影响，促进经济、社会和环境的和谐共生。

制造工程的用能特点主要体现在能源消耗的规模与结构、时序性与可控性、可靠性和高强度与波动性上。在规模上，制造工程通常是能源密集型行业，其能源消耗量远超过商业建筑或住宅区等一般用能单位。在能源结构上，制造工程对各种形式能源的需求更为复杂，包括但不限于电力、热能、压缩空气及特定工艺所需的化学能源等，这些能源往往需要在特定的生产阶段精确供应。

时序性强是制造工程用能的另一显著特点。制造工程的能源需求通常随着生产流程的变化而波动，具有明显的高峰和低谷。这种时序性的变化要求能源供应能够灵活调整，以满足生产过程中的实时需求。此外，制造工程中的能源使用具有较高的可控性。通过对生产设备和流程的精确控制，可以有效地调节能源消耗，实现能源的优化使用。例如，通过调整生产线速度、采用能效更高的设备或改进工艺流程，都能显著提升能源使用效率。相比之下，一般用能单位如商业建筑或住宅，其能源使用更多地集中在照明、供暖、制冷和日常电器上，且用能模式相对固定。这些区域的能源优化更侧重于提升建筑的能效、改善能源管理系统，而不像制造工程那样直接与生产过程的各个环节紧密相关。

此外，制造工程对稳定可靠的能源供应有高要求。无论是何种生产模式，稳定可靠的能源供应都是制造流程顺利进行的基础。能源供应的不稳定不仅会影响生产效率，还可能导致产品质量问题，甚至生产安全事故。因此，制造工程中需要投入大量资源来确保能源供应的稳定，包括建立能源储备、采用多元化能源供应方式，以及能源回收利用技术等。

最后，制造工程的能源消费不仅强度高，而且具有明显的波动性。这种波动性一方面来源于生产需求的变化，另一方面也受到生产过程和设备效率的影响。为了应对这种波动性，制造企业需要针对具体生产过程设计和实施精细的能源管理，通过技术创新和管理措施来提高能效，以确保能源使用的效率和经济性。

制造工程按照生产流程特点，可以划分为连续型制造工程和离散型制造工程，它们的能源消费特点不同。因此，针对这些特点，需要构建针对性的能源管理技术方法。

（1）连续型制造工程用能特点　连续型制造工程是一种将原料不间断地投入生产线，并以连续流的形式产出产品的制造方式。化工制造业、石油炼制业、钢铁制造业、食品加工业等是典型的连续型制造工程，其生产过程高度自动化，对能源的质量和供应稳定性有极高的要求。

1）能耗密度高：由于生产规模大和生产过程的连续性，连续型制造工程往往能耗密度高。大量能源被用于保持生产过程的连续运转，尤其是在需要大量热能和电力的化学反应过程中。石油炼化、化学制品生产行业等都是连续型制造业的典型代表，它们需要大量的能源输入来维持生产线的持续运转。能源在这些行业中不仅作为生产过程的基本输入，如提供所需的热量或电力，还在许多情况下参与到化学反应中，成为产品的一部分。因此，能源消耗不仅在数量上多，而且在生产成本中占比较大，对企业的经济效益有直接影响。

2）能源消耗的稳定性：由于生产线在固定的生产能力约束下长时间运行，因此连续型制造工程的能源消耗相对稳定。这种稳定性提升了能源供应计划的可预测性，能源消耗预测有助于连续型制造工程进行长期的能源采购和成本控制。然而，步骤繁多的生产线长时间运转意味着任何生产过程中的小幅效率损失都会累积造成显著的能源浪费，因此，优化生产过程和提高能效成为连续型制造工程持续关注的焦点。

3）热能利用率比例大：许多连续型制造工程过程需要大量热能，例如化工制造业中的加热、蒸馏过程。通过余热回收技术，这些行业能够提高热能的利用效率，降低能源消耗。在连续型制造工程中，热能的使用尤为重要，许多工业生产过程如蒸馏、干燥和加热需要大量的热能。因此，如何提高热能利用率成为这类行业能源管理的重点。

4）能耗需求惯性大：由于生产过程的连续性，连续型制造工程在面对能源供应波动或成本变化时，难以快速调整不同类型能源消耗的占比。生产线的启停往往需要复杂的程序和较长的时间，且可能影响产品质量和生产安全。因此，企业在能源管理上必须采取更为谨慎和前瞻性的用能策略，比如通过多元化能源策略减少对单一能源的依赖，或者通过长期合约锁定能源价格，以降低市场波动的影响。

连续型制造工程的用能特点要求能源管理策略不仅要注重提高能源使用的效率和效益，还需要具备高度的综合能源协调能力，以确保生产过程的稳定性和经济性。通过采用先进的能源技术、优化生产过程、实施精细化的能源管理、构建前瞻性用能规划，连续型制造工程可以有效地控制和降低能源消耗，提升竞争力。

（2）离散型制造工程能耗特点 离散型制造工程是指生产过程中分散制造独立产品单元的制造方式，汽车制造业、电子产品制造业、机械设备制造业等都是典型的离散型制造工程。这类制造工程的特点是生产线灵活和产品多样，生产过程中经常需要调整设备配置或改变生产线以适应不同产品的制造。

1）能耗波动性大：由于生产需求的不确定性，离散型制造工程的能耗具有较大的波动性。生产批次、订单规模和产品变更都可能导致能耗需求的显著变化。生产不同产品需要不同的生产线调整和设备配置，造成能源需求在短时间内出现显著波动。此外，市场需求变化也会直接影响生产计划和能耗，例如在订单增加时，生产加速会导致能源消耗短期内急剧上升。

2）电力消耗占主导：与连续型制造工程依赖多种能源不同，离散型制造工程在能源结构上更依赖于电力。例如，自动化生产线、精密设备和计算机控制系统等均以电力为主要能源。电力的广泛应用使得电能成本成为离散型制造工程关注的重点，电力消耗的优化直接关系到生产成本和企业竞争力。

根据上述特点，离散型制造工程在能源使用上展现出高度的灵活性和较大的节能减排潜力。通过调整生产计划和优化设备运行策略，离散型制造工程能够根据能源价格和供应情况灵活调整其能源使用策略，从而有效应对市场变化。例如，在电价较低的时段增加生产，或者优先使用能效更高的设备。此外，离散型制造工程可以通过精细化的能源监测和管理系统，实时监控能源使用情况，及时调整生产操作以优化能源消耗。

由于离散型制造工程在生产过程和能源使用上的多样性和可调整性，其在节能减排方面具有较大潜力。通过引入先进的能效技术、改进生产工艺、优化能源使用结构等措施，可以有效降低能耗和减少环境排放。同时，采用高比例可再生能源和实施绿色制造策略也为离散型制造业提供了实现可持续发展的途径。

6.2.2 制造工程供给侧多能互补优化

制造工程的供给侧多能互补着眼于能源供应的多样性和综合互补效率的提升，在制造过程中采用多种能源形式，并通过高效的能源管理和技术整合，实现能源多元供应的优化互补和节能减排。供给侧多能互补包括：①多样化能源供给，通过集成多种可再生能源和传统能源，提高能源供给的灵活性和安全性；②智能化能源管理，采用先进信息技术和自动化技术对能源供应和消耗进行实时监控和优化；③提升能源供给和使用效率，通过对多类能源的高效转换和使用，最大限度地提高能源供给的利用率，降低生产成本和环境影响。通过实施供给侧多能互补优化，制造工程能够实现能源供应的稳定性和可持续性，促进产业升级和环境保护。

　　供给侧多能互补优化策略需要综合考虑生产过程的能耗特性、能源供应的时空分布、能源价格及环境政策等因素。供给侧多能互补优化对于制造工程而言，不仅是提高能源使用效率、降低生产成本的有效途径，也是制造工程迈向能源供应稳定性和环境可持续性的关键步骤。通过供给侧多能互补优化，制造工程能够在复杂多变的市场环境中保持持续的竞争力。

　　本节以制造工程的供给侧用能优化为例，讨论考虑综合能源供给背景中多重不确定条件的鲁棒优化方法。在典型的制造工程中，具有代表性的多种能源供给主体包括传统电网、可再生能源发电设备、热电联产设备、供氢气网络、供天然气网络等。这些能源供给主体协同互补，可以抽象成一个多能互补微网，其结构如图6-1所示。

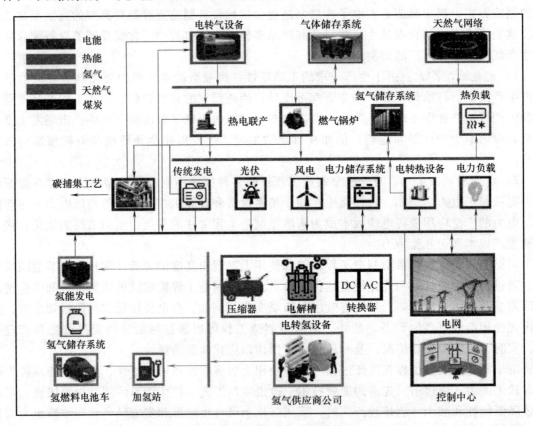

图6-1　多能互补的微网结构

　　本案例构建了一个分散式能源管理框架，该框架与多能供给市场进行协调，涵盖氢气供应商公司、电网和天然气网络。通过这一框架，实现了多微网间的信息和能源交换，进而确定了最佳的能源采购计划。在接收到协调设备发出的控制信号后，各子微网根据区域需求分别制订最适合的能源管理战略。以下部分将详细介绍具体的建模过程。

　　（1）电费不确定性建模　根据电价的预测值 λ_t^E 及其价格偏差 d，用鲁棒优化（Robust Optimization，RO）方法构建一个不确定性集合区间，计算公式为

$$\widetilde{\lambda_t^E} \in \left[\lambda_t^E - d\lambda_t^E, \lambda_t^E + d\lambda_t^E\right] \tag{6-1}$$

　　通过引入辅助变量 α_t，不确定性集合的表述见式（6-2）。考虑到不确定集中电价的最坏情况，RO方法可以为多能微网系统提供鲁棒性。鲁棒性的程度受到不确定性预算 Γ 的控

制，该预算直接影响 α_t。

$$
\begin{cases}
\widetilde{\lambda_t^E} \in \left[\lambda_t^E - \alpha_t d\lambda_t^E, \lambda_t^E + \alpha_t d\lambda_t^E \right] \\
0 \leq \alpha_t \leq 1, \forall t \in N_t \\
\sum_{t=1}^{N_t} \alpha_t \leq \Gamma
\end{cases}
\tag{6-2}
$$

（2）需求响应不确定性建模　净负荷为电力负荷减去可再生能源输出，预测的净电力负荷计算如下：

$$
P_{t,m}^{\mathrm{Net}} = P_{t,m}^{\mathrm{Load}} - P_{t,m}^{\mathrm{PV}} - P_{t,m}^{\mathrm{WT}}
\tag{6-3}
$$

式中，$P_{t,m}^{\mathrm{Net}}$ 是多能互补微网的净负荷；$P_{t,m}^{\mathrm{Load}}$ 为电力负荷；$P_{t,m}^{\mathrm{PV}}$ 和 $P_{t,m}^{\mathrm{WT}}$ 为可再生光伏和风能的输出。每个多能互补微网的净负荷预测误差由一个随机向量 $\widetilde{\xi_m}$ 表示。假设存在数据样本 $N_{i,m}$，采样得到 $\widetilde{\xi_{1,m}}$，$\widetilde{\xi_{2,m}}$，$\cdots$，$\widetilde{\xi_{N_{i,m}-1,m}}$，$\widetilde{\xi_{N_{i,m},m}}$，由多能微网组 m 内的支持集合 Ξ_m 支持，$\widetilde{\xi_m}$ 的经验分布可以通过以下方程来表达，其中，$\delta_{\xi_{i,m}}$ 表示狄拉克测度。

$$
\mathbb{P}_{E,m} = \frac{1}{N_{i,m}} \sum_{i=1}^{N_{i,m}} \delta_{\xi_{i,m}}
\tag{6-4}
$$

两个概率分布之间的 Wasserstein 距离的计算为

$$
W(\mathbb{P}_1, \mathbb{P}_2) = \inf_{\mathbb{Q}} \left\{ \int_{\Xi \times \Xi} | \xi_1 - \xi_2 | \mathbb{Q}(d\xi_1, d\xi_2) \right\}
\tag{6-5}
$$

式中，$| \cdot |$ 表示 L1-范数；$\mathbb{Q}$ 表示两个具有边缘分布 $\mathbb{P}_1$ 和 $\mathbb{P}_2$ 的随机向量 ξ_1 和 ξ_2 的联合分布。

基于 Wasserstein 距离，$\widetilde{\xi_m}$ 的模糊集合构建见式（6-6），其限制了经验分布和模糊分布的概率偏差。

$$
\mathcal{P}_m = \left\{ \mathbb{P} \{ \widetilde{\xi_m} \in \Xi_m \} = 1 : W(\mathbb{P}_{E,m}, \mathbb{P}_{\widetilde{\xi},m}) \leq \delta_m(N_{i,m}) \right\}
\tag{6-6}
$$

式中，$\delta_m(N_{i,m})$ 是一个预先指定的参数，代表 Wasserstein 半径。每个子微网可以通过选取不同的 $\delta_m(N_{i,m})$ 以调整其对不确定性的风险态度。

$\delta_m(N_{i,m})$ 可以通过（式 6-7）进行计算：

$$
\delta_m(N_{i,m}) = C \sqrt{\frac{1}{N_{i,m}} \log \left(\frac{1}{1-\alpha} \right)}
\tag{6-7}
$$

式中，α 是预定义的参数，表示置信水平；C 可通过式（6-8）优化得到，其中，$\hat{\mu}$ 表示样本均值，$N_{i,m}$ 表示第 m 个 MEMG（多能源微网）中的样本数量。

$$
C = 2 \inf_{\sigma \geq 0} \left(\frac{1}{2\sigma} \left(1 + \ln \left(\frac{1}{N_{i,m}} \sum_{i=1}^{N_{i,m}} e^{\sigma | \xi_{i,m} - \hat{\mu} |_1^2} \right) \right) \right)^{\frac{1}{2}}
\tag{6-8}
$$

（3）混合鲁棒优化　该模型是一个两阶段问题，包括日前能源管理阶段和实时平衡能源管理阶段。在日前阶段，每个多能互补微网根据设备状态信息、可再生能源输出、能源消耗和能源市场价格的预测信息，解决区域问题以最小化其运营成本。在实时平衡阶段，需要考虑综合能源供给的多种不确定性。局部控制器通过调整常规发电机组单元的发电量和电力交易，实现最小的重新调度成本。最后，为确保系统经济性，多能互补微网的控制器联系协调者提交满足多能需求的出价，并在汇总出价后，协调控制器参与批发市场以引入所需能源。

1）目标函数构建。对于总的调度周期，目标函数为

$$\min \left\{ \sum_{t=1}^{N_t} \left[\sum_{m=1}^{N_m} (f_{OC,t,m}) + f_{TC,t} \right] + \sum_{m=1}^{N_m} \max_{P_m \in \mathcal{P}_m} E_{P_m} (C_m(x_m, \widetilde{\boldsymbol{\xi}_m})) \right\} \quad (6\text{-}9)$$

式中，N_t 为电网运行的时间；$f_{OC,t,m}$ 为第 m 个多能互补微网在时间段 t 中的运行成本；$f_{TC,t}$ 表示交易成本；$C_m(x_m, \widetilde{\boldsymbol{\xi}_m})$ 表示在不确定性 $\widetilde{\boldsymbol{\xi}_m}$ 下的电网调度成本；x_m 代表第 m 个多能互补微网的决策变量集合。该目标旨在最小化多能互补微网的总成本，包括以下几个方面：①运营成本（Operation Cost，OC），包括实施综合需求响应（Integrated Demand Response，IDR）的成本 $C_{t,m}^{IDR}$、发电机组（Conventional Generation Unit，CG）发电成本 $C_{t,m}^{CG}$ 及碳排放成本（Carbon Emission Cost，CEC）$C_{t,m}^{CEC}$；②协调者的成本 $f_{TC,t}$，即与电网、氢气供应公司和天然气网络交换能源的交易成本。

2）日前调度阶段约束。在日前调度中，需要构建发电单元容量和爬坡功率约束、网络约束以及能量平衡约束。具体描述如下：

① 传统发电单元约束。CG 单元消耗化石燃料来发电。下述方程限制了第一阶段 CG 单元的最大输出和爬坡率约束。

$$\begin{cases} 0 \leqslant P_{t,m}^{CG} \leqslant \overline{P_m^{CG}} \\ -RD_m^{CG} \leqslant P_{t,m}^{CG} - P_{t-1,m}^{CG} \leqslant RU_m^{CG} \end{cases} \quad (6\text{-}10)$$

$$Q_{t,m}^{CG} = \mu_m^{CG} P_{t,m}^{CG} \quad (6\text{-}11)$$

式中，$Q_{t,m}^{CG}$ 代表 CG 运行期间产生的二氧化碳量；$\overline{P_m^{CG}}$ 为 CG 单元的最大发电量；RD_m^{CG} 和 RU_m^{CG} 分别代表 CG 单元在时间段 t 内的发电量降载与升载值；μ_m^{CG} 代表 CG 单元每单位发电量对应的碳排放。

② 热电联产组合约束。CHP（热电联产设备）的电力和热能发电量通过如下方式计算。由 CHP 引起的二氧化碳量被线性化为 $Q_{t,m}^{CHP}$：

$$\begin{cases} P_{t,m}^{CHP} = G_{t,m}^{CHP} LHV_{NG} \eta_{CHP,E} \\ T_{t,m}^{CHP} = G_{t,m}^{CHP} \times LHV_{NG} \eta_{CHP,H} \end{cases} \quad (6\text{-}12)$$

$$Q_{t,m}^{CHP} = \mu_m^{CHP} P_{t,m}^{CHP} \quad (6\text{-}13)$$

CHP 的容量 $P_{t,m}^{CHP}$ 和爬坡率约束，即当前容量与上一时刻容量之差（$P_{t,m}^{CHP} - P_{t-1,m}^{CHP}$），由式（6-14）限制

$$\begin{cases} 0 \leqslant P_{t,m}^{CHP} \leqslant \overline{P_m^{CHP}} \\ -RD_m^{CHP} \leqslant P_{t,m}^{CHP} - P_{t-1,m}^{CHP} \leqslant RU_m^{CHP} \end{cases} \quad (6\text{-}14)$$

式中，$P_{t,m}^{\text{CHP}}$ 和 $T_{t,m}^{\text{CHP}}$ 代表 CHP 单元产生的电量和热量；$G_{t,m}^{\text{CHP}}$ 代表 CHP 单元消耗的天然气量；LHV_{NG} 代表天然气的低位发热量；$\eta_{\text{CHP,E}}$ 与 $\eta_{\text{CHP,H}}$ 分别代表 CHP 单元将天然气转换成电力与热能的效率。

③ 储能相关约束。充放电过程后电能存储系统的状态量动态见式（6-15），该式确保存储的能量始终在储能容量范围内，并且规定调度时域结束后的储能状态等于初始值。

$$\text{SoC}_{t,m}^{\text{ESS}} = \text{SoC}_{t-1,m}^{\text{ESS}} + \eta_m^{\text{ch,ESS}} \times P_{t,m}^{\text{ch,ESS}} - \frac{P_{t,m}^{\text{disch,ESS}}}{\eta_m^{\text{disch,ESS}}} \tag{6-15}$$

式中，$\text{SoC}_{t,m}^{\text{ESS}}$ 为 t 时间段内 MEMG 中电力储能系统的容量状态；$\text{SoC}_{t-1,m}^{\text{ESS}}$ 为 $t-1$ 时刻的容量状态；$\eta_m^{\text{ch,ESS}}$ 和 $\eta_m^{\text{disch,ESS}}$ 分别为充电和放电效率；$P_{t,m}^{\text{ch,ESS}}$ 和 $P_{t,m}^{\text{disch,ESS}}$ 分别为充电和放电功率。

此外，下面的约束限定了储能系统充电和放电的边界：

$$\begin{cases} \text{SoC}_m^{\text{ESS,min}} \leqslant \text{SoC}_{t,m}^{\text{ESS}} \leqslant \text{SoC}_m^{\text{ESS,max}} \\ \text{SoC}_{t=0,m}^{\text{ESS}} = \text{SoC}_{t=T,m}^{\text{ESS}} \end{cases} \tag{6-16}$$

式中，$\text{SoC}_m^{\text{ESS,min}}$ 和 $\text{SoC}_m^{\text{ESS,max}}$ 分别为储能系统的最低和最高电量限制；$\text{SoC}_{t=0,m}^{\text{ESS}}$ 和 $\text{SoC}_{t=T,m}^{\text{ESS}}$ 分别为储能系统在初始时刻和调度周期结束时刻的电量状态。在一个完整的调度周期结束时，储能系统的电量会恢复到初始状态，以确保储能系统的能量平衡和连续运行的可持续性。

（4）实时平衡阶段约束　在对净电力负荷的不确定性建模后，需要引导每个多能互补微网达到动态平衡。由于发电能调度和电力交易具有较快的调整能力，这些多能互补微网会根据第一阶段的决策进行相应的控制以补偿能源偏差，这种调整过程会产生重新调度的成本。因此，这一阶段的目标是在最坏情况下的净电力负荷分布中找到最小的重新调度成本。重新调度成本包括：①与 CG 相关的成本，主要有调节成本和额外的发电成本；②与电力交易相关的成本，主要有调节成本和额外的交易成本。每个多能互补微网的重新调度成本见式（6-17）和式（6-18）：

$$C_m(x_m, \widetilde{\xi_m}) = \sum_{t=1}^{N_t} \left(\Delta C_{t,m}^{\text{CG}} + \Delta C_{t,m}^{\text{PT}} \right) \tag{6-17}$$

$$\begin{cases} \Delta C_{t,m}^{\text{CG}} = \lambda_{\text{CG}}^{\text{Up}} \widehat{P_{t,m}^{\text{CG,Up}}} + \lambda_{\text{CG}}^{\text{down}} \widehat{P_{t,m}^{\text{CG,Down}}} + \widehat{C_{t,m}^{\text{CG}}} \\ \Delta C_{t,m}^{\text{PT}} = \lambda_{\text{E}}^{\text{Buy}} \widehat{P_{t,m}^{\text{E,Buy}}} + \lambda_{\text{E}}^{\text{Sell}} \widehat{P_{t,m}^{\text{E,Sell}}} + \lambda_t^{\text{E}} \left(\widehat{P_{t,m}^{\text{E,Buy}}} - \widehat{P_{t,m}^{\text{E,Sell}}} \right) \end{cases} \tag{6-18}$$

在针对多能微网系统建模后，考虑到目标函数中内部两个最大项的存在，问题变得难以处理。因此，基本求解思路为首先对目标函数的等效转换。接着，采用基于交替方向乘子法（Alternating Direction Method of Multipliers，ADMM）的分解策略。通过这种方法，该优化问题可以利用现有的商业求解器解决。

ADMM 是一种常用的分布式算法，用于求解凸优化问题。ADMM 通过将优化模型分解为若干小部分，每一部分都可以在有限的迭代次数内并行解决。这种方法适合处理大规模优化问题，因为它可以显著减少计算时间，同时保持较高的求解精度。本案例中可以使用 ADMM 来分散求解混合鲁棒优化模型。通过这种方法，每个多能微网系统可以独立进行能源管理的优化计算。

ADMM 的具体计算步骤如下：

1）初始化：选择适当的参数和初始值，包括罚项系数、乘子和变量的初始估计。

2）变量更新：在每次迭代中，首先固定乘子，更新优化变量。这一步骤可以并行地在各个多能微网系统中进行，每个子多能微网系统根据本地数据和当前的乘子值解决其自身的优化问题。

3）乘子更新：在更新优化变量后，根据当前的变量值更新乘子。这一步促进了不同多能微网系统之间的协调，以确保全局约束得到满足。

4）终止条件判断：检查优化变量和乘子的更新是否满足预定的收敛标准。如果满足，则算法终止；否则，返回步骤 2）继续迭代。

本案例中对多能互补微网系统构建了一个混合鲁棒的分散式能源管理模型，是制造工程供给侧多能资源优化的一个缩影。本案例考虑了包含电能、热能、氢能在内的多种能源结构，并且针对两阶段鲁棒提供了求解思路。

6.2.3 制造工程需求侧用能优化

能源需求侧用能优化是实现能源消费高效化与低碳化、促进经济与环境可持续发展的重要策略。通过综合运用信息与决策技术、政策和市场手段，这种策略能够引导能源消费行为，优化能源使用结构。能源需求侧管理（Demand-Side Management, DSM）是此类用能优化的重要手段。它涉及规划和实施一系列策略和措施，如采用峰谷电价等适当的定价机制来影响消费者的能源需求。通过 DSM，消费者可以在能源成本较低的时候使用或存储电能，从而在高峰时段减少能源需求，提高能源使用效率和效果，降低能源成本，并优化能源结构。

在制造工程能源需求侧管理中，需要面对制造工程特有的高能耗密度、高能耗波动性、高电能依赖度、高用能灵活性等特点。制造工程通常涉及多个能源密集型生产过程，从而导致在相对较小的地理空间内产生密集的能源消耗。例如，金属加工、化工生产和其他重工业生产过程，通常消耗大量的电力、热能或其他形式的能源。这种高能耗密度要求能源需求侧管理系统必须精确地监测和分析能源使用情况，以优化能源分配和降低能源使用成本。其次，制造业的能源需求通常随生产计划和工序变化而显著波动。生产线的启停、设备的更换，以及订单需求的变化都可能导致能源消耗短时间内剧烈变动。这种波动性要求能源需求侧管理系统具备灵活调整能源供应的能力，以适应快速变化的需求。此外，现代制造工程很大程度上依赖于电力，无论是运行机械设备、维持生产线，还是保证安全和环境控制系统的正常运作。制造工程对电能的高度依赖要求能源供给侧需要确保电力供应的稳定性和效率。最后，许多制造过程在能源使用上具有一定的灵活性，允许在不影响生产质量和进度的前提下调整能源消耗模式。例如，在非高峰时段运行能耗密集的工序使用可再生能源来满足部分能源需求。这种灵活性为能源需求侧管理提供了优化的空间，通过智能调度和管理策略，可以显著提高能源使用的效率和可持续性。

制造工程的能源需求侧管理不仅涉及技术上的创新和应用，还需要对生产过程的深入理解和精确控制。通过有效的能源需求侧管理，制造工程不仅可以降低能源成本，提高能源利用效率，还能增强市场竞争力，促进制造工程可持续发展。

本节以工业制造过程为对象，利用状态任务网络对其进行建模，提出了一种基于需求响应的智能制造过程负荷优化调度模型，该模型考虑了能量存储系统（Energy Storage System，ESS）和多种分布式能源（Distributed Energy Resources，DERs）系统。该模型试验以汽车制造中的冲压过程进行案例研究，其任务流程图如图 6-2 所示。

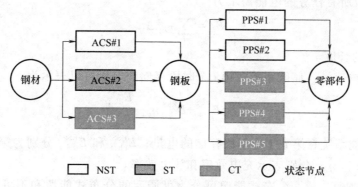

图 6-2 冲压过程流程图

注：ACS 为自动切割系统，PPS 为零件生产系统。

状态任务网络由状态节点和任务节点组成。状态节点包括进料、中间产品和最终产品。任务节点可以分为两类：第一类是不可调度任务（Non-Schedulable Task，NST），NST 一旦开始运行，就必须连续工作，故 NST 只有一个操作点（即开）；第二类是可调度任务（Schedulable Task，SAT），它可以在一天中的不同时间段进行调度。此外，可调度任务又可分为可转移任务（Shiftable Task，ST）和可控任务（Controllable Task，CT）。ST 有两个操作点（即开和关），因此可以根据实际电力供给情况打开或关闭 ST；而 CT 则是指可以在不同的功率下运行的任务。

（1）智能制造过程建模 每两个连续的任务节点之间有一个状态节点，状态节点 s 在第 1 个时段的材料存储数量 S，可以表示为

$$S_{s,t} = S_{s-1,t} + \sum_{k \in T_{p,s}} P_{s,k,t} - \sum_{k \in T_{c,s}} C_{s,k,t} \tag{6-19}$$

式中，$T_{p,s}$ 是为状态节点 s 提供生产材料的任务集合；$T_{c,s}$ 是消耗状态节点 s 材料的任务集合；$P_{s,k,t}$ 是第 t 个时段任务 k 为状态节点 s 提供生产材料的数量；$C_{s,k,t}$ 是第 t 个时段任务 k 在状态节点消耗材料的数量。

任务 k 通过选择 m 个运行点中的一个来消耗状态节点 $s1$ 提供的材料来生产状态节点 $s2$ 需要的材料。则状态节点 s 在第 t 个时段通过任务 k 生产和消耗材料的总量可以分别表示为

$$P_{s,k,t} = \sum_m Z_{k,m,t} pr_{k,m,s} \tag{6-20}$$

$$C_{s,k,t} = \sum_m Z_{k,m,t} cr_{k,m,s} \tag{6-21}$$

式中，$pr_{k,m,s}$ 是任务 k 在运行点 m 上运行时为状态节点 s 提供生产材料的速率；$cr_{k,m,s}$ 是任务 k 在运行点 m 上运行时为状态节点 s 消耗材料的速率；$Z_{k,m,t}$ 是二进制变量，表示任务 k 在运行点 m 上的运行状态，1 表示运行，0 表示不运行。

在任意时段，任务 k 只能在一个运行点上运行：

$$\sum_m Z_{k,m,t} = 1 \tag{6-22}$$

任务 k 在第 t 时段的电功率需求为

$$e_{k,t} = \sum_m Z_{k,m,t} e_{k,m} \qquad (6\text{-}23)$$

式中，$e_{k,m}$ 为任务 k 在运行点 m 上的运行功率；$e_{k,t}$ 为任务 k 在第 t 个时段的运行功率。

在第 t 个时段所有任务的电能需求为

$$E_k = \sum_k e_{k,t} \Delta t \qquad (6\text{-}24)$$

式中，Δ 为时段的长度。

（2）储能系统建模　储能系统在第 t 个时段存储的电量可以表示为

$$E_t^{\text{ESS}} = E_{t-1}^{\text{ESS}} + E_{\text{ch},t}^{\text{ESS}} \eta_{\text{ch}} - \frac{E_{\text{dis},t}^{\text{ESS}}}{\eta_{\text{dis}}} \qquad (6\text{-}25)$$

式中，E_{t-1}^{ESS} 为储能系统在第 $t-1$ 个时段存储的电量；$E_{\text{ch},t}^{\text{ESS}}$ 和 $E_{\text{dis},t}^{\text{ESS}}$ 分别为第 t 个时段的充电量和放电量；η_{ch} 和 η_{dis} 分别表示充电效率和放电效率。

（3）分布式能源建模　分布式能源可分为可调度的分布式能源和不可调度的分布式能源。可调度的分布式能源，如柴油发电机，它们的输出功率可以控制；不可调度的分布式能源，如太阳能和风能，它们的输出功率不可控。

分布式能源发电总量表示如下：

$$E_{\text{DER},t} = \sum_i^N P_{i,t} \Delta t \qquad (6\text{-}26)$$

式中，$E_{\text{DER},t}$ 为分布式能源系统在第 t 个时段的发电总量；N 为分布式电源的总数；$P_{i,t}$ 表示第 i 个分布式电源在第 t 个时段的输出功率。

（4）模型构建　以智能制造过程的总能源成本的最小化为目标函数，则

$$\min C = C_{\text{GRID}} + C_{\text{DER}} \qquad (6\text{-}27)$$

式中，C_{GRID} 为工业企业与主电网间的电力交易成本；C_{DER} 为分布式能源系统的发电成本。

电力交易成本又可以表示为

$$C_{\text{GRID}} = \sum_{t=1}^T \text{pp}_t E_{p,t} - \sum_{t=1}^T \text{ps}_t E_{s,t} \qquad (6\text{-}28)$$

式中，T 为一个调度周期内总的时段数；pp_t 和 ps_t 分别为工业企业的购电价格和售电价格；$E_{p,t}$ 和 $E_{s,t}$ 分别表示购电量和售电量。

分布式能源系统的发电成本可以表示为

$$C_{\text{DER}} = \sum_{i=1}^N \sum_{t=1}^T \left[F_i(P_{i,t}) + \text{OM}_i(P_{i,t}) \right] \qquad (6\text{-}29)$$

式中，$F_i(P_{i,t})$ 和 $\text{OM}_i(P_{i,t})$ 分别为第 i 个分布式电源在第 t 个时段的燃料成本和运行维护成本。

第 i 个分布式电源在第 t 个时段的燃料成本又可以写为

$$F_i(P_{i,t}) = a_i + b_i P_{i,t} + c_i (P_{i,t})^2 \qquad (6\text{-}30)$$

式中，a_i、b_i 和 c_i 为第 i 个分布式电源的燃料成本参数。

而第 i 个分布式电源在第 t 个时段的运行维护成本可以写为

$$\text{OM}_i(P_{i,t}) = K_{\text{OM}_i} P_{i,t} \qquad (6\text{-}31)$$

式中，K_{OM_i} 为第 i 个分布式电源的运行维护系数。

（5）约束条件

1）材料存储约束。对于状态节点 s 在第 t 个时段材料存储数量 S，它不能小于最小存储容量或超过最大存储容量，即

$$S_s^{\min} \le S_{s,t} \le S_s^{\max} \tag{6-32}$$

式中，$S_s^{\min}$ 和 $S_s^{\max}$ 分别为状态节点 s 的最小和最大存储容量。

2）储能系统的储电量约束。为了保护储能系统，储能系统的储电量 E_t^{ESS} 必须在一定的区间内，即

$$0 \ge E_t^{\mathrm{ESS}} \ge \bar{E}^{\mathrm{ESS}} \tag{6-33}$$

式中，$\bar{E}^{\mathrm{ESS}}$ 为储能系统的最大储电量。

3）储能系统充放电约束。过高的充放电功率（$P_{\mathrm{ch},t}^{\mathrm{ESS}}$ 和 $P_{\mathrm{dis},t}^{\mathrm{ESS}}$）会损坏储能系统，为了延长储能系统的使用寿命，其充放电功率必须满足如下约束

$$P_{\mathrm{ch},t}^{\mathrm{ESS}} \le P_{\mathrm{ch}}^{\mathrm{rate}} z_{\mathrm{ch},t} \tag{6-34}$$

$$P_{\mathrm{dis},t}^{\mathrm{ESS}} \le P_{\mathrm{dis}}^{\mathrm{rate}} z_{\mathrm{dis},t} \tag{6-35}$$

$$z_{\mathrm{ch},t} + z_{\mathrm{dis},t} \le 1 \tag{6-36}$$

式中，$P_{\mathrm{ch}}^{\mathrm{rate}}$ 和 $P_{\mathrm{dis}}^{\mathrm{rate}}$ 分别为储能系统单位时间内的最大充电功率和最大放电功率；$z_{\mathrm{ch},t}$ 为二进制变量，$z_{\mathrm{ch},t}=1$ 表示储能系统在第 t 个时段充电，$z_{\mathrm{ch},t}=0$ 则表示储能系统在第 t 个时段放电；$z_{\mathrm{dis},t}$ 也为二进制变量，$z_{\mathrm{dis},t}=1$ 表示储能单元在第 t 个时段放电，$z_{\mathrm{dis},t}=0$ 则表示储能单元在第 t 个时段充电。

4）分布式电源发电功率限制。第 i 个分布式电源在第 t 个时段的实际输出功率有一定的范围，即

$$P_i^{\min} \le P_{i,t} \le P_i^{\max} \tag{6-37}$$

式中，$P_i^{\min}$ 和 $P_i^{\max}$ 分别表示第 i 个分布式电源的最小和最大输出功率。

5）分布式电源的爬坡速率约束。分布式电源的爬坡速率定义为单位时间内分布式电源输出功率的增加或减少量，爬坡速率约束可以表示为

$$\left| P_{i,t} - P_{i,t-1} \right| \le r_i \tag{6-38}$$

式中，$P_{i,t-1}$ 为第 i 个分布式电源在第 $t-1$ 个时段的输出功率；r_i 为第 i 个分布式电源的最大爬坡速率。

6）供需平衡约束。电力系统必须保证电力供需的实时平衡，该约束表示为

$$E_t^{\mathrm{gird}} + P_{\mathrm{dis},t}^{\mathrm{ESS}} \Delta t + E_{\mathrm{DER},t} = E_t + P_{\mathrm{ch},t}^{\mathrm{ESS}} \Delta t \tag{6-39}$$

式中，E_t 为工业企业在第 t 个时段的电能需求量；E_t^{gird} 为第 t 个时段工业企业与主电网之间的传输电量（正值表示主电网向工业企业传输电量，负值表示工业企业向主电网传输电量）。

7）电量传输限制。为保护主电网的安全，单位时间内工业企业和主电网之间的传输电量不得超过限额，即

$$L_1 \le E_t^{\mathrm{gird}} \le L_2 \tag{6-40}$$

式中，L_1 和 L_2 分别为传输电量的下限和上限。

汽车制造中的冲压工艺有两个子系统：自动切割系统（Automatic Cutting System，ACS）

和零件生产系统（Parts Production System，PPS）。其中，假设 ACS 有 3 个任务，PPS 有 5 个任务。根据每个任务的特点，将他们划分为 3 种类型，包括 3 种 NST（ACS#1、PPS#1、PPS#2）、1 种 ST（ACS#2）和 4 种 CT（ACS#3、PPS#3、PPS#4、PPS#5）。

因此，参数设计如下：表 6-1 和表 6-2 分别是 ACS 和 PPS 的运行点参数。假设一块钢板可以生产一个零件，钢板初始库存为 1200 件，零部件初始库存为 200 件，钢板的最小存储容量和最大存储容量分别设置为 0 和 7000 件，零部件的最小存储容量和最大存储容量分别设置为 0 和 7000 件，零部件的需求设定为 3000 件/h。对一个制造业企业来说，原材料的供应应该足够满足生产。因此，假设钢板的存储能力为无限。

表 6-1　ACS 的运行参数

ACS	运行点	零件生产/(件/h)	电能需求/(kW·h)
#1	开	1000	12
#2	关	0	0
	开	1500	18
#3	1	0	0
	2	1200	14
	3	2800	24

表 6-2　PPS 的运行参数

PPS	运行点	零件生产/(件/h)	电能需求/(kW·h)
#1 和#2	开	600	45
#3、#4 和#5	1	0	0
	2	200	20
	3	400	35
	4	600	46
	5	800	52

储能系统的运行参数见表 6-3，可调度分布式能源的运行维护成本系数设置为 0.01258 美元/(kW·h)。

表 6-3　储能系统的运行参数

参数	数值
最大储能容量/(kW·h)	300
原始储能容量/(kW·h)	0
最大充电功率/kW	75
最大放电功率/kW	75
充电效率	0.9
放电效率	0.9

该工业企业负荷优化调度模型可以转化为一个混合整数非线性规划（Mixed Integer Non-linear Programming，MINLP）问题，然后使用 LINGO 软件对 MINLP 问题进行求解。调度周

期设为 1 天，设 1h 为一个调度时段，则一天可分为 24 个时段。

制造工程需求侧用能优化对于降低制造业部门的用电成本，提高主电网的可靠性具有重要意义。本节以汽车冲压工艺为案例，设计了一种基于需求响应的智能制造过程负荷优化调度模型，该模型考虑了储能系统和分布式能源系统。该案例是制造工程需求侧用能优化的一个缩影，通过合理调度需求侧中的储能系统与分布式能源系统，可以有效提高制造流程中的电能利用率，减少用电成本。

6.2.4 制造工程能效评价

制造工程能效评价通过系统性的分析和量化手段，提高企业的能源使用效率、降低生产成本，并减轻对环境的负面影响。能效评价的过程通常围绕多个关键尺度展开，如单位产品能耗、能源成本占比、能源强度和碳排放强度等。能效评价包含多个评价维度，包括过程能效、系统能效、设备能效和管理能效，从而确保了对制造工程中能源使用的全方位分析。这些维度帮助企业深入了解生产过程中各个环节的能源效率，识别出影响整体能源消耗的关键因素，为提升设备和流程的能源效率提供方向。制造工程能效评价的主要目的在于揭示节能减排的潜力，通过对制造工程能效的当前用能评价与前瞻性用能评估，促进优化能源使用结构和提高能源管理的科学性，实现经济效益的提升和环境影响的减少。此外，能效评价还支持企业决策制订，提供了实施节能减排策略的科学依据，促进资源的高效利用和环境保护。

1. 主要评价手段

制造工程的能效评价手段多种多样，从方法来划分，主要的评价手段包括：

（1）基线能耗分析 通过分析制造工程中的用能设备，制造流程中的历史能耗数据，建立能耗基线。并对比当前能耗与基线能耗，评估能效改进措施的效果。

（2）能源审计 其通过系统化的详细检查制造工程中各流程、各环节、各设备的能源消费情况，识别潜在节能机会并推荐节能措施。能源审计通常可以分为初步能源审计，详细能源审计与投资级能源审计。

（3）模拟与建模 使用计算模型来尽可能的模拟制造工程的能源性能，以评估不同制造方案，运营策略或者节能技术的影响。其模拟的结果可以为制造工程运行时与改造前提供能效预测。

（4）关键性能指标分析 确定一组衡量能效表现的关键性能指标，如重点用能设备的能耗强度（能耗与单位产出的比率），或者关键加工环节的系统效率等，来跟踪和分析这些既定的关键性能指标来监控性能表现。

（5）回归分析 针对某一用能行业或用能范围，利用统计学方法来分析能耗与其他影响因素（生产量、天气条件等）之间的关系，评估不同因素对能耗的影响程度。

2. 回归分析法及其应用

在这些手段中，回归分析作为一种统计学的重要方法，能够为评估特定产业或者区域的能效提供量化分析，因此是一种典型的能效评价工具。回归分析能通过识别和量化具体因素对能耗的影响，进而对决策者提供有价值的节能措施。此外，回归分析能够帮助预测不同操作条件或者外部环境变量下的能源需求，为能源供应与管理提供支持。还可以通过比较实施节能措施前后的回归模型参数，直观地分析节能措施带来的改变，从而评估节能效果的显著性和持续性。最后，回归分析法支持构建更为复杂的能源消耗模型，包括多元回归模型，这些模型能够同时考虑多个影响因素，为高度复杂的能源系统提供更为精确的能源评估。这对于设计和实施综合能源效率项目至关重要，尤其是在需要考虑多种变量和条件的制造工程系统中。

（1）回归分析的一般性流程

1）建立能耗模型。通过回归分析，可以建立一个模型，以预测特定条件下的能源消耗量。例如，一个简单的线性回归模型可能表达为

$$能耗 = \beta_0 + \beta_1 X_1 + \varepsilon \tag{6-41}$$

式中，X_1 是生产量、设备运行时段、制造工艺、室外温度等影响能耗的因素；β_0 是截距项；β_1 是斜率（表示 X_1 每变化一个单位时，能耗的变化量）；ε 是误差项。

2）识别关键影响因素（参数估计）。通过对不同因素进行回归分析，可以识别哪些因素对能耗有显著影响。例如，在制造工程的能效评估中，可能会发现制造工艺、设备运行时段等对能耗有重要影响。

3）模型评估。通过 R^2、F 检验等统计指标评估模型的拟合度和解释力。

4）评估节能措施的效果。回归分析可以用来评估特定节能措施的效果。通过比较实施节能措施前后的回归模型参数变化，可以量化节能措施的效果。

制造工程的能效评价是一个综合性的过程，涉及多个尺度和维度的分析。通过全面的评价，企业不仅能够明确能源使用的现状和问题，还能够针对性地制订改进措施，实现能源使用的优化。这一过程对于提高制造工程的能源效率、降低生产成本和实现可持续发展具有重要意义。

（2）回归分析法应用　本节以技术创新型制造业为案例，利用回归分析法分析其制造过程并进行能效评价，分析技术创新对制造业实现能源节约和减排的影响。在该案例中，考虑引用宏观经济变量并采用动态面板数据来探讨技术创新对能源节约的影响。此外，可以通过场景分析法，并基于特定区域的历史年度数据来对未来几年该地区制造业的能源节约予以预测，得出不同情景下在未来的用能需求与改进策略。

1）动态面板数据模型。面板数据是指在一段时间内追踪同一个体的数据，它既有纬度（N-站点）也有时间维度（T-期间）。与横截面数据和时间序列数据相比，面板数据可以模拟个体动态行为，并且能更好地反映异质性。此外，面板数据能减少由于遗漏变量导致的内生性发生的可能性。而且，面板数据具有更多的样本容量和更高的自由度，以及比同一时间段的横截面数据或时间序列数据更高的效率，此外，它还可以减少变量之间的多重共线性。在面板数据模型中，如果解释变量包含了被解释变量的滞后值，则被称为"动态面板数据"。因此，这项案例应用了动态面板数据模型。因此，基线估计模型为

$$y_{it} = \rho y_{i,t-1} + \beta x_{it} + \mu_i + \varepsilon_{it} \tag{6-42}$$

式中，i 表示省份；t 表示年份；μ_i 表示个体效应；ε_{it} 表示随机干扰项。

对于 $N<T$ 的长动态面板，可以考虑使用最小二乘虚拟变量校正（Least Square Dummy Variable Correct，LSDVC）技术。在本案例中，时间从 1990—2016 年（T），涵盖 10 个省份（N），因此 $N<T$，可以采用 LSDVC 估计方法。LSDVC 是通过动态面板估计初始化的，然后依赖于对固定效应估计器偏差的递归校正。

2）整群引导分析。区块自举方法是一种基于历史年度数据的模拟抽样统计推断方法。自举方法适用于小样本量，因为通过重抽样扩大了样本量，并获得了样本序列统计的经验分布。为了保持样本数据的相关性，不能简单地对单个样本数据进行自举。在重抽样过程中，需要确保一整块的样本数据作为一个集合被一起抽取出来。自举方法的基本原理是考虑从完全不确定的 P 中取出长度为 n 的随机抽样序列：$S_0 = \{x_1, x_2, \cdots, x_n\}$。其中，$x_i$ 表示分布的独立随机抽样，这是自举方法的基本要求。设 t_n 表示特定样本统计量 T 的值。自举方法对原始样本进行重复重抽样，并从样本 S_0 中抽取容量为 n 的 B 个随机样本，表示为 S'_i（下标 i 表示 i 次重抽样迭代）。$S'_i = \{x'_1, x'_2, \cdots, x'_n\}$ 的顺序代表从 S_0 中抽取的简单随机替代样本，称为自举样本。对于每个子样本 S'_i，计算 T 值，由 $\{t'_1, t'_2, \cdots, t'_B\}$ 表示。这些 T 值的分布称为自举的经验分布。如果 B 足够大，通过从 S_0 重复抽样，为统计量 T 提供一个近似值。

3）场景分析与设计。本案例中的解释变量可以是某地区省份制造业的总能源消耗。相关变量如下：

① 国内生产总值（GDP）。GDP 指的是一定时期内一个国家或地区经济中所有最终产品和服务的价值。它被认为是衡量经济状况的最佳指标。它不仅反映了一个国家或省份的经济表现，也反映了国家的实力和财富。经济增长通常被视为能源消耗的一个重要解释变量，因此，GDP 被选为本案例的主要解释变量。GDP 数据可以从《中国统计年鉴》中收集，数据基于 1990 年的价格转换为常数价格。

② 能源价格指数。在影响能源需求的因素中，能源价格是一个不可忽视的重要因素。根据经济理论，当能源价格下降时，能源需求增加，反之亦然。在本案例中，当进一步探索能源消耗与能源价格之间的关系时，考虑到数据的可获取性，可以使用燃料和动力购买指数来反映能源价格。因此，选择燃料和动力购买指数作为解释变量。数据可以从省级统计年鉴中获得，使用 GDP 平减指数将能源价格指数转换为 1990 年的基年价格。

③ 工业结构。在中国，制造业是基于总产出和劳动力的第二产业的主要组成部分。制造业不仅是经济发展的重要部分，也是能源消耗和原材料消耗的主要组成部分。本案例选择产业结构作为影响能源节约的主要因素。产业结构由第二产业在经济结构中的比例来表示。数据可以从省级统计年鉴中获得。

④ 研发投资强度。技术进步被认为是能源节约和环境保护最重要的决定因素，增加研发投资可以减少中国制造业的能源消耗。为了实现制造业的绿色转型和升级，东部地区继续增加对制造技术创新的投资。因此，可以将研发投资强度作为变量，分析技术进步对能源消耗的影响。数据可以从省级统计年鉴中收集。本案例中所有变量的定义显示在表 6-4 中。

表 6-4　变量定义

变量	定义	单位	数据来源
MEC	制造工程能源消费	Mtce(百万吨煤当量)	中国能源统计年鉴
GDP	国内生产总值	10^8 元	中国统计年鉴
EPI	能源价格指数	年份时间 100	省级统计年鉴
IS	工业结构(%)		省级统计年鉴
R&D	投资研发强度(%)		省级统计年鉴

通过设计这些变量和寻找相关的参数，就可以通过指标检验来实现对具体制造工程的能

效评估，并根据相关的结论提供具体的能效提升策略。

尽管回归分析在能效评价方面是一个成熟并可行的方法，但它仍然存在一些不足之处。首先，数据质量和完整性对回归分析的准确性至关重要。若输入数据存在错误、缺失或是采样不充分，将直接影响模型的可靠性和评估结果的准确性。其次，回归分析法主要依赖于历史数据来建立模型，这意味着它可能不完全能够捕捉到未来能源使用的变化趋势或新兴技术的影响。随着时间的推移，外部条件的变化可能会使得模型过时，需要定期更新模型以维持其准确性。再者，回归模型的构建基于假设，例如线性关系假设、变量间独立性假设等，这些假设可能并不总是符合实际情况。最后，回归分析的应用需要一定的统计知识和专业技能，以正确选择模型类型、估计参数并解释结果。错误的模型选择或参数估计方法可能导致误导性的结论，进而影响能源管理决策的制订。

3. 评价方法发展预测

未来的制造工程能效评价方法预计将朝着更为智能化、精准化和综合化的方向发展：

（1）集成先进的数据分析技术　随着人工智能和机器学习技术的不断成熟，这些技术将被更广泛地应用于制造工程能效评价中。特别是深度学习能够处理复杂的非线性关系和大规模数据集，这有望提高能效评估的准确性和效率。此外，大数据分析技术也将使能源评估能够利用更加丰富和多元的数据源，包括制造环节中实时数据与物联网设备采集的数据等。

（2）增强评价模型的自适应能力　未来的能源评价方法将更加注重模型的自适应和动态更新能力。通过实时监测和分析能源使用模式的变化，模型能够自动调整参数以适应制造工程中因为外部环境与内部更新带来的能耗习惯与模式的变动，从而保持评估结果的时效性和准确性。

（3）评价模型的目标更加多元化　未来的制造工程能源评价目标不仅局限于企业的能耗水平和经济性等方面，其评价目标将会更加多元化。例如，评价模型将更加注重促进对可持续能源的支持，包括评估可再生能源项目的潜力、优化能源存储和分配策略、评价节能技术对减少碳排放的贡献，以及评价制造工程的能源消费对整个产业与社会带来的经济效益、社会环境责任、价值观认同等多元目标。

6.3　制造工程环境管理技术

在现代制造工程中，实施环境管理已成为一项关键的战略决策，它不仅有助于制造工程遵守日益严格的全球环保法规，避免法律风险和维持市场准入资格，而且可以通过提升资源利用效率来降低生产成本，增强市场竞争力。环境管理还可促进技术创新和持续改进，使制造工程能够更好地响应消费者和投资者对于环境保护日益增长的关注。此外，有效的环境管理策略也能展示制造工程对全球气候行动的承诺，减少环境足迹，进而提升品牌形象和社会责任感。因此，环境管理不仅是制造工程履行法律义务的表现，更是其提升制造企业长期竞争力和确保可持续发展的重要手段。

智能制造工程的技术进步，尤其是在高自动化和精准数据分析的支持下，极大地提升了生产效率和质量控制，但也可能加剧对环境的影响。例如，高速自动化生产线可能会导致能源消耗的激增，不仅增加了电力需求，还可能增加对化石燃料的依赖，从而导致更高的碳排放量，加剧气候变化。同时，先进的化工制造过程可能会产生复杂的化学废物，如果未经妥善处理，会渗透到水源和土壤中，对生态系统和公共健康构成严重威胁。此外，智能制造过程中使用的新材料和合成化合物，如果不加以控制，也可能导致新类型的环境污染问题。这些环境污染需要通过精细的管理来控制和缓解，以防止对生态系统和人类健康造成长远的负面影响。

环境管理在智能制造工程中的内涵非常广泛，涵盖了环境监测、风险管理及环境绩效评价等多个方面。这些环节相互关联，共同推动制造工程的可持续管理和制造企业的可持续发展。首先，环境监测利用先进的传感器和数据分析技术实时跟踪生产过程中的能耗和排放，确保所有活动都在可接受的环境标准之内。这一过程为风险管理提供数据支撑，使工程系统能够及时识别和评估潜在的环境危害，进而制订有效的应对策略，以减少环境事故的风险和影响。此外，环境绩效评价通过系统化的方法评估制造企业环境管理措施的有效性，以及对环境政策和目标达成的程度。这三个环节的紧密结合，为智能制造工程系统提供了一种综合的环境管理技术框架，不仅是实现环境保护的手段，也是确保制造企业长远竞争力和可持续成功的关键策略。

6.3.1 制造工程环境监测

环境监测在制造工程中扮演着至关重要的角色。环境监测的目的在于准确、及时、全面地反映环境数据和信息，为制造工程相关决策提供关键的数据支持和科学依据。

1. 环境监测的内涵

制造工程中的环境监测是指通过对生产过程中的各类环境要素进行系统性、连续性地观察和测量，以获取关于环境质量及其变化趋势等数据和信息的过程。环境监测不仅关注生产现场的空气、水质和土壤状况，还涉及噪声、振动、辐射等多个方面。通过对这些数据的收集和分析，可以及时了解制造活动对环境的影响程度，捕捉环境质量的变化趋势，提前预警潜在的环境问题，为后续的环保决策和相关措施提供科学依据。具体来说，环境监测在制造工程中的作用主要体现在以下四个方面：

（1）合规管理 环境监测是制造工程合规管理的重要手段之一。根据国家和地方的相关法律法规和标准，工程管理方应当对环境要素进行实时监测，并确保其符合环境保护的相关要求，避免因违规排放而引发环境问题和法律责任。

（2）风险评估 环境监测所获取的数据是风险评估的基础。利用现有的环境监测资源，通过对所采集到的环境要素数据进行分析，可以预测和评估在制造工程生产过程中可能存在的环境风险和潜在环境影响，并根据评估结果制订一系列有针对性的预防和应对措施。

（3）优化生产管理 根据环境监测结果可以实时了解制造过程中各项参数的变化情况，及时发现异常并调整生产流程和工艺参数，进而提高设备效率、降低设备能耗和原材料消耗、减少废物和污染物产生。

（4）科学决策支持 环境监测为环保规划、项目审批、技术改造等环节提供翔实的环境数据支持，帮助决策者做出更为科学、合理的决策。

环境监测的操作过程一般包括数据采集、数据分析、问题识别、预警提示和合规性评估等，具体如图 6-3 所示。

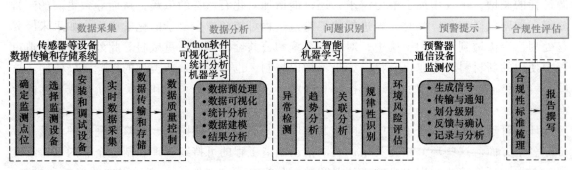

图 6-3　环境监测的一般工作程序

1）数据采集是指借助各种传感器、设备或仪器实现对各种环境参数和指标的实时监控、收集和存储。首先，在开展正式的数据采集之前，需要提前确定监测点位、选择监测设备、安装和调试设备。完善的环境质量监测网络是客观评价环境质量的重要前提，而监测点位是构成环境质量监测网络的基本要素。为了确保监测数据科学且具有代表性，必须根据监测目的、点位功能和点位的空间尺度，结合实际情况合理设置监测点位。监测设备是环境监测的基础技术支持，通常包括废气检测仪器、污染源和环境水质监测仪器、VOCs 监测仪、电磁辐射和放射性监测仪器等。根据监测需求和设备规格，在监测点位附近位置选择合适的监测设备并进行安装和调试。然后，开展正式的数据采集工作，主要涉及与生产活动相关的环境数据，如废水、废气、噪声、VOCs 等污染物的监测数据。最后，考虑到数据安全性、稳定性、可扩展性等因素，需要建立一套可靠的数据传输和存储系统。另外，国家和地方出台的生态环境标准、相关 ISO 系列国际标准和环境保护规范等文件会对环境数据的质量做出明确规定，涉及分辨率、属性信息、命名和存储要求等各个方面，工程管理方必须根据这些规范和要求，进一步完善相关数据和信息，加强对数据质量的控制。

2）数据分析是指对所采集到的环境数据进行处理和分析，以评估制造工程对环境造成的影响。首先，数据预处理是开展数据分析的基础和前提，目的在于保证数据符合分析的预期和标准要求，包括数据清洗、校正和验证等内容，涉及处理缺失值和异常值、根据环境条件校准传感器参数等步骤。数据可视化是指使用图表、地图、动态效果等可视化形式将环境数据直观展示出来，帮助检测人员和决策者更好地理解和分析数据特征和趋势，及时发现数据中的规律和异常。其次，环境监测数据的分析方法主要包括统计分析、空间分析和时间序列分析三种。统计分析是对环境监测数据进行描述和总结的方法，通过计算平均值、标准差、相关系数等指标，揭示环境数据之间的关系和趋势以及异常情况。空间分析则是将环境监测数据与地理空间信息相结合，通过空间插值、空间聚类等技术，实现对空间分布格局的探索和分析，揭示环境问题的空间差异性。时间序列分析通过建立时间序列模型，对环境变化进行趋势预测和异常检测，用于探究环境问题的发展趋势和周期性变化。最后，基于分析结果可以建立科学的计量模型，数据建模的结果则为预测环境变化趋势奠定了基础。

3）问题识别是指根据数据分析结果及时识别出潜在的环境问题和环境风险。首先，使用传统统计方法或新兴机器学习算法对环境监测数据进行异常检测，包括检测异常数据点、异常趋势或周期性异常。然后，分析环境监测数据所表现出的变化趋势，观察其中是否存在持续性或逐渐恶化的问题。同时分析和判断不同环境参数之间是否存在一定的关联关系，例如某些污染物指标的变化是否导致其他环境参数的波动。关联分析有助于分析人员快速找到问题所在并进行协同处理。最后，根据所识别出的问题，分析人员可进行环境风险评估，预测环境变化对工程运营、社会经济、生态系统和人类健康等方面的潜在影响，以确定环境风险的严重程度和紧急性。

4）预警提示是指根据所识别出的问题提前发出预警，以便及时采取相应预防措施。首先，当监测到异常情况并识别出潜在风险时，如某项环境参数超出预设阈值，系统会及时生成预警信号。这可以通过算法检测异常、趋势分析或规则触发来实现。一旦生成预警信号，系统会立即通知相关人员或部门，以确保及时响应。同时，预警系统可以根据严重程度将环境风险划分为不同级别，如"一级、二级、三级"或"一定风险、较高、高和很高风险"等形式。这有助于相关人员针对不同的环境风险潜势，优先处理风险较高的环境问题。最后，收到预警通知的相关人员需要进行确认反馈，以确保信息传递到位并采取适当的行动。系统也会自动记录生成的预警信息，并进行后续的分析和归档。这些记录可以用于追溯问题的起因、处理过程和效果评估，为未来的环境监测和应对提供参考依据。

5）合规性评估是根据环境监测结果和相关法律法规的要求，对制造工程可能对环境造成影响的活动进行分析，评估工程的环境管理是否符合法律法规和标准要求，从而规避法律法规风险，进行自我改进的一种措施。首先，需要对所处行业的环保法律法规、国际通用行业标准以及其他相关规定进行梳理，以全面了解本制造工程在环境管理方面应遵循的实践方法、需满足的要求和应履行的责任。然后，根据预警提示和潜在环境问题及时采取整改措施，减少对周围环境和生态系统的负面影响。最后，针对整改措施，撰写详尽的报告，清晰准确地反映工程环境管理的情况，突出整改措施的实施效果并提出改进建议。

2. 智能化环境监测技术

环境监测在制造工程中经历了从简单到复杂、从手工到自动化的演变过程。最初阶段的环境监测主要依靠人工采样和实验室分析，监测项有限且数据获取周期长，难以准确反映生产现场的实时状态。近年来，得益于大数据和人工智能技术的快速进步，环境监测进入了智能化阶段。

智能化环境监测利用现代信息技术和智能设备，对生产过程中的环境参数进行实时感知、数据采集、分析和控制。一方面，传感器技术不断创新，新型的传感器能够更加精准地监测各种物理量，并且具有更高的稳定性和可靠性；另一方面，无线通信技术的发展使得传感器之间可以实现互联互通，实现对整个生产环境的全面监测和控制。

具体而言，无线传感器技术指的是使用无线方式进行数据传输的传感器技术，包括传感器本身及其相关的通信技术。无线传感器能够感知环境中的各种物理参数，如温度、湿度、压力、光照强度、振动和气体浓度等，并通过无线通信方式传输数据。无线传感器技术的低功耗设计和灵活部署使其广泛应用于各种环境监测场景。

在智能制造工程的环境监测中，无线传感器技术进一步发展成无线传感器网络（Wireless Sensor Network，WSN）。WSN由大量分布在监测区域内的无线传感器节点组成，这些节点通过无线通信方式相互连接，形成一个自组织网络。每个传感器节点通常包括感知单元、处理单元、通信单元和电源单元。WSN能够实现大规模的数据采集、传输、汇聚和处理，通过协同工作提高监测精度和数据可靠性。其自组织和自愈能力使网络能够适应动态变化的环境，提高系统的鲁棒性和可靠性。

WSN 在智能制造工程环境监测方面的具体应用主要体现在以下几方面：首先，在生产车间环境监测中，WSN 通过部署在车间各处的无线传感器节点，实时监测温度、湿度、空气质量、废气、废水和噪声等各项参数，确保生产环境符合相关要求；其次，WSN 能够监测设备状态，通过安装在关键设备上的传感器节点，实时监测振动、温度、压力等状态参数，帮助实现预测性维护；此外，WSN 在能耗监测与管理方面也发挥重要作用，能够监测工程电力、水、气等能耗数据，通过分析优化能源使用，提高能源利用效率；最后，在安全监测方面，WSN 能够提供有害气体泄漏、火灾等险情监测的实时数据和预警，保障人员和设备安全。

随着云计算、边缘计算和人工智能等技术的不断发展，WSN 将更多地融合这些技术，实现对环境监测数据的实时处理和智能决策。在数据采集与传输阶段，WSN 实时采集环境监测数据，边缘计算则可在传感器节点或设备端对这些实时数据进行初步处理，如数据压缩和滤波等，以减少传输到云端的数据量；在数据存储与处理阶段，云计算的高性能计算资源和存储空间可以实现对云端数据的存储、管理和分析，包括对数据进行清洗、整理、聚合和模式识别等；进一步地，应用机器学习和深度学习等人工智能技术则可实现对云端数据的智能分析和建模，提供智能化的监测结果和预警信息，辅助决策者做出科学决策；最后，根据云端的智能分析结果，边缘计算可以实现在设备端或工厂端进行实时调整生产设备或环境参数，实现对制造过程的实时响应和控制，进而保证生产环境的安全和生产过程的高效。

6.3.2 制造工程环境风险管理

环境监测数据为环境风险管理提供了坚实的基础。利用监测过程中收集的数据，环境风险管理涉及对潜在环境风险的评估和分类，并据此制订有效的管理策略来降低这些风险。

1. 环境风险管理的内涵

"风险"是一个广泛使用的术语，存在于各行各业。尽管在不同领域中，风险的定义有所不同，但总体来说，它指的是可能导致不良结果或意外事件发生的概率。在安全、健康与环境管理体系中，有学者将风险定义为"事故在特定时间内发生的可能性及后果的严重程度"。这一定义着重考虑了在一定时间内风险事件发生的概率及其潜在影响的严重性，为制定有效的风险管理策略提供了基础。

环境风险可被视作环境可能受到危害的不确定程度，以及一旦事故发生后对环境造成的影响。目前，环境风险较通用的定义为突发性事故对环境（或健康）的危害程度，即事故发生概率与事故造成的环境（或健康）后果的乘积。

在制造工程领域中，环境风险指的是与工程项目或工程活动相关的可能对自然环境产生不利影响的潜在威胁或危险性。常见的制造工程中的环境风险包括但不限于以下几点：

（1）土壤和地下水污染风险　工程施工和运营过程中，可能会释放出污染物质，导致土壤和地下水的污染。例如，化学品泄漏、储存设施泄漏、废弃物处理不当等。

（2）大气污染风险　工程活动中可能会产生大量的气体、颗粒物和有害排放物，对空气质量造成污染。例如，燃烧过程中的废气排放、粉尘等。

（3）噪声和振动风险　工程项目可能会产生噪声和振动，对周边居民和生态系统造成干扰和损害。例如，建筑工地的机械声、交通运输设施的振动等。

（4）生态系统破坏风险　工程活动可能破坏周边的生态系统，包括森林、湿地、水域等。这可能导致物种灭绝、生态平衡被破坏，从而影响生物多样性和生态功能。

（5）废弃物管理风险　工程项目会产生大量的废弃物和废料，如果处理不当，可能对环境造成污染和危害。包括固体废弃物、危险废物、废水等。

（6）自然灾害风险　工程项目可能受到自然灾害的影响，导致工程结构破坏、安全隐患和环境破坏。如地震、洪水、风暴等。

环境风险管理是实现可持续发展的重要保障，与环境规划并称为环境管理的两大支柱。在制造工程中，环境风险管理是指为了确保制造过程中环境安全和可持续发展而采取的一系列管理措施。

2. 环境风险管理的基本过程

制造工程中的环境风险管理是一个连续的、循环的、动态的科学过程。一个完整的环境风险管理周期主要包括建立环境风险管理目标、环境风险分析、环境风险决策、环境风险处理四个基本步骤，如图6-4所示。

（1）建立环境风险管理目标　建立环境风险管理目标是整个环境风险管理过程的起点。这一步骤旨在明确管理的方向和目标，为后续的环境风险分析、决策和处理提供指导和依据。

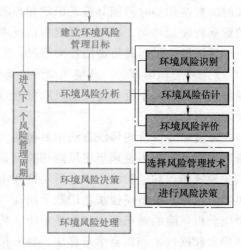

图6-4　环境风险管理程序图

在制造工程环境风险管理中，制订管理目标的方法有多种。传统方法包括参考国家、地区或行业的标准和规范，依靠管理者和专家的经验和知识，以及借鉴其他类似工程或项目的环境风险管理目标，根据自身情况进行调整和优化。随着大数据技术和相关数据分析工具的发展，利用大量的环境数据和风险信息，通过数据挖掘和关联分析来发现环境风险管理潜在目标和需求的方法日益受到关注，尤其是在智能制造工程中。这种方法的优势在于它可以更客观、全面地识别环境风险，并提供定量的数据支持。与传统方法相比，大数据分析具有更高的实时性和智能性，能够更及时地响应风险变化，为管理者提供更多的决策支持。

（2）环境风险分析　环境风险分析是整个环境风险管理过程中最为关键的环节。通过系统的识别、评估和分析，可以深入了解潜在的环境风险，包括可能导致环境损害的因素、风险的可能性和严重性等。环境风险分析为后续的决策提供了关键信息和数据支持，因此在整个环境风险管理过程中具有至关重要的地位。具体而言，环境风险分析又分为环境风险识别、环境风险估计和环境风险评价。

1）环境风险识别。环境风险识别是环境风险管理的基础，它涉及对各种潜在风险进行感知和发现。环境风险识别的质量直接影响整个环境风险管理工作的成效。

传统的环境风险识别方法包括风险损失清单分析法、现场调查法、事故树分析法、流程图分析法等，虽然仍发挥着重要作用，但受限于人工判断和分析的主观性，这些方法的识别效率和准确性有限。随着大数据和人工智能技术的发展，智能制造工程中的环境风险识别多基于6.3.1节中所介绍的智能化环境监测技术所提供的实时大数据和实时智能分析，实时识别制造工程环境中的潜在风险点和风险来源。

2）环境风险估计。环境风险估计又称环境风险度量，是对风险存在及发生的可能性以及风险损失的范围与程度进行估计和度量，其在风险识别的基础上，运用大数定理、概率推理原理、类推原理和惯性原理等，通过对大量过去损失资料的定量分析，估测出风险发生的概率和造成损失的幅度。

环境风险估计的传统方法主要有统计分析法、概率模型法和经验法等，新兴方法主要依赖于大数据和人工智能技术。例如，基于 6.3.1 节中所介绍的智能化环境监测技术所提供的实时大数据和实时智能分析，识别和预测环境中潜在的风险因素和风险事件，并评估其可能的影响程度。再如，利用计算机模拟技术对环境风险事件进行建模和仿真，以模拟不同情景下的风险发生过程和可能的损失情况，实现风险评估的全面刻画。

3）环境风险评价。环境风险评价是针对制造工程所引起的环境问题对人类健康、社会经济发展、生态系统等造成的风险可能带来的损失做进一步的评估，并以此提出减少环境风险的方案和决策。

环境风险评价的传统方法主要包括文献调研法和专家经验法。文献调研法通过查阅相关资料和文献，收集整理环境风险相关信息，为评价提供参考依据；专家经验法则是邀请具备相关领域知识和经验的专家进行定性和定量评估。而新兴方法涵盖模型模拟法、数据驱动和机器学习等。模型模拟法利用数学模型和仿真技术对环境系统和风险过程进行建模和模拟，全面分析风险的动态变化和传播规律；数据驱动和机器学习则是基于智能化环境监测数据，利用大数据技术和机器学习算法，对海量数据进行分析、挖掘和评价。

（3）环境风险决策　环境风险决策是环境风险管理的重要步骤，分为选择风险管理技术和进行风险决策两个步骤。在这个过程中，传统的决策方法和新兴的决策方法都在不断地演进和完善。

传统方法主要包括专家意见法和成本效益分析法。专家意见法是指依赖专家团队的经验和知识，通过专家讨论和意见汇总，确定最终的风险管理方案。这种方法在对风险进行综合评估时具有较高的可信度和权威性。成本效益分析法是指通过对不同风险管理技术的成本和效益进行评估和比较，选择最具经济性和效益性的方案。这种方法能够实现在资源有限的情况下做出较为合理的决策，确保风险管理的成本与效果达到平衡。

新兴方法主要包括多准则决策分析法、数据驱动的决策方法和智能化决策支持系统。多准则决策分析法是指结合决策支持系统等工具，综合考虑多个决策准则（如经济、环境、社会等），对不同风险管理方案进行评价和比较。这种方法能够更全面地分析和评估各种决策选项的优缺点，从而为决策者提供更加系统和科学的决策依据。数据驱动的决策方法是指利用大数据分析和机器学习算法，对历史数据和智能化实时监测数据进行挖掘和分析，预测和模拟不同风险管理方案的效果。智能化决策支持系统是指结合人工智能和决策支持技术，开发智能化的决策支持系统，为决策者提供个性化的决策建议和方案。

（4）环境风险处理　对于不同可能性的环境风险需要给出不同的处理方式。对于高可能性和高影响的环境风险，应优先考虑采取控制法，包括规避风险、降低风险等措施。对于需要转移的风险，如果决定采取购买保险的方式来转移，就需要比较和选择保险人、代理人等因素来进行购买保险。这些处理决策可以采取传统的人工分级处理，也可基于前述智能监测和智能分析系统，进行智能化处理，包括自动化的风险控制措施、智能化的应急响应以及基于数据分析的智能决策支持等。

3. 环境风险管理的典型案例

智能制造工程中环境风险管理的基本过程包括建立风险管理目标、进行环境风险分析、制订风险决策以及环境风险处理等关键步骤。这些步骤构成了环境风险管理的理论框架，为有效识别和应对潜在风险提供了理论指导。然而，理论的应用离不开具体的操作方法和实践框架。鉴于篇幅限制，本节将重点放在环境风险分析上，这是整个风险管理过程中至关重要的一环。本节以危险废物非法倾倒为分析对象，详细阐述这一环境风险的影响因素识别方法，旨在构建一个明确的环境风险分析实践框架，确保工程项目能在预防和减轻环境风险的同时，推进可持续发展目标的实现。

（1）案例背景　近些年来，随着经济、社会和技术的不断发展，工业化进程不断加快，我国危险废物的产量也随之增长迅速。当前我国危险废物处理能力不足，通过正规渠道处置危险废物又面临较高的成本，因此在一定程度上导致了全国各地危险废物非法倾倒事件频繁增多。危险废物种类繁多、成分复杂，一旦非法倾倒事件发生，危险废物所具有的有毒性、易燃性、腐蚀性、反应性和放射性就会对环境和人类生命安全造成难以估计的严重危害。鉴于危险废物非法倾倒是当前面临的一项严峻的环境问题，并涉及多个复杂因素，因此识别和了解这些影响因素对于制订有效的预防策略至关重要。

大数据时代的到来为研究某一类型的具体事故或者事件的影响因素提供了新的研究思路和方法。基于详细的事故报告，已有研究使用文本挖掘技术与复杂网络分析方法探索事故的核心因素与关键环节。例如，使用贝叶斯网络和关联规则挖掘方法定性和定量地分析导致事故的潜在因素；使用数据挖掘和聚类分析等方法识别出事故发生的最主要原因和最常见模式。

（2）分析框架　具体如下：

首先，在完成危险废物非法倾倒案例搜集的基础上，为使得后续影响因素之间的内部关联关系分析和关键影响因素探索更具有针对性，根据案例中的"案情简介"部分，利用正则表达式提取危险废物的种类和倾倒地点，并将提取结果融合到后续的影响因素分析中。

其次，为进行危险废物非法倾倒影响因素分析，基于文本挖掘和现有文献来获取相关影响因素。具体为使用 TextRank、TF-IDF 和 Chi-Square Statistics 算法对案例文本进行影响因素挖掘，再通过现有文献对影响因素进行补充，以此构建危险废物非法倾倒的影响因素合集。

最后，为进一步探索影响因素的内在关联关系，同时厘清主次要因素，在构建的危险废物非法倾倒影响因素合集基础上，将来自文本挖掘和文献的影响因素，结合倾倒地信息，通过布尔数据集进行数据融合。在此基础上，使用关联规则对总体危险废物和主要类别的危险废物非法倾倒的影响因素进行关联关系探索，并依据其结果构建贝叶斯网络并进行分析，从而得出关键影响因素。

（3）数据来源和分析方法

1）数据来源与处理。为有效识别与确定危险废物非法倾倒影响因素，并探索影响因素之间的关联关系和关键因素，本节从中国生态环境部网站和部分省市级生态环境局网站，以及微信、搜狐、微博的政府官方公众号或者账号上，以"危险废物倾倒""危险废物污染环境""危险废物违法"和"危险废物非法"为关键词，搜集了 568 个相关案例，并对其进行文本挖掘，如图 6-5 所示。案例搜索时间为 2023 年 4 月 22—29 日，这些案例都是来自于政府官方报道和总结，具有一定的权威性和典型性。

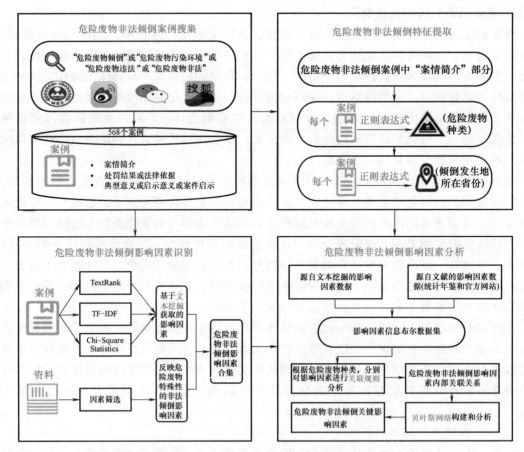

图 6-5   环境风险管理案例分析框架

案例的具体内容由案情简介、处罚结果与启示意义三部分组成。"案情简介"部分描述了危险废物非法倾倒的具体经过;"处罚结果"部分记录了该事件所涉及的企业或者个人的处罚依据与结果;而"启示意义"部分则是对该事件的发生进行了反思,这其中包括部分事件发生的原因以及由此所带来的相关启示。

基于此,本节基于相关案例的"案情简介"部分,进行非法倾倒所涉及的危险废物种类和倾倒地点的挖掘,并将其结果融入后续的影响因素分析中。案例的"启示意义"部分涉及事件的发生原因与相关反思,其中包含了危险废物非法倾倒的相关影响因素,且"案情简介"部分在论述事件经过时,也会对一些影响因素有所提及,因此可将这两部分内容作为影响因素挖掘的语料库。在挖掘出影响因素后,根据案例中提取的影响因素信息,采用"0-1"表示法,将危险废物非法倾倒案例中的影响因素转换为数据信息,因素在案例中出现记为1,否则为0,从而构建初步的危险废物非法倾倒影响因素信息布尔数据集。

考虑到文本内容所涉及的危险废物非法倾倒影响因素可能并不全面,还需通过现有文献进行补充。首先,从已发表的关于废物非法倾倒影响因素的外文文献中,寻找一些案例挖掘中未涉及的因素,然后再基于实际量化数据的可获得性对这些因素进行筛选。最后,在确定合适的影响因素后,描述其对非法倾倒的具体影响,并结合危险废物非法倾倒的特殊性,阐述添加的理由,最终完成危险废物非法倾倒影响因素合集的构建。然而,由于文献补充的影响因素在案例中未出现，那么就需要考虑将提取的非法倾倒地点信息和所涉及危险废物种类信息与关联规则部分有效结合，因此，要通过统计年鉴和各地区省级官方生态环境网站来获取此部分因素的实际数据。此部分数据都为结构化数据，为符合布尔数据集的数据要求，首先将 2018—2022 年的数据进行求均值并排序。接着，将这部分因素具体表示为"高""中"和"低"三类区间，前 20% 划分为"高"类区间，后 20% 划分为"低"类区间，其余的则划分为"中"类区间。然后，对于发生此类事件的省份，如果某一因素的实际数值处于"高"类区间，则赋值为 1；如果处于"中"类或"低"类区间，则赋值为 0（添加的影响因素若与非法倾倒呈负相关，则该因素处于"低"类区间的省份赋值为 1）。最后，根据提取出来的省份，在初步的危险废物非法倾倒影响因素信息布尔数据集中对每个案例进行相应添加，以此完成危险废物非法倾倒影响因素信息布尔数据集的构建，并将此作为危险废物非法倾倒影响因素关联规则挖掘的输入数据。

2）具体分析方法。

① 文本挖掘方法。文本挖掘是一种主流的数据挖掘方法，旨在从非结构化的文本信息中提取潜在的重要模式或知识。从文本中进行相关影响因素的挖掘有多种方法，其中最常见的是基于关键词的方式。基于此，使用 TextRank、TF-IDF 和 Chi-Square Statistics 三种经典的关键词提取方法来对案例中包含的危险废物非法倾倒影响因素进行挖掘。以下是对这三种方法的简要介绍：

TextRank：TextRank 将文本中的词语看作图中的节点，通过计算节点之间的相似度和边的权重进行排名，其具体计算为

$$\text{WS}(V_i) = (1 - d) + d \sum_{V_j \in \text{In}(V_i)} \frac{W_{ji}}{\sum_{V_k \in \text{Out}(V_j)} W_{jk}} \text{WS}(V_j) \tag{6-43}$$

式中，$\text{WS}(V_i)$ 表示节点 V_i 的权重；$\text{In}(V_i)$ 表示节点 V_i 的入边集合；$\text{Out}(V_j)$ 表示节点 V_j 的出边集合；W_{ji} 表示从节点 j 到节点 i 的边的权重；W_{jk} 表示从节点 j 到节点 k 的边的权重；$\text{WS}(V_j)$ 表示节点 V_j 的权重；d 为阻尼系数，一般取 0.85。

TF-IDF：TF-IDF 是一种针对关键词的统计分析方法，用于评估一个词对一个文件集或者一个语料库的重要程度，其具体计算为

$$\text{TF}_W = \frac{N_W}{N} \tag{6-44}$$

$$\text{IDF}_W = \log\left(\frac{Y}{Y_W + 1}\right) \tag{6-45}$$

$$\text{TF-IDF}_W = \text{TF}_W \text{IDF}_W \tag{6-46}$$

式中，N_W 是在某一文本中词条 W 出现的次数；N 是该文本总词条数；Y 是语料库的文档总数；Y_W 是包含词条 W 的文档数。

Chi-Square Statistics：Chi-Square Statistics 主要用于文本分类中的特征提取。其具体步骤是选择卡方值较大的文本特征并保留，同时删除卡方值较小的文本特征，以降低文本特征项的维度，从而实现关键词的挖掘。其具体计算公式为

$$\chi^2(t, c_i) = \frac{n(ad - bc)^2}{(a+c)(b+d)(a+b)(c+d)} \tag{6-47}$$

式中，n 为整个文本的数量；a 为属于 c_i 类且包含特征项 t 的文本频率；b 为不属于 c_i 类且包含特征项 t 的文本频率；c 为属于 c_i 类但不包含特征项 t 的文本频率；d 为不属于 c_i 类也不包含特征项 t 的文本频率。

② 关联规则挖掘。关联规则挖掘旨在从大型数据集中挖掘出相关联且有意义的项集，以指导决策。Apriori 算法是关联规则挖掘中的经典算法，它能够在识别所有频繁项集的基础上根据执行度构造关联规则。该算法包括两个步骤：第一步是通过扫描数据库进行迭代搜索频繁项集；第二步是从频繁项集生成强关联规则。支持度、置信度和提升度是发现关联规则的三个重要指标。支持度定义为同时包含影响因素 A 和影响因素 B 的案例占所有案例的比例；置信度表示同时包含影响因素 A 和影响因素 B 的案例占包含影响因素 A 案例的比例；提升度则是用来衡量前后项关系的指标，为 "包含影响因素 A 的案例中同时包含影响因素 B 案例的比例" 与 "包含影响因素 B 案例的比例" 的比值，反映了关联规则中的影响因素 A 与影响因素 B 的相关性，提升度大于 1 表示正相关性，小于 1 表示负相关性，若等于 1 则表示没有相关性。

③ 贝叶斯网络。贝叶斯网络是一种强大的知识表示和推理工具，能够直观地表示变量之间的概率关系。在解决大规模复杂问题中具有显著优势，特别是涉及事件多态性和逻辑关系不确定性的情况。贝叶斯网络由有向无环图和变量的条件概率分布组成，图表示变量之间的依赖关系，而数值表示变量取值依赖于父节点取值的概率分布。通过构建和分析贝叶斯网络，可以对复杂问题进行建模和推理，深入理解事件发生的概率和相关变量之间的关系。在基于文本数据情况下，文本挖掘技术、关联规则和贝叶斯网络已经在识别因素和探索因素之间关联关系与关键因素方面获得了广泛认可，因此，可基于此对危险废物非法倾倒的影响因素进行分析和探索。

6.3.3 制造工程环境绩效评价

说课视频

在实施相关环境监测和风险管理后，环境绩效评价成为评估这些措施成效的关键步骤。这一环节不仅有助于制造工程优化环境管理策略和提高环境保护水平，也是向外界展示环境责任和社会责任的重要方式。

1. 环境绩效评价的内涵

环境绩效一词源自 Environmental Performance，国内部分文献曾译为环境表现、环境行为、环境效率等，如《环境管理体系 要求及使用指南》（GB/T 24001—2016）、《环境管理 环境表现评价 指南》（GB/T 24031—2021）和《环境管理术语》（GB/T 24050—2004）。直到 2005 年 5 月，中国国家标准化管理委员会在发布的《环境管理体系要求及使用指南》中将其明确译为 "环境绩效"，并沿用至今。

环境绩效是一个广义的概念，在宏观层面，不同机构给出了各种定义及测度指标。例如，联合国可持续发展委员会将环境绩效定义为单位环境负荷的经济价值，这类指标可被界定为单要素指标，用于衡量某一维度的环境影响。此外，还有由不同维度指标构建的综合环境绩效指数，例如，耶鲁大学环境法律与政策研究中心的综合指数是由 32 个指标聚合形成的，能够体现不同国家可持续发展状态的综合指数。

环境绩效评价是掌握制造业转型发展目标和探索转型路径的重要手段。在可持续发展的今天，制造工程的效益评估需要考虑生态环境条件，否则会误导相关政策的制定和实施。因此，环境绩效评价旨在通过厘清环境约束下的发展绩效影响因素，发现不同制造工程间的环境绩效差距，并探索深层次原因，以实现优化环境绩效和制定发展战略。

2. 环境绩效评价的主要方法

环境绩效评价作为对环境绩效进行测量与评估的一种系统程序，包括选择指标、收集和分析数据、依据环境绩效准则进行信息评价、报告和交流，并针对过程本身进行定期评审和改进。主要评价方法涉及生命周期评价、多标准分析、环境绩效指数和数据包络分析等传统评价方法，以及机器学习与人工智能、大数据分析、文本挖掘和情感分析等新兴方法。

（1）环境绩效评价的传统方法

1）生命周期评价（Life Cycle Assessment，LCA）。LCA 是一种环境决策支持工具，用于评估产品、服务或活动，从原材料获取、制造、使用到最终处理全过程的环境影响。LCA 采用"从摇篮到坟墓"的思想，对整个生命周期内的能耗、物质流及环境排放进行定量分析，旨在评估工程项目全过程对环境的潜在影响，如温室气体排放、资源消耗和污染物释放等。这种方法侧重于全面评价以提供详细的环境影响分析，支持工程管理者做出更加科学和环境友好的决策。另外，LCA 虽然提供了深入的分析，但其复杂性和所需数据的广泛性也可能导致实施困难和高成本。

2）多标准分析（Multi-Criteria Analysis，MCA）。MCA 是用于评估环境系统复杂问题的一种决策支持工具。MCA 的目的在于对所面临的多重选择进行比较和排序，并根据制定的标准对环境影响进行评价。它能够同时考虑环境、经济和社会等多个维度的因素，通过为不同的决策选项评分和排名，帮助决策者在各种可能的方案中做出最佳选择。该思路的主要优势在于可以根据评估对象的特点来采用标准；主要劣势在于不同指标的加权求和过程具有主观性。该方法特别适用于在多重目标和利益冲突的情况下，评估和比较不同的环境政策或管理策略。

3）环境绩效指数（Environmental Performance Indicators，EPI）。EPI 是一种量化工具，用于测度一个工程项目当前或过去的环境绩效，并将其与管理者设定的目标进行比较。不同于 LCA，它关注的不是环境绩效的全面性而仅是制造工程活动的一些代表性关键特征。也正因如此，EPI 思路在研究数据和运算时间等方面的要求都比 LCA 和 MCA 少，有助于决策者实施目标管理。该方法的局限性在于，相关指数通常仅仅是根据可获得的数据得来的。

4）数据包络分析（Data Envelopment Analysis，DEA）。在环境绩效的测度方法中，DEA 发挥着关键作用。不同于基于多属性决策的综合指数方法，DEA 立足于生产过程中的投入产出关系，通过投入产出数据构建生产前沿面，然后评价决策单元相对生产前沿的有效性。DEA 不需要人为设定指标权重和生产函数形式，不需要收集价格信息，尤为适用于多投入多产出的生产过程，并且模型形式易于拓展，因而适用性较高，如评价能源使用、废物处理和碳排放绩效等，有助于识别改进潜力和优化资源分配。基于 DEA 的环境绩效评估多是基于弱可处置的环境生产技术，但是在效率测度方式的选择上存在着多种做法。总的来说，因投影方式的不同，环境绩效测度模型呈现多样性，如基于谢泼德距离函数的环境绩效测度模型、基于方向距离函数的环境绩效测度模型及基于 SBM（松弛变量）模型的环境绩效测度模型，但在环境绩效指数的定义上则基本趋于一致。

（2）环境绩效评价的数据驱动方法　在大数据技术时代，智能制造工程的环境绩效评价正在经历一场革命，其中数据驱动的方法在优化和提高评价准确性方面扮演着关键角色。

大数据技术的引入不仅有助于克服传统方法的一些局限，而且提供了一种全新的视角和工具，使得分析和评价更精确、更客观。更重要的是，通过结合传统的评价框架与大数据的强大分析能力，可以实现更为全面和动态的环境绩效评估，为实现可持续发展目标提供更有效的决策支持。以下是一些关键的数据驱动方法：

1）文本挖掘和情感分析。文本挖掘和情感分析是自然语言处理领域的重要技术，广泛应用于不同领域，包括环境绩效评价。文本挖掘通过对环境相关政策、法规和文献进行预处理、特征提取和模式识别，识别关键主题和趋势，评估政策对环境绩效的影响；或对公司发布的环境、社会和治理（Environmental, Social and Governance, ESG）报告进行文本挖掘，识别环境绩效相关的关键指标和主题。情感分析则通过情感标注和分类，从社交媒体、新闻报道和公众评论中提取对环保政策、工程项目的情感倾向，监测公众对环境事件的反应和情感变化。文本挖掘和情感分析在环境绩效评价中的应用，不仅能够提高信息提取的效率和准确性，还增强了环境绩效管理的科学性和响应能力。

2）机器学习与预测决策。机器学习和预测决策能够处理和分析大量复杂的非线性和高维度数据集，为环境绩效评价提供深度洞察。这些技术可以自动识别多种来源（如传感器、卫星、智能设备等）数据中的模式和趋势，预测环境绩效的关键影响因子和环境绩效趋势，并提出优化策略。结合机器学习和预测决策，可以开发智能决策支持系统，帮助政策制定者和工程管理者评估环境政策和管理措施的效果，并制定优化的环境管理策略。

3. 环境绩效评价的典型案例

环境绩效评价在智能制造中扮演着至关重要的角色，它不仅是衡量和改善制造过程对环境影响的关键工具，更是实现可持续发展目标的基石。通过精确地评估制造过程对自然资源的使用、废物和排放的生成，以及能源的消耗，环境绩效评价可帮助制造工程识别改进领域，实施更加环保和高效的制造策略。这些改进不仅减少了对环境的负面影响，也直接支持了制造企业ESG中"环境"方面的目标，如减少温室气体排放、实现资源的可持续利用和保护生物多样性。接下来，本节将以构建专门适用于固体废物处理企业的ESG评价指标体系为案例，具体介绍数据驱动的环境绩效评价典型方法。

（1）案例背景 构建专门适用于固体废物处理企业的ESG评价指标体系是评估企业ESG表现和变化趋势的重要手段。目前，主流的评价指标体系主要由MSCI、彭博、商道融通、华证、路孚特、中证、Wind等机构构建。但这些评级系统存在评分指标选择与权重不透明、普适于所有上市公司而未考虑行业差异性等问题。近年来，一些学者开始构建针对特定行业的ESG评价指标体系，以更精准地评估不同行业的可持续发展水平。但是，中国针对不同行业的评估研究仍处于起步阶段，评价标准不统一。特别是对于固体废物处理行业，由于其高环境风险的特殊性，迫切需要建立系统有针对性的ESG评价框架。

ESG指标评价研究的另一个关键环节是确定各指标的权重。目前，相关研究主要采用主观加权法、客观加权法和组合加权法三种方式。常见的主观加权法包括层次分析法（AHP）、德尔菲法、最佳-最差方法（BWM）、专家会议法等，这些方法根据专家经验确定权重，存在一定的主观性。比如不同专家可能对指标权重持有分歧，无法达成高度一致，且多依赖专家进行成对比较或打分，工作量大且不够精准。客观加权法主要通过数据本身提供的信息来确定指标的权重。常见的客观加权法包括等权重加权法、逼近理想解排序方法（TOPSIS）、熵权法和DEA等。而组合加权法则是将主客观加权法相结合。

近年来，机器学习方法的应用为 ESG 指标权重计算提供了新的思路。机器学习可以从海量历史数据中自动识别变量间的复杂关系，无须进行人工比较或评分，减少了主观影响，计算效率更高，结果更客观可靠。一些算法还能够给出变量重要性排序，帮助确定权重。此外，机器学习模型可以持续学习和优化，动态调整权重。相比之下，机器学习方法可以使 ESG 指标权重计算更加智能化、动态化和科学化，是一种值得推广的新方法。

（2）分析框架　本案例通过分析企业年报、社会责任报告或 ESG 报告，识别固体废物处理企业特点，并结合现有文献及 SASB（可持续发展会计准则委员会）标准，构建了针对固体废物处理企业的 ESG 评价指标体系。在指标权重确定方面，采用一种基于 K-Means 聚类结合主成分分析的随机森林方法，将特征重要性结果作为权重。具体技术路线如图 6-6 所示。基于此所构建的 ESG 评价框架，可以有效地测量和评估固体废物处理企业在环境、社会和公司治理方面的表现，为不同类型企业开展 ESG 建设提供了参考。同时，该框架也为政府部门对行业实施 ESG 监管和公众开展 ESG 监督提供了量化的评价工具。

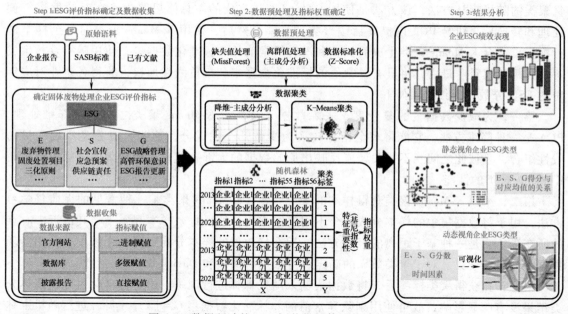

图 6-6　数据驱动的 ESG 评价指标体系构建技术路线

（3）数据来源

1）数据来源。ESG 指标构建所需数据是从各种来源获取的，主要包括官方网站、数据库和研究报告。官方网站如上海证券交易所、深圳证券交易所、爱企查和各企业官网；数据库主要是国泰安数据库（CSMAR）和中国研究数据服务平台（CNRDS）；研究报告为企业年报、社会责任报告以及环境、社会和治理报告。

在构建固体废物处理企业 ESG 评价指标体系时，首先考查现有文献中关于企业 ESG 评价指标的相关研究成果。同时，本案例充分考虑了固体废物处理行业的特点，参考了 SASB 废物管理标准中提出的行业关键议题，如渗滤液和危废管理、资源回收等，并结合典型企业如格林美、瀚蓝环境和东江环保的 2021 年企业社会责任报告及年报内容，通过文本分析识别出适合该行业的环境、社会和公司治理方面的关键 ESG 评价指标。此外，在指标赋值方面，采用二进制赋值、多级赋值和原始值赋值三种类型。通过采用多种赋值类型，实现了构建既可以反映企业实践的定性指标，也包含充分量化信息的 ESG 评价指标体系。

2）数据预处理。在确定指标权重之前，需要对原始数据进行预处理。一般原始数据集都会存在缺失值，且缺失值中既有连续变量又有分类变量，故可采用 MissForest 处理缺失值。首先，从原始数据集中选择在所有指标上均无缺失值的样本作为原始测试数据集；其次，按照原始数据集对应指标中缺失值的百分比，将原始测试数据集各指标按一定比例的数据点随机替换为缺失值生成测试数据集；再次，运用 MissForest 在测试数据集上插补，并使用归一化均方根误差（NRMSE）调参，涉及的超参数为决策树数量和节点拆分的最小样本数；最后，使用确定的超参数在原始数据集上对缺失值进行插补。

同时，为了避免指标尺度对聚类结果的影响，可采用 Z-Score 标准化原始数据集。考虑到 K-Means 聚类对离群值非常敏感，也可使用主成分分析（PCA）将经 Z-Score 标准化的插补数据集可视化为二维数据。

（4）具体方法　本案例将机器学习方法引入指标权重的确定过程，采用一种基于无监督聚类的随机森林方法，该方法是使用 Scikit-Learn 完成的。总体思路为：在对数据进行预处理和转换后，执行 PCA 以提高后续聚类的性能。然后，使用 K-Means 聚类对每个样本进行标记。结合 K-Means 聚类生成的标签和没有异常值的非标准化数据集，使用随机森林生成每个指标的权重。最后，将具有异常值的标准化数据集和权重线性加权，获得各企业对应年份的 ESG 分数。详细步骤如下：

第一，为减少数据集的复杂度，去除数据冗余，在 K-Means 聚类之前进行降维处理。PCA 是一种降维方法，它能将多个指标转换为少数几个主成分，这些主成分是原始变量的线性组合，且彼此之间互不相关，能反映出原始数据的大部分信息。数据集的降噪有望提高 K-Means 聚类的性能。

第二，采用 K-Means 聚类获得样本的聚类标签。K-Means 聚类是一种常见的无监督学习方法，用于将数据集中的样本分成 k 个不同的组或簇，使得每个样本都属于与其最近中心点的所在簇。它是一种基于距离的聚类方法，旨在将相似的样本分配到同一个簇中，从而实现数据的分组和聚集。对于聚类数 k 的确定，可采用肘部法和 Davies-Bouldin 指数。

第三，在获得聚类标签后，将数据集输入随机森林进行训练。由于标准化对随机森林分类结果没有明显影响，故可使用剔除异常值的非标准化数据集 $Q = \{X_i, y_i\}_{i=1}^{N}$ 进行随机森林训练，总共包含 N 个样本，$X_i = (x_{i1}, x_{i2}, \cdots, x_{ij}, \cdots, x_{iM})$ 代表第 i 个样本，M 为指标数量，$\{y_i | y_i \in \{0, 1, \cdots, k\}\}_{i=1}^{N}$ 表示目标变量，是一个分类变量，具有 k 种可能值，y_i 对应 K-Means 聚类的结果。

随机森林采用 Bootstrap Aggregating 方法通过重复 B 次有放回的随机采样，生成 B 个子训练集，其中，第 b 个子训练集 $Q_{N_b} = \{X_i, y_i\}_{i=1}^{N_b}$ 包含 N_b 个样本，约为总样本 N 的 2/3。第 b 棵决策树 f_b 在 Q_{N_b} 上进行不剪枝训练，选择 B 棵决策树 $\{f_b(X)\}_{b=1}^{B}$ 中的多数分类结果作为最后的结果。在性能评估方面，通过对每棵决策树的袋外样本（OOB）进行预测并与真实标签比较，计算出每棵决策树的 OOB 得分，将 B 棵决策树的平均 OOB 得分作为随机森林的一般性能估计。

第四，利用 Gini 指数获得指标权重。Gini 指数最早应用在经济学中，主要用来衡量收入分配公平度。在决策树中用 Gini 指数来衡量数据的不纯度或者不确定性，Gini 值越大，

不纯度越高。本研究的思想是利用 Gini 指数获得的特征重要性作为确定指标权重的依据，具体计算为

$$w_j = \mathrm{MGD}_j = \frac{\sum\limits_{b=1}^{B} \sum\limits_{t \in T_b} \mathrm{GD}(M^*)}{\sum\limits_{j=1}^{M} \sum\limits_{b=1}^{B} \sum\limits_{t \in T_b} \mathrm{GD}(M^*)} \qquad (6\text{-}48)$$

式中，w_j 和 MGD_j 分别是变量 j 的权重和平均基尼减少值；T_b 是决策树 b 中的节点集合。

本案例选择随机森林作为计算特征重要性工具的原因如下：首先，随机森林对异常值和噪声数据具有一定的鲁棒性，减少了对数据质量的过分要求，同时减轻了数据预处理的负担；其次，随机森林引入了随机性，有助于降低模型的过拟合风险，而且不需要频繁进行正则化参数调整。总的来说，随机森林作为一个通用性极高、易于使用和解释的工具，对于特征重要性的计算在多种数据科学应用中表现出色。

第五，考虑到指标单位的差异及后续分析需要，执行最小-最大归一化将指标转换至范围 [1，10]。指标归一化和权重确定以后，计算每家企业 2013—2021 年的 ESG 分数：

$$\hat{r}_{ij} = 1 + \frac{[r_{ij} - \min(r_{ij})](10 - 1)}{\max(r_{ij}) - \min(r_{ij})} \qquad (6\text{-}49)$$

$$\mathrm{ESG}_i = \sum_{j=1}^{M} w_j \hat{r}_{ij} \qquad (6\text{-}50)$$

式中，ESG_i 表示第 i 个样本的 ESG 分数；w_j 表示第 j 个指标的权重；$\hat{r}_{ij}$ 为归一化数据，这里的数据是包括异常值的原始数据集。

6.4　资源循环利用技术

2024 年国务院办公厅发布的《国务院办公厅关于加快构建废弃物循环利用体系的意见》明确指出，要遵循减量化、再利用、资源化的循环经济理念，以提高资源利用效率为目标，发展资源循环利用产业，为高质量发展厚植绿色低碳根基，助力全面建设美丽中国。循环经济融合了清洁生产与废弃物的综合利用，强调在经济体中重复利用物质。在这个系统里，所有物质和能源都被持续、有效地循环使用，以减少生产和消费对物质资源，特别是自然资源的依赖。同时，循环经济确保经济活动产生的废物能被环境自然消纳，保持排放量在环境的自净范围内。循环经济模式可视为一个"资源-生产-流通-消费-再生资源"的闭环反馈系统，按照资源到产品再到再生资源的循环路径运行。循环经济旨在建立一种"资源-产品-再生资源"的生产消费模式，以减少资源消耗和废物产生，强调物料的持续循环和废弃物的再利用，体现了广为推崇的"3R"原则，如图 6-7 所示。

资源循环利用技术作为实现循环经济理念的关键工具和手段，主要通过废物减量化、再利用和再循环技术来达成循环经济的目标，即构建一个高效、低碳、零废物的经济体系。这些技术的应用和发展对于推动资源的持续循环利用具有至关重要的作用。首先，废物减量化

图 6-7 循环经济 "3R" 原则

技术关注于源头减少废物的产生。通过改进产品设计、提高材料效率及采用更环保的生产过程，可以显著减少在生产和消费过程中生成的废物量。例如，采用轻量化材料、设计易于回收的产品结构等措施，都能有效地减少资源消耗和废物产生。其次，再利用技术强调对已有资源的直接再使用，无须经过大量加工处理。再利用不仅延长了产品和材料的生命周期，减少了废弃物的产生，也减轻了对新资源的需求。最后，再循环技术涉及将废弃物通过物理、化学或生物处理转化为可再次使用的材料或能源。这包括废塑料的化学回收、金属废料的物理和化学处理等。通过这些技术，废弃物被转换成新的资源，为生产新产品提供原料，实现了资源的闭环循环。

综上所述，资源循环利用技术是实现循环经济的核心，它们不仅减少了对环境的负面影响，还促进了资源效率的提高和经济的可持续增长。通过不断创新和应用这些技术，可以有效推进循环经济体系的建设，实现经济发展与环境保护的双赢。

6.4.1 资源循环利用关键技术

根据循环经济 3R 原则，资源循环利用关键技术包括减量化（Reduction）、再利用（Reutilization）和再循环（Recycling）技术。

1. 废物减量化技术

"废物"通常描述在生产、生活及其他活动中生成的、已失去原有使用价值或尚未失去使用价值但被遗弃或弃用的物品和物质，此外还包括法律与行政法规明确要求进行废物处理的各类物品和物质。

"减量化"是指在生产、流通及消费的各个环节采取经济结构优化、产业升级、清洁生产和绿色消费等措施，以尽可能减少不可再生资源的使用和废物的生成。这一概念强调在资源和能源使用的初级阶段就进行控制，通过采用高效的生产技术和高性能材料来减少资源消耗，同时确保生产和消费的目标实现，促进资源的节约和废物的最小化。作为循环经济的关键环节，减量化目标在于采取预防性措施以减少环境污染，推动资源的高效利用和环境的持续发展，其核心是在经济活动的初始阶段实施资源和废物管理的预防与控制。

废物减量化技术指的是通过各种方法和策略减少产生废物的技术。这不仅包括固体废物的管理，也涵盖了能量资源的有效利用，旨在从源头减少废物的生成，减轻对环境的影响，提高资源的使用效率，并支持可持续发展。

废物减量化技术可以分为多个类别，包括轻量化技术、物质平衡分析技术和余热利用技术等，每种技术都针对不同的环节和目标，共同构成了废物减量化的综合策略。

（1）轻量化技术 轻量化技术是指通过使用较轻的材料、改进产品设计和优化生产流程，来降低产品整体重量的方法。该技术目的在于增加能源效率，延长产品寿命，并减少废弃物的生成和原料消耗。实现轻量化的关键方式包括轻量化结构设计、采用轻量化制造工艺和开发及使用轻量化材料。

轻量化结构设计亦称为结构轻量化，主要通过拓扑优化、形状优化和尺寸优化三种方式实施。拓扑优化是在特定空间内，基于外部载荷和支持等约束条件，寻求最佳的结构材料分布方案以最大化结构刚性或满足特定的位移、应力等要求的设计方法。形状优化涉及在确定了结构类型、材料和布局后，对结构的几何形状进行调整，例如，优化已确定布局的桁架节点位置，或调整连续体的边界形状，以及优化实体结构内部的孔洞大小和形状。尺寸优化则是在固定了结构类型、材料、布局和外形后，调整各构件的截面尺寸以实现最轻的重量。

轻量化制造工艺是基于轻量化设计原则，在考虑采用的轻量化材料特性及控制产品成本的基础上所采纳的技术。常用的轻量化制造技术包括激光拼焊、液压成形、超高强度钢的热成形、高强度钢的辊压成形和电磁成形等，此外还有先进的连接技术、表面处理和切削技术。

轻量化材料技术涉及研发和使用低密度、高强度和耐用的材料来减轻产品和结构的整体重量。主要的轻量化材料包括高性能金属如铝合金、镁合金和钛合金，这些材料虽轻于传统钢材，却依然维持所需的强度和耐久性。复合材料，如碳纤维和玻璃纤维增强塑料，因其卓越的强度与重量比而广泛应用于航空航天和高端汽车制造领域。

（2）物质平衡分析技术 物质平衡分析是一种用于分析整个经济生产活动的静态分析工具。这一概念源于20世纪30年代美国经济学家Wassily Leontief提出的输入-输出平衡表。物质流分析的定义是在特定的时间和空间内，对选定系统中的物质流动和存储进行系统性分析，以展现系统的物质输入和输出流量及存量。在物质平衡分析中，"物质"一词具有广泛的含义，包括生产中使用的原材料等资源及废物等其他形式的物质。

物质平衡分析的核心指标包括物质输入指标、消耗指标和输出指标。其中，①物质输入指标反映了所有直接用于经济生产和消费活动的物质总量，显示了对自然资源的需求量，直接关联环境影响；②物质消耗指标指生产和消费活动中实际消耗（未排放）的物质总量，体现了生产活动的资源利用效率，是环境影响控制的关键；③物质输出指标则是指经济系统向自然环境排放、无法再循环利用的所有物质总量，反映了生产活动对环境造成的污染。

在资源循环利用方面，物质平衡分析法的作用主要是识别并优化生产过程中的资源浪费和效率低下环节。通过对原材料和能源的输入与产品及废物的输出进行量化，此方法帮助评估和提升资源利用效率，减少环境影响。

（3）余热利用技术 在现有技术条件下，能源转换与利用不可避免地会产生一定的能量损失。然而，这些损失中有一部分是可回收利用的，被称为余能。特别的，以热能形式存在的可回收能量为余热，这在能量回收和利用中占据了重要位置。余热利用，作为余能利用的关键方面，致力于捕获和转换在各种工业过程中未充分利用的热能。此过程可分为热利用和动力利用两种主要形式。热利用直接将余热作为热源，而动力利用则将余热通过动力设备转换成机械能或电能，为获取更高级别的能量提供了途径。

热利用主要包括直接热回收、热泵技术和热驱动冷却三种技术，这些技术直接利用余热进行加热或冷却，而无需将热能转换成其他形式的能量。直接热回收技术是最直接的余热利用形式，通过物理管道或设备直接将余热传递给需要加热的对象或介质。热泵技术通过工作介质的蒸发和凝结循环，实现能量从低温源向高温源的"提升"，使得原本不足以利用的低温余热变得有用。热驱动冷却利用余热作为动力源，通过吸收式或喷射式制冷技术，实现冷却过程，可用于工业冷却。动力利用包括将余热转换为电能等高品位能量形式的技术，如热电转换技术，这类技术使得余热的应用范围更为广泛。热电转换是利用有机朗肯循环、热电效应等将余热转换为电能，适合低温余热的回收利用，为工厂提供额外的电力支持。

在智能制造工程管理中，废物减量化技术是提高工程效率、质量及环境可持续性的关键策略。此技术不仅能够显著提升工程质量，降低环境风险，还能优化成本效益，确保工程的经济可持续性。

（1）提升工程质量 通过采用环保和效率高的材料及生产技术，废物减量化技术显著降低了环境影响，并在工程中通过减少材料缺陷和提高加工效率直接提升了质量。这种提升体现在产品的耐用性和可靠性上，彰显了选择优质材料和应用先进工艺的重要性。这不仅提高了工程的整体表现，还确保了产品能够满足更高性能标准和持久性的要求。

（2）降低环境风险 废物减量化技术通过减轻工程的环境负担，有效降低了因废物处理不当可能引起的法律和社会责任风险。这种技术确保工程遵循环保法规，避免了因环境问题导致的潜在罚款或工程延期，对于保护工程的公众形象和合法性至关重要。通过减少废物产生，工程能够展示其对环境保护的承诺，增强公众和利益相关者的信任。

（3）优化成本效益 废物减量化技术通过减少材料浪费、优化生产过程，以及提高材料使用效率，直接降低了工程的成本。这种成本降低不仅包括废物处理的直接费用减少，还涵盖了通过提升资源效率实现的间接成本节约。长期来看，该技术通过促进资源的可持续利用，支持工程的经济可持续性，为企业带来了显著的效益和持续竞争优势。

2. 材料再利用技术

（1）定义 材料再利用包括两个方面内容：

1）再使用。再使用是指在产品达到其原始使用目的末期后，无须进行大规模的加工处理，就能够直接重新用于相同或不同的用途。再使用可以减少新产品的生产需求，延长现有产品的使用寿命。

2）再制造。再制造是一种对废旧产品实施高技术修复和改造的过程，它针对的是损坏或将报废的零部件，在性能失效分析、寿命评估等分析的基础上，进行再制造工程设计，采用一系列相关的先进制造技术，使再制造产品质量特性（包括产品功能、技术性能、绿色性、安全性、经济性等）达到或优于原有新品水平的制造过程。

材料再利用技术是指一系列旨在延长材料和产品生命周期的策略和方法，通过再次使用和再制造减少对新原材料的需求，从而减少废物产生和对环境的影响。这些技术核心在于最大化资源的效率，通过保持产品和材料在经济中的价值尽可能地长时间支持可持续发展。材料再利用技术不仅关注环境效益，通过减少对新原料的需求和降低废弃物量，而且也注重经济效益，通过延长产品和材料的使用寿命来减少生产和消费成本，支持可持续发展和循环经济的实现。

（2）分类 实现再利用的主要处理方法包括：

1）修复。通过人工或机械加工修理使产品恢复原功能。

2）翻新。产品经过使用有了一定的磨损，性能各方面跟原厂刚生产出来的时候有差距，经过特殊的加工，使它的外表或者性能恢复到接近原厂刚生产出来的状态和功能。

3）再制造。再制造技术是指将废旧装备及其零部件修复、改造成质量等同于或优于新品的各项技术的统称。

再制造与修复、翻新在对象、技术手段及实施过程、产品质量特点等方面具有显著区别（见图 6-8）。

图 6-8 修复、翻新和再制造的区别

（3）作用 技术再利用旨在通过升级现有装备与应用新技术来提高设备性能并延长其使用寿命，核心目标是最小化成本投入以获取最大的经济回报。

1）经济效益突出。技术再利用显示出明显的经济效益优势。根据美国阿贡国家实验室的数据，一辆再制造的汽车所需的能量仅是制造新车的 1/6，再制造一台汽车发动机所需的能量甚至仅为新发动机的 1/11。这种节能减排不仅减轻了环境压力，还展示了再制造在提高资源使用效率方面的巨大潜力。在再制造过程中，已使用的零件被赋予新生，保留了从采矿、冶炼到加工的全过程中累积的附加价值，如劳动力成本、能源和设备折旧。这不仅大幅降低了加工成本，还减少了能源消耗。例如，2015 年北京一再制造基地成功地对一台过期盾构机进行了再制造，并成功应用于实际工程中，节省了超过 2000 万元人民币和 200 余 t 钢材，节约了标准煤近 260t，并减少了 700 余 t 的二氧化碳及其他有害气体的排放。汽车发动机的再制造成本仅为新品的 1/4，节能效果超过 60%。

2）质量稳定可靠。在质量保证方面，再制造产品不仅恢复了其全面性能和质量，还在制造过程中融入了最新的科技成果，包括新材料、新工艺和新检测技术。这不仅增强了易损部件的耐用性，还对老旧设备进行了技术升级，能弥补原设计和制造的缺陷。因此，再制造产品不仅质量稳定可靠，还在性能上有所提升。

3. 材料再循环技术

（1）定义 材料再循环技术也叫再生利用技术，是指对材料中有价元素再生，并将其资源化利用的过程。这些技术利用物理、化学或电化学手段，将废弃物中的金属资源转化为可再利用的原料或产品，旨在减少对原生金属资源的依赖，减轻废弃物对环境的影响，并促进资源的可持续利用和循环经济的发展。

（2）分类 再循环技术涵盖了从废弃物中高效回收有价金属的一系列工艺方法。首先，物理预处理技术通过机械分离、破碎和筛选等手段，暴露并集中金属部分，为后续回收做好准备。接着，火法冶金、湿法冶金和生物冶金等方法被用于提取和纯化金属。这些工艺方法各有侧重，共同构成了材料再循环利用的完整技术体系。

1）物理处理技术依据物质的物理属性，如密度、导电性、磁性和韧性等进行区分，用以分离各种金属的二次资源。这些技术包括预处理、分类及多种分选方法，如重力分选、磁力分选、涡流分选和静电分选等。在进行分选前，首先需要对废旧设备和零件的组合件进行预处理，确保将废旧件处理成适合下一步加工的尺寸。预处理方法主要包括拆卸法和破碎法。拆卸法适用于回收贵重零部件和制品，而破碎法则用于普通废旧设备和零件的解体，通常涉及剪切、切削、破碎和细磨等操作。

2）火法冶金是一种依赖于主金属与杂质之间的物理化学性质差异来提取和精炼有色金属的技术。在这个过程中，加入特定的反应剂，在高温条件下形成与金属不溶的化合物，进而通过析出或造渣将杂质从原料中分离出来。这种冶金方法需要维持高温环境，通常通过燃烧炭质燃料（如煤、焦炭、天然气和石油产品）来提供必要的热量，尽管有些冶金反应本身也会放热。

3）湿法冶金是一种通过化学方式使用酸、碱、盐类水溶液将所需金属成分从原料中提取入液相并与其他物质分离的技术。通过一系列过程，如选择性浸出、化学沉淀、电化学沉积、溶剂萃取和置换等，可以回收这些溶液中的贵重金属。

4）生物冶金是一种利用微生物的生理和生化特性来提取金属的方法。这种方法依赖于微生物的催化氧化作用，将原料中的有价金属以离子形式溶解进浸出液，同时去除杂质元素。后续通过萃取、电积等工艺步骤，纯化这些金属，以获取高纯度的金属产品。

（3）作用 使用材料再循环技术回收有价金属的作用主要包括环境保护和经济增益。

1）环境保护。材料再循环技术有效减少了对原生资源的需求，降低了废弃物处理过程中的环境污染，促进了资源的可持续利用，为应对气候变化做出了贡献。已有大量废旧锂离子电池全生命周期评价的研究发现动力电池回收有助于减少温室气体排放、酸化、富营养化等环境影响。

2）经济增益。通过将废弃物中的有价金属转化为可再利用的原料或产品，材料再循环技术显著降低了生产成本，创造了新的经济价值。例如，对于典型的三元锂离子电池，来自阴极集流件和阳极集流件中 Cu 和 Al 的质量百分含量分别占总锂离子电池的 22.7% 和 16.6%，Ni、Co 和 Mn 的含量分别为 14.8%、8.5% 和 5.9%。全球锂离子电池供应链目前受到市场波动的困扰，从 2020 年 12 月到 2022 年 4 月，中国现货市场碳酸锂、硫酸钴和硫酸镍的价格分别上涨了 830%、100% 和 60%，每吨价格分别上涨至 73000 美元、18000 美元和 7000 美元。因此，应对回收后的动力电池进行梯级利用可以提高其二次利用价值。回收一个电池组的总成本估计为 97.42±1.95 欧元，带来 298.59±12.93 欧元的收入，即每个电池组的利润为 201.17±10.98 欧元，其中收入主要来自草酸镍、钴和锰的回收（72%）。

6.4.2 资源循环利用技术决策

在工程管理实践中，精准选择和高效推广资源循环利用技术是确保项目成功、提升企业竞争力和促进行业创新的核心。这一过程不仅优化了环境和经济效益，还促成了资源的有效利用与环境保护。技术选择初期，引文网络通过分析专利和学术论文等数据，为决策者揭示最新技术趋势和创新方向。这确保所选技术既处于技术发展前沿，又符合市场需求与环境政策，保障技术方案的实用性与长远发展潜力。技术确定后，复杂网络博弈理论与系统动力学模型在推广和扩散阶段发挥关键作用，分析不同利益相关者的互动，制定资源循环利用技术的最优推广策略。这一过程综合考虑了技术特性、市场需求、政策支持和社会接受度，以实现技术的广泛应用。

通过这种综合决策方法，能从众多技术中准确挑选并有效推广前瞻性强、实用性高的资源循环利用技术，加速其在实践中的应用。这不仅为企业创造了持续竞争优势，也推动了技术进步和环境的可持续发展。

1. 基于引文网络的资源循环利用技术前沿探测

引文网络模型首先基于 Web of Science 数据库发布的与资源循环利用技术相关且被多次引用的文献建立耦合网络，将时间划分为滑动窗口进行聚类分析，识别现今资源循环利用技术前沿中发展迅速的轻量化关键技术集群演进路径，如图 6-9 所示，找寻能够融合不同领域的突破性创新；然后利用 1963 年至今德温特数据库发布的专利信息建立引文网络，采用动态的转发引文完整路径（Forward-Citation Full Path，FCFP）算法得出关键技术集群最长路径，分析位于不同路径会聚位置的创新专利，预见轻量化技术未来发展方向。

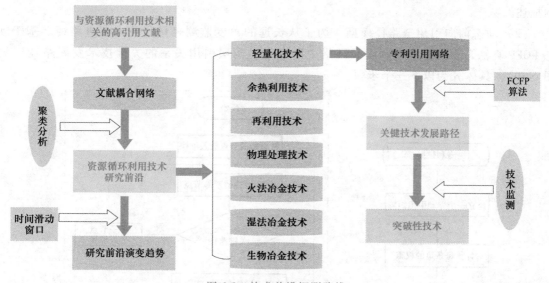

图 6-9 技术前沿探测路线

（1）文献耦合分析 Kessler 于 1965 年提出文献耦合分析方法，并将其广泛用于检测各个学科领域的研究前沿。Kessler 将文献耦合定义为两篇文章在它们的参考书目中有共同参考文献。两篇文章的耦合强度由它们共同参考的文章数量决定。耦合强度越高，两篇文章之间的相关性越大。

结合 Morries 的时间演化序列，使用文献耦合方法来识别资源循环利用技术前沿的步骤如下：

1）收集与资源循环利用技术主题相关的文献及其参考文献字段，建立引文索引。

2）去除没有达到强度为 5 的耦合频率阈值的文献。这一步骤虽然减少了原始数据的数量，但同时也能够排除由检索方法产生的许多与该主题并不相关的数据，从而产生有意义的聚类结果同时减小误差。

3）建立资源循环利用技术引用耦合矩阵。其中，列元素是源文献，行元素是被引用文献。两个文献的耦合频率可以对它们分别对应的列元素求乘积得到。

4）使用谱系聚类方法对文献单元样本进行聚类分析。谱系聚类方法指一种逐次合并类的方法，最后得到一个聚类的二叉树聚类图。这种方法并不像单链聚类方法那样强调文献间的链接关系，它注重于产生单元数量比较均匀的文献簇。其基本思想是，对于 n 个聚类单元，先计算其两两距离得到一个距离矩阵，然后把距离最近的两个单元合并为一类。在剩下的 $n-1$ 个类中（每个单独的未合并的单元作为一个类），计算这 $n-1$ 个类两两之间的距离，将距离最近的两个类进行合并，重复进行，达到预先设定的类个数为止，最后剩余的独立单元则自动合并为一个类。

5）谱系聚类方法会产生一个二叉树，二叉树的"叶"可以将文献簇形象地表示为线性序列，进一步可以分析得到研究前沿的结构。如果将二叉树产生的结果定为纵轴 y，那么再加入时间轴 x 就可以得到研究前沿的时间演化图。文献单元的 x 坐标是由它发表的年份确定，y 坐标则是该文献单元在二叉树中相对应的"叶"的位置。

6）对资源循环利用技术研究前沿的命名，需要通过检查在该文献簇的文献题目中经常出现的词语或短语。在资源循环利用技术领域专家的帮助下，给出对各个研究前沿比较准确的描述。

（2）动态前向引用全路径模型　为了从长远的角度监测轻量化技术演进路径。基于动态 FCFP 算法，识别整个专利引文网络中所有超过两层引用关系的关键技术发展路径（见图 6-10），具体分为以下三个步骤：

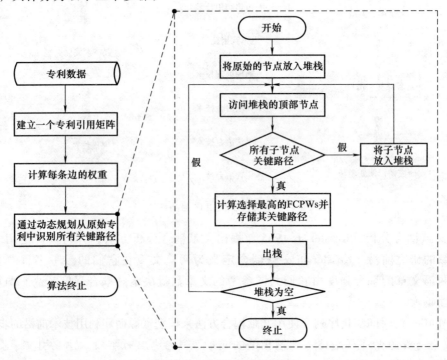

图 6-10　FCFP 模型流程图

1) 将复杂的专利引用网络表示为矩阵。根据所获得的 n 个专利之间的引用关系,建立 $n×n$ 方阵 P,它代表一个有向图。有向图等于 1 时,表示专利 j 引用专利 i,即从节点 i 到节点 j 有一个有向边;当值等于 0 时,表示两个专利之间没有引用。

2) 计算每个有向边的权重。在复杂的引用网络中,被他人引用的专利可以视为基础技术。知识通过有向边的连接从起点流向终点。对于专利 v 而言,引用它的专利的数量可以被视为其出度,被表示为 $d^+(v)$,并且 $d^+(v) \geq 0$。它引用的专利数量可以看作是入度,用 $d^-(v)$ 表示。当 $d^+(v) = 0$ 时,点 v 是起点,即技术发展道路上的原创专利;当 $d^-(v) = 0$ 时,点 v 是终点,即该路径上的所有专利中的最新专利。注:出度可以作为技术和经济价值角度来衡量发明的创造质量指标,e_{ij} 表示节点 i 指向节点 j 的有向边,其权重为

$$W(e_{ij}) = [d^+(i)+1][d^+(j)+1] \tag{6-51}$$

3) 确定专利网络中的所有关键路径。假设从起点 s 到终点 t 有 n 条路径,每条路径的权重为该路径上所有边的权重之和,记为 FCPW(正向引用路径权重)。从点 s 到点 t 的 n 条路径的权重的集合表示为 FCPWs,其中最大权重表示为 MFCPW,即

$$\text{MFCPW}(p) = \max\{W(e_{pc_i}) + \text{MFCPW}(c_i)\} \ (i = 1,2\cdots,m) \tag{6-52}$$

式中,MFCPW(P) 表示从专利 p 到其所有终端的路径的最大权重;c_i($i = 1$,2,…,m)表示引用专利 p 的专利,即引用网络中节点 p 的子节点;同样,MFCPW(c_i)是从专利 c_i 开始的路径的最大权重的集合;$W(e_{pc_i})$ 是从节点 p 到节点 c_i 的有向边的权重。

采用动态编程公式(6-52)计算从引用网络中每个起点开始的所有路径的 MFCPW,并记录相应路径上的所有节点,具体过程如下:首先,将所有起始节点(即原始专利)放入堆栈;然后,访问栈顶的节点 p。对于节点 p 的每个子节点 c_i($i = 1$,2,…,m),式(6-52)可以看作是状态转移方程。如果 p 的所有子节点都被访问过,则立即释放节点 p;而如果有一个没有被访问的子节点,则将该子节点放入堆栈,并在递归处理中处理栈顶的新节点,直到堆栈为空。

2. 基于复杂网络演化博弈模型的企业技术采纳决策

为提高资源使用效率、降低成本、满足日益增长的环境可持续性要求,企业必须决策合适的资源循环利用技术,以此确保其在激烈的市场竞争中保持领先地位。基于复杂网络演化博弈模型的方法可指导企业技术决策,该方法通过构建小世界网络、博弈模型和确定演化机制,能够模拟企业间的互动与技术传播过程,帮助决策者理解不同技术采纳策略在动态市场环境中的表现。

(1) 小世界网络构建 快速发展的互联网社会背景下,企业之间的联系日益紧密,体现出小世界特征。企业构成的小世界网络结构记为 $G = (V, E)$,其中 $V = \{v_i\}$ 代表网络中的企业节点,E 中的元素 e_n 代表企业节点 v_i 和 v_j 之间的边。假设网络中所有的连边都是无向的,如果企业 i 和企业 j 之间有联系,则 $(v_i, v_j) = 1$;否则,$(v_i, v_j) = 0$。考虑到 WS 小世界模型构造算法中的随机化重连过程有可能破坏网络的连通性,而 NW 小世界网络并不改变原有节点的连边,通过引入捷径加强网络之间的联系。现实中,企业的网络联系特征与 NW 小世界网络更为接近。因此,本节采用 NW 小世界模型,通过用"随机化加边"取代 WS 小世界模型构造中的"随机化重连"。NW 小世界模型构造算法如下:

1) 考虑一个含有 N 个节点的最近邻耦合网络,它们围成一个环,其中每个节点都与它左右相邻的各 $K/2$ 节点相连,K 是偶数。

2）以概率 P 在随机选取的一对节点之间加上一条边。其中，任何两个不同节点之间至多只能有一条边，并且每一个节点都不能有边与自身相连。

（2）博弈模型构建　企业行为会受到内因和外因的影响，包括生产成本、消费者购买意愿、政府政策等。假设资源循环利用技术和传统技术的需求量分别为 q_e 和 q_f。企业的目标是实现利润最大化，每个参与主体有两个纯策略，即企业的策略包括使用资源循环利用技术或使用传统技术，其利润分别为 π_e 和 π_f。如果企业选择使用资源循环利用技术，除获得正常的生产利润外，还会由于使用更加清洁环保的产品获得政府提供的单位补贴 s。如果企业选择使用传统技术，将会在原有利润基础上使用一单位传统技术征收碳税 F。企业在不同纯策略情况下的收益支付矩阵见表 6-5，且企业选择使用资源循环利用技术的初始比例为 x。

表 6-5　支付矩阵

		企业 2	
		资源循环利用技术	传统技术
企业 1	资源循环利用技术	π_e+sq_e, π_e+sq_e	π_e+sq_e, π_f-Fq_f
	传统技术	π_f-Fq_f, π_e+sq_e	π_f-Fq_f, π_f-Fq_f

（3）小世界网络中企业策略的演化机制　在每轮博弈中，所有节点与它的每个邻居进行一次博弈，并将收益累积。采用 Femi 演化规则，即博弈个体 i 更新自身博弈策略时，随机地选择一个自己的邻居 j 进行收益比较，个体 i 在下次博弈中采取邻居 j 的策略的概率为

$$p_{(i\leftarrow j)} = \frac{1}{1+\exp\left[\frac{(U_i-U_j)}{k}\right]} \qquad (6-53)$$

式中，U_i 和 U_j 分别表示个体 i 和 j 在本次博弈中所获得的累积收益；k（$k\geqslant 0$）描述了噪声效应，这意味着允许个体进行非理性的选择，也就是说那些收益较低的个体的策略仍有一个小的概率被比其收益高的个体所采用。每轮博弈后，所有玩家同步更新策略。

3. 基于系统动力学模型的循环资源利用技术扩散

系统动力学是一种使用存量、流量、内部反馈回路、表函数和时间延迟来理解复杂系统随时间的非线性行为的方法，由麻省理工学院的 Jay Forrester 教授于 20 世纪 50 年代中期创立的一种自上而下的信息反馈方法。它以定性分析为指导，并以定量分析为后盾。这两种分析方法相辅相成。系统动力学方法可用于构建可持续发展模型，以综合评估当前的管理计划，或通过建模和模拟进行社会技术转型研究。资源循环利用是可持续发展研究与社会技术转型研究的结合，传统的低层次、线性理论无法分析资源循环利用技术扩散过程的复杂性和动态性，需要使用整体动态数学模型。因此，利用系统动力学方法研究资源循环利用技术扩散是完全可行的，其具体建模过程和仿真步骤如图 6-11 所示。

（1）系统分析和划定边界　系统动力学建模的首要步骤是系统分析和界定边界。在企业资源循环利用技术扩散的背景下，政府政策是推动资源循环利用技术普及不可或缺的助推器。消费者是否计划购买，决定了资源循环利用技术的顺利普及，他们的购买意愿受到政策激励和企业产品质量保证的影响。同时，企业的研发投资策略也受到政府政策导向和消费者需求的双重影响。因此，在资源循环利用技术扩散的复杂系统中，可以识别出三个主要子系统：政府子系统、消费者子系统和企业子系统。这些子系统之间相互依存、相互作用，共同

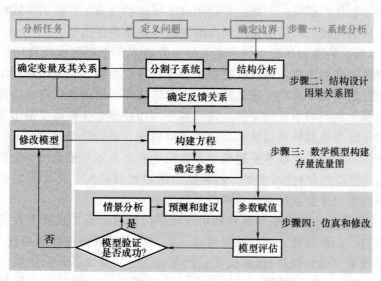

图 6-11　系统动力学建模过程和仿真步骤

促进整个系统的和谐发展。

（2）结构设计因果关系图　结构设计通过因果循环图来探究和表现模型内变量之间的因果关系。这个过程涉及对不同子系统内部变量关联性的深入分析，其起点是各子系统的边界，接着将各个子系统整合起来，形成一个完整的视角。因果关系图则是这些相互作用的直观表现，它利用方向性箭头来揭示不同因素之间的因果联系。系统内的正反馈和负反馈机制不仅展示了变量间的互动和自我调节过程，而且对于维持系统的动态平衡至关重要。以资源循环利用技术扩散模型为例，可以观察到如下的因果链条：政府购买补贴→消费者资源循环利用技术购买成本→资源循环利用技术生命周期成本→资源循环利用技术市场份额→资源循环利用技术销量→社会福利；政府研发补贴→企业创新能力→技术创新→技术水平→成本系数→资源循环利用技术生产成本→资源循环利用技术价格→资源循环利用技术购买成本→资源循环利用技术生命周期成本→资源循环利用技术市场份额→资源循环利用技术销量→社会福利。这些因果关系揭示了资源循环利用技术扩散模型中各因素如何相互作用，并推动社会福利的增长。

（3）数学模型构建存量流量图　存量流量图是一种基于因果关系图的视觉工具，它通过直观的符号来描绘系统内部的变化过程。与因果关系图相比，存量流量图具有独特的特点。它不仅区分了不同类型的变量，还生动地展示了系统内物质和信息的流动方式。在模型的这一阶段，通过构建结构方程来量化系统间的相互作用。这些方程不仅包含了系统的动态特性，还将参数值的设定融入其中，从而生成表函数。这些表函数不仅捕捉了两个参数之间的关系，而且特别强调了它们之间可能存在的独特的非线性联系。通过这种方式，存量流量图提供了一个清晰而深入的视角，以理解和分析系统内部的复杂动态。对于资源循环利用技术扩散模型而言，各部分子系统的关系如下：

1）消费者子系统。消费者子系统基于消费者效用来建模资源循环利用技术的市场份额。在这个模块中，消费者是否会选择购买资源循环利用技术取决于产品环境友好性、全生命周期成本、可能存在的限制政策及配套的基础设施效用。资源循环利用或非循环利用技术产品的总拥有成本包含三部分：资源循环利用或非循环利用技术产品的实际购买价格、资源循环利用或非循环利用技术产品生命周期内的使用成本及再售价格。

2）企业子系统。资源循环利用技术企业的总收益来源于资源循环利用技术销售收益和碳交易收益。资源循环利用技术销售收益由企业建议零售价格、资源循环利用技术生产成本和资源循环利用技术年销量共同决定。其中，企业建议零售价格是在资源循环利用技术生产成本的基础上根据预期利润率进行定价。资源循环利用技术企业在碳交易市场中售卖资源循环利用技术相比于非资源循环利用技术减少的碳排放量，获得碳交易收益。

资源循环利用技术的生产成本受到成本系数的影响。技术水平取决于它的初始值及技术创新。技术创新＝创新能力×技术水平。创新能力通过政府研发、企业研发和产学研合作进行预测。企业研发取决于企业的总收益和研发强度。

3）政府子系统。政府推动资源循环利用技术扩散的目的是实现社会收益最大化。总社会收益由经济效益、能源效益、环境效益组成。经济效益＝资源循环利用技术企业总收益＋非资源循环利用技术企业总收益－政府支出；能源效益＝非资源循环利用技术产品能源消耗量－资源循环利用技术能源消耗量；环境效益＝（非资源循环利用技术企业温室气体排放量－资源循环利用技术企业温室气体排放量）×单位碳价。

（4）仿真和修改 模型建立完成后，需要进行严格的验证，确保其能够准确反映系统的动态特性，可以采用适合性和一致性检验相结合的方法，检查模型结构和参数设置是否符合基本事实，并比较模拟结果与历史数据的符合程度。模型验证成功后，利用模型进行广泛的情景分析。这包括改变模型中的关键参数值，以探索不同参数条件下系统的变化趋势。通过这种方法，不仅能够理解各种参数变化如何影响系统行为，还能够洞察在不同假设和条件下，系统可能呈现的各种行为模式。这些情景分析的结果提供了系统动态性的深入见解，有助于预测并应对未来可能出现的各种情况。

6.4.3 绿色供应链管理

绿色供应链管理通过整合资源循环利用技术，可以更有效地减少供应链中的资源消耗和废物产生，提升整个供应链的资源使用效率和环保水平。

1. 定义

绿色供应链是一种综合考虑环境影响和资源配置效率的现代管理模式，代表了传统供应链理念的升华。这一概念最早由美国密歇根州立大学的制造研究协会在 1996 年提出，也被称为环境意识供应链或环境供应链。该模式以绿色制造理论和供应链管理技术为基础，涉及供应商、生产厂家、销售商和用户，旨在使得产品的全生命周期，包括物料获取、加工、包装、仓储、运输、使用以及最终的报废处理等环节，对环境的影响最小化且资源效率最大化。2016 年 9 月 20 日，工业和信息化办公厅发布了《工业和信息化办公厅关于开展绿色制造体系建设的通知》，强调绿色供应链应将环保和资源节约的理念贯穿于企业从产品设计到原材料采购、生产、运输、储存、销售、使用和报废处理的全部过程，实现企业经济活动与环境保护的协调。《绿色制造 企业绿色供应链管理 导则》（GB/T 33635—2017）将绿色供应链定义为将环境保护和资源节约的理念贯穿于企业从产品设计到原材料采购、生产、运输、储存、销售、使用和报废处理的全过程，使企业的经济活动与环境保护相协调的上下游供应关系。综合上述定义，绿色供应链是绿色制造理论与供应链管理技术结合的产物，侧重于供应链节点上企业的协调与协作，图 6-12 所示。

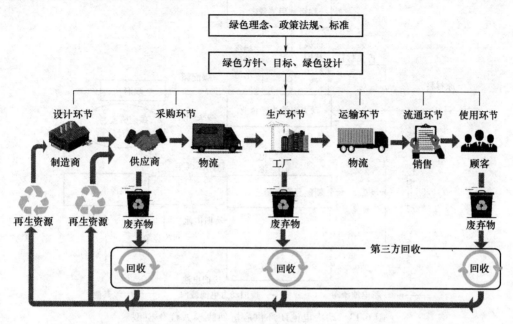

图 6-12 绿色供应链模式

 绿色供应链管理的目标是在供应链的所有环节中，包括产品设计、原材料采购、生产过程、产品分销、使用到最终废弃物的处理，整合环保和资源高效利用的理念和措施，以减少对环境的负面影响。绿色供应链管理旨在通过环境友好的方法优化供应链操作，实现环境保护、资源节约和成本效益的最大化。这不仅包括直接减少生产过程中的能源消耗和废物产生，还涉及采用可持续的物料、改进产品设计以便于回收利用、选择环保的物流方式，以及推动废弃物的有效回收和利用。绿色供应链管理强调供应链各方面的参与者共同协作，以达到整个供应链的环境绩效改进，促进经济、环境和社会三方面的可持续发展。绿色供应链管理的目的是将绿色制造、产品生命周期管理和生产者责任延伸理念融入企业供应链管理体系，识别产品及其生命周期各个阶段的绿色属性，协同供应链上供应商、制造商、物流商、销售商、用户、回收商等实体，对产品/物料的绿色属性进行有效管理。这样的管理策略可以减少产品/物料及其制造、运输、储存及使用等过程的资源（包括能源）消耗，环境污染和对人体的健康危害，同时促进资源的回收和循环利用，实现企业的绿色采购和可持续发展目标。

2. 绿色供应链回收模式优化

本节以电动汽车动力电池绿色供应链管理为例，说明绿色供应链回收模式优化的关键技术和实践策略。通过构建由一个动力电池生产企业、一个新能源汽车制造商、一个第三方回收企业、新能源汽车消费者、梯级利用消费者（光伏企业、家庭储电用户等）和政府组成的动力电池闭环供应链模型，探究回收模式的优化方案，如图 6-13 所示。为简化描述，将动力电池生产企业命名为供应商，新能源汽车制造商命名为制造商，第三方回收企业命名为回收商。

在正向渠道中，供应商生产并向制造商提供动力电池（生产动力电池的过程中供应商会受到来自政府规定的碳配额总量的约束），制造商利用新能源汽车动力电池组装生产新能

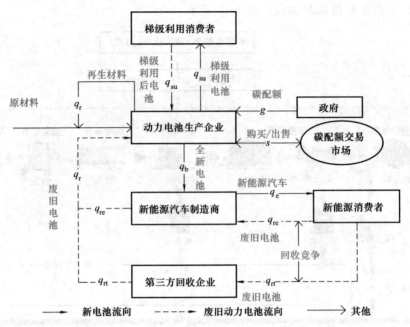

图 6-13　动力电池闭环供应链回收模式优化模型

源汽车并出售给新能源汽车消费者；在逆向渠道中，当动力电池从新能源汽车中退役时，供应商分别与制造商、回收商合作，由制造商与回收商从消费者手中回收即将退役的动力电池，最终供应商以一定的价格从制造商与回收商手中回收这些废旧动力电池，并对部分进行处理来得到满足梯级利用消费者需求的梯级利用电池。此外，梯级利用后的电池将被全部回收并与无法满足梯级利用的电池一起被再生成为电池生产材料进行再利用。

为解决上述问题，需要做出如下假设：

假设一：新能源汽车的产量与消费者的需求保持一致，新能源汽车的需求函数为 $q_e(p_e)=Q_e-ap_e$。其中，Q_e 为市场潜在的最大需求，a（$a \geqslant 0$）表示新能源汽车消费者的价格敏感系数，且动力电池生产企业生产动力电池的数量与新能源汽车的产量保持一致，即 $q_b=q_e$。

假设二：新能源汽车制造商和第三方回收企业同时在市场上回收废旧动力电池，回收到废旧动力电池的总数为 $q_r=q_{re}+q_{rt}$，此时新能源汽车制造商的回收量函数为 $q_{re}=kr_e-hr_t$，第三方回收企业的回收量函数为 $q_{rt}=kr_t-hr_e$。其中，r_e 和 r_t 分别为制造商与回收商支付给消费者的单位回收价格，k 表示消费者对回收价格的敏感系数，k 越大表明消费者对回收价格的敏感程度越高，h 表示制造商与回收商在回收市场竞争程度，h 越大表示制造商与回收商竞争越激烈，且 $k>h>0$。此时废旧动力电池回收率 $\tau=q_r/q_b$。

假设三：回收的废旧电池在进行梯级利用之前，需要对回收到的整包电池进行拆解，筛选出性能较好且一致的单体电池进行重组。用 θ（$0 \leqslant \theta \leqslant 1$）来表示动力电池生产企业对回收后的废旧电池的梯级利用率，为了描述投资回报递减的特征，假设投入成本的关系为 $\theta=\sqrt{C/B}$，B 为规模系数，B 越大表示提升相同的梯级利用率所需的投入成本也就越大，最终假设梯级利用的投入为 $C(\theta)=B\theta^2/2$，即动力电池生产企业对拆解、筛选和重组等处理活动的成本投入，进而得到 $q_{su}(\theta)=\theta q_r$ 的符合梯级利用要求的电池，每单位可梯级利用电池可以给动力电池生产企业带来 r_{su} 的利润。

假设四：碳减排技术成本是一次性投资，供应商的碳减排对动力电池生产的边际成本没有影响。假设碳减排技术投资是一个二次函数，减排率是供应商的一个决策变量，较高的减排率意味着减排过程将更加困难，当减排率略有提高时，碳减排投资将急剧增加。此时，碳减排的成本函数为 $C(t)=mt^2/2$，m 表示碳减排的成本系数，t 表示碳减排率。供应商在生产全新动力电池与回收再利用废旧动力电池时的碳排放：$\nabla E = E_M - E_R = e_b(1-t)q_b - e_r q_r$。此时，$e_b(1-t)$ 表示经减排投入后，利用全新原材料生产动力电池的单位碳排放量，e_r 表示利用再生材料替代原材料进行生产时可以减少的单位碳排放量。

假设五：当供应商在生产全新动力电池时的总碳排放量大于或小于总碳配额 G 时，供应商可以通过碳交易市场买卖碳配额。动力电池闭环供应链的碳交易总量为 $G - \nabla E$，其中，$G = gq_b$ 表示政府给予供应商进行生产时的免费碳配额，g 为单位免费碳配额。当 $G < \nabla E$ 时，供应商需要从碳交易市场以 s 的单位碳交易价格购买碳配额，以满足碳排放要求。当 $G > \nabla E$ 时，供应商可以以 s 的价格出售额外的碳配额获得利润。

（1）斯塔克尔伯格博弈模型构建与求解　在正向供应链中，供应商生产动力电池并以 w 的批发价格将其出售给制造商，制造商利用动力电池进行组装生产新能源汽车并以 p_e 的价格出售给新能源汽车消费者，另外，供应商为追求低碳生产，根据政府给定的碳配额 G 及自身生产情况确定减排水平 t；在逆向供应链中，制造商与回收商分别以 r_e 和 r_t 的回收价格从消费者手中回收废旧动力电池，并将这部分废旧动力电池以 f 的转移价格售往供应商，供应商将处理后能满足梯级利用要求的废旧动力电池出售给梯级利用消费者以获得 r_{su} 的收益，剩余无法进行梯级利用的废旧动力电池及经梯级利用后的电池将被再生处理成电池生产材料为供应商带来 v 的收益。因此，如图 6-14 所示，博弈顺序为：首先，供应商根据制造商的响应函数确定动力电池的批发价格（w）、转移价格（f）、废旧电池的梯级利用率（θ）以及碳减排率（t）；然后，制造商做出反应，确定新能源汽车的价格（p_e）和废旧动力电池的回收价格（r_e）；最后，回收商确定废旧动力电池的回收价格（r_t）。

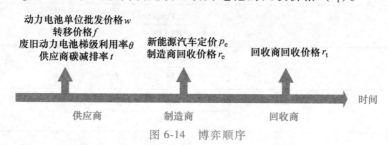

图 6-14　博弈顺序

供应商的利润函数见式（6-54）：

$$\Pi_B(w,\theta,f,t)=(w-c_b)q_b+r_{su}q_{su}-C(\theta)-fq_r+vq_r+[G-e_b(1-t)q_b+e_rq_r]s-C(t)$$

$$=(w-c_b)q_e+(\theta r_{su}-f+v)(kr_e-hr_t+kr_t-hr_e)-\frac{B\theta^2}{2}+[-e_b(1-t)q_b+e_rq_r]s+gq_bs-\frac{mt^2}{2}$$

$$(6\text{-}54)$$

制造商的利润函数见式（6-55）：

$$\Pi_E(p_e,r_e)=(p_e-w-c_e)q_e+(f-r_e)q_{re}$$

$$=(Q_e-aq_e-w-c_e)q_e+(f-r_e)(kr_e-hr_t) \qquad (6\text{-}55)$$

回收商的利润函数见式（6-56）：

$$\Pi_T(r_t) = (f-r_t)q_{rt}$$
$$= (f-r_t)(kr_t-hr_e) \tag{6-56}$$

利用逆向归纳法，优化模型的均衡结果见表 6-6。

表 6-6　优化模型的均衡结果

参数	结果
w^*	$\dfrac{-2ma(c_b+e_bs-gs)+(ae_b^2s^2-2m)(Q_e-ac_e)}{a(-4m+ae_b^2s^2)}$
t^*	$\dfrac{e_bs[-Q_e+a(c_b+c_e+e_bs-gs)]}{-4m+ae_b^2s^2}$
r_e^*	$\dfrac{2B(h-2k)k(h+k)(e_rs+v)}{BX+Yr_{su}^2}$
p_e^*	$\dfrac{3mQ_e+a[(c_b+c_e+e_bs-gs)m-e_b^2s^2Q_e]}{a(4m-ae_b^2s^2)}$
Y	$(h-k)(h^3+3h^2k-4hk^2-8k^3)$
Π_T^*	$\dfrac{B^2(h-k)^2k(h^2-2hk-4k^2)^2(e_rs+v)^2}{(BX+Yr_{su}^2)^2}$
Π_E^*	$\dfrac{m^2[Qe-a(c_b+c_e+e_bs-gs)]^2}{a(-4m+ae_b^2s^2)^2}\dfrac{2B^2(h-k)^2k(h+2k)^2(h^2-2k^2)(e_rs+v)^2}{(BX+r_{su}^2)^2}$
Π_B^*	$\dfrac{mQ_e^2(BX+r_{su}^2Y)+a^2B\{e_b^2s^2(e_ts+v)^2Y+8e_b^2s^2h^2kmX\}}{2a(BX+Yr_{su}^2)(4m-ae_b^2s^2)}+$ $\dfrac{a^2BXm\{(c_b+2c_e-gs)+c_e^2+2e_bs[(c_b+c_e)-gs]\}}{2a(BX+Yr_{su}^2)(4m-ae_b^2s^2)}+\dfrac{a^2r_{su}^2Ym(c_b+c_e+e_bs-gs)^2}{2a(BX+Yr_{su}^2)(4m-ae_b^2s^2)}-$ $\dfrac{2am[BQ_e(c_e+e_bs-gs+c_bX)+Q_er_{su}^2(c_b+c_e+e_bs-gs)Y+2B(e_rs+v)^2Y]}{2a(BX+Yr_{su}^2)(4m-ae_b^2s^2)}$
θ^*	$-\dfrac{r_{su}Y(e_rs+v)}{BX+Yr_{su}^2}$
f^*	$\dfrac{BX(e_rs+v)}{2(BX+r_{su}^2Y)}$
r_t^*	$\dfrac{B(h^3+h^2k-2hk^2-4k^3)(e_rs+v)}{BX+Yr_{su}^2}$
X	$8k(h^2-2k^2)$

假设当不引入碳交易机制时，政府规定动力电池生产企业的碳排放上限为 E_0，当实际生产过程中产生的碳排放总量超过该上限，企业会受到 $(E_0-\nabla E)p$ 的处罚；当实际生产过程中的碳排放总量低于上限时，企业将不会受到处罚，其中 p 为单位碳排放的处罚额度。

因此根据
$$\begin{cases} \Pi_B(w,f,t,\theta)=(w-c_b)q_b+r_{su}q_{su}-C(\theta)-fq_r+vq_r+[E_0-e_b(1-t)q_b+e_rq_r]p \\ \Pi_E(p_e,r_e)=(p_e-w-c_e)q_e+(f-r_e)q_{re} \\ \Pi_T(r_t)=(f-r_t)q_{rt} \end{cases}$$

可得各参与者的最优决策如下：

$$w_0^* = \frac{-a^2 c_e e_b^2 p^2 - 2am(c_b - c_e + e_b p) - 2mQ_e + ae_b^2 p^2 Q_e}{a(-4m + ae_b^2 p^2)}, \theta_0^* = -\frac{Yr_{su}(e_r p + v)}{BX + Yr_{su}^2},$$

$$f_0^* = \frac{BX(v + e_r p)}{2(BX + r_{su}^2 Y)}, t_0^* = \frac{e_b p[a(c_b + c_e + e_b p) - Q_e]}{-4m + ae_b^2 p^2},$$

$$p_{e0}^* = \frac{-am(c_b + c_e + e_b p) - 3mQ_e + ae_b^2 p^2 Q_e}{a(-4m + ae_b^2 p^2)}, r_{e0}^* = \frac{2Bk(h + k)(h - 2k)(v + e_r p)}{BX + Yr_{su}^2},$$

$$r_{t0}^* = \frac{B(h^3 + h^2 k - 2hk^2 - 4k^3)(v + e_r p)}{BX + Yr_{su}^2}$$

（2）系统动力学模型构建　前面部分采用博弈论的方法可分析在梯级利用、材料回收再利用、碳减排活动、回收市场竞争及碳交易机制影响下动力电池闭环供应链中各参与者的一系列最优决策值。然而，在现实情况下往往会遇到信息延迟、决策不同步、技术进步等问题，导致均衡结果在不断地动态调整甚至难以达到系统稳态，因此需要通过引入系统动力学改进前述博弈模型。首先，基于上述各最优结果建立参与者之间的基本系统动力学模型，接着引入延迟函数、随机函数、阶跃函数等以解决传统博弈论的分析局限，最后考虑碳交易机制的变化与技术进步等因素模拟引入动力电池闭环供应链的发展趋势。

根据研究目标和主要博弈关系，将动力电池闭环供应链系统划分为"正向物流子系统""逆向物流子系统"及"碳排放子系统"三个子系统，这三个子系统分别反映了动力电池闭环供应链上的主要决策者的策略响应机制、废旧动力电池回收与再生利用情况、碳排放情况，使用 Vensim 建立了碳交易机制与技术进步影响下的动力电池闭环供应链系统动力学模型，其中逆向物流子系统如图 6-15 所示。

基于当前动力电池行业的发展情况及碳交易机制的实施情况，设置 5 种情景，即基准情景、碳交易机制情景、技术进步情景、回收市场竞争场景及综合情景来进一步探讨未来各类因素对动力电池闭环供应链的影响。

1）基准情景下假设在模拟期内动力电池行业不纳入碳交易市场。

2）碳交易机制情景下假设于 2022 年将动力电池行业纳入碳交易市场，并且此时不考虑技术进步。为了鼓励及日后督促动力电池闭环供应链上的成员参与减排事业，政府需要及时调整免费碳配额与碳交易价格。

3）技术进步情景包括了梯级利用与材料再生技术进步、碳减排技术进步。根据技术生命周期理论，为了简单模拟梯级利用与材料再生技术及碳减排技术生命周期的不同阶段，假设 2040 年以前技术水平快速增长，2040 年后技术进步逐步放缓。本节采用梯级利用收益与材料回收收益增长来反映梯级利用与材料再生技术进步，并用碳减排技术进步率来表示碳减排技术进步。

4）回收市场竞争情景。通过设置不同的回收市场竞争程度来研究主体间的竞争系数对回收过程产生的影响。

5）综合情景。在此情景下，通过同时改变碳交易机制、技术进步及回收市场竞争程度，来探究这些因素是如何综合影响动力电池闭环供应链的。

为了直观地展示不同场景下碳交易机制、技术进步及回收市场竞争程度对动力电池闭环供应链的影响，以废旧动力电池的回收率、废旧动力电池的梯级利用率、动力电池的需求

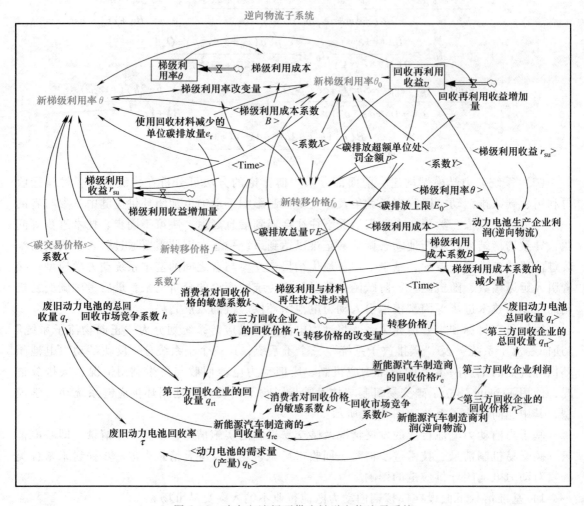

图 6-15　动力电池闭环供应链逆向物流子系统

量/产量、碳排放总量、社会福利这五个指标来反映不同因素产生的影响，并确定如何有效地促进废旧电池的回收和梯级利用，减少碳排放，提高社会福利。

本章小结

本章强调制造工程能源管理技术、环境管理技术和资源循环利用技术在绿色化管理中的关键作用。首先，能源管理技术通过供给侧多能互补优化、需求侧用能优化和能效评价，实现制造工程可持续能源管理；其次，环境管理技术涵盖环境监测、环境风险管理和环境绩效评价，提供全面的环境数据支持，评估和管理环境风险，提升制造工程环境管理水平；最后，讨论了资源循环利用技术在绿色供应链管理中的应用，通过减量化、再利用和再循环技术优化资源使用效率，减少供应链资源消耗和废物产生。本章的内容为中国制造工程管理的绿色转型提供了理论支持和实践指导，对人才培养和产业发展具有重要意义，有助于促进制造业的高端化、智能化和绿色化发展。

思考题

1. 借鉴环境风险分析中的新兴技术应用，试设计一套适用于环境风险管理其他环节或环境风险管理全流程的技术方案。

2. 借鉴环境绩效评价中的新兴技术应用，试设计一套适用于其他场景的技术方案。

3. 结合"3R"法则，分析在某一具体行业（如电子产品制造）中如何应用这三个原则以促进该行业的可持续发展。

4. 根据本章所介绍的资源循环利用技术，选择其中一项技术，提出一个可能的创新方案，阐述该方案如何能够提高资源效率并减少环境影响。方案中需包括技术的基本原理、预期效果及可能面临的挑战。

5. 在选择资源循环利用技术时，决策者通常需要依赖于大量的数据和趋势分析。选择一种合适的方法识别资源循环利用技术的发展趋势，并解释这种方法如何帮助制定技术采纳的决策。

6. 试验设计：制造企业微电网负荷优化

请选取某一类型的制造企业，例如化工产品制造企业、汽车制造企业等，为该制造企业设计一个考虑多能源的微电网架构，并针对该微电网架构构建一个优化调度模型。

（1）请写出目标函数和约束条件，并使用仿真软件（如 MATLAB/Simulink、Python、GAMS 等）进行生成数据和仿真试验。

（2）利用如线性规划、鲁棒优化算法，分析不同优化算法对调度模型结果的影响，并验证这些优化算法的有效性。

第7章

制造工程管理服务化技术

章知识图谱

说课视频

7.1 引言

在经济、环境、市场与社会驱动和技术创新与知识等赋能下，20世纪80年代末由欧洲学者首先提出制造服务化的概念，它代表了一种产业革新的趋势，旨在通过整合制造和服务来提升企业的竞争力和市场响应能力，以实现企业和客户双赢的局面。简单地说，制造服务化就是企业不仅仅提供产品，而且提供与产品相关的综合服务，形成产品服务包或者产品服务系统。这种模式使得企业能够向价值链下游服务拓展，不仅为客户创造新的、更大的价值，同时也为制造企业自身开拓更广阔的市场和获得更大的利润空间，这是跳出制造的制造模式创新，旨在通过提供全方位的服务来满足客户的多样化需求，从而提升企业的市场竞争力。

全球化的加速和技术的发展，尤其是信息技术的进步，为制造服务化提供了前所未有的机遇。在全球化的大背景下，特别是改革开放后，随着发达国家中低端制造业的大量转移，中国制造业迅速发展，很快成为世界的制造中心。然而，随着时间的推移，中国制造业也遇到了诸多挑战，特别是在资源和环境的双重压力下开始缓慢发展，高能耗、高污染、低附加值和低劳动效率的增长方式成为制约中国向制造强国迈进的主要障碍。在这样的背景下，中国的学者如孙林岩、江志斌等在借鉴国外的制造服务化概念的基础上，提出了"服务型制造"的新概念。这一概念在传统的制造服务化基础上更进一步，不仅仅是制造业向服务业的简单扩展，而是一种更深层次的融合，强调制造和服务的整合。服务型制造的核心在于通过增加服务的比例来提高产品的附加值，实现从制造向智造的转型，从而推动制造业向价值链高端的迁移，从而创造市场、资源和客户优势，提升制造业的质量和内涵。

2015年，我国提出《中国制造2025》，吹响了由制造大国迈向制造强国的进军号，成为推动中国制造业升级的重要途径。随后在2016年，工业和信息化部、国家发展和改革委员会和中国工程院联合牵头制定了《发展服务型制造专项行动指南》，将服务型制造纳入建设制造强国的重要行动之中。在国际上，德国工业4.0把服务化作为工业4.0背景下智能制造的两大支柱之一。这表明服务型制造已经成为全球智能制造发展的重要内容，并在推动各国制造业升级和转型中发挥着关键作用，是建设我国制造强国的重要举措。

制造服务化不仅是一个经济和技术问题，它还涉及市场、社会和环境等多方面因素。从经济角度看，制造服务化能够帮助企业在竞争激烈的市场中保持竞争优势。通过提供差异化的服务，企业可以更好地满足客户需求，实现更高的利润。制造服务化使得企业能够延伸其业务范围，从单纯的产品销售拓展到提供综合服务，这不仅提高了客户的忠诚度，也增加了企业的收益来源。市场的变化，尤其是消费者需求的多样化和个性化，促使企业必须提供更加灵活和定制化的产品和服务。制造服务化通过提供定制化的解决方案，使企业能够更好地适应市场需求的变化，增强市场竞争力。从社会的角度看，制造服务化可以带来新的就业机会，尤其是在服务领域。同时，它还促进了劳动力的技能升级，因为服务型制造通常需要更高技能的劳动力。制造服务化的推广，有助于提高社会整体的就业质量和劳动者的专业技能水平。从环境的角度看，通过提供更为高效和环保的服务，制造服务化有助于推动绿色制造和可持续发展。服务化往往需要考虑整个产品生命周期内的环境影响，从设计、生产到废弃处理，都采用更环保的方法。这不仅符合现代社会对环境保护的要求，也为企业赢得了更多的社会认可和支持。除了这些驱动因素，技术和知识的进步也是制造服务化能够得以发展的关键。例如，信息技术的快速发展，特别是互联网、大数据和人工智能的应用，极大地推动了制造服务化的实现。这些技术不仅使得服务的提供更加高效，也使得产品和服务能够更好地结合，从而提供更为精准和个性化的解决方案。

服务型制造不仅仅是生产方式的变革，更是企业战略、市场定位及客户关系管理的全面深化。它通过技术创新和知识的应用，使得制造业能够更好地适应经济、市场和社会的变化，同时也促进了环境保护和可持续发展。这不仅是一种商业模式的创新，更是一种社会经济发展的重要动力。未来，随着技术的进一步发展，特别是人工智能、物联网和大数据技术的不断进步，服务型制造将会迎来更多的发展机遇。企业应当积极探索和应用这些新技术，不断优化自身的生产和服务模式，以适应市场和客户需求的变化。总之，制造服务化和服务型制造是推动制造业转型升级的重要方向，它不仅提高了企业的市场竞争力，也为社会经济的可持续发展做出了重要贡献。在全球经济一体化和技术快速发展的今天，制造服务化的理念和实践将继续发挥其重要作用，推动制造业向更高水平迈进。

本章首先对制造服务化进行概述，介绍了制造服务化的起源与概念，服务型制造的概念，产生制造服务化的经济、市场与社会、环境、技术及知识等动因和服务化分类，还介绍了服务化研究与应用发展历史及现状，同时也介绍了服务型制造应用情况和典型应用案例。在此基础上，本章进一步详细介绍了制造服务化相关赋能与支撑技术，包括服务化技术-产品与服务配置优化、服务化技术-制造与服务集成管控、服务化技术-智能运维服务技术及服务化技术-数智化平台决策支持等内容。

7.2　制造服务化概述

在全球经济日益复杂和竞争日趋激烈的背景下，制造业正面临前所未有的挑战与机遇。制造服务化作为制造业转型升级的重要路径，已成为推动产业高质量发展的关键战略。制造服务化不仅关注产品的制造过程，还包括从设计、生产、销售到售后服务的全方位服务，通过提供增值服务来提升产品的竞争力和客户满意度。本节将系统阐述制造服务化的起源与概念，分析推动其发展的主要动因，分类探讨不同的服务化形式，回顾其发展历史及演变过程，并通过实际应用情况和典型案例，展示服务型制造在各个行业中的成功实践和创新模式。通过对这些内容的全面分析，帮助读者更好地理解制造服务化的本质及其在现代制造业中的重要作用，为企业在激烈的市场竞争中找到新的增长点和发展方向。

7.2.1 制造服务化的起源与概念

制造服务化所蕴藏的理念可以追溯到 Theodore Levitt 的一个报告。该报告提到一个工具推销员一年卖出了一百万个 1/4in（1in=0.0254m）的钻头，他要表达的是，不是因为人们想要 1/4in 的钻头，而是因为他们想要 1/4in 的孔。这个例子有效地说明了客户需要制造商产品的产品功能和通过应用这些产品可以达到的解决方案而不是产品本身。满足这个客户需求意味着制造商从提供商品到提供功能（通过商品）和客户解决方案的过渡。

基于这个基本理念，S. Vandermerwe 和 J. Rada 于 20 世纪提出了服务化的概念，即现代制造企业提供以客户为中心的产品和服务集成化组合或捆绑，而不仅仅是销售商品。这种捆绑可以由有形产品、用户支持、信息和知识组成，其中，服务在满足客户需求方面起着主导作用，是附加价值的主要来源。他们将商业服务化视为被最佳公司采用的总市场策略中的一个强大新特点。

自制造业服务化的概念提出以来，经历了一个不断发展和扩展的过程。R. Wise 和 P. Baumgartner 发表了他们的呼吁，要求重新思考制造战略，提出在制造业中，不仅仅是生产和销售商品，而是"向下游拓展"并为已出售的商品提供服务是新的盈利要求。A. L. White 等人提出制造业服务化是一个动态变化的过程，制造商从产品提供者转变为服务提供者。还有其他学者（S. Verstrepen、R. Oliva 和 R. Kallenberg，以及 Y. Ward 和 A. Graves）指出服务化是制造企业通过在有形产品中添加互补服务来增加竞争优势的战略，其成功的关键在于服务组件的设计和服务范围的定义。

随着制造业服务化的发展，学术界和工业界针对"制造作为服务供应商"概念的讨论越来越热烈。由于发达国家制造商越来越多地面临新兴国家的新竞争对手，这些新兴国家的制造商在技术上正在迎头赶上，因此提出了发展制造服务作为制造商获得竞争优势的方法。虽然制造行业传统上提供客户服务，例如修理已交付的产品或培训客户人员使用这些产品，但以前这些活动扮演着次要的战略角色。人们认为这些服务是一种墨守成规且必须提供，不被视为战略资产。然而，随着服务化的出现，服务被推到了以服务为主导逻辑的核心位置。G. Ren 和 M. Gregory 指出在服务化过程中应充分关注顾客需求。对于那些关注制造业服务化结果的人来说，这种现象可以被视为"服务化制造"，即制造过程和服务过程相结合，价值链从以产品为中心向以服务为中心的转变，以获得竞争优势。这种变化实质上符合现代经济发展的趋势，即服务要素在制造业行业的投入产出活动中所占的比例越来越大。在运营层面，服务化是满足市场需求、实现差异化、赢得竞争的一种管理策略。在组织层面，将其作为制造企业实现业务转型和延伸到价值链两端的战略途径。在行业层面，服务化本质上是知识经济发展的结果，代表了一种新的经济增长范式。

20 世纪中后期，随着全球经济的发展和制造业的繁荣，顾客的消费习惯趋向多样化、个性化和体验化等更高层次的需求，传统的大规模生产方式已经不能满足这种多样化的顾客需求形式，供需矛盾日益突出，亟待解决。同时，制造业也在资源和环境双重压力下开始缓慢发展、止步不前，高能耗、高污染、低附加值、低劳动效率的增长方式成为阻碍中国走向制造强国的最大问题。在这样的背景下，中国学者孙林岩、江志斌等人在国外学者提出的制造服务化概念基础上提出了服务型制造的概念。这种新的制造业形态不只是制造向服务拓展，更加重要的是将服务和制造相融合，向顾客提供产品与服务捆绑或组合，甚至整体解决方案，一方面制造企业向价值链高端的服务延伸，在为顾客创造额外的、更高的价值同时，企业提升了市场竞争能力、拓展了市场空间、提升了经济效益等；另一方面，通过服务化企业提升了把控市场能力和产品设计研发能力，缩短了制造周期，提升了生产效率，从而提高了制造能力和水平。

在过去的几十年中，制造业的服务化或服务型制造主题吸引了学术界和实践者越来越多的兴趣，从不同的视角就制造服务化或服务型制造给出了定义或解读，并带动了更广泛的行业发展。综合起来，制造服务化或服务型制造是一种全新的制造模式，企业不仅仅提供产品，还提供与产品相关的服务，也就是产品服务包，或者产品服务系统。通过制造向服务的拓展和服务向制造的渗透实现制造和服务的有机融合，企业在为顾客创造最大价值的同时获取自身的利益。生产型制造向服务型制造转型，实现了企业、顾客、环境、社会价值的多重统一，在企业效益、顾客价值、资源利用率及社会效益的提高方面起到重要作用。

7.2.2　制造服务化的动因

制造服务化是一种制造战略，而制造业所采取的战略很大程度上取决于商业环境。例如，精益生产的起源，植根于日本20世纪五六十年代的商业环境。纵观制造模式创新发展的历史，无论是基于福特汽车流水线大规模生产，还是基于准时制的精益生产，无论是大规模定制化生产，还是敏捷制造，这些制造模式均没有跳出价值链上的制造环节，唯有制造服务化模式，跳出制造环节向价值下游服务拓展，实现制造与服务的融合。这一制造与服务融合的模式创新，追其原因，有经济、环境、市场与社会以及技术创新等多方面的原因。

1. 经济的动因

近些年来，制造经济重心一直在稳步地从西方工业化国家向外转移。美国自从2009年经济大萧条之后，十多年来年平均经济增长率仅仅约为1.8%，而中国为6.98%，远远高于美国。在这一全球图景中，新兴经济体预计将大幅扩张。例如，中国已经成为世界第二大经济体，将成为"世界上最大的经济体"，其他国家也将迎头赶上。尽管新产品的市场在欧洲和北美仍将占据相当大的份额，但它们的扩张速度将不再像以前那样快。此外，发展中国家与发达国家之间劳动力价格的差异是巨大的。例如，中国的劳动力成本仅为美国的4%，而印度的劳动力成本仅为英国的8%。最令西方制造商担忧的是，在不久的将来，这些差距的趋势将会扩大。与此同时，其他新兴经济体也在持续提高生产率，像韩国及新加坡的人均产出在不断提升，增加速度超出了英国、德国及法国。在西方制造商中，只有美国的生产率提高接近于新兴经济体。

应对以上变化趋势，西方制造商曾经试图通过更高价值的产品来维持竞争态势，英国的摩托车行业在20世纪60年代末到70年代初期间正是采取这一策略，后来随着日本加入竞争行列，导致这一策略不再奏效。其实新兴经济体也在采取类似的策略。最初，他们倾向于大量生产不太复杂的产品，但后来他们也具备了生产更高质量产品的能力。

因此，仅以新产品销售为竞争基础的西方公司，尤其是那些劳动力含量高、保质期长、容易进口的低技术产品，前景相当黯淡。正面应对这一挑战，需要激进的新产品创新和积极的成本削减计划，在某些行业，这是可行的。但是，随着低成本经济体自身变得更加富裕，许多新的销售机会也在打开。对具有高品牌价值的西方利基产品的需求正在上升。例如，宝马（BMW）和梅赛德斯（Mercedes）等豪华车制造商在中国市场正经历着显著增长。

开发服务和售后市场是另一种应对策略。机会的大小取决于已售出产品的规模，通常比每年销售的产品数量要大一个以上数量级。以美国为例，2009年汽车销量为540万辆，但注册车辆总数为1.349亿辆，比例为25∶1。换句话说，每售出一辆新车，就有25辆已经在使用中。

越来越多的证据表明，为这一售出产品提供服务的制造商将获得更大的经济效益，在许多行业服务利润高于产品制造本身。尽管这样的统计数据具有一定的局限性，但这也越来越说明此制造服务对制造商来说是一种合理的商业主张，英国最近的研究支撑了这一证据。在产品中增加了服务的大多数企业（近60%）的收入实现了增长。事实上，24%的企业表示增长幅度在25%~50%。类似的迹象在美国、芬兰和新加坡也很明显。

但是，进入服务业不是万灵药，利润的提高也不是自然而然的，很大程度上取决于所提供的服务类型、产品和服务创新的互补程度及制造商提供此类服务的能力。

综上所述，随着劳动力成本增加，传统的生产与销售产品，尤其是中低端产品难以维持竞争优势；特别是在西方经济体中新产品的销售趋于减少，而已售出的产品基数很高，为这些产品提供服务的潜在盈利能力是巨大的。发达经济体的政策制定者们鼓励生产企业探索服务化。就中国而言，我们是制造大国，要做强中国制造，不得不应对劳动力成本不断增长的压力，必须实施制造服务化，向价值链高端的服务拓展，促进经济高质量发展。

2. 环境的动因

由来自美国的研究人员从服务化中看到了上文所讨论的经济潜力。而研究产品服务系统（PSS）学者，主要来自斯堪的纳维亚国家，他们认为之所以要服务化主要原因是其对环境可持续性的潜在好处。

环境论点的前提是人类活动的模式无法持续。当前全球形势呈现三个关键趋势：

1）人口过剩和持续的人口增长，特别是在发展中国家。

2）资源开发加速、资源短缺、污染加剧。

3）需要减少贫困和提高不发达国家生活水平。

联合国预测全球人口到2030年将增加至85亿左右。人口的增长，加上发展中国家生活水平的提高，将导致能源需求的强劲增长。能源信息管理机构EIA预测，到2050年，全球能源需求量增加47%。

对资源的过度需求与消费趋势直接相关。人们的财富观念、生活方式、个人发展和经济繁荣都是建立在过度使用不可再生能源和自然资源的基础上的。已经出现了各种概念来帮助解决这些问题。一些人提倡自然主义的方法，另一些人则建议推进当前经济的非物质化和提升生态效率。生态效率在很大程度上是一种技术解决方案，它基于这样一个前提：如果社会在所有方面都做得更好，那么社会在很大程度上可以继续保持现有的行为方式。非物质化是指服务于社会经济功能所需物质数量的绝对或相对减少。服务化有利于去物质化，它鼓励制造商对自己的产品更负责，并直接参与回收和翻新等服务。因此，它鼓励人们利用自己的技术知识找到方法，在使用更少的能源和材料的同时，从产品中获得相同的"结果"，从而降低成本和对环境的影响。以施乐公司为例，通过管理印刷服务帮助菲亚特集团减少了大约30%的印刷运营成本，并通过减少高达50%的能源使用来协助其可持续发展。

服务化还通过面向使用和面向结果的服务，鼓励租赁或共享物质产品，提高已有产品的使用率，从而减少产品的保有量，使得制造产品所需要耗费的能源和排放总量减少。而且由于租赁或共享的产品为制造商所拥有，更便于回收及再制造。例如，盾构机的使用如果制造商不是出售而是出租，或者利用盾构机为客户提供隧道掘进服务，通过再制造，可使其使用寿命延长 1 倍；通过服务化不仅使企业收入增加 2 倍以上，而且少制造 1 台盾构机，可以节省资金 2000 万元、钢材 200t、260t 标准煤，可减少二氧化碳等污染排放 700t，环境效益也显著提高。

3. 市场与社会动因

一般来说，人们大多具有强烈的拥有、占有和消费的欲望。所有权不仅仅是享有某个特定产品的效用，而且被广泛认为是加强个体身份、表达价值观或强调与某个特定群体或生活方式关联的一种手段。例如，租用一辆高级轿车远不如拥有一辆属于自己的高级轿车有面子。产品还赋予消费者按照自己的愿望定制产品的自由，并赋予他们控制使用的权利。他们积累和使用产品，以扩大他们对环境控制的感知，并增加他们的权利感。

人们渴望拥有越来越多的物品导致了"超消费"。这些对拥有的需求对某些服务产生了负面影响。在产品所有权上升的地方，相应租赁协议下的产品数量和维修工作量有所下降，尤其是在商业对消费者领域的低技术、低风险产品。此外，许多产品只是变得更加可靠，需要的维护更少。最后，一些传统的"集体"服务已经被个人拥有的节省劳动力的设备所补充，如从自助洗衣店到洗衣机、从电影院到电视、从火车到汽车等的转变。另外，通过数字技术发展起来的创新服务在经济发展中变得越来越重要。这种技术提供的高级通信能力使数据传输变得迅速，并为电话和互联网银行等服务创新提供了新的机遇。

产品和服务并不一定相互竞争。对于产品的拥有欲望确实对某些服务产生了负面影响，但这也为其他服务带来了机遇。最显著的是，发达经济体是以服务为基础的，这证明了服务市场的重要性。不管怎样，社会正在增加对服务的兴趣，制造服务化会促进服务模式创新，提升服务效率，促进服务经济发展，而服务业的比例是一个经济体发达程度的重要标志。

4. 技术创新的动因

上文讲述了服务的"拉动"要素，经济、环境、市场和社会因素都表明制造商可以提供服务的机会。以下将采用"推送"的视角，探索技术和知识的发展，赋能制造商能够利用这一机会。

信息技术和通信技术（Information and Communication Technology，ICT）是服务化的关键推动力。领先的制造商正在发展显著的 ICT 能力，这些能力为他们提供了有关产品在现场的"可见性"的信息，特别是它们的位置、如何使用、状况和性能等。

与服务化相关的 ICT 能力，已经成为许多制造商容易获取的资源，制造商将他们的 ICT 网络扩展到他们的产品中，以监控产品的使用方式和性能。复杂的服务通常需要 ICT 来"感知"产品。这些感知或监控参数因服务的性质而异。例如，一份保证劳斯莱斯飞机引擎可靠性的服务合同可能需要轴承振动数据。

近年来，以物联网、大数据、云计算为核心新的 ICT 技术及人工智能的技术极大地赋能制造服务化。不仅实现自动化，而且赋能互联、透明、敏捷的系统。该系统内的人、机、物通过物联网进行大规模互联，可以在更广泛的网络中进行性能优化；同时，实时或近实时的数据收集，能够支撑整个生产服务过程进行及时的智能运营与决策。该系统中人、机、物的关系由传统的单向"控制-反应"关系转变为双向互动关系，运营与决策从传统的自上而下的计划式决策转变为全局分布式协同的优化式决策。

新信息技术可以创新服务化模式，举例如：

1）依托云架构下的平台化服务（PaaS）。所谓的平台化服务是指把多业务价值链通过云平台进行整合，以某个产品为核心，在其上嫁接更多的服务，将客户需求喜欢封装成销售、生产、服务、物流、客户关系等多个组件，企业通过自身要求获取组件并满足客户的一揽子需求。平台化服务模式有效地将客户需求进行信息化转化，分布式完成产品与服务的设计、制造与交付，保障了互联网时代制造商对需求地快速响应、高可靠、海量存储等要求。

2）个性化服务。随着数据传输的便捷和移动终端的普及，基于 APP 的面向客户的个性化服务开始得以发展。例如，现在的家居制造业中，在客户购买硬件产品时提供服务 APP，通过 APP 为客户提供可选的与硬件相关的附加服务内容，既实现了产品功能的升级，促进了稀罕品的销售与改进，又促进了与产品相关的其他领域的交叉营销。

5. 知识动因

近年来，人们对服务化的认识有了显著的发展。虽然仍有许多东西需要学习，但现在已经有了一个迅速发展的研究基础，制造商可以利用它来深入了解服务化和相关主题。与服务化相关知识体系包括服务营销、服务管理、运营管理、产品服务系统、服务科学。

总的来说，人们对服务化的认识仍然相对有限。相比之下，与"制造业精益技术"相关的文章数量要高出一个数量级。然而，与服务化相关的知识库正在不断地增长。近年来，国内外学者在制造服务化领域开展了深入的研究，极大地促进了制造服务化应用。例如，本章作者江志斌教授团队，综合运用上述五方面知识，提出了服务型制造运作管理理论方法，并应用于我国盾构机制造、防爆电器、定制家具、家用电器等制造行业，促进了这些行业典型企业的制造服务化转型，产生了重要经济与社会效益。

7.2.3 制造服务化的分类

制造服务化是一种全新的制造模式，通过制造向服务的拓展和服务向制造的渗透实现制造和服务的有机融合，企业在为顾客创造最大价值的同时获取自身的利益。制造服务化可以从其满足的需求类型、融合方式、服务对象、个性化需求几个角度来理解和分类。

（1）从满足顾客的需求类型看　制作服务化提供的是产品加服务，即所谓的产品服务系统（Product Service System，PSS）。之所以称为系统，是由于企业提供给客户的是产品加服务，不是产品和服务的独立叠加，而是两者的有机融合，它为客户创造的价值及给企业带来的收益大于产品和服务单独产生的价值之和，实现"1+1>2"的融合效益。根据 PSS 的特征，也就是企业向顾客提供产品和服务的程度，可做以下分类：①A：面向产品的（Product Oriented）；②B：面向应用的（Use Oriented）；③C：面向结果的（Result Oriented）PSS。以上三大类形态的特征及应用案例见表 7-1。如图 7-1 所示，三种 PSS 介于纯产品和纯服务之间，从 A~C，产品的价值分量逐步减少，而服务价值分量逐步增加。

表 7-1　基于产品服务系统的分类

PSS 分类	特征	应用案例
A：面向产品的 PSS	向顾客提供的主要是产品，并在出售产品的同时提供附加于产品功能上的服务，从而在一定时间内保障产品的效用	Honeywell 在提供飞机引擎的同时，开发了嵌入式飞机信息管理系统（AIMS），对于飞机故障进行自动检测，取代先前由机械师人工进行的飞机设备测试，可提前识别及排除故障，给产品带来更好的保障，同时也产生增值
B：面向应用的 PSS	顾客无需购买产品，而是购买产品的使用权或者服务，通常以租赁的方式，向顾客提供服务，产品只是服务的载体	罗尔斯·罗伊斯（Rolls-Royce）推出了 TotalCare 套餐，让公司向客户出租飞机引擎，客户只需按飞机飞行时间付费。与此同时，罗尔斯·罗伊斯收集发动机的数据，预测故障，使公司能够制订更好的维护计划
C：面向结果的 PSS	顾客购买的不是产品也不是产品的使用权，而是直接面向产品的使用结果（完全是服务），根据产品产生的结果（服务）向产品供应商支付费用	惠普公司向太平洋保险公司提出"打印先锋"金牌服务方案，用户除纸张外无需承担消耗易损件、维修费及耗材等产品相关额外成本，只需为其享受的服务结果（打印的纸张数量）打印服务付费。采用这种模式的还有英特飞（Interface）公司、迅达（Schindler）公司、陶氏化学和开利（Carrier）公司、米其林轮胎公司等

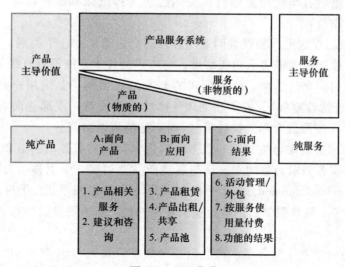

图 7-1　PSS 分类

上述三类 PPS 可以进一步分解：

1）面向产品的 PPS，可分类为与产品相关和建议咨询两个子类：

① 产品相关的服务。在这种情况下，制造商不仅销售产品，而且还提供产品使用阶段所需的服务。如维护合同、融资计划或消耗品供应，但也可能是产品寿命结束时回收产品的协议。

② 建议和咨询。在这里，对于所销售的产品，供应商给出了关于其最有效使用的建议。例如，关于使用该产品团队的组织结构的建议，或优化工厂的物流建议等。

2）面向应用的 PSS，可以进一步分解成租赁、出租/共享及产品池三个子类。

① 产品租赁。在这里，产品不会转移所有权。供应商拥有所有权，并且通常还负责维护、修理和控制。承租人支付固定的产品使用费。在这种情况下，客户通常对租赁产品具有

无限的个人访问权限。

② 产品出租/共享。在这里，产品一般仍然由提供商拥有，也负责维护、维修和控制。用户支付使用产品的费用。然而，与产品租赁的主要区别在于，用户没有无限制的个人访问权限，其他人可以在其他时间使用该产品。相同的产品被不同的用户依次使用。

③ 产品池。这很像产品的租赁/共享。然而，这里有一个同时使用的产品，例如洗衣房中的洗衣机、共享单车等。

3）面向结果的 PSS，可以进一步分解成活动管理/外包、按服务使用量付费及功能的结果三个子类。

① 活动管理/外包。在这里，公司活动的一部分被外包给第三方。由于大多数外包合同都包含绩效指标来控制外包服务的质量，它们在本书中被归为结果导向服务。然而，在许多情况下活动的方式不会发生显著变化。例如，餐饮和办公室清洁的外包，这在大多数公司中都是司空见惯的。

② 按服务使用量付费。此类别包含许多其他经典 PSS 示例。PSS 仍然有一个相当常见的产品作为基础，但用户不再购买产品，制造商只根据使用量向用户提供产品。众所周知的例子包括现在大多数复印机生产商采用的按照复印量付费方法。按照这个方式，复印机制造商接管用户办公室里所有与使用复印机相关的活动（即纸张和碳粉供应、维护、维修和在适当的时候更换复印机）。

③ 功能的结果。在这里，提供者同意与客户端交付结果。这个类别，与活动管理/外包形成对比，以相当抽象的术语表示功能结果，与特定的技术系统没有直接关系。提供者原则上完全自由地决定如何交付结果。这种形式的 PSS 的典型例子是为用户办公室提供特定的"宜人气候"或"舒适性空气"，而不是处理气体或空调设备，或那些向农民承诺保证其庄稼不受病虫害损失（按照最大损失量计算），而不是销售杀虫剂。

（2）从制造与服务的融合方式看　服务型制造包括面向服务的制造和面向制造的服务。前者以满足顾客的服务需求为目的来设计与制造产品，例如，中国移动为了抢占通信市场，以服务为先导（Service Dominant），让手机制造厂商为其定制手机，手机成为服务的载体。后者属于生产性服务，最典型的是制造企业的业务外包，如市场开发外包、IT 外包、物流外包等。

（3）从服务的对象看　服务型制造的服务对象可以是最终消费者，也可以是生产企业。后者也就是面向制造的服务，如汽车制造厂不仅可以从机床厂购买设备，而且可以获得使用机床的生产线设计、机床耗材供应、机床维护等服务。

（4）从满足顾客个性化需求的能力来看　服务型制造分为一般的 PSS 和定制化 PSS。随着生活水平的提高和技术的发展，顾客不仅追求产品功能的多样化，也追求体验和服务的个性化，需求更加细分和多变。同时，由于服务具有异质性，相同服务对不同客户的主观感知效果和需求满足程度也相差较大，不宜使用相对固定的一般的 PSS 来满足日趋复杂的客户需求。此外，服务的灵活性和不可触及性等特点，又为更细粒度和精准化的定制奠定了基础。在此背景下，PSS 定制化应运而生。所谓 PSS 的定制化就是根据用户对于产品及产品相关的服务个性化、独特的需求，对于与产品相关的服务，或对于产品与服务同时进行配置、设计、生产、交付及运行支持。之所以定制化 PSS，主要有以下两个方面的原因：

1）对顾客而言。顾客当前或潜在的需求（如产品或服务的类型、性能、数量等），以及行为偏好（如对质量、服务水平等方面的要求；使用时刻、使用时长、使用频度等使用方式）等是个性化定制的重要依据。而对需求的合理预测及对偏好的全面把握，离不开精准的客户细分及画像。相比于传统的客户调研方式，基于大数据等新一代信息技术，可形成多方位、全周期、立体化的客户画像，通过数据分析促进服务定制和精准营销，实现数据驱动的新商业模式，这对于发展智能制造新时代下的 PSS 个性化定制将产生显著的促进作用。

2）对企业而言。只有以满足客户个性化需求为核心，才能最大化不同顾客对企业贡献的价值。因此，应立足于新信息技术的特点，在产品模块化和服务定制化的基础上，主动为客户推荐或根据具体订单，定制符合要求的产品、服务及两者的集成。而在此过程中，由于新信息技术对服务的内容和价值创造机理、产品与服务的耦合、PSS 的运行方式等方面都产生了显著的影响，因此，企业需在全业务链条、全生命周期中，将产品服务系统的定制化与新信息技术进行深度融合，从而更加全面深入地了解不同用户的需求和偏好，更好地满足不同客户个性化需求，提升企业的市场竞争力和客户黏性，创造更广阔的利润空间。

为了减少定制化 PSS 的成本和交期，如同产品定制化生产，PSS 定制化同样需求实施模块化和标准化及通用化，建立新型 ICT 赋能的 PSS 定制化服务平台，提供通过标准化和通用化的产品或服务模块拼装、集成及设置，满足用户对于 PSS 的个性化需求。

7.2.4　制造服务化的发展历史

如前所述，S. Vandermerwe 和 J. Rada 于 20 世纪 80 年代末期首先提出了制造服务化的概念。作为制造服务化研究第一主线，其后，许多学者试图描述制造公司必须服务化的不同理由（动机）。T. S. Baines 等人首次尝试总结和分类这些基本原理，参考他们的分类和其他文献，服务化战略中有三个主要的动机：增长、利润和创新。

首先看追求增长的动机。作为一种战略原理，除了可以刺激产品销售和销售额外，还可以通过产品的相关服务来实现增长，两者均通过获得服务的竞争优势和成熟市场的差异化来实现。服务化使企业的产品与众不同，为竞争对手进入市场设置障碍，保护其不受模仿，帮助传播创新产品，为制造企业获得竞争优势。

其次来看追求利润的动机。服务化背后的利润动机经常被看作为金融驱动因素。一方面，服务的利润可以通过增加利润率来实现，提供服务可以帮助提高产能利用率，从而增加整体利润率，开拓传统上利润率高于产品市场的服务市场，以及避免成熟产品市场的价格竞争；另一方面，服务也有助于稳定利润，客户对产品和服务的需求是逆周期的，因此，服务于已出售的产品可以成为产品销售下降时平滑产能利用的策略，从而减少制造商的脆弱性。

再看创新的动机。到目前为止，在文献中几乎没有发现从创新的角度理解服务化。扩大服务的提供可以加强客户关系，并且更多地与客户接触创造机会来更多地了解客户需求。因此，服务化可以视为培育技术拉动创新的一种手段。S. A. Brax 和 K. Jonsson 及 Y. M. Goh 和 C. McMahon 认为与产品相关的服务是重要的信息源，服务将信息反馈给制造商的产品开发。

服务化的第二研究方面是服务化成功的要素。早期文献中的共同假设是服务化只对工业和社会带来好处。与此同时，其他学者不仅强调服务化的好处，也强调服务化的挑战。R. Oliva 和 R. Kallenberg 在他们的开创性工作中指出，制造企业必须掌握的任务是从产品制造转变为服务提供。最重要的研究结果强调，经营一个服务化的制造商需要区别于只制造产品的特定的企业文化、新的组织结构、适当的流程和人员资格。缺乏提供服务的组织变革，以及制造企业管理者不愿扩展服务业务，导致了许多所谓的"服务悖论"的案例。这种现象是由 H. Gebauer 等人刻画的，它描述了一种情况，即投资扩展服务业务会导致服务产品的增加和成本的提高，并不是所有提供服务的公司都相应地获得更高的回报。

E. Fang 等人声称，预先存在的结构在服务化的成功中起着至关重要的作用，他们发现，向服务业转型对企业价值有积极影响，但有两个制约因素。第一，只有当服务业务达到临界质量时，才会产生积极的影响；第二，服务的积极效应与服务和核心业务的协同潜力有关。不相关的服务没有溢出效应，而溢出效应对于弥补服务业务成本有着关键性贡献，并使得提供具有竞争力的服务价格成为可能。A. Neely 称服务发展并不普遍适用于所有公司，他的研究表明，服务成功的差异可能与行业部门、产品生命周期、市场力量和公司规模等因素有关。

S. Brax 确认从事服务业务也会给提供服务的公司带来风险。虽然服务被视为安全的收入来源，但转变为服务提供商会带来相当大的挑战和威胁，特别是如果服务被认为次于产品制造业务时。

服务化的第三个方面的研究是关于产品服务系统。很多人都引用了 M. J. Goedkoop 等人对 PSS 的定义，他们将其定义为为消费者提供所需的功能，并减少环境影响系统中的产品与服务的组合。Mont 强调了 PSS 如何提供一个产品和集成产品与服务的系统，旨在通过产品使用的替代方案减少对环境的影响。PSS 的关键要素是：①产品；②在不需要有形货物或不需要系统的情况下进行活动的服务；③产品、服务及其关系的组合。大多数作者认为 PSS 只是一种旨在满足消费者需求的竞争性提案。然而，某些作者断言，PSS 超越了这一观点，相反，它旨在通过寻求环境、经济和社会问题之间的平衡来实现可持续性。

PSS 的分类并没有严格定义，可能包括附加产品或附加服务。因此，纯产品与纯服务的融合旨在利用去物质化提供满足利益相关者需求的产品和服务解决方案。此外，这种方法旨在减少有形产品的密集消费对环境造成的影响。

如何规划 PSS 是关于 PSS 的另外一个重要研究内容。PSS 的规划需要考虑产品生命周期的所有方面（产品本身、服务、利益相关者和基础设施），PSS 必须在系统层面进行规划。这一规划必须不断改进和不断调整，以适应消费者的需求和要求。进行这种规划的两种方法是：①通过考虑消费者的想法，让消费者参与到创造中来，从而打开创新的机会；②让消费者参与进来，因为他们使用 PSS，以便向业务提供相关反馈。

服务化第四个方面的研究是关于方法论。在以前的文献中，案例研究是最常见的方法。这种方法适合于深入探索与工业服务有关的机制，并适合于建立关于自变量和因变量之间关系的假设。然而，为了获得有效和有代表性的结果，并基于大规模的观察来检验这些假设，应该辅以基于调查的分析，从而具有更广泛的定量基础。到目前为止，国外这种定量分析还很少，而且它们有特定的局限性。

中国学者从 2005 年开始开展制造服务化研究。孙林岩、江志斌等人首先提出服务型制造这一先进的制造与服务融合模式，随后对服务型制造进行了概念综述，提出了服务型制造模式的理论框架；2010 年上海交通大学江志斌在科学时报上撰文呼吁以服务型制造促进制造业和服务业协调发展。值得一提的是，江志斌教授于 2013 年主持完成了中国国家自然科学基金委员会第一个关于服务型制造的重点项目，提出了服务型制造运作管理理论方法，包括定量化的产品与服务优化配置方法、生产与服务混合综合计划体系、产品系统集成优化调度方法、服务型制造混合供应链牛鞭效益分析方法、服务型制造混合供应链协调优化方法、服务型制造模式选址优化方法等。

近年来，以5G、物联网、大数据、云计算、人工智能等为标志的新一代信息技术的发展和应用，为服务型制造提供了新的发展机遇。首先，新信息技术拓展了服务型制造的发展空间，使得未来服务与之前的服务大相径庭，例如由云计算衍生的服务，包括硬件即服务、软件即服务、基础设施即服务等。同时，新一代信息技术可以进一步延伸和提升价值链，拓展产品服务系统的价值创造机理。一方面是提供针对产品本身的功能增强型服务。例如，Rolls-Royce按小时出售动力，并利用物联网技术监控发动机运行工况，再通过云端服务器进行大数据分析，为发动机安全运行和维修保养提供数据服务。另一方面是提供与原使用目的或场景无关的增值性服务，比如美国某拖拉机制造商提供与拖拉机产品配套的导航，通过安装在拖拉机上的传感器采集土壤数据，通过远程云端服务器提供土壤水分和肥力分析的服务，指导客户合理浇灌和施肥。再者，可以直接提供高附加值的信息服务，例如基于产品嵌入系统或产品使用平台，获取使用产品用户的特征、用户使用产品的场景、频度、强度、付费等数据，挖掘顾客使用产品的行为，预测使用产品的需求，为产品用户配置产品数量、服务能力、精准化服务推送提供增值服务。

此外，新一代信息技术对PSS的发展和创新的影响还在于以下两方面：一方面，影响产品的结构和功能设计，影响与产品捆绑的服务模式、形态及内容，影响产品与服务的集成或耦合方式；另一方面，催生商业模式的创新（创造新服务模式，创造新客户价值）、PSS运行成本的降低、客户使用PSS行为改变（如使用PSS的形态、时机、时长及频次等）和体验提升、企业获取的利润增加等。

7.2.5 服务型制造应用情况

2009年一项调查报告了不同制造提供不同的服务占比情况，见表7-2。这里涉及的制造服务包括9类，其中，根据客户要求专门设计的商品、咨询客户和规划项目等工程服务，是最广泛的服务类型。超过2/3的受访制造商表示提供此类服务。技术文档服务排名第二，与工程服务相差不远。大约1/2的制造商帮助他们的客户安装交付的货物，包括培训客户使用货物或在故障或停机的情况下维护和修理货物。在调查的样本中，近1/6的制造商提供了针对交付货物的特定软件解决方案。在产品供应方面，除了租赁和融资服务外，在客户工厂经营货物以全面发挥该货物的潜力等服务通常是例外。这些服务分别由接受调查的约1/8~1/7的制造商提供。

表7-2 提供服务的制造商所占比例

服务类型	提供该服务的制造商所占比例(%)
设计、咨询、项目策划服务	69.0
技术文档服务	56.8
培训客户人员	48.5
起动协助	44.9
维护、维修服务	39.8
软件开发服务	17.4

（续）

服务类型	提供该服务的制造商所占比例（%）
运营服务	15.0
租赁和融资服务	12.1
以上列表中至少有一项服务	84.8

上述结果表明制造业的服务化主要局限于与产品密切相关的服务，如项目设计、咨询和规划、开发、技术文件和维修。意味着供应商参与产品使用阶段的服务（如在客户的工厂中操作货物）或远离传统核心业务的服务（如金融服务或软件开发）仍然很少。

这些结论证实了案例研究的结果，表明服务化主要涉及传统产品相关服务，而最先进的服务类型仍然不是定期提供的，包括那些需要与客户建立更紧密的伙伴关系、需要新的组织变革态度和承诺增加客户价值超越公司传统产品范围的服务。这些先进服务被认为是可能保证获得更高竞争优势和财务收益的服务。

这项调查还揭示了服务化的统计情况，其中，机械制造商和精密仪器制造商似乎处于服务销售的最前沿，大约 15% 的营业额来自于服务；食品和烟草及化学产品的制造商落后，服务业在总营业额中的平均份额分别为 5% 和 8%，这表明服务业在这些部门的相关性较低。

此外，该研究进一步表明，不同类型企业提供的服务类型也不同。就工程服务而言，如根据客户的要求定制商品、向客户提供建议或规划项目，约 80% 的橡胶和塑料产品及机械制造商都提供工程服务；其他制造业生产商也很重视工程服务，行业中 60%~70% 的公司提供此服务，只有食品和烟草产品制造商例外。

技术文件服务对机械设备、医疗设备、精密仪器、光学设备和运输设备的生产商至关重要。所有这些产品都需要附带技术文件，因此，提供此类服务是在相应市场取得成功的先决条件，这些部门的 68%~90% 的制造商提供这些服务。

维护和修理服务在所有行业都重要。大约 78% 的机械制造商和 71% 的办公机械生产商均提供维护和维修服务；木制品和家具、金属制品、办公机械和通信设备、电机和运输设备的制造商提供维修服务的比例较低，在 38%~54% 之间；食品和烟草工业及纸浆和造纸工业几乎没有提供任何此类服务。

软件开发是一种工业服务，通过提供额外的计算机程序，帮助制造商利用计算机化产品，这些产品被交付给客户。机械、精密仪器、办公机械和通信设备的制造商处于提供软件开发服务的前沿，因为这些产品的控制依赖于信息技术和软件。然而，令人惊讶的是，在这些部门中，提供软件开发服务的公司比例大约只有 50%，这意味着很多客户必须依靠自己的资源或服务部门的服务提供商来获得运行产品所需的软件。

金融服务与制造业的产品服务是相关的，因为客户难以在交货后直接支付购买商品的投资成本，尤其购买昂贵的机器或设备时。机械、医疗和运输设备制造商这三个部门报告的金融服务使用量最高，比例为 1/5~1/4。

最后，运营服务似乎还没有明确的行业重点。只有机械、运输设备、办公机械、通信设备和电气机械制造商报告了运营服务产品的重要份额，但这些份额仅为 18%~26%。

目前，中国服务型制造理论体系基本形成，已经在一批企业开展了服务型制造模式应用示范，涌现出一批先进典型。但是，服务型制造的应用仍然需要向广度和深度上发展，需要探索新形势下适应中国国情的，在物联网、大数据、5G、人工智能等新一代信息技术赋能下的服务型制造新模式，并采取切实可行的措施推广应用。

7.2.6 服务型制造典型应用案例

（1）国际商用机器公司（IBM） IBM 在 1911 年诞生之时是一个典型的计算机设备制造企业，并在 20 世纪中后期成为全球最大的电子信息产品制造企业。然而，在 20 世纪 90 年代初 IBM 几乎濒临破产，在 1992 年亏损高达 49.7 亿美元，成为美国当时亏损额度最大的公司。随后，郭士纳（Louis Gerstner）出任 IBM 公司 CEO，在他的率领下，IBM 从企业文化和服务创新入手，开始了一场从制造商到服务商转变的战略转型，推行服务创新，走差异化服务道路，成功地实现向"为客户解决问题"的信息技术服务公司转型。

（2）罗尔斯·罗伊斯 罗尔斯·罗伊斯控股（Rolls-Royce Holdings）有限公司，是一家的跨国航天与国防公司，专门设计及生产航空等各产业的动力系统，它是全球三大航空发动机制造商之一。该公司多年来一直提供一整套服务，客户根据发动机的飞行时间按小时付费。这是对制造商使用的传统商业模式的重大转变，在传统商业模式中，制造商销售产品，然后根据需要收取维修费用，制造商最终会从需要更多维修的不可靠产品中获利，这对客户来说是一种糟糕的安排。罗尔斯·罗伊斯公司向航空公司提供的 TotalCare® 服务包中，发动机是租给客户的。罗尔斯·罗伊斯公司监控发动机的数据，以预测潜在的维修问题，确保维修工作只在必要时进行从而节省了不必要的维护工作成本，也减少了计划外维护和发动机停机的需要。该服务使客户和制造商的需求更加一致，为该公司带来了商业利益，自 2010 年以来，罗尔斯·罗伊斯已经为大多数发动机提供了服务包。

（3）米其林（Michelin） 米其林是一家总部设于法国克莱蒙费朗的轮胎生产商，是世界最大的轮胎制造商。该公司为从航天飞机到自行车等各种各样的车辆生产轮胎。为了在竞争激烈的市场中保持弹性和相关性，米其林一直以创新的心态经营。它发明第一个子午线轮胎，以及出版了米其林指南鼓励人们开车，从而推动了客户对轮胎的需求。2000 年，米其林通过推出米其林车队解决方案（MFS），实现了从单纯的轮胎制造商向服务提供商的巨大跨越。米其林的轮胎传统上定价较高，其理念是为大型车队运营商创造一种增值服务。在传统模式下，客户需要承担轮胎的前期成本及在损坏的情况下更换轮胎的全部风险，而 MFS 则以象征性的月费与消费者共同承担这一风险。由于公司未能传达增加服务的价值主张（完备的保养使轮胎寿命更长），以及无法协调内部激励措施，该项目未能成功。例如，销售团队认为，通过销售 MFS，他们将破坏新轮胎销售的主要 KPI。

（4）上海华荣科技股份有限公司 华荣科技股份有限公司始创于 1987 年，是以防爆产业为龙头，集产品研发、制造、销售一条龙的多元化企业。它在江志斌教授团队帮助下，实施服务化转型。应用面向服务型制造的产品与服务优化配置方法，针对华荣防爆电器定制化制造对于产品服务的需要，提出相适应的服务型制造模式及面向产品的产品服务系统创新，由被动地接受客户订单，到为客户提供使用产品方案咨询及定制设计，开发了"安工智能管控系统"为客户提供支撑服务；针对华荣定制化制造及产品与服务融合的需要，提出了"产品定制服务+制造"的生产与服务集成化运营管控解决方案，包括面向定制化智能制造的系统可重构系统与生产调度控制方法，面向库存和订单的混合式生产模式，以及跨销售、生产、设计及采购部门的协同计划。事实是，实施服务化有效支撑了华容科技持续的销售额和利润增长。

说课视频

7.3 服务化技术——产品与服务配置优化

随着产品服务系统的日益多样化和复杂化，客户越来越难以凭借自身的专业知识来直接指定最合适自己需求的产品和服务，这就需要供应商能够面向客户的需求特点和习惯偏好，并兼顾自身的利益，选出同时有利于供需双方的产品服务组合。此即为服务化技术中的产品服务配置优化技术，该技术对于提升客户的满意度及供应商的市场竞争力至关重要。为了方便读者理解，本节将分为四部分对该技术进行描述：首先，对产品服务配置优化的概念、特点和难点进行解读；回顾国内外典型相关研究，指出相关不足；选取制造领域中常见的典型案例来介绍产品服务配置优化的建模过程及相关技巧；面向应用场景的特点、从数据驱动的角度，提出具有针对性、实用性、可解释性的求解方法。

7.3.1 产品与服务配置优化概述

随着制造业的快速发展，顾客需求趋于多样化，不再只满足于单纯对产品功能的需求，还增加了对个性化服务体验等更高层次的需求。服务型制造或制造服务化正是在这种历史背景下产生的。服务型制造是制造与服务相融合的新产业形态，它通过将服务和制造相融合，使得制造企业不仅为顾客提供产品，而且提供与产品相关的、覆盖产品全生命周期的服务及整体解决方案，即产品服务系统（PSS）。其中，产品一般是可触及的实体模块，属于PSS的"硬件"；而服务一般是PSS中不可物理触及的"软件"模块。例如，工业生产中常见的数控机床除了基础的加工功能外还有故障检测功能，后者能更好地体现产品与服务的关联。本节以故障检测相关的产品和服务并进行简化后作为示例为读者进行讲解，以便更好地理解PSS的内涵。

数控机床故障检测PSS包括故障探测系统及其所依赖的运算和存储系统、网络通信系统等，这些都属于产品模块；此外，供应商还可能会捆绑健康诊断等服务模块，进而组成产品服务系统。PSS的核心特点之一是产品和服务之间存在紧密的关联耦合：第一，客户接受服务，而服务的运行需要产品支持；第二，产品服务的共存将对PSS满足客户需求的能力产生额外影响，即产品服务之间存在耦合，若将不合适的产品服务组合成PSS，各自功的能发挥将受到影响。这些耦合将使得PSS的整体价值得以提升，具体存在价值增强和价值拓展两种方式。价值增强是针对产品本身的功能，通过服务的形式进行强化，以更好地满足客户的现有需求；价值拓展是增加产品本职工作以外的功能，以迎合客户的潜在需求。

由于产品与服务及其组合呈现多样化、复杂化的特征，由于客户相对缺乏专业知识，在面临多种能满足需求的 PSS 时很难只靠自己做出最佳选择，因此，需要企业主动协助用户，按其需求选择最佳的产品和服务，这就是产品服务配置优化。

当然，本节所介绍的产品服务配置优化方法不只适用于数控机床故障检测 PSS，也可以推广到实际场景中的一般化 PSS（如常见的汽车使用中的智能化服务、飞机的数字化运维、手机的平台化服务等）。不同的 PSS 内涵及其发展历史都揭示了同样的道理，服务型制造是基于制造的服务，是为了服务的制造，以服务提升制造，以制造促进服务，最终实现制造业与服务业的良性互动和协调发展，在推动企业向智能化和服务化转型并提升市场竞争力，强化产品与服务集成，促进两业融合等方面，具有重要意义。

而在大数据时代，这种意义更加明显，聚焦产品服务系统的特点进行服务型制造运作管理的研究也更有必要。这是因为，大数据时代催生了新的产品和服务，影响着产品的设计、与产品捆绑的服务形态、产品与服务的关联耦合方式；同时可能导致客户的使用行为和习惯偏好发生改变。这些变化，丰富了产品服务系统的内涵，增强了原有产品与服务的效果并创造了新的增值价值，对产品服务选配的合理性和订单交付的时效性也提出了更高的要求。

7.3.2 产品与服务配置优化研究现状

产品服务系统的模块组件、商业模式、选配（配置）等都受到了国内外学者的广泛关注。特别是如何设计服务及如何将其与已有的产品匹配，并通过产品和服务的耦合来满足客户的个性化需求。本节首先将与有关 PSS 配置相关的典型研究进行综述，同时对配置优化模型中涉及的目标、约束、关键影响因素和方法进行总结。

常见的 PSS 配置优化的目标包括效用值、性价比、客户满意度、销售利润等。有学者在客户细分的基础上探讨了需求的内涵以提升总效用值。有学者以性价比作为目标，提出了提升满意度和减少全生命周期成本的产品服务选配方式。但是，性价比这个目标在价格很低时的取值会陡然增大，从而可能在求解算法中带来一定的数值问题。为减少此影响，一些学者重新定义了客户满意度，同时跟模块和价格相关。有学者定义了对每个模块的满意度，与该模块效用、价格及客户的价格敏感性同时相关，数学形式为包含指数函数的非线性项；此外，有研究在优化目标中添加了销售利润。还有其他目标，例如最大化期望的"Shared-Plus"。

在产品服务系统配置研究中，有一些重要的影响因素，通常会出现在模型的约束中。有学者考虑了模块的类别属性（比如必选和可选等），也关注了模块的关系（比如包含和互斥等），并引入了对于总预算的限制。在本书中在这些方面也有所体现。

在所有的影响因素里，模块效用和价格敏感性是最重要的。对它们的描述需要基于实际数据（如交易数据和调研数据等），主要有两种方式：以领域知识进行表达和以数值形式作为配置优化模型的输入参数。

领域知识方面，配置规则是较为常见的呈现方式。有学者提出了神经网络来抽取配置规则。因为具有相似习惯的顾客适合相同的配置规则，使用聚类算法在完成细分的同时来做规则抽取。此外，基于本体的方法也可以用来生成规则。有研究展示了基于本体的产品服务配置框架来实现知识复用的方法。同时，统一化建模语言（Unified Modeling Language，UML）

也可用来实现基于知识的偏好建模。由此观之，大部分此类研究都使用配置规则或其他定性的描述类方法，这并不适合进行定量优化，也很难和数学规划模型有机结合。另外，他们会生成一系列可行解，但寻优的能力不足，会对实际应用形成负担。

除领域知识外，模块效用和价格敏感性还可以直接以优化模型输入参数的形式出现，即把他们当成具体的量化数值而非知识。有研究定义了配置决策空间，并设计了相应函数来量化模块效用；有研究分别聚焦了必选模块、辅助模块和可选模块的效用，并提出了不同的描述方法；有研究建立了一个数学模型来优化服务成本和服务效果及响应时间，其中效用值源自于基于调研的客户打分。然而，上述研究中存在一些尚待改进之处：一方面，大部分研究忽略了产品和服务的耦合效用；另一方面，大部分体现客户偏好的效用参数被认为是确定已知的，但这并不符合千人千面的特点，实际上遇到新顾客也很难完全准确地了解清楚其偏好。

对于生成配置方案，现有文献提出了一系列具体的算法，包括定性的描述性方法、元启发式算法、多目标优化算法、双层优化算法等。有研究研发了一个模块化方法，同时和服务蓝图与模糊图相结合，以完成场景细分和模块划分；有学者将随机搜索和模拟退火算法相结合，考虑市场占有率和工程成本等进行选配优化；有学者采用了多目标遗传算法进行求解，其中多目标的设置也为本研究提供了灵感；有学者提出了双层优化框架以最大化客户满意度和销售利润，这也是本书目标函数的设置依据。但与本书不同的是，两个目标是分别对应上下层问题的，也就是两者并没有真正有机结合；而且双层优化框架在收敛过程中可能存在不稳定性，难以适配实际应用需求。

综合来看，已有研究有两方面不足：第一，大部分相关的论文都只考虑单个模块的效用，很少考虑产品和服务模块共存带来的效用附加；第二，确定的服务效用和价格敏感性，并不足够符合现实，很难覆盖客户的异质性而导致的偏好多样性，所以这些参数应该被当作不确定的数值。

7.3.3　产品与服务配置优化建模技术

为方便说明，本书立足于实际应用背景（如西门子的 SINUMERIK Operate 系统等）对数控机床故障检测 PSS 进行了一定的简化，选择部分基础性产品和服务，构建了包含 6 个产品和 4 个服务的 PSS。假设客户有如下可能的需求：功能种类多、计算性能高、可靠性高、运行能耗低等。每个产品或服务模块都可能与上述需求相关。例如，存储系统可以支持大量数据计算，是提升计算性能的保障之一；而提高可靠性需要在故障出现之前进行及时预警及出现之后快速恢复，这些都需要大量的数据处理，因此对存储空间也有较高的要求。故障探测系统将能有利于及时发现故障和提升系统可靠性；同时也在基础加工功能上增加了新功能，这也类似于实现机床与机床之间、机床与云服务器之间的有线/无线网络通信设备的作用。此外，及时的维护保养也有利于提升系统的可靠性，具体分为普通维护保养服务和高级维护保养服务；前者包括定期上门维保等常规服务，后者在此基础上增加一些基于大数据技术的特色服务（如基于 AR 技术的远程维保指引服务等）。云健康诊断服务也分为基础和高级两种，前者主要包括能耗监测、健康状态评价等基础性功能，后者在此基础上还会根据具体机床工况来为其定制节能运行的建议，也有利于丰富该 PSS 的功能。具体模块信息见表 7-3。

表 7-3 数控机床故障检测 PSS 模块信息

模块编号	模块名称	模块类型	对应的用户需求
M1	小容量存储系统	产品	计算性能高,可靠性高
M2	中容量存储系统	产品	计算性能高,可靠性高
M3	大容量存储系统	产品	计算性能高,可靠性高
M4	故障探测系统	产品	功能种类多,可靠性高
M5	无线网络通信系统	产品	功能种类多
M6	有线网络通信系统	产品	功能种类多
M7	高级维护保养服务	服务	可靠性高
M8	基础维护保养服务	服务	可靠性高
M9	高级云健康诊断服务	服务	功能种类多,运行能耗低
M10	基础云健康诊断服务	服务	功能种类多,运行能耗低

接下来介绍该 PSS 的特点和运行规律（主要包括模块间相容和相斥的关系、产品服务之间的耦合、不确定的客户偏好等方面）。

（1）模块间相容和相斥的关系 有些模块之间具有相容关系，即选择一个模块就需要同时选择另一个。例如，高级的维护服务可能需要依赖增强现实等技术，如果选择此类服务就需要实时运行故障探测系统，这也体现了模块之间的相容关系。同时，故障探测系统中的传感器容易受到无线网络的影响（比如电磁辐射会对传感器的精度造成影响），所以故障探测系统和无线网络通信设备之间是相斥的，两者不能共存于一套 PSS 配置方案中。

（2）产品服务之间的耦合 首先，产品模块和服务模块之间并非孤立而是相互耦合的。因此，两者共存时对客户需求的总贡献（效用），并不等于两者单独存在时各自的贡献（效用）之和；其中的差距描述了产品服务的耦合效应，本书称之为"交叉效用"。这里仍然以数控机床故障检测 PSS 为例说明（当然上述结论不只适用于此）。为了方便说明，暂时只考虑一种产品（如支持机床控制电脑的存储系统）和一种服务（如云健康诊断服务）。存储系统包括大容量和小容量两种，诊断服务分为高级和普通两个版本。客户希望功能种类尽量多，则倾向于选取高级健康诊断服务，但高级服务需要有较大容量的存储空间支持，否则会不稳定。如果只考虑产品和服务各自的效用，则存储系统对功能种类多这一需求没有直接的贡献，因此效用基本都为 0，则有可能选择小容量存储。但这样搭配形成的 PSS 会使高级服务运行不稳定，进而使得需求满足程度大打折扣，即交叉效用为负。

（3）不确定的客户偏好 模块效用属于客户偏好；而面对陌生客户时，未必能在第一时间准确、全面地刻画其偏好，特别是服务相关的效用更难准确估计。这是因为服务具有难以物理触及、依赖主观评价的特点，因此同种服务的效用在不同客户之间有异质性。这和产品效用不同，产品效用可用客观指标评价、很少因人而异，因此可被看作是对不同客户确定不变的。例如，可用主频描述 CPU 对计算性能高这一需求的效用，同一款 Intel i7 CPU 的主频不因人而异。因此，在面对陌生顾客时能准确把握产品效用的具体值。然而，服务相关效用的具体值很难精准把握。例如，每个人对云健康诊断服务的满意程度很难用统一、客观的指标来衡量。鉴于此，服务模块的效用及产品服务交叉效用等客户偏好应该被视为是不确定的。类似地，价格敏感性这一表征客户满意度受价格变化影响程度的偏好信息也有不确定性。

由于现有研究对交叉效用和随机偏好在 PSS 配置中的作用关注不够，故而需要提出更具有合理性和现实性的产品服务系统配置优化方案。为此，本书基于上述考虑，立足于客户和企业双方建立了多目标随机规划模型。该模型包含两个目标：第一是最大化客户满意度，客户主要追求需求的满足程度高和价格低的 PSS，为此本书借鉴了现有研究中满意度定义方法，并进行了针对性的线性化；第二是最大化公司的销售利润，主要和模块价格与成本相关。此数学模型将根据客户需求决策合适的产品服务组合，同时为每个模块在预设的几个价格中挑选最合适的一个。需要说明的是，传统的 PSS 配置优化中的常规做法是仅为客户选择合适的模块，但不对其进行针对性的定价（价格是预设好的固定值）。可执行固定的价格策略，将不利于企业销售利润的提升，也不利于让客户买到"物美价廉"的商品。所以，本书的模型将模块选择和价格同时优化，求解该数学模型需要使用数据驱动的随机优化算法。本节将介绍蒙特卡洛类的样本均值逼近（Sample Average Approximation，SAA）算法从已有数据集中提取客户偏好，将随机性问题转化成确定性问题加以求解，并给出一种可改进传统 SAA 的新流程，旨在加速其收敛。

在明确产品服务系统配置问题的基本概念后，将正式进行问题描述和数学建模，并根据客户需求来决策所选的模块及其价格。注意，本书中的数学模型不只适用于数控机床故障检测 PSS，也可泛化到一般意义上的各类 PSS 中。在定量地描述研究问题和数学模型之前，首先列出必要的参数和变量等数学符号。

令 $i = 1, 2, \cdots, NI$ 表示每个产品模块或服务模块，其中，NI 为模块总数；每个模块属于产品模块集 I_p 或服务模块集 I_s。所有产品和服务模块分为两个集合：必选模块集 $I_{\mathrm{mandatory}}$ 和可选模块集 I_{optional}。为了更方便地标识和处理，将所有模块进行分组，每组对应一种产品或服务。例如，小容量存储系统和大容量存储系统都属于存储系统这一组。定义 I_i^{m} 为第 i 组必选模块的集合，I_i^{o} 为第 j 组可选模块的集合，必选模块组数与可选模块组数分别为 M_1 与 M_2，则有

$$I_{\mathrm{mandatory}} = I_1^{\mathrm{m}} \cup I_2^{\mathrm{m}}, \cdots, \cup I_{M_1}^{\mathrm{m}} \tag{7-1}$$

$$I_{\mathrm{optional}} = I_1^{\mathrm{o}} \cup I_2^{\mathrm{o}}, \cdots, \cup I_{M_2}^{\mathrm{o}} \tag{7-2}$$

令 $d = 1, 2, \cdots, D$ 表示需求的索引，$w_d \in [0,1]$ 表示了需求 d 的权重。由此可定义每个模块对应的客户满意度，满意度同时与模块效用和价格相关。其中，模块效用 $U_{di} \in [0, 1]$ 衡量了模块 i 对于需求 d 的满足程度。需要说明的是，产品模块的效用是确定的，但服务模块的效用是随机且分布未知的。然而，服务效用可以基于客户调研或消费数据推算，但具体过程并非本书关注的重点，故暂不进行讨论。

对于每一个模块，假定其存在 K 个给定的备选价格，令 p_{ik} 为模块 i 的第 k 个备选价格，其中，$k = 1, 2, \cdots, K$，模块 i 的最终价格为 $p_i \in \{p_{ik} \mid k = 1, 2, \cdots, K\}$。

在现有研究的基础上，本书使用 S_i 表示模块 i 的满意度，非负的随机参数 c 表示价格敏感度，则有 $S_i = \mathrm{e}^{-cp_i} \sum_{d=1}^{D} w_d U_{di}$。如此可知，当效用增加或价格下降的时候，满意度会提升。

而后定义产品服务模块组合对应的满意度。令 U_{paired} 为所有模块对的集合，模块对

(i', i'') 对于需求 d 的交叉效用记为 $U_{d(i', i'')}$，其中，$i' \in I_p$、$i'' \in I_s$。交叉效用也是随机的，处于 $[-1, 1]$ 之间，由于交叉效用只源自于已有的产品服务组合而不对应新模块，可设定其对应的价格为 0，则模块对 (i', i'') 的满意度 $S_{i', i''} = \sum_{d=1}^{D} w_d U_{d(i', i'')}$。

在此基础上，可计算 PSS 配置方案的总客户满意度。首先定义 p_i 为模块 i 的最终价格，其他决策变量定义如下：

$$X_i = \begin{cases} 1, & \text{若选择模块 } i \\ 0, & \text{其他情况} \end{cases} \tag{7-3}$$

$$Y_{i', i''} = \begin{cases} 1, & \text{若同时选择产品 } i' \text{ 与服务 } i'' \\ 0, & \text{其他情况} \end{cases} \tag{7-4}$$

接下来定义目标函数，主要包括期望满意度和客户利润两部分。其中，总客户满意度可以定义为

$$\sum_{i=1}^{NI} X_i S_i + \sum_{(i', i'') \in U_{\text{paired}}} Y_{i', i''} S_{i', i''} \tag{7-5}$$

可将式（7-5）展开表示为

$$\sum_{i=1}^{NI} X_i e^{-cp_i} \sum_{d=1}^{D} w_d U_{di} + \sum_{(i', i'') \in U_{\text{paired}}} Y_{i', i''} \sum_{d=1}^{D} w_d U_{d(i', i'')} \tag{7-6}$$

通过离散化处理将式（7-6）线性化，即引入指示变量 $Z_{ip_{ik}}$ 处理 X_i 与 e^{-cp_i} 的乘积项。由此，目标中的非线性部分可提前计算出具体数值。$Z_{ip_{ik}}$ 的定义为

$$Z_{ip_{ik}} = \begin{cases} 1, & \text{若选择模块 } i \text{ 且选定价格为} p_{ik} \\ 0, & \text{其他情况} \end{cases} \tag{7-7}$$

由于模型具有随机性，所以目标函数为最大化总客户满意度的期望及公司总利润。第一个目标函数总客户满意度期望，可定义为

$$\max \quad E \sum_{i=1}^{NI} \sum_{k=1}^{K} Z_{ip_{ik}} e^{-cp_i} \sum_{d=1}^{D} w_d U_{di} + \sum_{(i', i'') \in U_{\text{paired}}} Y_{i', i''} \sum_{d=1}^{D} w_d U_{d(i', i'')} \tag{7-8}$$

令 C_i 为模块 i 的成本，第二个目标函数总利润表示为

$$\max \quad \sum_{i=1}^{NI} \sum_{k=1}^{K} Z_{ip_{ik}} p_{ik} - \sum_{i=1}^{NI} X_i C_i \tag{7-9}$$

式（7-8）和式（7-9）定义了数学模型的两个目标函数。接下来介绍相关约束，主要包括决策变量关系、模块分类、相容相斥关系、需求满足程度均衡等方面。

（1）决策变量间的关系　定义 $X_{i'}$、$X_{i''}$ 及 $Y_{i', i''}$ 之间的关系，见式（7-10），对于任意 $(i', i'') \in U_{\text{paired}}$，仅当同时选择了产品 i' 与服务 i'' 时，有 $Y_{i', i''} = 1$，否则 $Y_{i', i''} = 0$。

$$\begin{cases} Y_{i', i''} \leqslant X_{i'} \\ Y_{i', i''} \leqslant X_{i''} \\ Y_{i', i''} \geqslant X_{i'} + X_{i''} - 1 \end{cases}, \quad \forall (i', i'') \in U_{\text{paired}} \tag{7-10}$$

同时，建立关于 $Z_{ip_{ik}}$ 与 X_i 的关系，见式（7-11），若选择了模块 i，有且仅能确定一个备选价格。

$$\sum_{k=1}^{K} Z_{ip_{ik}} = X_i, \ \forall \ i = 1, 2, \cdots, NI \tag{7-11}$$

（2）模块分类　在每组必选模块集中，有且仅能选择一个模块，见式（7-12）。

$$\sum_{i \in I_j^m} X_i = 1, \ \forall \ j = 1, 2, \cdots, M_1 \tag{7-12}$$

在每组可选模块集中，至多选择一个模块，见式（7-13）。

$$\sum_{i \in I_j^o} X_i \leqslant 1, \ \forall \ j = 1, 2, \cdots, M_2 \tag{7-13}$$

（3）相容性关系　一些模块依赖于其他模块来提供功能支持，例如，基于故障探测的健康诊断服务模块如果被选上，则必须匹配包含多种传感器的故障探测系统（产品模块）。设支持模块 i 的模块构成了集合 $IN^i = \bigcup_{j=1,2,\cdots,Q_i} IN_j^i$，其中，$IN_j^i$ 表示支持模块 i 的第 j 组模块集，Q_i 指支持模块 i 的模块组数。令 X_{in_j} 表示某个模块 $in_j \in IN_j^i$ 是否被选择。如果选择了模块 i，则在每个 IN_j^i 中至少要选择一个模块，反之，则没有限制；由模块分类限制可知，IN_j^i 中最多可以选择一个模块。因此可得

$$\sum_{in_j \in IN_j^i} X_{in_j} \geqslant X_i, \ \forall \ IN_j^i \tag{7-14}$$

（4）相斥性关系　有些模块不在同一产品或服务组里，自然不该共同出现在一套 PSS 选配方案里。例如，某个线上服务模块组和线下服务模块组，都同时包含了基础版和高级版的某种服务，而线上和线下一般只能二选一，所以线上基础服务和线下高级服务就是彼此互斥的关系。本书定义 $U_{\text{exclusive}}$ 为所有相斥模块对 (i_A, i_B) 的集合，其相斥关系为

$$X_{i_A} + X_{i_B} \leqslant 1, \ \forall \ (i_A, i_B) \in U_{\text{exclusive}} \tag{7-15}$$

（5）需求满足程度均衡　除模块价格外，客户满意度还受到多个需求下的模块效用的影响。而最大化客户满意度所得的 PSS 配置方案，只能保证各个需求贡献的效用加权和尽量大，但可能引起配置方案对不同需求的满足程度不均衡，这在实际应用中很难被客户认为是合理的。为了便于理解，下面举例来说明，假设客户的需求有三种，分别是计算性能高、功能种类多、可靠性高。配置方案 A 在前两个需求上表现很好，但在可靠性方面表现很差。配置方案 B 在三个需求上的总效用值比方案 A 略差，但在不同需求之间的表现相近。根据实践经验，方案 B 应为最终选择。为了实现上述诉求，需要保证模块效用值在不同需求上的波动性不能太大，要尽量彼此均衡。令 N_d 表示需求 d 对应的总效用，则有

$$N_d = \sum_{i=1}^{NI} X_i U_{di} + \sum_{(i', i'') \in U_{\text{paired}}} Y_{i', i''} U_{d(i', i'')} \tag{7-16}$$

引入各个需求对应的效用值之间的极差，并做标准化处理以刻画其波动性，通过在 0~1 之间的阈值 TH 进行均衡性控制，可得：

$$\frac{\max(N_d) - \min(N_d)}{\max(N_d)} \leqslant TH \tag{7-17}$$

7.3.4　产品与服务配置优化求解方法

求解此多目标随机线性整数规划模型，需要先完成对多目标和随机两方面的处理，即需要将多目标随机性问题转化为一系列单目标确定性问题后，才方便进行求解。具体转化过程

分为如下两个步骤：

（1）将多目标随机性问题转化为一系列单目标随机性问题　处理多目标问题的方法有加权法、多目标启发式算法（如 NSGA-II）、"epsilon 约束"算法等。其中，经典的加权法很难选择权重，同时给出的解决方案相对单一不够灵活。多目标启发式算法的精度不足，很难适用实际问题的需求。鉴于此，选用"epsilon 约束"算法将多目标随机问题转化为一组单目标随机问题，并逐个求解以构成帕累托解集。

（2）将单目标随机性问题转化为单目标确定性问题　"epsilon 约束"算法生成的每个单目标问题是随机规划问题，需要对随机性处理才方便使用商业求解器完成精确求解。处理随机规划的常用方法有基于场景的方法、机会约束方法、L-shape 方法、SAA 算法等。上述方法均可针对随机性问题来生成等价的确定性问题，以方便求解。其中，基于场景的方法主要支持固定且有限的场景个数，但本问题的场景个数很难提前预知甚至未必是有限的。机会约束的方法需要提前明确随机量所遵循的统计分布，但客户偏好未必遵循某种已知的统计分布，所以不适用于本研究。L-shape 方法需要数学模型具有可分解为两阶段问题的结构特点，也不完全适用于之前的模型。因此，可选择 SAA 算法，通过蒙特卡洛抽样对模型中包含随机性的部分进行近似，将随机性问题转化成等价的确定性问题，属于数据驱动的算法。具体而言，最大化客户满意度期望的目标和需求满足程度均衡约束是包含随机项的，会根据分布抽样对其进行近似。为进一步提升计算性能，本书提出了一系列改进措施，包括对 SAA 算法的可行性检查机制和加速策略等，这也是相比已有研究的不同之处。综上所述，本书将 SAA 算法嵌套在"epsilon 约束"算法中以求解此多目标随机线性整数规划模型，产生随机环境下的帕累托解，后文将进行详细介绍。

（1）基于"epsilon 约束"算法处理多目标　本书使用"epsilon 约束"算法，将最大化总期望满意度作为主目标，最大化利润作为一个特殊约束来处理，该约束被 epsilon 参数控制。每个单目标问题都对应一个 epsilon 的取值，其最优解也对应一个帕累托解。令 f_1 与 f_2 表示总满意度期望与总利润：

$$f_1 = E \sum_{i,k} Z_{ip_{ik}} e^{-cp_{ik}} \sum_{d'} w_d U_{di} + \sum_{(i',i'') \in U_{\text{paired}}} Y_{i',i''} \sum_d w_d U_{d(i',i'')} \tag{7-18}$$

$$f_2 = \sum_{i,k} Z_{ip_{ik}} p_{ik} - \sum_i X_i C_i \tag{7-19}$$

"epsilon 约束"算法希望在 f_2 增大的过程中得到最佳的 f_1。为了进一步提升算法的计算性能，有学者提出，可在目标函数中引入较小的正系数 K' 和辅助变量 S，以尽量避免错过帕累托前沿上的最优解或找到比较差的可行解。

具体而言，每个子问题的基本形式如下所示，其中 F 是原始多目标模型中约束（7-10）～（7-17）定义的可行域：

$$\max f_1(x) + K'S$$
$$\text{subject to}$$
$$f_2(x) - S \geq \text{epsilon}$$
$$x \in F \text{ and } S \in R^+$$

令 $f_{2\text{min}}$ 与 $f_{2\text{max}}$ 分别为 f_2 下限与上限，$f_{2\text{min}}$ 是原始问题只优化 f_1 时生成的，$f_{2\text{max}}$ 是只最大化 f_2 而忽略 f_1 时得到的。利用小于 $f_{2\text{min}}$ 的值初始化 epsilon。在每次迭代后，epsilon 等于

上次迭代中得到的 f_2 的值，而后通过求解这一新问题来得到下一个帕累托点。一旦所得的新问题无解或 epsilon 等于 f_{2max}，迭代过程便终止。

（2）基于改进的 SAA 算法处理随机性　　本书提出一种基于现有研究对 SAA 算法的针对性改进，取得了良好的效果。本节首先介绍 SAA 算法的基本思路，而后说明改进的动机和方式。

SAA 算法对目标值的近似方式是通过取 N 个样本下目标值的平均值来逼近目标函数在随机环境下的真实值。这些样本构成试验样本集，每个样本集表示一组随机参数的可能取值。同时，约束也需要被近似，在本研究中，需求满足程度均衡这一含随机参数的约束由 N 个确定性约束代替，每个约束都对应试验样本集中的一个样本。当然，为了提高在随机环境中的适应性，应该进行多次重复试验，求出多个备选解。

SAA 算法进行 M 次重复试验，每一次试验中将生成 N 个试验样本，在第 m（$m=1,2,\cdots,M$）次试验中，每个试验样本 j（$j=1,2,\cdots,N$）表示一组包含着所有随机参数的向量 $\boldsymbol{\xi}$ 的实例（可能的取值），记为 $\boldsymbol{\xi}_j^m$。第 m 次试验中的目标函数 obj^m 为

$$obj^m = \max \frac{1}{N} \sum_{j=1}^{N} f_1(x, \boldsymbol{\xi}_j^m) \text{ for } m = 1,2,\cdots,M \tag{7-20}$$

需求满足程度均衡的约束包含随机参数，记为 $g(x,\boldsymbol{\xi}) \leq 0$；在第 m 次试验中，约束由 $g(x,\boldsymbol{\xi}_j^m) \leq 0$ for $j=1,2,\cdots,N$ 替代。每次重复试验对应一个规划问题，同时生成一个最优解 X^m 及一个最优目标值 obj^m。在此基础上，可计算原始问题目标值在随机环境（真实环境）中的上下界。其中，原始问题目标值的上界 $objU$ 可被定义如下。

$$objU = \frac{1}{M} \sum_{m=1}^{M} obj^m \tag{7-21}$$

而原始问题的下界 $objL$，可通过选择一个特定解 X^m 来计算在随机环境下对应的目标函数值而得到。为了评价该解在随机环境下的表现，以与生成试验样本集相似的方式生成一个特定的测试样本集，其样本个数为 N'（远大于 N）；$objL$ 通过生成的特定的测试样本集计算得到。需要说明的是，由于解的生成和评价使用了不同的数据（分别是试验样本集和测试样本集），不能保证每个在试验样本集下得到的 X^m 在经过测试样本集评价后都可行。因此，需进行可行性检验，而后使用可行解进行 $objU$ 与 $objL$ 的计算。如果所有的 X^m 均不可行，即 N 取值不恰当，此时乘以一个常数 NEnlarge 来调整 N。上述过程可被视为基于可行性的剪枝，有利于算法精度和效率的权衡。

在此基础上，得到上下界之间的差距 $gap = (objU - objL)/objU$；当 gap 小于阈值 Tol 时，即可认为确定性等价问题的解可以作为原始随机问题的解，这也是算法的停止条件。该条件也标志着 M 和 N 收敛到了合适的取值，即采样规模足以代表真实环境的信息，不需要再扩大以防求解效率过低。得到合适的 M 和 N 取值后，针对每个 epsilon，将在测试样本集下具有最优目标值的解作为最终输出。否则，将 M 和 N 从各自的初始值 Init$M$ 和 Init$N$ 开始，按如下方式逐步增加，并开启新的迭代试验过程。

$$M \leftarrow M + MStep$$
$$N \leftarrow N + NStep$$

式中，$MStep$ 与 $NStep$ 是每次增长的步长。

另外，为保证计算效率，M 和 N 分别不会超过预设的上限值 Final$M$ 及 Final$N$。

但上述 SAA 算法的效率仍然不够好，因为完成采样过程并在每组样本下求解优化问题较为耗时。鉴于此，本书给出一个建议的加速策略，即使用在测试样本下产生最大目标值的 X^m 来计算 $objL$，而非如传统算法中随机选取 X^m 来计算。这样可使 $objL$ 尽量大、gap 尽量小，因此算法的收敛条件能更快达到。

然而上述方法并不是最新的数据驱动类方法，样本均值逼近方法只是经典的基于已有数据进行随机优化的方法。在实施数智化决策的大潮下，为了更好地支持实际需求，可以采用包括但不限于新型数据驱动类方法，这里简介如下，供读者自行探索。此类方法的核心主要涉及机器学习和优化的结合，以及如何从数据中提取分布信息两个部分。对于前者，存在数据分析为优化决策提供信息、机器学习提升优化算法的效率或精度、端到端替代等方式，此外，还有模型驱动和数据驱动相结合等方式，能更好地将先验知识融入决策框架内，同时抽取数据中的价值。对于后者，可以通过直接估计分布参数、按照经验公式来拟合、使用生成类算法直接隐式的学习分布并进行仿真模拟、贝叶斯优化来做后验更新等方式来实现。

7.4 服务化技术——制造与服务集成管控

制造服务化作为一种制造与服务深度融合的新产业形态，不仅给制造商在制造与服务的集成管控与调度上带来了新的挑战，同时也使得传统的供应链管理模式无法应对制造与服务混合供应链的复杂性。因此，本节首先剖析制造与服务集成管控过程中遇到的挑战，并提出制造与服务集成管控框架；其次，探讨制造与服务集成调度技术，涵盖针对两类产品与两类服务及其他情形下的集成调度策略；接着，从供应链的角度出发，介绍制造与服务混合供应链的概念及特点，并分析混合供应链的牛鞭效应、服务化产出水平及供应商与客户风险共担水平；最后，讨论混合供应链协同管控的难点，并分别从制造商与服务商、集成商与客户的角度，探讨实现协同管控的策略。

7.4.1 制造与服务集成管控框架

1. 制造与服务集成管控难点

制造服务化作为制造与服务融合的新产业形态，旨在通过产品与服务的整合、客户全程参与、企业相互提供生产性服务和服务性生产，实现价值链中各利益相关者的价值增值。制造服务化所具有的顾客广泛参与和体验、物质产品全生命周期的服务、强调主动性服务等新特点给企业的运作与管理带来新的挑战。

（1）顾客参与的管理挑战 顾客深度参与将个人感受、情绪和认知等具有不确定与非物质性的因素引入生产系统。随着交互强度的增强以及交互过程中变量数量的增多，这些因素的个体差异变得更为复杂。最终导致生产活动的安排和生产系统绩效之间的关系呈现非线性、不确定性及时变特征。另外，顾客体验的主观评价差异会影响系统未来的运行绩效。

（2）服务战略的选择 随着顾客关系从简单的交易关系向复杂的合作关系演进，制造企业面临着如何选择和调整服务战略以适应新竞争环境的挑战。

（3）产品服务系统的集成 企业需要根据顾客个性化需求，有效集成产品要素和服务要素，形成符合顾客需求的产品服务系统。这不仅需要企业内部的协调，也需要跨企业、跨行业的合作和协同。

（4）服务传递与供应链管理的整合　考虑服务传递过程中顾客的全程参与和与服务提供商的互动，如何将服务传递流程有效结合到供应链管理中，是实现高效和响应迅速服务供应链的关键。

（5）文化融合的挑战　以产品为核心的导向文化与以服务为核心的导向文化之间存在显著差异。如何在组织内部融合这两种文化，推动文化转变，是实现服务型制造成功的重要因素。

（6）信息系统的适配性问题　在不同的服务战略下，选择和采用何种信息系统以支持组织的总体绩效是关键，这要求系统不仅支持产品制造和服务提供，还要促进顾客参与和经验共享。

2. 制造与服务集成管控框架体系

基于上述的制造与服务集成管控难点，在开展制造服务化时，需要建立一个全面的制造与服务集成管控框架体系，以确保战略的有效执行和资源的高效利用。

（1）制造与服务集成管控框架

1）框架要素。制造与服务集成管控框架围绕五个核心要素展开，包括战略-环境的匹配性、产品服务系统、产品服务系统传递、组织服务导向及信息化平台。

2）服务化转型的流程和集成管控框架。如图7-2所示，制造企业在向服务化转型时需要考虑如下流程。首先，考虑环境-战略的匹配性，选择一种服务战略，包括售后服务提供商战略（ASPs）、顾客支持服务提供商战略（CSPs）、外包服务提供商战略（OPs）及研发服务提供商战略（DPs）；其次，在服务战略的指导下，选择合适的PSS，包括面向产品、使用、结果的PSS；再次，根据选择的PSS进行相应PSS的传递及组织导向文化的变革；最后，采用合适的信息化平台进行管理，包括嵌入式服务支持系统、PSS设计管理信息系统和信息管理平台。

3）制造与服务集成管控的具体实施策略。

① 面对竞争激烈的产品领域，制造商通过在服务领域寻求差异化获得竞争优势。若产品领域竞争激烈而服务领域竞争较小，制造商选择售后服务商或者研发服务商作为战略。此外，在B2C模式下，制造商主要采用售后服务商战略，而在B2B模式下，制造商主要采用研发服务商战略。

② 尽管制造商根据竞争环境选择不同服务战略，但服务战略与解决方案之间无直接因果联系。当顾客在产品全生命周期内参与度低时，制造商倾向于提供产品支持服务；反之，倾向于提供顾客支持服务。

③ 制造商根据所选的服务战略采用特定

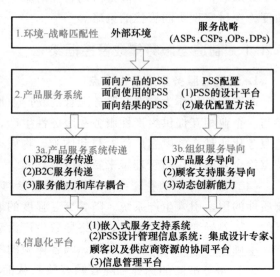

图7-2　制造与服务集成管控框架

的信息化系统：实施售后服务商战略需要基于 Web 的经销商信息化平台；实施顾客支持服务商战略需要嵌入式管理信息系统设施；实施外包服务战略需要开发协作生产信息化平台以促进服务导向转型；实施研发服务战略需要产品服务系统配置信息系统。

（2）服务型制造综合资源计划体系　在制造与服务集成管控框架的指导下，深入探讨制造资源和服务资源的计划和调度，以及构建一个综合资源计划体系，能进一步优化顾客体验和提升服务质量，确保资源的有效利用和制造服务化流程的高效运作。

服务型制造资源计划体系的框架主要涵盖了以下几个方面：考虑顾客参与和体验影响的预测；以服务模块化和物料需求计划为基础的服务和物料综合需求计划；考虑顾客参与和体验及参与者行为的计划和调度问题。

1）需求预测。服务化下需求预测问题具有两大特点，即顾客参与和体验对需求的影响，以及个性化需求导致的群体预测方法失效。应对第一个特点，可将满意度和购买意愿等定量化结果作为参数引入预测模型中；应对第二个特点，采用基于顾客历史购买数据的个性化需求预测方法，利用顾客之前的需求预测其未来需求，因为同一顾客的不同需求之间存在自相关性。

2）生产服务综合需求计划。服务化下企业向顾客提供有形产品与无形服务的组合，需要特定的综合需求计划，即服务和物料综合需求计划。有形产品与无形服务两大基本模块可分解为主生产服务计划、物料和服务清单、服务能力信息和原材料备件库存信息，通过服务和物料综合需求计划转化为物料采购计划、服务能力补充计划、制造服务业务外包计划、生产和服务调度计划。同时，需考虑顾客参与和体验的影响，及时调整预测结果及主生产计划，形成时序滚动的产品服务组合，最终形成服务制造资源计划，如图 7-3 所示。

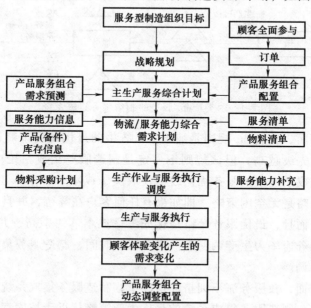

图 7-3　服务制造资源计划示意图

3）生产与服务的调度控制。由于顾客广泛和深入地参与到整个生产和服务环节，生产与服务的调度需考虑顾客行为特征，如顾客等待行为、顾客风险态度、有限理性行为、比较心理等。利用服务和物料综合需求计划将产品服务系统的需求转化为生产能力和服务能力的需求。面对需求的不确定性，企业需对有限的资源和服务能力进行有效的计划和调度，以实现企业收益和顾客价值最大化。

7.4.2 制造与服务集成调度技术

1. 两类产品/服务的集成调度策略

越来越多的制造企业为客户提供产品及相关的增值服务，如物流、安装、调试服务等，运营系统变为制造服务集成系统。当不同的客户需要不同的产品和相关服务时，制造商必须有效分配有限的制造和服务能力，在不同客户间协调产品和服务交付过程。但是，现有大量研究仅仅针对生产库存或纯服务系统制定动态分配策略，对制造服务集成系统的动态调度策略研究还相当有限，无法为制造服务集成系统中制造服务能力分配问题提供理论支撑和决策参考。在纯服务系统中，最优调度策略是众所周知的 $c\mu$ 规则，即成本节约率更大的客户获得更高的服务优先级。然而，该规则对于制造与服务集成系统中的服务调度并不一定是最优的。

本节将介绍在有限的制造能力和服务能力下，制造服务集成系统中制造和服务之间能力分配的复杂权衡。首先介绍两类产品/服务的制造服务调度策略，再拓展到多类产品/服务、单一产品和两类服务、产品和服务"多对多"关系下的制造服务调度策略。

考虑一个由单个制造中心和单个服务中心组成的制造服务集成系统，如图 7-4 所示，制造中心生产两种类型的产品，每种产品将与下游服务中心所提供的两类服务中的相应服务绑定。市场上存在两类客户，每个客户需要两种产品中的一种，以及与该产品对应的服务。

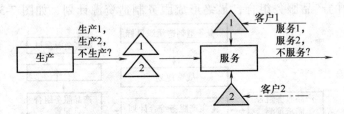

图 7-4　两类产品/服务的制造服务集成系统

服务调度策略方面，虽然 $c\mu$ 规则是纯服务系统中的最优调度策略，即成本节约率越大的客户得到的服务优先级越高，但该规则不一定是制造服务集成系统中的最优服务调度策略。因为制造服务集成系统中的服务优先级不仅取决于成本节约率，还取决于服务的速率。这证明了最优服务策略是无空闲策略，即如果有任何客户在等待，并且有产品可用，那么提供服务总是最优的。而且，最优服务策略是优先考虑成本节约率高，并且服务率低的客户。这是因为，较小的服务速率为生产调度提供更多缓冲时间，制造服务集成系统中的两个子系统之间能够更好地协调。

生产调度策略方面，在服务流不拥挤的情况下，制造服务集成系统收敛于具有相同系统参数的生产库存系统，制造服务集成系统的最优生产策略接近于按库存生产系统的最优生产策略。在两种产品的按库存生产系统中，安全点策略是最优的。安全点策略可以用切换和生产曲线来确定，两曲线的交点称为安全点；这两条曲线将状态空间分成三个区域，一个是制造设备不生产的区域，另两个区域分别对应要生产的两种产品，如图 7-5 所示。具体生产策略为：如果让客户等待产品 2 的成本高于让客户等待产品 1 的成本，那么当产品 2 缺货时，就应该启动产品 2 的生产；当两种产品的成品库存都有时，生产设备应保持不生产状态；生产设备在生产曲线下方区域运行时，依据切换曲线，优先生产库存相对较低的产品。

由于现有研究发现不同状态区间下的安全点策略不同，所以再次说明了在制造服务集成系统中同时进行制造和服务能力分配时，会产生状态相依的最优服务策略，如图 7-6 所示。

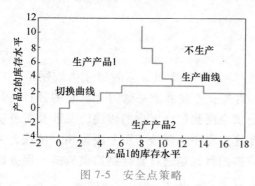

图 7-5　安全点策略

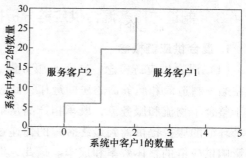

图 7-6　不同状态下的最优服务策略

2. 其他情形下的集成调度策略

（1）多类产品/服务的集成调度策略　为了使结论更具一般性，进一步拓展到多类产品和多类服务下的制造服务集成系统的制造服务能力协同分配策略。具体地，制造工厂生产 n 种产品，每种产品与下游服务中心的 n 类服务中的相应服务绑定。市场上存在 n 类客户，每个客户都需要这 n 种产品中的一种和与该产品相关的服务。

两类产品和服务下的最优服务策略可以推广到多类产品和服务的情形。也就是说，无空闲策略仍然是最优服务策略，而且最优服务策略优先考虑成本节约率高，且服务速率低的客户。并且，当多类产品的服务率接近无穷大时，制造服务集成系统收敛于一个按库存生产系统。

（2）单一产品和两类服务的集成调度策略　接下来，介绍单一产品和两类服务下的制造服务能力集成分配策略。具体地，制造工厂生产一种类型的产品，该种产品将与下游服务中心的两类服务中的任意一类服务绑定。市场上存在两类客户，每个客户都需要该种产品和与之相关的服务。

服务调度的优先级与两类产品和服务下的情形类似，即优先选择成本节约率高且服务速率低的客户。然而，当只有低优先级客户等待时，采取无空闲策略可能不再是最优的。此时，若产品库存较低，企业应采取空闲策略。这表明即使无法为高优先级客户提供服务，为低优先级客户提供服务也可能不是最优的。潜在的空闲服务策略意味着在单一产品的制造服务集成系统中，库存为高优先级客户保留，这是由于需求同一类产品的两类客户之间竞争更加激烈。

纯服务系统中服务优先级仅由成本节约率确定，成本节约率更高的顾客以更高的优先级获得服务。而在单一产品的制造服务集成系统中，确定服务优先级还受到产品库存的影响，说明生产与服务子系统之间的交互作用激烈，协调制造服务集成系统中的两个子系统对企业而言是极其必要的。

（3）产品和服务"多对多"关系下的集成调度策略　上述的讨论中依赖于产品与服务"1 对 1"关系的强假设，即第一种产品只支持第一种服务，第二种产品只支持第二种服务，很难适用于实际应用场景。另外，假设服务率远高于生产率。

有学者抛弃这两个假设，探索产品和服务之间"多对多"关系下的生产服务协同调度策略，并未考虑服务率远高于生产率这个特殊限制，适用面更广，更符合现实。取消两个假设后，同时分析数学模型的结构性质和生产服务策略特点也更加困难，很难直接应用传统研究中的调度规则而需要重新探索。因此，将模型驱动的先验知识（服务优先级等策略），与数据驱动的预测算法相结合，得到近似算法，给出优质生产服务协同调度决策。

7.4.3 制造与服务混合供应链分析技术

1. 混合供应链概念

（1）混合供应链概念　制造与服务混合供应链是一个产品和服务的集成供应网络，它旨在通过制造商和服务商的协同运作，高效地向顾客提供产品和服务的组合。它的独特之处在于整合了物流和服务流，既承担产品从最初制造供应商到最终客户的传递，又涉及服务从各个环节的服务提供商到最终客户的传递过程。在这过程中，制造与服务决策相互依赖，共同影响供应链的整体效率和成本。据此，混合供应链的目标是通过整合制造供应链和服务供应链，为顾客提供覆盖产品全生命周期的综合解决方案。

（2）混合供应链与制造供应链、服务供应链的区别　混合供应链与制造供应链和服务供应链有显著区别，主要体现如下：

1）应用行业：制造供应链主要应用于消费品、电子产品及其他零配件行业；服务供应链主要应用于银行、保险等服务行业；混合供应链主要应用于大型装备制造业。

2）满足顾客需求的形式：制造供应链通过产品满足顾客需求，服务供应链通过无形的服务满足顾客需求，而混合供应链通过产品与涉及设计、安装、维护、调试及产品使用和售后服务等一揽子的解决方案满足顾客需要。

3）业务流程：混合供应链的流程更多，增加了综合解决方案的传递、集成能力管理、服务能力管理、顾客参与和体验管理。

2. 混合供应链的牛鞭效应分析

（1）牛鞭效应　牛鞭效应是供应链低效率的典型现象，它是指上游制造商生产订单的波动性大于下游客户所下订单的波动性，这一扭曲在供应链中逐级放大，从而增加生产成本的现象。这一效应可以分为两类：需求可变性和企业内部牛鞭效应。需求可变性是指制造商所输入的下游客户需求总和的波动性；企业内部牛鞭效应是制造商内部生产可变性与需求可变性之间的偏差。

（2）制造商的服务提供与服务化演变过程　制造商提供的服务与产品之间有互补和替代两种关系，见表7-4。如图7-7所示，当制造商开始服务化转型，他们都渴望从提供基本的互补型服务拓展到提供更高级的替代型服务。

表 7-4　两种服务属性的定义、服务类别和例子

服务属性	定义	服务类别	例子
互补型服务	与制造商的产品销售密切相关，在产品使用阶段提供额外的支持和增值	贸易及分销服务、物流及采购服务、备件和技术支持、保养和维修服务	卡特彼勒的售后维护服务帮助客户对产品进行诊断，减少停机时间
替代型服务	可以替代制造商提供的产品,直接销售产品用途或性能	综合解决方案、翻新和回收服务、租赁和基于绩效的服务、产品运营管理服务	劳斯莱斯的"按小时计费"服务使航空公司能够购买发动机的运行里程/小时数而不是直接购买发动机

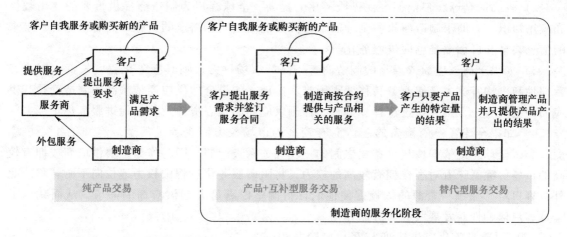

图 7-7 制造商服务业务的演变

（3）实证检验 服务化转型可使制造商分两个阶段逐步缓解牛鞭效应。

在第一阶段，制造商开始提供补充其产品销售的基本服务，这加强了客户与制造商之间的直接信息共享，减少了客户订购行为的不确定性，从而降低了需求可变性。然而，在这一阶段，制造商尚未在其企业内实施足够多的以服务为导向的生产部署。因此，企业内部牛鞭效应并不会在引入互补型服务后立即减弱。

在第二阶段，制造商逐步提供更高级的服务以替代产品销售。这种转变使制造商完全对产品的结果负责，促使其内部流程向服务化运营进行更深层次的转型，有助于制造商监督日常产品运营，根据客户信息协调生产和服务交付，并确保生产服务协同达到最佳效果。因此，替代型服务阶段有助于制造商更好地根据服务需求调整生产，从而减少企业内部牛鞭效应。

3. 混合供应链的其他性能分析

（1）制造商的供应链前因变量对制造服务化产出的影响 从企业运营层面探讨供应链配置对制造商服务化程度的影响，并考虑制造商在供应链中相对地位的作用，其概念模型如图 7-8 所示。

通过实证检验，发现：

1）较低的全球供应商依赖会促进服务化的提高。全球供应商管理难度大、运输成本高、贸易不确定性大，而服务化制造商需要更紧密、更灵活的供应商，以提供复杂服务。过度依赖全球供应商可能会增加运营不稳定性，并产生如关税、采购规则等导致的额外成本，以及地理距离导致的信息不对称和协调困难。另外，全球供

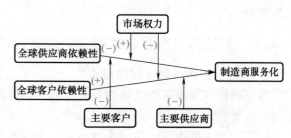

图 7-8 制造服务化的供应链前因
变量研究的概念模型

应商可能会面临交货时间不协调、供应链中断等问题，制造商可能遇到质量控制、监管合规和道德采购的挑战，以及制造商和供应商对服务及承诺水平的预期存在差异，进一步阻碍服务化的实施。

2）较高的全球客户依赖会促进服务化的提高。全球客户为制造商提供重要的使用数据和应用知识，有助于制造商累积全球需求并开发能满足实际需求的服务，同时全球客户带来的信息共享和可靠声誉也促进服务化。

3）如果全球供应商依赖高的制造商有较高的市场权力，则其服务化程度较低，因为经营惯性和机构官僚主义使业务转移变得困难。然而，如果全球供应商依赖高的制造商是其供应商的主要客户，则可通过选择、监督和控制供应商的核心资源及价格促进服务化。

4）如果全球客户依赖高的制造商有较高的市场权力，或者是其全球客户的主要供应商，那么全球客户依赖性与服务化之间的正相关关系被削弱。因为作为主要供应商或拥有较高的市场份额意味着对客户拥有较高的权力，将阻碍服务化过程中权力地位向下游转移。此外，客户对"瓶颈"资源的依赖促使他们自行调整以满足大型供应商的需求，从而减少了全球客户依赖性对发展服务业务的作用。

（2）制造服务化对供应商与客户风险共担的影响　从关系视角探讨制造服务化对供应商与客户间的风险共担程度的影响，并考虑服务结构嵌入度、服务关系嵌入度的作用，概念模型见图7-9。

图 7-9　制造服务化对供应商与客户
风险共担的影响的概念模型

通过实证检验，发现：

1）随着制造服务化程度的增强，制造商与主要客户之间的风险共担程度提高。这主要源于供应商为客户精心设计并提供定制化服务方案，以及其在产品维护方面主动承担责任，加强了两者之间风险的联动性。

2）与非服务化制造商合作的客户相比，与服务化制造商合作的客户在风险事件后受到的影响更小。从供应商的角度看，制造商在提供服务之后，其与客户之间在战略和运营目标上的一致性得到了加强。从客户的角度看，在供应链风险出现时，客户不再是独自解决问题，而是可以依赖或与其服务供应商共同面对并解决问题，从而降低了风险暴露的程度。

3）处于高度服务社会嵌入环境中的制造商，无论是高度的结构嵌入还是高度的关系嵌入，服务化转型后都会削弱与客户间的风险共担关系。这是因为服务环境的竞争性导致制造商提供的服务可能失去独特性，导致客户对其服务的感知度下降，进而与制造商的风险共担关系减弱。

7.4.4　制造与服务混合供应链协同管控技术

1. 混合供应链协同管控的难点

混合供应链融合了产品和服务的传递，同时在顾客的参与和体验下，供应链的协同管控变得更为复杂。

第一，混合供应链以服务为节点，以服务能力为缓冲，各节点提供的服务不同，同时服务流中既包括有形产品又包括无形服务，使得服务流的描述出现了多样性和模糊性。由于服务流的动态性，传统供应链的静态规划无法有效协调资源布置。因此，需要提出以能力管理为核心的服务流管理方法。

第二，顾客参与和体验导致需求信息获取和传递的随机性、不确定性、动态性，造成新的需求信息畸变。这种畸变通过三种形式影响供应链绩效：顾客参与和体验影响服务价值及其在供应链中的传递机制；顾客行为和感知因素产生新的牛鞭效应；顾客参与和体验使得服务流具有异质性、动态性和不确定性，同时由于供应链信息的延迟与扩大，以及决策的分布性与不确定性，导致服务节点出现负载聚焦效应。

第三，在混合供应链中，实体产品与无形服务的需求并存，服务流和物流之间通过新的机制耦合。供应链管理不仅要考虑库存管理与能力管理，而且还要考虑两者之间的协调。

2. 制造商与服务商协同管控策略

制造商与服务商之间的协同管控是供应链管理中的关键部分，主要依托供应链信息共享和供应链契约模式等策略来实现。这些协同管控策略不仅增强制造商与服务商之间的合作，使整个供应链能灵活应对快速变化的市场需求，还能提高整体供应链的竞争力。

（1）供应链信息共享　制造商负责设计、生产并销售产品，而服务商负责在产品性能下降时提供维修服务。在信息共享的情形下，制造商与服务商共享销售信息，服务商可通过分析销售数据来预测已售出产品数量的增长，进而预测未来可能发生的故障事件数量，最后调整服务能力，以满足预期维修需求。

在信息共享下，服务商通过有效预测服务能力需求并准备，能提供较高且稳定的服务水平。并且，随着时间推移，这种优质服务促进产品销售增加，使得供应链总利润提高。因此，制造商与服务商之间的集成和协作及它们之间的双向信息流，不仅能提高盈利能力，还极大地减少服务商的牛鞭效应。

（2）供应链契约模式　在由单个制造商和单个服务商组成的供应链中，制造商提供产品，服务商在此基础上附加与产品相关的服务，如配送服务和售后服务等，提供产品服务系统，需求受供应链提前期影响。

通过有效设计成本分担的共享合同，制造商和服务商可以达成合作。供应链成员在合作博弈中都能取得更高利润。无论在合作博弈还是在非合作博弈中，服务商和制造商的最优服务和库存投入都遵循一定比例。无论服务商的议价能力如何，制造商总愿意接受合作，获得不低于不合作时的利润。

3. 集成商与客户协同管控策略

考虑服务的不确定性特征，构建考虑制造企业集成商与客户双方努力的产品服务系统价值共创模型，如图7-10所示。

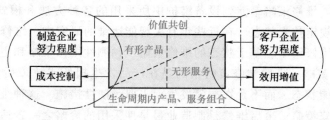

图7-10　产品服务系统价值共创模型

接着，讨论不同产品服务组合情况下的双方努力程度与制造企业集成商成本、客户企业效用和产品服务系统价值指数之间的关系。在平衡双方努力程度和努力成本的前提下，制造企业集成商通过主导产品服务系统的供应，同时考虑自身成本节约和客户企业效用提升，从本质上反映了制造企业集成商收益与客户企业使用价值兼顾下的费效权衡可以突破以交换价值为中心的平衡，从而实现双方合作价值增加的价值共创。

服务化技术——智能运维服务技术

智能运维服务技术作为现代服务化技术的重要组成部分，旨在通过高度集成的智能系统提升设备管理的效率和准确性。在日益复杂的技术环境中，这一技术不仅优化了设备的日常运作，还极大地提升了故障应对的速度和精准度。智能运维涵盖了多个关键领域：首先，智能运维服务策略通过数据驱动的决策支持系统，确保运维活动与业务目标的一致性；其次，状态监控与异常识别技术能够实时捕捉设备性能偏差，及早预警潜在风险；再者，故障智能诊断利用先进的算法，快速定位问题根源，减少系统停机时间；此外，故障智能预测通过分析历史数据预测未来的设备故障，从而提前做好维护准备；最后，全流程运维服务管理系统整合以上所有功能，形成一个统一的信息和操作平台，提升运维流程的透明度和协调性。通过这些先进技术的应用，智能运维服务不仅提高了运维效率，更为企业的稳定运行提供了坚实保障。

7.5.1 智能运维服务策略

在信息化与智能化浪潮席卷全球的今天，智能运维服务策略的重要性日益凸显。这不仅是企业运维管理的重要支撑，更是提升运维效率、降低运营成本的关键所在。随着技术的不断进步和应用的广泛普及，企业对智能运维服务策略的需求也越发迫切。这种策略能够帮助企业实现快速响应、精准预测和持续优化，从而确保业务的高效稳定运行。本章节将深入探索智能运维的维修与保修两大策略，从多个维度展开细致剖析，以期为企业构建科学、高效的智能运维体系提供有力的理论支撑与实践指导。

1. 维修策略

设备维修在智能运维中扮演着关键角色。典型而复杂的设备或工程系统受到负载和环境等多方面因素的影响，其各个部件或子系统的运作发生变化，导致健康状态的波动和性能的水平下降，需要维护与维修来恢复部分功能。一旦功能衰退达到无法满足操作标准的地步，设备或系统则报废。维修策略牵涉到设备维护中所采用的各种方法和模式，其目标是维持、恢复或提升设备的规定技术状态。在近些年有关智能运维的研究中，维修策略主要可分为事后维修策略、定时维修策略、基于状态的维修策略、预测性维修策略和主动维修策略等。

（1）事后维修策略 事后维修策略指的是在产品发生损坏或故障后，采取相应的维修措施，使其恢复功能状态，而不是在故障发生前采取预防性措施。这种维修方式是一种非计划性、被动型的维修策略。事后维修是制造业最早期采用的策略之一，适用于相对简单的生产场景。举例来说，在制造工厂中，一台关键的机械设备突然停止运转导致生产中断，工程师经过故障诊断确认问题后，制订维修计划，成功更换损坏零部件，随后设备顺利重新运行，这便是事后维修的典型案例。

（2）定时维修策略 定时维修策略是一种基于时间计划的维修方法，通过在设备或系统运行一定时间、累积工作时间或行驶里程后，执行预定的维护和检修活动，旨在预防潜在故障，以保持设备良好的工作状态。传统的预防性维修即是定时维修策略，其前提是产品寿命分布已知，并且假设随着使用时间的增加，产品可靠性将下降。

（3）基于状态的维修策略 基于状态的维修策略是根据产品实际工作状态进行维修安排的一种策略，属于探测型维修，同时也是预防性维修的一种。该策略的提出建立在一个基本事实之上，即产品的故障并非突发事件，而是经过一段时间逐渐形成的。基于状态的维修要求借助特定的状态检测基础，定期监测和诊断与可能引发产品功能故障相关的物理信息，根据这些信息进行状态推断，在设备展现出"潜在故障"状态时进行维修。基于状态的维修也是预测性维修的一种。与定时维修策略相似，基于状态的维修同样是周期性的。不同之处在于，基于状态的维修周期根据设备实际状态灵活确定。当设备的实际健康状况发出危险信号时，即采取相应措施。因此，基于状态的维修策略通常没有固定的维修间隔，而是采用变间隔的规律性维修。

（4）预测性维修策略 预测性维修是一种基于设备状态、性能或运行数据的维修策略，该策略旨在预测设备可能发生故障的时机，以便在实际故障发生之前进行相应的维护或修理。预测性维修策略的核心思想在于通过实时监测和分析设备的运行情况，识别出早期故障迹象或异常行为，从而提前采取必要的维修措施，以防止设备停机，并降低不必要的维修成本。

（5）主动维修策略 上述四项维修策略的目标是对当前结构进行还原式维修，而近些年出现的主动维修策略则关注产生故障的根本性问题，通过对产品进行性能改造来降低故障概率。这一概念一经提出就在我国制造业与学术界引起了广泛关注，实现了服务与制造的紧密融合，深度挖掘故障与制造本身之间的联系。主动维修策略的原理是运用故障溯源技术，精准找出设备故障的根本原因，进而有针对性地进行产品设计与制造的改进。通过这一迭代优化的过程，主动维修策略实现了对产品设计与制造的主动干预，不断提升设备性能和可靠性。

2. 保修策略

保修通常指制造商或供应商为其销售的产品提供一定期限内的免费或有偿服务，是智能运维的关键内容之一。在对事后维修、定时维修、基于状态的维修及预测性维修等方法进行分析后，保修策略的讨论为产品售后服务的理解添加了新的维度。保修承诺针对的是产品质量和制造缺陷，通常覆盖在产品正常使用条件下的特定时间范围内的维修和零件更换。保修策略的分类反映了售后服务中对时间和使用强度的考量，不仅标志着对产品生命周期管理的深入理解，也展示了在顾客满意度与企业维护成本之间寻找平衡的复杂性。在当前市场上，几乎所有制造产品的制造商都会提供保修服务。

在不同的标准下，保修策略可进行如下分类：

（1）服务时效性 根据服务的时效性可将保修划分为基础保修和延长保修。基础保修通常指的是产品自购买之日起，制造商提供的初始保障期，覆盖因制造缺陷所导致的故障或问题。延长保修则是在基础保修期满后，消费者可以选择支付额外费用以延长保修服务的时间，进一步保障产品在更长时间内的维修或更换需求。

（2）覆盖维度 根据保修策略的覆盖维度可分为一维保修和二维保修。一般来说，一维保修主要基于时间维度，为产品在销售后的一段有限时间内提供维修服务，如一年或两年的保修期。相比之下，二维保修更为复杂，除了时间因素，还考虑了产品的使用强度或性能指标，例如里程数、工作小时等。当前特斯拉提供的车辆保修与延长保修都考虑了时间与行驶里程的二维保修。二维保修允许更灵活的服务条款，能够根据产品的实际使用情况提供个性化的保修方案，提高了服务的精准性。

（3）维修后性能变化　在保修策略的体系中，最小维修、不完美维修和增值型维修代表了三种不同的修复理念。最小维修以经济、精准的方式恢复产品性能，注重在维修过程中最小程度地干预产品。不完美维修承认可能无法完全还原产品的原始状态，但通过局部修复可保持基本功能。增值型维修强调通过技术升级、改良和创新来提高产品性能，实现对产品功能和价值的增值。

（4）故障处理方式　保修策略根据故障处理的方式不同，可以分为更换型、维修型和补偿型。更换型保修意味着在产品出现故障时，消费者将获得一个同型号或等价的新产品；维修型保修承诺对非人为损坏的故障部件进行免费维修，这是一种广泛应用于电子产品和家用电器的常见策略；而补偿型保修则在特定情况下，如维修成本过高或产品已停产，或者产品服役效果未达到实现约定等情况，为消费者提供一定的经济补偿，而不是直接更换或维修产品。这些策略的设立综合考虑了成本效益、产品特性及消费者满意度，旨在提供多样化的保障方案以满足不同的需求和情境。

保修作为智能运维的关键环节，涵盖了多种策略和方法，不仅反映了产品质量的承诺，更体现了对售后服务的细致考量。通过对服务时效性、覆盖范围、维修后性能变化及故障处理方式的分类探讨，保修策略展现了其多样性和灵活性。这些策略不仅有助于提升顾客满意度，还为企业提供了在维护成本和产品生命周期管理之间寻求平衡的有效工具。

7.5.2　状态监控与异常识别

在智能运维的广阔领域中，状态监控与异常识别作为关键环节，对于确保系统稳定运行、提升运维效率具有不可替代的作用。随着数据量的激增和技术的不断进步，如何从海量数据中提取有效信息、进行精确分析，并快速识别异常状态，已成为智能运维领域亟待解决的问题。本章节将深入探讨状态监控与异常识别的核心技术与方法，从数据采集到特征提取，再到数据分析与异常识别，旨在为企业构建高效、智能的运维体系提供有益参考。

1. 数据采集到特征提取

状态监控与异常检测技术在制造业中扮演着至关重要的角色，它们是确保生产效率和产品质量的基石。数据采集作为这一过程的前端，直接影响着后续分析的准确性和效率。通过实时监控设备运行状态和生产过程，企业能够及时发现和解决问题，避免昂贵的设备故障和生产延误。当前，有多种技术可用于监测，涵盖了从传统的机械式方法到先进的智能传感器，每一种技术都有其独特的应用场景和优势。

（1）机械式数据采集　机械式数据采集技术是最早期的数据采集方法之一，例如在纺织厂中使用的机械计数器。这种类型的数据采集装置直接与机械装置相连，通过物理移动来记录数据，例如计数器的旋转可用于记录产品数量或机器运行的周期次数。虽然这种方法较为原始，但其稳定性和简便性使其在某些特定场合仍然有着不可替代的作用。

（2）模拟传感器　模拟传感器广泛应用于需要连续监测参数变化的场合，例如在化工厂中用于测量温度的热电偶传感器。这些传感器将被监测的物理量（如温度、压力、流量等）转换为连续的模拟电信号，但是需要通过数据采集系统将其转换成数字形式进行处理和分析。模拟传感器因其能够提供连续数据而在动态监控过程中发挥重要作用。

（3）智能传感器　智能传感器则是一种集成了微处理器的高级传感器，能够在数据采集点进行初步的数据处理，例如数据过滤、缩放转换和复杂计算。这不仅减少了传输到中央处理系统的数据量，还提高了数据的可靠性和准确性。智能传感器在需要实时数据分析和决策的应用场景中尤为重要，例如自动化生产线的实时监控和控制。智能传感器不仅能够捕获数据，还能进行初步的数据处理，例如数据的滤波、放大和转换，这使得数据更加准确和可靠。

（4）机器视觉系统　机器视觉系统利用摄像机、图像处理硬件和算法来模拟人眼的视觉感知能力，广泛应用于质量检测、物体识别和定位等领域。通过高速的图像捕获和精准的图像分析，机器视觉系统能够自动识别产品缺陷、监测生产线状态，以及指导机器人操作等，从而大幅提升了生产效率和产品质量。

在制造环境中，经过数据采集之后的数据预处理扮演着至关重要的角色，它专注于处理从传感器和监控系统获取的原始数据，以提取出有效特征，便于后续的分析与建模。为了确保数据的质量和有效性，这些数据必须经历一系列精心设计的处理步骤。这些步骤不仅提升了数据的可靠性，而且为后续的深入分析和关键决策奠定了坚实的基础。表7-5概述了通用的数据预处理步骤。

表 7-5　数据预处理步骤

步骤	作用	方法
（1）信号去噪	提高数据质量	使用滤波器（如低通、高通、带通滤波器）去除噪声
（2）数据同步	确保数据的一致性和可比性	对来自不同传感器的数据进行时间同步
（3）数据插值	保持数据连续性	使用插值方法（如线性插值、最近邻插值）填充缺失的数据点
（4）数据平滑	突出趋势	应用平滑算法（如移动平均、指数平滑）减少数据波动
（5）异常值处理	提高数据可信度	应用统计方法（如标准差、箱线图）或机器学习算法（如聚类分析）
（6）单位量纲转换	便于进行分析与比较	将数据转换到统一的单位和量纲
（7）数据聚合	为分析和建模提供基础	对于高频率的数据，进行聚合操作（如求平均、最大值、最小值）以降低数据量
（8）特征提取	为分析和建模提供基础	借助通用的信号处理技术（傅里叶变换、小波变换等）及通用的特征提取技术（主成分分析、线性判别分析等）从原始数据中提取有用的特征，如频率分析、功率谱密度等

在现代工业制造领域，特征提取作为关键的技术环节，主要涉及声音特征、振动特征及图像特征等多个维度。这些提取场景不仅融合了传统的信号处理技术，更与现代机器学习等计算机技术紧密结合，从而实现了高效且高精度的特征提取。这一技术的运用对于设备与系统的故障诊断与预测具有至关重要的作用，为工业制造过程的稳定运行提供了有力保障。

2. 数据分析与异常识别

在复杂的制造环境下，捕捉到的各类特征拥有复杂的属性，不同属性的特征在对不同类型的异常进行识别的过程中，发挥着显著不同的作用。特征可定义为从信号等中提取的值，用来描述状态（如参数、状态变量、奇偶方程误差或残差）。区别信号的不同属性，数据可通过四个主域展现：时域、模态域、频域和时频域。在时域中，数据随时间的变化展现出来，直接显示信号的变化强度；模态域关注于信号的内部结构，分析复杂信号的不同模态成分；频域则侧重于信号的频率成分，揭示其周期性和谐波特性；时频域将时域和频域的优点结合，提供了一个信号频率随时间变化的全面视图，特别适合分析非稳定性的信号。

数据采集是故障诊断的首要任务，通过收集设备运行数据为后续分析提供素材；预处理则是对数据进行清洗和整理，确保数据质量；特征提取是关键环节，从数据中提炼出能反映故障特征的信息；而根据不同场景选择恰当的数据分析方法，则是实现故障精准诊断的保障。这些环节相互衔接，共同构成了故障诊断的基础。

7.5.3 故障智能诊断

在状态监控与异常识别完成后，通过一系列数据分析方法得到的表示设备或系统状态的特征数据，将作为故障诊断任务的重要基础。这些特征数据不仅揭示了设备或系统的当前状况，还为后续的故障诊断提供了关键依据。故障诊断任务旨在精确确定故障类型，并尽可能地揭示其细节，如故障的大小、具体位置及发生的时间。通过深入分析和解读这些特征数据，能够更全面地了解设备或系统运行状况，从而为其健康管理和维护提供有力支持。故障智能诊断主要包括分类方法和推理方法。

1. 分类方法

诊断系统的任务是基于 n_s 个症状 s_i, $i \in \{1, \cdots, n_s\}$，区分 n_f 类不同的故障 F_j, $j \in \{1, \cdots, n_f\}$，并将故障组成故障向量 $\boldsymbol{F} = \begin{bmatrix} F_1 F_2 \cdots F_{nf} \end{bmatrix}$，而症状组成症状向量 $\boldsymbol{s} = [s_1 s_2 \cdots s_{ns}]^{\mathrm{T}}$。几乎所有的方法都会计算出每个故障类别 F_j 的故障测度 f_j，其中有关最可能故障的决策由最大故障测度给出。然而，事实上，并非仅仅最大测度是相关的。在不明确的情况下，以及由于测度噪声的存在，很可能会产生多个故障测度的高值，从而导致决策的不确定性。因此，所有的故障测度值对系统最终的诊断都至关重要。接下来将对常用的多种分类方法进行概述：

（1）简单模式分类方法　简单模式分类方法是后续更高级方法的知识基础。如果没有关于症状和故障之间关系的结构性知识，可以引用分类或模式识别方法。常用的分类方法包括统计方法、基于密度的方法、一般近似方法和人工智能方法。

（2）贝叶斯分类　贝叶斯分类是最著名的分类方法，该方法是基于对症状统计分布的合理假设。常见的方案是假设高斯概率密度函数并使用最大似然估计法进行参数估计。其中，后验概率可以借助贝叶斯定律来计算，先验概率对于诊断系统十分重要，经过精心选择可以大大提高诊断系统的性能。

（3）几何分类器　几何分类器根据数据点到参考数据点的距离来确定分类。最基础和最著名的方法是评估欧几里得距离的最近邻分类。

（4）多项式分类　多项式分类对类的后验概率使用特殊的函数近似，而不是贝叶斯分类方案假设的高斯函数。

（5）决策树　决策树通过问答式的分支结构进行数据分类，就像一系列"是或否"的问题。想象你在用一棵决策树决定午餐吃什么，首先问自己"是否想吃快餐？"如果答案是"是"，那么下一个问题可能是"是否有 30 元？"根据你的回答，决策树引导你到不同的分支，最终得到一个具体的午餐选择，比如汉堡或沙拉。在数据科学中，决策树通过选择最能降低数据不确定性的问题（即特征），逐步将数据集分成更小的子集，直到每个子集足够"纯"以决定一个分类结果。

故障诊断的情况这涉及两个问题：选择哪种症状，以及根据示例，哪个值是产生合理的子集划分的适当阈值？该过程基于单步最优策略，即尝试实施导致子集具有最大"纯度"

的决策，这意味着这些集合应包含最相似类型的数据，最好只包含一个单一类成员资格。

在决策树的构建过程中，应选择能使得树的下一层数据集合的混乱度为最低的决策规则。这意味着，每一步的选择都是为了让结果更加有序，以便更准确地分类或预测。这些算法在单个步骤中是最优的，但不一定会产生整体最优的树，即尺寸最小的树。在现有计算能力下，一般会权衡所得结构的复杂性与其分类性能，以在不过度拟合的情况下产生合理的折中方案。

（6）神经网络 多层感知机网络和径向基函数（RBF）网络是最重要的两种神经网络方法。多层感知机网络和径向基函数网络之间的显著差异主要体现在其局部响应特性上。

2. 推理方法

对于某些技术过程，故障和症状之间的基本关系至少有部分以因果关系的形式已知：故障（Fault）→事件（Event）→症状（Symptoms）。

（1）故障树 故障树为一种用于可视化可靠性和诊断之间关系的一种图形工具。故障树是表示二元关系的有向图，顶部显示故障情况，下面显示症状和状况。树的元素是逻辑连接、事件和症状。将故障树用于诊断，则需要为每一个故障设计一颗故障树，数的叶子由 n_s 个症状组成。理想情况下，可以通过对不同的数进行简单的二元评估来确定发生了何种故障。然而在大多数的现实场景中，这种二进制表示是不够的。某些症状没有被清楚识别或者不确定是很常见的情况。一种可行的方法是选择最容易受人为干预的叶节点状态来激活故障树。通过检查与该节点相关的症状，假设该节点的故障是最可能发生的。这个策略类似于模式匹配，即假设症状模式最接近于已知的故障模式。

（2）模糊推理 模糊推理是一种处理模糊信息的推理方法，与故障树中的布尔逻辑不同，它允许变量具有部分真值，即处于模糊或不确定的状态。在故障诊断中，模糊推理可以用来处理不确定性和模糊性的信息，使系统能够更好地适应复杂的情况。

在模糊推理中，通常使用的是模糊逻辑系统。这种系统包括模糊规则、模糊集合及模糊推理机制。其中，模糊规则描述了输入变量与输出变量之间的关系，通常使用"if-then"语句来表示。模糊集合用来描述变量的模糊程度，比如"高""中""低"等。模糊推理机制则是根据输入变量的模糊程度和模糊规则计算输出变量的模糊程度。

（3）混合神经模糊系统 将神经网络和模糊推理系统结合起来，形成了一种综合系统，用于处理复杂系统的建模和控制，包括故障诊断。这种系统充分利用了神经网络的学习能力和模糊推理系统的人类可理解性，能够更有效地应对非线性、不确定性和模糊性的问题。神经模糊系统的优势在于能够根据数据生成新规则，并通过调整现有规则中的参数来优化已有规则，从而更好地适应不同的场景和需求。

混合神经模糊系统将模糊推理系统的输出作为神经网络的输入进行训练，然后再利用训练好的混合神经模糊系统对新的数据进行故障诊断，将新的特征数据输入模糊推理系统和神经网络中，最终得到故障诊断结果。

7.5.4 故障智能预测

随着工业技术的不断进步和智能化水平的提高，故障预测技术已经成为确保设备安全运行和提升生产效率的重要手段。这一技术通过持续监测设备的运行状态，能够预测未来可能出现的故障，提前进行维护，因此也被称为预测性维修。预测性维修不仅显著降低了因故障导致的停机时间，还显著增强了设备的可靠性并延长了其使用寿命。根据其技术原理和实际应用的特点，故障预测技术大致可以划分为基于模型的故障预测技术和数据驱动的故障预测技术两个类别。

1. 基于模型的故障预测技术

基于模型的故障预测技术主要通过建立设备的物理模型或统计模型，模拟设备的运行状态和故障过程，进而预测设备在不同条件下的故障可能性。这种技术能够深入揭示设备的故障机理和性能变化规律，为设备的预防性维护和故障管理提供有力支持。一般来说，基于模型的故障预测技术可以分为基于物理仿真模型和可靠性统计模型两类。

（1）物理仿真模型 基于物理仿真模型的故障预测技术主要利用物理原理建立设备的仿真模型，模拟设备在不同条件下的运行状态和故障过程。这种方法依赖于对设备运行机理的深入理解，通过建立数学模型来模拟设备的动态行为。模型可以是物理模型、系统动力学模型或基于规则的专家系统。通过对模型的实时参数进行监测和分析，可以预测设备可能出现的异常状态，从而提前采取措施。这种方法能够深入反映设备的物理特性和故障机理，适用于复杂设备和系统的故障预测。然而，其建模过程较为复杂，需要掌握较高水平的专业知识和技术。

（2）可靠性统计模型 建立可靠性模型进行故障预测，重点在于分析设备的可靠性数据和历史故障记录，以此评估未来一段时间内设备发生故障的概率。这一方法常常涉及故障率分析、寿命数据分析及可靠性增长预测等步骤，为制订维护计划提供了量化依据。应用可靠性模型进行故障预测通常遵循以下步骤：

1）数据收集：将目标设备出厂后的维修数据（时刻点、时长等）及本身特征数据（实际转速等对产品可靠性有影响的特征）进行收集。

2）合适可靠性模型选择：选择合适的寿命函数，如指数分布、韦布尔分布等，有选择地应用加速退化等概念，搭建数学模型。

3）退化模型成型：使用收集到的数据进行参数估计，写出具体退化模型；亦可基于数据直接进行非参数估计，如 KM（生存分析法）估计，写出数据驱动的非参数退化模型。

4）未来故障预测：基于具体的退化模型，可以预测某设备在某条件下某时刻发生故障的概率。

2. 数据驱动的故障预测技术

基于模型的维护方法（如预防性维护）通过使用随机模型预测性能退化，而数据驱动的预防性维护方法则不同，它基于数据，而无须事先了解退化情况，其性能严格取决于对信号和数据的分析。对于复杂系统而言，基于模型的解决方案可能既没有性价比又不够准确，而数据驱动诊断方法则是一种很有前景的替代方法。

数据驱动的故障预测技术主要基于大数据分析和机器学习算法。它通过挖掘和分析设备的历史数据及实时监测数据，从而实现对设备故障的精准预测。这种方法避免了建立复杂物理模型的烦琐过程，而是转而利用数据之间的关联性和规律来预测故障。

在实际应用中，首先采集设备的各类数据，然后利用机器学习算法进行特征提取和模型训练，以实现故障的自动识别和预测。这种方法的优势在于能够处理大量数据并快速捕捉设备故障的前兆。

7.5.5 全流程运维服务管理系统

在工业智能化和数字化高速发展的智能制造时代，设备和系统的可靠性和稳定性越来越成为企业运营的关键因素。在这样的背景下，智能化运维的概念日益受到重视，实现全流程的运维服务管理则是制造商们精益化运行的必要条件。全流程运维管理系统通常是一个综合性的系统，旨在全面管理设备和系统的运维工作，涵盖设备的运行监控、故障诊断、维修维护、性能优化等多个方面，具有一体化、自动化、集成化及全流程闭环等特点。本节将对全流程运维服务管理系统进行探讨。

1. 运维服务流程一体化

全流程运维管理系统的一体化性能是其特征之一，在现代企业管理中具有重要意义。通过实现运维服务流程的一体化，企业能够提高运维效率、降低成本，并且提升服务质量，为企业的持续发展提供有力支持。实现运维服务流程的一体化需要借助适当的建模工具和技术，并且对运维活动进行深入理解和准确描述。

建模工具在运维服务流程一体化中发挥着至关重要的作用。业务流程模型和表示语言及统一建模语言是常用的建模工具。通过这些工具，可以清晰地描述运维活动的各个环节，包括维护、监控、故障处理等，使得整个流程更加可视化和易于管理。一体化建模工具和技术的应用可以帮助将运维活动的各个环节紧密结合起来，形成一个完整的流程模型。这些工具和技术有助于消除各个环节之间的隔阂，提高运维活动的协同效率。通过合理利用建模工具和技术，以及对运维活动的深入理解和准确描述，企业可以实现对运维流程的全面把控，提高运维效率、降低成本，从而为企业的可持续发展提供有力支持。

2. 运维服务流程自动化

全流程运维管理系统的特征之一是自动化性能。在流程一体化之后，为了使整个系统更智能高效地运行，实现自动化是至关重要的。自动化已经成为提高效率、降低成本及提升服务质量的重要手段。通过利用自动化技术，可以实现运维服务流程的高效执行，包括任务自动分配、自动化故障响应和修复等方面。

自动化实施策略在运维服务流程中发挥着关键作用。其中，任务自动分配是一个重要环节，通过自动分配任务，可以有效地将任务分配给合适的运维人员或团队，提高任务执行的效率和准确性。另一个重要的自动化实施策略是自动化故障响应和修复。在自动化监控系统实时监测系统状态的条件下，一旦发现异常情况，即可触发预先设定的自动化脚本或流程，进行故障诊断和修复。

除了策略之外，关键技术与工具在实现流程自动化方面发挥着重要作用。其中，工作流管理系统是一种常用的自动化工具，它可以帮助组织设计、执行和监控工作流程，实现任务的自动分配和执行。另一个关键的自动化技术是机器人流程自动化，它能够模拟人工操作，实现对人工任务的自动化执行。随着现代科技的发展，越来越多的自动化技术与工具不断涌现，使得实现智能运维的自动化性能不断得到优化。

另外，在制造生产过程中，自动化的配置管理、备份和恢复、性能优化及报告生成等概念，也不断强化了自动化实施策略的重要性。通过合理的自动化实施策略，并结合关键技术与工具的应用，可以实现对运维服务流程的自动化执行，从而显著提高了运维工作的效率和可靠性，为企业的发展提供了有力支持。

3. 基于云网端的智能运维服务管理系统一体化集成技术

集成化是全流程运维管理系统的一个显著特征。通过将运维服务管理系统部署在云平台上，实现数据、应用和服务的一体化集成，将云计算、网络技术和智能算法深度融合，全面升级了运维服务的智能化管理。这种集成化的架构使得企业能够更高效地进行运维管理。

云计算技术充分利用了云平台的弹性伸缩和资源共享特性，为企业提供了动态分配和高效利用运维资源的机会。在云计算方面，用户可以根据需要灵活获取计算资源，无论是计算、存储还是网络资源，都可以根据实际需求进行调整，从而大大提高了运维效率和资源利用率。在网络技术方面，优化网络架构和提升网络性能确保了运维数据的实时传输和高效处理，同时支持多种网络协议和接口标准，便于与其他系统和设备无缝对接，实现数据的互通共享。智能算法则通过运用机器学习、大数据分析等先进技术，对运维数据进行深度挖掘和分析，实现对运维状态的精准感知和预测。通过智能化的故障检测和预警机制，能够及时发现并处理潜在问题，有效预防运维风险的发生。结合一体化技术与自动化技术，云网将运维服务的各横向功能模块与纵向策略技术紧密集成，实现了运维流程的智能化与高效化。这种集成不仅提升了运维服务的响应速度与准确性，还为制造业的高效运维带来了全新的机遇，推动了企业的数字化转型与智能化升级。

4. 全流程闭环管控与优化技术

闭环管理在运维服务中的地位不可低估，它作为提升服务效率与品质的关键所在，已逐渐成为企业稳健发展的核心保障。在高度一体化、自动化与集成化的运维体系中，闭环管控的实施不仅是对运维流程的全方位监控，更是对服务品质的持续追求与精进。

闭环管控体系通过监测、分析、执行和反馈的循环过程，确保了运维活动的持续优化和不断进步。要实现稳健优质的闭环管理，持续改进方法的应用至关重要。这些方法包括但不限于运用数据分析、机器学习等前沿技术对运维服务流程进行深度剖析和持续优化。通过对运维数据的深入挖掘和分析，企业能够精准地识别出潜在问题，发现改进空间，并制定出切实可行的优化措施。同时，机器学习技术的引入使得运维活动更加智能化和自动化，能够自动识别并应对潜在风险，从而提高运维效率和响应速度。

在现代企业运维管理中，运维服务流程一体化、自动化实施、云网端智能集成和全流程闭环管控技术的相互融合，为企业提供了更为高效、可靠的运维服务。这些技术的综合应用不仅优化了运维流程，提高了服务效率和质量，还为企业的数字化转型和智能化升级提供了有力支持。

7.6 服务化技术——数智化平台决策支持

数智化平台决策支持技术通过集成新一代数字技术与智能技术，利用平台化方式来实现服务化系统中基于数据驱动的智能化决策和运作管理，进而有效识别服务需求、提高服务效率与服务质量、改善服务体验，为传统的服务化技术赋能。本节首先分析物联网、人工智能、大数据等新信息技术条件下服务化面临的机遇和挑战，梳理相关新技术对于服务化的作用，并提出新技术赋能服务化的框架；其次，介绍平台化服务系统的组成，并从不同角度梳理平台化服务的分类；此外，阐述了大数据分析技术在服务化中的应用，并依据功能方法对不同技术进行分类；最后，从不同应用场景分析了服务化决策的数智化技术的分类。

7.6.1 新技术赋能服务化概述

1. 新技术条件下服务化机遇与挑战

物联网、信息物理系统（Cyber-Physical Systems，CPS）、人工智能、云计算、大数据、虚拟现实等新信息技术引发了第四次工业革命，德国人称之为工业 4.0。一方面，由于各种新信息技术的应用，使得制造与服务资源、产品、用户等要素实现互联，实现海量信息的收集，有助于产生制造服务化新业务和新模式；另一方面，新信息技术的应用使得制造服务化管理变得更加复杂，增加了管理的负担。因此，新信息技术在为数智化平台服务提供前所未有的发展机遇的同时，也使得复杂制造服务化管理成为数智化平台服务实施的巨大挑战。

（1）机遇 党的十八大以来，我国高度重视制造业发展，2020 年中国共产党第十九届中央委员会第五次全体会议提出了我国"十四五"发展规划及 2035 年远景目标，已从国家层面确定了建设制造强国的总体战略方针，促进与推动我国制造业高质量发展。

物联网、大数据、云计算、人工智能等新信息技术的快速发展和广泛应用，为我国智能制造数智化平台服务化提供了前所未有的机遇。我国作为制造大国，应借助这些新信息技术，尽快推进制造业的创新能力、数智化与服务化的深度融合，通过数智化、协同化和服务化的智能制造新范式发展智能制造数智化平台，全面提高我国制造业企业的研发、生产、服务、供应链全价值链管理水平，支撑我国从制造业大国向制造业强国的顺利转变。

（2）挑战 信息的快速传递和全球开放市场增加了变化的频率，这增加了时间和成本的压力，只有那些能迅速而经济地对不断变化的市场和顾客偏好做出反应的企业才能在这样的环境中保持竞争力。在新信息技术背景下，销售的增长不再仅仅是通过降低成本和提高质量来实现，而是需要推出更多满足消费者需求的产品。如何快速、高效和低成本的满足个性化的需求，是企业面临的巨大挑战。

另外，随着新信息技术的应用，产品的智能化水平不断提高，如增加芯片、传感器、通信单元等硬件及相关软件，且由于产品功能和性能要求也越来越高，使得产品的系统管理也越来越复杂。由于产品复杂，加之对产品全生命周期、服务化、绿色及可持续发展等方面的考虑，产品研发管理需要多学科、多主体跨供应链协同作业，设计需要考虑面向制造、面向供应链、面向能耗与排放等，要求产品设计与验证一体化缩短设计与研发周期等，因此产品研发管理变得十分复杂。

再者，在制造服务化这一新制造模式下，制造企业不仅提供产品，而且提供产品相关的服务，甚至是产品整个价值链上的服务，在为企业创造附加价值的同时，企业获得更高的利润空间。在新信息技术背景下，制造服务化从价值链到服务化生态（从线到面）转型，而且将向数字化转型。随着新技术在服务化形态、价值创造机制、服务化管理方面的深入应用，其产生的信息不仅涉及产品及产品制造环节，而且还叠加了服务及服务过程，服务化呈现多元化、个性化、及时化、平台化等新特征，带来了额外的复杂性。

此外，对于复杂的产品，由于零部件多，而且随着专业化分工及协作程度加大，所涉及的供应链节点增多。而且许多产品供应链交织在一起，导致供应链从链状到更加庞大与复杂的供应链网络。再者，随着服务化发展，面向产品制造供应链与后端的服务供应链叠加融合，从而形成的混合供应链网络，引起了高度的静态系统复杂性。随着信息技术和工业 4.0 的普及和应用，供应链正向更加数字化的范式转变。物联网、机器人及大数据分析等新兴技术被用来强化供应链，解决供应链库存、计划中的难题，但也带来额外的问题。此外，随着新信息技术的应用，生产需求动态变化甚至是个性化需求，供应链将向基于新信息技术的数字化平台转型，实现了跨企业横向集成和跨企业内部不同业务系统的纵向集成及面向定制产品的端到端集成。这种整合也使得企业能够在协同制造中整合资源，使他们能够专注于他们的核心竞争力，并在行业平台上分享产品创新的能力，共同努力开发产品和互补资产与服务，具有更多的附加值。新信息技术赋能混合供应链网络运行将产生大量的信息，增加了动态复杂性。

2. 相关新技术对于服务化的作用

在需求满足方面，随着人工智能、大数据、云计算等技术的不断创新，企业制造服务可以更好地满足消费者个性化、多样化的需求。例如，人工智能可以实现智能客服和智能推荐，大数据分析可以提供精准的市场预测和用户画像，云计算可以为企业提供便捷的数据存储和处理能力。这些新技术的应用，可以有效提高制造服务的效率和质量，促进制造服务的升级和转型。

在业务拓展方面，新技术的出现使得服务可以通过互联网进行在线交付，不受地域限制，极大地改变了传统的服务方式，也提升了制造服务性水平。例如，电子商务平台的兴起，使得消费者可以随时随地购买商品和享受服务，获得优质服务和消费体验。此外，新技术还催生了共享经济模式，通过在线平台将供需双方进行匹配，实现资源的共享和优化利用。这些新兴模式和业态，为制造服务的拓展提供了无限可能。

在性能提升方面，基于物联网与 CPS 实现了制造资源、产品、用户、制造情景等要素的互联，可以在没有人干预的情况下收集与共享信息并做出决定，使得应对动态变化的市场需求快速重构制造系统成为可能。由于大数据、人工智能等应用，使得基于海量信息进行数据驱动的集成性（计划与调度）、协同性（多主体之间、多系统之间）、适应性、前瞻性优化决策成为可能。因为信息技术的本质就是降低制造复杂性，在不确定性中寻找规律和确定性的决策结果，所以，新信息技术在有效应对制造复杂性、提升智能制造性能方面具有巨大潜力。

3. 新技术赋能服务化框架

如图 7-11 所示，在新信息技术及复杂的外部环境下，制造范式将发生变化，对企业提出了产品多样性、缩短研发周期、快速交付及高质量的要求。为此，在新信息技术赋能下制造系统范式将向智能制造范式变化，其中，服务化、协同化及数智化是智能制造范式的三个关键特征。由于传统制造系统范式向复杂的制造范式的转化，制造将更加复杂。为此，需要有效的复杂性管理方法，通过分析、计划和执行构成的复杂性管理循环以应对复杂性，使得智能制造系统范式得以有效实现，而伴随着复杂性的有效应对，将会实现制造系统关键性能指标。围绕这两个循环，伴随着新制造复杂性不断增加，智能制造系统性能和绩效不断提升。

7.6.2 基于数智化平台的服务

1. 平台化服务的概念

平台化服务也称为基于平台的服务，是指通过互联网平台、数字化技术等促进消费者和生产者之间的连接和互动的服务模式。与传统服务模式不同的是，平台化服务是将传统的产

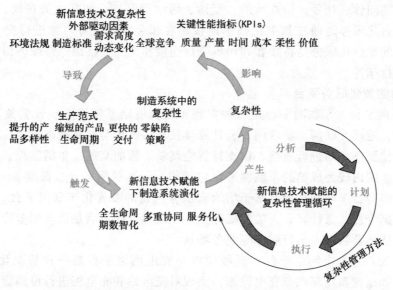

图 7-11 新信息技术赋能服务化的框架

品或服务的提供商与消费者通过数字化平台进行连接，通过平台实现服务的交互和交易。例如，滴滴等共享出行平台为顾客和司机提供了一个连接的平台，顾客可以通过平台进行打车，提高了用户出行的便捷性。

平台化服务系统是由顾客、服务提供商、平台提供商、合作伙伴和监督机构等多方参与形成的生态系统，不同的参与者可以在平台上进行合作与交互，从而实现价值共创。平台可以通过收集用户、交易和服务等方面的数据，借助数据挖掘和大数据分析等方法对顾客需求、行为偏好、服务过程、市场趋势等进行分析，从而为顾客提供个性化和定制化的服务，为资源供给和需求的匹配调度等运营管理提供智能化的决策支持，进而实现数智化的平台服务提供。

2. 平台化服务的分类

平台化服务可以根据不同的角度进行分类：

（1）根据服务对象的不同进行分类　根据服务对象不同，平台化服务一般可以分为面向消费者（Business to Consumer，B2C）、面向企业（Businessto Business，B2B）、从顾客到顾客（Consumer to Consumer，C2C）提供的服务。第一类面向消费者的 B2C 平台化服务在日常生活中非常普遍，如淘宝和京东等电商平台、在线教育平台等；第二类面向企业的 B2B 服务平台化服务，如阿里巴巴国际站是专业的 B2B 跨境贸易平台；第三类是从顾客到顾客的 C2C 平台化服务，如咸鱼等二手交易平台、滴滴打车等共享经济平台。

（2）根据用户交互的不同进行分类　根据用户交互的不同，平台化服务可以分为双边平台（Two-Sided Platforms）和多边平台（Multi-Sided Platforms）提供的服务。双边平台化服务是连接两个顾客之间的交互和服务，如滴滴打车连接了乘客和司机，乘客通过应用平台打车，而司机通过平台接受乘客的订单。多边平台化服务是指平台连接了多个不同的群体进行交互，如苹果应用商店（Apple App Store）连接了苹果、应用开发者和顾客，微信连接了个人、公众号、小程序等多个不同类型的用户群体。

（3）根据行业领域的不同进行分类　根据面向的行业领域不同，平台化服务可以分为不同行业的平台化服务。例如，医疗健康领域的平台化服务指面向医疗和健康保健等领域的平台提供咨询、问诊、挂号、检查预约、复诊、回诊等服务，如好大夫在线、丁香医生等；金融行业的平台化服务是通过数字化技术连接顾客和金融机构等对象进行交互，如蚂蚁金服；交通行业的平台化服务是将顾客和司机进行连接和交互，已提供便捷的出行方式，如滴滴出行、美团打车等。

3. 典型的数智化服务平台

（1）车联网平台　车联网平台是一种实现车辆、道路基础设施、云服务等相关系统组成的服务平台，通过互联网、物联网、云计算等技术将汽车与道路基础设施、汽车与汽车之间、汽车与其他服务之间进行连接，以支持智能驾驶、智能交通、车辆监控、车载信息娱乐等服务的运行。国内较为成熟的车联网平台包括华为云车联网平台、百度 Apollo 智能车联、高德云图等。华为云车联网平台是基于华为云服务构建的数智化车联网平台，利用云、边、端协同和大数据分析、云计算、人工智能等数智化技术，提供满足汽车制造商、运营商等在车辆监控、车队运营管理、出行服务等业务场景。

（2）新能源汽车充电网络平台　新能源汽车充电网络平台是一种智能化的信息平台，主要用于管理和运营新能源汽车充电设施，实现对充电站和充电桩进行设施管理、用户充电管理、导航与预约服务、状态监控、充电支付结算、远程控制、数据分析等功能。随着新能源汽车的不断推广和普及，我国新能源汽车的渗透率和保有量持续增加，对充电设施的需求也持续增加。近几年来，我国新能源汽车销量从 2020 年的 136.7 万辆逐渐增长到 2021 年 352.1 万辆、2022 年 688.7 万辆、2023 年 949.5 万辆，其中，2023 年，上海市的新能源汽车推广量为 35.4 万辆，保有量达到了 128.8 万辆。很多城市和企业单位都建设新能源汽车的充电网络平台，如上海市建立的"联联充电"平台、国家电网充电服务平台、特来电充电网络平台、特斯拉超级充电网络平台等。例如，国家电网充电服务平台"e 充电"是国家电网公司依托国家电网的基础设施为政府、充电运营商、汽车制造商、电动汽车用户及电池企业等提供车、桩、网、储等一体化服务的数智化平台。e 充电平台可以为新能源汽车用户提供充电服务、智能找桩和行程规划等智能化服务，同时也可以利用大数据分析和人工智能等技术为充电运营商提供远程监控、运行诊断等保证设施安全稳定运行的服务。此外，近年来电动汽车入网技术（Vehicle-to-Grid，V2G）也逐渐成熟，该技术将电动汽车电池的直流电逆变为交流电，并将其反馈回电网，从而减少电网负载，提高用电效率，但目前该技术仅在部分地区试点实施，还未广泛推广。

7.6.3　服务决策大数据分析技术

1. 大数据分析技术在服务化中应用概述和分类

大数据分析技术是指利用先进的分析技术、算法和工具从大量的复杂数据集中提取隐藏的模式、相关性和趋势等有价值的信息。大数据具有数据量大（Volume）、数据类型多（Variety）、数据产生和处理速度快（Velocity）、价值高但密度低（Value）等特点。在互联网、医疗健康、保险和金融领域及政府机构等领域，通过分析在线交易、点击量、日志、搜索查询、社交网络互动、医疗健康、传感器等大数据，可以帮助企业洞察客户和个性化的营销、通过洞察市场需求变化推动新产品的研发和创新、帮助客户指定个性化的产品和解决方案等。

在面向服务决策方面，大数据分析过程通常包括数据收集与存储、数据处理和集成、数据挖掘、决策支持和运营优化等方面。数据收集与存储包括收集、集成和存储来自各种来源的结构化和非结构化数据，如服务需求、服务过程和服务结果等方面。数据处理和集成包括数据清洗和预处理，数据的标准化，以及将不同来源的数据进行集成。数据挖掘包括利用聚类分析、关联规则学习、分类、文本挖掘和深度学习等大数据分析方法对收集的海量数据进行分析，进而为服务开发和优化提供有价值的见解、洞察、模式和趋势等结果。决策支持和运营优化包括基于数据挖掘的结果，生成客户画像、市场趋势、服务交付优化等决策支持内容，利用运营优化技术对服务流程、资源组织、服务调度等进行优化，从而提高服务系统的整体运行效率。

大数据的分析技术可以依据功能方法划分为不同的类别，包括描述性分析技术、诊断性分析技术、预测性分析技术、指导性分析技术。

1）描述性分析技术是大数据分析的基础技术，主要是描述、总结和解释历史数据的模式、趋势及关键指标等，以便深入了解过去发生的事情的规律，从而为未来的分析和决策提供支持。描述性分析技术通常包括数据聚合、数据汇总、数据的可视化、趋势分析、相关性分析、异常检测等方法和技术。

2）诊断性分析技术主要是用来分析某些事件或结果发生的原因，以便识别业务中的问题和改进的方向。诊断性分析技术通常包括根本原因分析（Root Cause Analysis）、关联分析、因果分析、趋式分析、对比分析等方法和技术。

3）预测性分析技术是利用统计方法和机器学习等方法，根据历史的数据对未来的趋势、行为或时间进行预测，以便于企业采取主动的措施来应对未来。预测性分析技术包括回归分析、时间序列分析、机器学习方法（如支持向量机、决策树、神经网络等）、聚类分析等方法。

4）指导性分析技术是一种较为高级的大数据分析方法，主要是用于指导业务流程优化、管理决策优化等内容，相对于前面三种技术，指导性分析技术是用来帮助企业应该采取什么样的决策或行动来达到最优的效果。指导性分析技术通常包括各种优化方法和技术，如针对线性规划和整数规划等数学规划问题的单纯形法、割平面法、动态规划方法、列生成算法、Benders 分解算法等精确算法，遗传算法、禁忌搜索算法、模拟退火算法等启发式算法，以及价值流优化、5S（整理、整顿、清扫、清洁、素养）管理、动作优化、持续改进等基础工业工程方法。

2. 典型应用

电商平台是通过互联网和移动营业技术为商家和消费者提供连接和交易的在线电子商务平台，如淘宝、京东、当当等平台。电商平台在日常的运营过程中广泛使用大数据分析技术来改善平台的运营，增强用户体验。在面向客户方面，平台通过大数据分析用户的浏览和购买历史，分析客户的需求和偏好，从而为客户提供个性化的产品和服务。在营销方面，平台可以根据客户统计信息、浏览模式和购买历史将客户进行聚类，划分为不同群体，进而设计针对性的广告投放和营销策略。在库存和供应链管理方面，平台可以基于历史数据对需求进行预测，基于此进行库存策略的优化，并对生产、物流和配送等供应链全流程进行优化。

7.6.4 服务化决策数智化技术

1. 服务化数智化技术概述与分类

数智化技术是数字化与智能化的集成，是指通过数字技术与智能技术来实现基于数据驱动的智能化决策和运作管理。面向服务化决策的数智化技术是利用先进的数字化技术和智能化决策支持技术来识别服务需求、提高服务效率与服务质量、改善服务体验。

从面向的应用场景可以将服务化决策的数智化技术分为个性化服务支持技术、数据驱动的决策支持技术、智能客户交互技术、实时监控与管理技术等。个性化服务支持技术是指根据顾客的特征数据和历史消费与行为等数据，利用数据挖掘和分析、客户画像、个性化方案生成等技术来刻画客户偏好和行为，并制定个性化的方案，从而提高客户满意度和忠诚度。数据驱动的决策支持技术是利用数据分析和决策支持方法来指导战略管理、战术管理和作业管理。智能客户交互技术是指利用自然语言处理和机器学习等技术实现理解客户自然语言并进行交互，在虚拟助手、语音识别、智能客服、自助服务等场景具有广泛的应用。实时监控与管理技术是利用实时传感器技术收集信号、文字、图像或视频数据，通过数据分析与挖掘技术进行服务流程监控、异常监测与处理、动态决策。

2. 典型应用

数智化决策技术的典型应用就是共享出行平台。共享出行平台是共享经济的重要内容，是通过互联网、物联网和移动应用等技术连接用户和车辆，进而促进车辆资源的共享和利用，包括共享汽车、共享自行车、共享电动车等交通工具。在这些共享出行平台中，许多服务化的数智化技术被应用于智能定位与导航、车辆监控与远程管理、需求预测、智能调度等场景中。下面以全球最大的共享出行平台之一滴滴出行为例进行简要介绍。滴滴出行通过大数据分析技术实现对打车费用的精准预估，并且基于车联网和传感器设备，实现车和人的精准定位和车辆的远程监控。当顾客提交打车需求后，平台根据附近可用车辆情况，推荐出最佳的预估车费和匹配方案。此外，平台可以根据需求预测和实时订单数据来精准预测需求，并进行动态定价决策优化。在拼车出行方面，通过智能优化算法实现区域内多个顾客的拼车需求。在智慧交通方面，滴滴出行和城市交通部门一起合作，通过数据模型估计区域车流量，然后进行交通信号灯的控制优化，最终得到智能的信号灯控制方案。

本章小结

本章全面阐述了制造服务化的起源、理论框架和应用进展，以及服务型制造如何成为推动制造业创新和转型的关键途径。从制造服务化的概念提出开始，到服务型制造概念的进一步发展，本章详细探讨了引领这一转变的多种因素，包括经济、市场、社会、环境及技术和知识的驱动力。此外，本章还对服务化的不同分类进行了详细解释，并回顾了相关研究和应用的历史与现状。

技术赋能方面，本章重点介绍了几种关键的服务化技术，包括产品与服务配置优化、制造与服务集成、智能运维服务技术及数智化平台的决策支持等。这些技术不仅提升了服务型制造的效率和效果，还加强了制造业的竞争力和市场适应性。通过这些技术的实施，制造业能更好地响应市场需求，实现从传统制造向服务导向制造的转变，从而在全球制造业竞争中占据更有利的地位。总的来说，本章深入剖析了制造服务化的理论与实践，展示了制造服务化在推动制造业现代化和全球化进程中的重要作用。

思考题

1. 探讨服务化对供应链牛鞭效应的影响，并提出相应的缓解策略。

2. 请调研产品服务配置优化中的重点和难点问题，思考如何用更优的方式、面对有限的数据对客户偏好进行描述（特别是从历史数据中提取分布信息），以及如何对随机优化模型进行定制化求解算法的开发。

3. 探讨如何通过智能运维服务策略有效提升设备的可靠性和维护效率。考虑到不同行业和设备的特性，请举例描述一种适用于特定行业（如制造业、能源业）的智能运维服务策略，并分析其可能面临的挑战与解决方案。

4. 请分析在智能运维中，如何结合故障智能诊断与故障智能预测技术来增强系统的预防维护能力，并讨论这种技术整合对于减少设备停机时间和维护成本的具体影响。

智能制造工程管理通过优化配置产品全生命周期的资源，缩短产品迭代周期，提高产品全生命周期质量，降低产品全生命周期成本与风险，对于促进智能制造业的高质量发展、提高企业的核心竞争力具有重要意义。本书系统性地介绍了智能制造工程管理的基础理论、方法和前沿技术，并深入探讨了其在高端装备制造领域的应用。全书共分为 7 个章节，分别概述了智能制造工程管理的辩证思维和基本理论、智能制造全生命周期管理理论与方法、智能制造的新模式与新业态、智能制造工程管理中的优化与决策技术、制造工程管理的数字化网络化智能化技术、智能制造工程的绿色化管理技术以及智能制造工程管理中的服务化技术，为读者全面理解智能制造工程管理的理论和实践提供了重要基础。

　　绪论部分主要探讨了高端装备智能制造工程管理的现实背景、辩证思维和理论基础。首先分析了高端装备制造对于重塑国家竞争格局的重大战略意义，探讨了新一代信息技术对高端装备智能制造带来的影响和重要机遇，并阐述了工程管理系统所面临的现实挑战。其次，揭示了工程管理的一般性辩证思维，总结了智能制造工程管理的基本特征和多元价值目标，介绍了智能制造工程管理的基本理论、方法、技术及其结构和逻辑关系。最后，对制造资源组织方式、制造全过程管理方式、工程管理服务化模式和智能决策支持系统的发展趋势进行了展望。

　　智能制造的全生命周期管理覆盖研发、生产、运维及其一体化管理，也涉及供应链各环节的协同管理和企业生态系统管理过程。本书分别介绍了高端装备全生命周期工程管理的相关概念、基本内容和结构框架，探究了其管理流程、主要阶段和方法技术，这涉及各个阶段的组织与流程管理、需求分析、计划优化、资源调度、成本和质量控制等。此外，本书还探讨了智能制造供应链管理的供应商选择、定价决策、补货策略和计划优化的协同管理问题，并讨论了高端装备智能制造生态系统的构成要素、形成过程和系统网络的动态演化趋势。

　　在新一代信息技术环境下，智能制造领域逐渐涌现出了新模式和新业态，并深刻影响着企业生产经营方式和社会经济发展。本书探究了智能制造价值网络的构成要素、增值机理及其与产业链的融合创新，介绍了云制造、大规模个性化定制、社群化制造、网络化协同制造和共享制造等智能制造运作模式，概述了中台组织、平台型组织、自组织管理、虚拟组织、动态企业联盟等智能制造组织模式，总结了服务型智能制造的若干产业模式，并前瞻性地分析了新模式、新业态下的战略、管理组织、管理人力资源、管理生产管理和变革的创新。

　　制造工程管理实践中，存在大量的预测、优化、决策和评估问题，需要在对制造过程中的各种优化决策问题进行提炼的基础上，运用科学的方法进行问题求解。为此，本书分别介绍了基于回归分析、时间序列分析和机器学习的预测技术，工程管理建模方法及其精确求解、元启发式和数据模型联合驱动的优化技术，确定性与不确定性、单目标与多目标、单人和群体、短期和长期决策技术，以及基于证据理论、区间语言信息、人工智能的系统评估技术。

数字化、网络化、智能化是新一轮科技革命的突出特征，也是智能制造工程管理中的核心技术。本书分别介绍了制造工程中基于直接感知、软传感器和多源传感器的智能感知技术，以及云边协同、云服务调度和云服务选择技术。针对智能制造工程管理中的网络安全问题，阐述了安全威胁智能识别、安全程度智能评估、多模态攻击智能检测等技术。针对智能制造工程管理过程产生的海量异构数据，提出了基于多模型集成的稀疏传感器、序列传感器的传感器数据分析方法。

高端装备制造存在大量的资源与能源消耗、排放与环境污染方面的问题，实施绿色化管理技术将带来相当可观的经济利益和社会价值，也体现了制造大国的责任担当。为此，本书提出了高端装备制造工程的供给侧多功能互补优化、需求侧用能优化和制造工程能效评价方法，介绍了制造工程环境监测、环境风险管理和环境绩效评价技术，以及制造工程资源循环利用技术和绿色供应链管理技术。

最后，服务型制造是我国建设制造业强国的重要举措，能够凭借服务化创造市场、资源、客户等优势促进我国制造业向价值链高端转移，促进制造质量的内涵式发展。本书介绍了制造服务化、服务型制造的概念和起源，并阐述了产品与服务配置优化、制造与服务集成管控、智能运维与故障诊断、数智化平台决策支持等制造服务化相关赋能与支撑技术。

整体而言，本书从高端装备设计、生产、运维全生命周期管理与智能制造工程管理关键技术相融合的角度，重点阐述了智能制造工程管理的核心理论框架和关键技术实现，为理解智能制造工程管理体系提供了一个全面的视角。本书旨在以培养卓越工程师为目标，使读者在掌握智能制造工程管理理论与方法的同时，更为重要的是培养他们具有工程管理的辩证思维能力和多元价值观，并具有良好的创新能力。

智能制造工程管理已成为制造业高效可持续发展的重要支撑，新一代信息技术，包括5G、工业互联网、大数据、云计算、人工智能特别是生成式人工智能等，已经对智能制造工程管理产生了深远影响。例如，基于生成式人工智能的数据分析能够提供精准预测，为研发、生产、供应链管理提供更加科学的决策支持。通过机器学习和深度学习技术，智能制造系统能够自动识别和优化生产流程中的瓶颈。利用人工智能技术，可以更好地实现智能制造产品的个性化定制，满足消费者多样化的需求。通过市场需求预测可以调整零部件库存和采购物流决策，从而动态优化供应链与生产协同管理。基于历史运行数据和状态监测数据，采用大数据分析技术可以更加精准地预测设备故障，并通过预防性维护减少装备停机时间。采用运筹优化方法，可以实施制造过程控制和参数优化，降低能源消耗和污染排放，推动装备制造和运行的绿色化发展进程。基于物联网和大数据分析技术，制造企业可以为终端用户提供多样化的智能运维服务，为装备运行提供动态决策支持。这些技术的应用将推动智能制造工程管理向数字化网络化智能化方向发展，为装备制造业带来全新的发展机遇。例如，智能制造生产流程管理将更加精准化和柔性化，并将引发诸如生产流程优化、定制化生产、机器人自动化生产等方面的发展趋势。

首先，新一代信息技术将实现制造全过程的实时追踪和智能决策。新一代通信技术的高速度和低延迟特性将使得制造设备、产品、人员之间的连接更加紧密，为实时数据传输和智能化决策提供重要支撑。工业互联网的广泛应用将使得制造企业能够实时获取设备状态、生产进度、产品质量等数据；大数据和云计算技术的应用将使得制造企业能够处理和分析海量数据，挖掘数据中的价值；人工智能技术的应用将使得制造企业能够实现智能化决策，提高动态实时决策的效率和精准性。

其次，智能制造工程管理将向服务化、平台化和生态化方向发展。服务型制造侧重于在生产高质量和高性能装备的同时，为用户提供更加个性化和定制化的专门服务。平台化制造聚焦于为制造企业搭建开放、共享的研制平台，从而吸引更多的合作伙伴参与全流程产业创新。生态化的目的是构建制造企业与上游供应商、外部服务商、终端用户等产业链成员之间共生共荣的生态系统，实现各方利益的协同提升。智能制造工程管理应当适应新一代信息技术环境下个性化定制和柔性化生产的新特征，助力企业更好地适应市场变化、提高竞争力和市场份额。

最后，智能化技术将赋能装备制造精细化管理，推动产业绿色可持续发展。在新一代信息技术环境下，装备制造业亟需数字化、网络化、智能化的高效解决方案，从而提高装备的使用性能和附加值，推动装备制造产业的系统性转型升级。智能制造工程管理理论与方法的应用前景广阔，主要体现在基于生产过程实时监控和控制提升全流程管理效率、通过精细化管理和数据分析保证产品质量和可靠性、整合跨领域优势资源实现智能制造技术创新和突破、优化能源消耗和减少废弃物排放实现制造业可持续发展，这些创新性应用将为制造业的升级和转型、跨领域融合与创新以及拓展国际市场与增强竞争力提供有力支持。

这些趋势将为制造企业提供更多的技术优势，促进生产效率的大幅提升，实现更高水平的数字化、智能化、个性化、绿色化和服务化。同时，我们也需要关注技术发展带来的新挑战，如就业影响、技能差距、数据隐私和安全等问题，需要企业在技术、管理和人才等方面进行全面的转型升级。智能制造工程管理是企业保持竞争力和可持续发展的重要手段，新一代信息技术的迅猛发展，深刻重塑了智能制造工程管理的理论与方法，促使我们重新审视其管理框架与策略。在此背景下，智能制造工程管理面临诸多的战略性、前瞻性和开放性问题。例如，如何理解现代工程管理理论与工程管理实践的辩证关系？现代工程管理技术如何引领高端装备智能制造的高质量发展？工程管理技术和智能制造技术如何深度融合发展？深刻理解这些问题不仅是当前制造工程实践面临的重大挑战，也是推动智能制造产业转型升级的关键所在。

智能制造工程管理理论与工程管理实践相互依存、相互促进，理论为实践提供策略指导，保证智能制造的科学性、前瞻性、系统性和可控性，推动技术创新与产业升级；实践则不断检验并丰富理论，通过实际问题的解决反馈，促进理论的持续优化与创新。理解这种辩证关系对于螺旋式提升高端装备制造的智能化水平、增强企业竞争力具有深远的现实意义。智能制造工程管理涉及技术、理念、体系、规范、队伍及制度等多个层面，这些要素相互作用、相互依赖，形成了一个具有高度综合性和动态性的复杂系统。制造技术与管理理念的深度融合，要求在实践中不断检验并完善管理理念，从而推动管理技术的创新；而管理体系与细节的协调统一，则需要在宏观架构与微观操作之间找到平衡点，确保整体效能最大化。同时，工程管理规范与创新相互促进，既需要遵循既定规范以保证项目的稳定性，又需不断创新以适应新技术、新需求。工程管理队伍与制度的共同提升，强调人才培养与制度建设并重，以人才驱动制度完善，以制度保障人才发展。这些要素之间的逻辑关系错综复杂，需要深入理解并持续探索。

　　智能制造高质量发展是指将制造技术与数字技术、智能技术集成应用于高端装备设计、生产、运维和服务的全生命周期，实现产品生产的实时优化和需求的动态响应。制造企业通过优化生产流程、提高资源利用效率，推动实现绿色可持续发展，能够为经济社会的全面协调发展注入强劲动力。现代工程管理技术是高端装备智能制造高质量发展的关键驱动力，涉及多层次的复杂性和高度的专业性。首先，工程管理需要整合多方资源、协调多个组织，而高端装备智能制造则涉及高精尖技术、智能制造系统和复杂产业链，其高质量发展不仅要求技术创新，还要求管理模式的同步升级；其次，现代工程管理注重数据分析和预测，帮助企业合理配置人力、物力和财力资源，优化生产流程，降低生产成本。同时，通过建立质量管理体系，对生产过程进行实时监控和精确控制，确保产品质量的稳定性和可靠性；最后，引领高质量发展还意味着要不断解决"卡脖子"问题，突破关键技术瓶颈，这需要工程管理在规划、组织、控制等方面发挥更大作用，确保研发、生产、运维等各个环节的顺畅衔接和高效运行。

　　工程管理技术与智能制造技术的深度融合发展，旨在促进高端装备智能制造全生命周期管理的智能化和精细化水平，从而显著提升生产效率和产品质量，降低资源总消耗和运营成本。两者之间的深度融合能够为技术创新与产业升级、实现制造业的高质量发展奠定坚实基础。制造企业应注重跨学科、跨领域的交叉融合和协同创新，构建智能化、高效化的生产管理体系，实现生产过程的实时监控和动态调整。首先，利用工程管理技术优化项目规划与调度，通过精确分析项目需求和资源可用性，实现资源的高效配置和智能调度，提升生产效率；其次，借助物联网、大数据分析、人工智能等新一代信息技术，实现生产过程的自动化和智能化，提高生产线的灵活性和生产效率；同时，将工程管理中的质量管理和监控措施与智能制造技术相结合，建立全面的质量管理体系，对生产过程进行实时监控和精确控制，确保产品质量的稳定性和可靠性；最后，通过工程管理技术促进企业内部协作和沟通，实现团队成员之间的信息共享和实时协作，加快决策过程，提高问题解决效率，推动智能制造技术的不断创新和应用。

　　解决上述战略性和开放性的问题是实现智能制造工程管理持续发展的关键。理解现代工程管理的数据、流程、组织、技术等要素间的辩证统一关系，需注重各要素间的相互依存与相互促进。数据应作为决策基础，流程需优化以提升效率，组织需灵活以应对变化，技术则需不断创新以驱动发展。这四者相互交织，共同推动工程管理水平的提升。引领高端装备智能制造高质量发展，现代工程管理技术需与智能制造技术深度融合。通过精准数据分析指导生产优化，利用智能化手段提升装备性能与生产效率，同时优化组织结构与流程，确保各环节高效协同。此外，持续的技术创新也是推动智能制造向更高水平发展的关键。实现工程管理技术与智能制造技术的深度融合，需打破技术壁垒，促进信息共享与协同。加强跨学科合作，培养复合型人才，以应对技术融合带来的挑战。同时，注重实践与理论的结合，不断总结经验教训，推动技术与管理模式的持续创新。在新一代信息技术与智能制造工程管理技术的互动发展中，需构建开放合作平台促进技术交流与资源共享，加强数据安全与隐私保护确保信息技术在智能制造中的安全应用。同时，推动管理模式的创新，以适应信息技术的快速发展，实现信息技术与工程管理技术的深度融合与协同发展。

　　通过解决上述问题，智能制造工程管理理论与方法体系将不断发展完善，进一步推动制造业的创新升级。这将有助于提高制造业的整体竞争力，促进经济的持续健康发展，实现经济效益、社会效益和环境效益的协调统一。

参 考 文 献

[1] 杨善林. 复杂产品开发工程管理理论与方法 [M]. 北京：科学出版社，2012.

[2] 杨善林，黄志斌，任雪萍. 工程管理中的辩证思维 [J]. 中国工程科学，2012，14 (2)：14-24.

[3] 杨善林，钟金宏. 复杂产品开发工程管理的动态决策理论与方法 [J]. 中国工程科学，2012，14 (12)：25-40.

[4] 清华大学人工智能研究院，清华-中国工程院知识智能联合研究中心. 人工智能发展报告 2011—2020 [R]. 2020.

[5] 杨善林. 工业互联网时代的高端装备智能制造 [J]. 智慧中国，2019 (Z1)：72-74.

[6] 薛旻. 基于信念分布的高端装备供应商选择问题研究 [D]. 合肥：合肥工业大学，2019.

[7] 殷瑞钰，汪应洛，李伯聪. 工程哲学 [M]. 北京：高等教育出版社，2007.

[8] 周三多，陈传明，鲁明泓. 管理学：原理与方法 [M]. 上海：复旦大学出版社，2009.

[9] 刘业政，孙见山，姜元春，等. 大数据的价值发现：4C 模型 [J]. 管理世界，2020，36 (2)：129-138+223.

[10] 延建林，董景辰，古依莎娜，等. 加快制定适合我国国情的智能制造技术战略 [J]. 中国工程科学，2018，20 (4)：9-12.

[11] YANG S L, WANG J M, SHI L Y, et al. Engineering management for high-end equipment intelligent manufacturing [J]. Frontiers of Engineering Management，2018，5 (4)：420-450.

[12] ZHAO J, LI P, ZHOU Y, et al. Toward new-generation intelligent manufacturing [J]. Engineering，2018，4 (1)：11-20.

[13] GOKPINAR B, HOPP W J, IRAVANI R M S. In-house globalization：The role of globally distributed design and product architecture on product development performance [J]. Production and Operations Management，2013，22 (6)：1509-1523.

[14] PRELEC D, SEUNG H S, MCCOY J. A solution to the single-question crowd wisdom problem [J]. Nature，2017，541 (7638)：532-535.

[15] DARA O' R. The science of sustainable supply chains [J]. Science，2014，344 (6188)：1124-1127.

[16] 王安宁，张强，彭张林，等. 融合特征情感和产品参数的客户感知偏好模型 [J]. 中国管理科学，2020，28 (9)：199-208.

[17] 沈超，王安宁，方钊，等. 基于在线评论数据的产品需求趋势挖掘 [J]. 中国管理科学，2021，29 (5)：211-220.

[18] 沈超，王安宁，陆效农，等. 基于在线评论的客户偏好趋势挖掘 [J]. 系统工程学报，2021，36 (3)：289-301.

[19] 陆少军. 面向协同制造过程考虑工件恶化的供应链生产调度问题研究 [D]. 合肥：合肥工业大学，2020.

[20] 方昶. 物联网环境下混合生产系统中三种新的生产计划模型及求解算法研究 [D]. 合肥：合肥工业大学，2016.

[21] 裴军. 基于连续批加工的生产运输协同调度研究 [D]. 合肥：合肥工业大学，2014.

[22] 张强，赵爽耀，蔡正阳. 高端装备智能制造价值链的生产自组织与协同管理：设计制造一体化协同研发实践 [J]. 管理世界，2023，39 (3)：127-140.

[23] 赵菊，周永务. 两层供应链三级库存系统共同生产补货及协调策略 [J]. 系统工程理论与实践，2012，32 (10)：2163-2172.

[24] 裴军，周娅，彭张林，等. 高端装备智能制造创新运作：从平台型企业到平台型供应链 [J]. 管理世界，2023，39 (1)：226-240.

[25] YAO X F, JIN H, ZHANG J. Towards a wisdom manufacturing vision [J]. International Journal of Com-

puter Integrated Manufacturing, 2015, 28 (12): 1291-1312.

[26] MACCORMACK A, BALDWIN C, RUSNAK J. Exploring the duality between product and organizational architectures: A test of the "mirroring" hypothesis [J]. Research Policy, 2012, 41 (8): 1309-1324.

[27] 冯惠玲, 钱明辉. 动态资源三角形及其重心曲线的演化研究 [J]. 中国软科学, 2014 (12): 157-169.

[28] ALLEN T J. Architecture and communication among product development engineers [J]. California Management Review, 2007, 49 (2): 23-41.

[29] ALLEN T J. Organizational structure, information technology, and R&D productivity [J]. IEEE Transactions on Engineering Management, 1986, EM-33 (4): 212-217.

[30] 任杉, 张映锋, 黄彬彬. 生命周期大数据驱动的复杂产品智能制造服务新模式研究 [J]. 机械工程学报, 2018, 54 (22): 194-203.

[31] 贺正楚, 潘红玉, 寻舸, 等. 高端装备制造企业发展模式变革趋势研究 [J]. 管理世界, 2013 (10): 178-179.

[32] 刘心报, 胡俊迎, 陆少军, 等. 新一代信息技术环境下的全生命周期质量管理 [J]. 管理科学学报, 2022, 25 (7): 2-11.

[33] 任磊, 任明仑. 新兴信息技术环境下智慧制造模式的支撑体系研究 [J]. 管理现代化, 2021, 41 (6): 20-22.

[34] 薛塬, 臧冀原, 孔德婧, 等. 面向智能制造的产业模式演变与创新应用 [J]. 机械工程学报, 2022, 58 (18): 303-318.

[35] 陶飞, 戚庆林. 面向服务的智能制造 [J]. 机械工程学报, 2018, 54 (16): 11-23.

[36] "新一代人工智能引领下的制造业新模式新业态研究" 课题组. 新一代人工智能引领下的制造业新模式与新业态研究 [J]. 中国工程科学, 2018, 20 (4): 66-72.

[37] KOENKER R, BASSETT J G. Regression quantiles [J]. Econometrica, 1978, 46 (1): 33-50.

[38] SIMS C A. Macroeconomics and reality [J]. Econometrica, 1980, 48 (1): 1-48.

[39] TAYLOR J W. A quantile regression neural network approach to estimating the conditional density of multi-period returns [J]. Journal of Forecasting, 2000, 19 (4): 299-311.

[40] 王艳明, 许启发. 时间序列分析在经济预测中的应用 [J]. 统计与预测, 2001 (5): 32-34; 38.

[41] 许启发, 蒋翠侠. R 软件及其在金融定量分析中的应用 [M]. 北京: 清华大学出版社, 2015.

[42] 杨善林, 王建民, 侍乐媛, 等. 新一代信息技术环境下高端装备智能制造工程管理理论与方法 [J]. 管理世界, 2023, 39 (1): 177-190.

[43] 杨善林, 周永务, 李凯. 制造工程管理中的优化理论与方法 [M]. 北京: 科学出版社, 2012.

[44] 杨善林. 智能决策方法与智能决策支持系统 [M]. 北京: 科学出版社, 2005.

[45] FU C, XUE M, CHANG W J, et al. An evidential reasoning approach based on risk attitude and criterion reliability [J]. Knowledge-Based Systems, 2020, 199: 1059471-10594711.

[46] 戚筱雯, 梁昌勇, 张俊岭. 基于双边犹豫模糊非均衡语言优先集成算子的应急响应预案评估方法 [J]. 运筹与管理, 2022, 31 (5): 8-13.

[47] ZHOU M, ZHENG Y O, CHEN Y W, et al. A large-scale group consensus reaching approach considering self-confidence with two-tuple linguistic trust/distrust relationship and its application in life cycle sustainability assessment [J]. Information Fusion, 2023, 94: 181-199.

[48] FENG C, CHU F, DING J, et al. Carbon emissions abatement (CEA) allocation and compensation schemes based on DEA [J]. Omega, 2015, 53: 78-89.

[49] CHEN J, CHU C, SAHLI A, et al. A branch-and-price algorithm for unrelated parallel machine scheduling with machine usage costs [J]. European Journal of Operational Research, 2024, 316 (3): 856-872.

[50] LI K, ZHANG H, CHU C, et al. A bi-objective evolutionary algorithm for minimizing maximum lateness and total pollution cost on non-identical batch processing machines [J]. Computers and Industrial Engineer-

ing, 2022, 172: 108608.

[51] LI K, XIA L, ZHAO N, et al. Evolutionary game analysis on incremental component suppliers and auto manufacturers' intelligent connected vehicle production decisions [J]. Managerial and Decision Economics, 2023, 44 (5): 2907-2923.

[52] ZHANG H, LI K, JIA Z, et al. Minimizing total completion time on non-identical parallel batch machines with arbitrary release times using ant colony optimization [J]. European Journal of Operational Research, 2023, 309 (3): 1024-1046.

[53] LI K, XIAO W, YANG S. Minimizing total tardiness on two uniform parallel machines considering a cost constraint [J]. Expert Systems with Applications, 2019, 123: 143-153.

[54] ZHANG H, LI K, CHU C, et al. Parallel batch processing machines scheduling in cloud manufacturing for minimizing total service completion time [J]. Computers and Operations Research, 2022, 146: 105899.

[55] LI K, ZHANG X, LEUNG J Y T, et al. Parallel machine scheduling problems in green manufacturing industry [J]. Journal of Manufacturing Systems, 2016, 38: 98-106.

[56] TADAS B, AHUJA C, MORENCY L P. Multimodal machine learning: A survey and taxonomy [J]. IEEE Transactions on Pattern Analysis and Machine Intelligence, 2019, 41 (2): 423-443.

[57] LECUN Y, BENGIO Y, HINTON G. Deep learning [J]. Nature, 2015, 521 (7553): 436-444.

[58] YU S, CHAI Y, CHEN H, et al. Wearable sensor-based chronic condition severity assessment: An adversarial attention-based deep multisource multitask learning approach [J]. MIS Quarterly, 2022, 46 (3): 1355-1394.

[59] YUAN K, LIU G, WU J. Whose posts to read: Finding social sensors for effective information acquisition [J]. Information Processing and Management, 2019, 56 (4): 1204-1219.

[60] GAO R, ZHU H, WANG G, et al. A denoising and multiscale residual deep network for soft sensor modeling of industrial processes [J]. Measurement Science and Technology, 2022, 33 (10): 105-117.

[61] WANG G, ZHU H, WU Z, et al. A novel random subspace method considering complementarity between unsupervised and supervised deep representation features for soft sensors [J]. Measurement Science and Technology, 2022, 33 (10): 105-119.

[62] 倪志伟, 李蓉蓉, 方清华, 等. 基于离散人工蜂群算法的云任务调度优化 [J]. 计算机应用, 2016, 36 (1): 107-112+121.

[63] ZENG L, BENATALLAH B, NGU A H, et al. QoS-aware middleware for web services composition [J]. IEEE Transactions on Software Engineering, 2004, 30 (5): 311-327.

[64] 倪志伟, 王会颖, 吴昊. 基于 MapReduce 和多目标蚁群算法的制造云服务动态选择算法 [J]. 中国机械工程, 2014, 25 (20): 2751-2760.

[65] 吴昊, 倪志伟, 王会颖. 基于 MapReduce 的蚁群算法 [J]. 计算机集成制造系统, 2012, 18 (7): 1503-1509.

[66] SAMTANI S, CHAI Y, CHEN H. Linking exploits from the dark web to known vulnerabilities for proactive cyber threat intelligence: an attention-based deep structured semantic model [J]. MIS Quarterly, 2022, 46 (2): 911-946.

[67] EBRAHIMI M, CHAI Y, SAMTANI S, et al. Cross-lingual cybersecurity analytics in the international dark web with adversarial deep representation learning [J]. MIS Quarterly, 2022, 46 (2): 1209-1226.

[68] CHAI Y, ZHOU Y, LI W, et al. An explainable multi-modal hierarchical attention model for developing phishing threat intelligence [J]. IEEE Transactions on Dependable and Secure Computing, 2022, 19 (2): 790-803.

[69] FAN Z H, XU Q F, JIANG C X, et al. Weighted quantile discrepancy-based deep domain adaptation network for intelligent fault diagnosis [J]. Knowledge-Based Systems, 2022, 240: 108149.

[70] 许启发, 程启亮, 蒋翠侠, 等. 基于组序列多分支 CNN-LSTM 的风机轴承和齿轮箱故障诊断研究

[J]. 机电工程，2022，39（8）：1050-1060.

[71] WANG G, HUANG J L, ZHANG F. Ensemble clustering-based fault diagnosis method incorporating traditional and deep representation features [J]. Measurement Science and Technology, 2021, 32 (9)：095110.

[72] 高建平. 新能源汽车概论 [M]. 2 版. 北京：机械工业出版社，2023.

[73] 马歆，郭福利. 循环经济理论与实践 [M]. 北京：中国经济出版社，2018.

[74] 何全文. 绿色制造与环境 [M]. 北京：科学出版社，2021.

[75] 姜兴宇，李丽，乔赫廷. 废旧机电产品再制造质量控制理论与方法 [M]. 北京：机械工业出版社，2018.

[76] 揭筱纹，李小平，罗莹. 基于新动能成长的西部地区绿色制造体系构建研究 [M]. 北京：科学出版社，2023.

[77] 刘志峰，黄海鸿，李新宇，等. 绿色制造理论方法及应用 [M]. 北京：清华大学出版社，2021.

[78] 税永红，吴国旭. 环境监测技术 [M]. 2 版. 北京：科学出版社，2022.

[79] 徐格宁. 工程机械绿色设计与制造技术 [M]. 北京：机械工业出版社，2022.

[80] 张懿，曹宏斌，孙峙. 关键金属二次资源综合利用与污染控制 [M]. 北京：化学工业出版社，2022.

[81] JIAO J, PAN Z, LI J. Effect of carbon trading scheme and technological advancement on the decision-making of power battery closed-loop supply chain [J]. Environmental Science and Pollution Research, 2023, 30 (6)：14770-14791.

[82] LU X H, LI H B, ZHOU K L, et al. Optimal load dispatch of energy hub considering uncertainties of renewable energy and demand response [J]. Energy, 2023, 262：125564.

[83] ZHOU K L, FEI Z N, H R. Hybrid robust decentralized optimization of emission-aware multi-energy microgrids considering multiple uncertainties [J]. Energy, 2023, 265：126405.

[84] LU X H, ZHOU K L, ZHANG C, et al. Optimal load dispatch for industrial manufacturing process based on demand response in a smart grid [J]. Journal of Renewable and Sustainable Energy, 2018, 10 (3)：035503.

[85] CHENG M L, SHAO Z, GAO F, et al. The effect of research and development on the energy conservation potential of China's manufacturing industry：the case of east region [J]. Journal of Cleaner Production, 2020, 258：120558.

[86] ZHANG C, SU B, ZHOU K L, et al. A multi-dimensional analysis on microeconomic factors of China's industrial energy intensity (2000—2017) [J]. Energy Policy, 2020, 147：111836.

[87] JIAO J L, SHUAI Y N, LI J J. Identifying ESG types of Chinese solid waste disposal companies based on machine learning methods [J]. Journal of Environmental Management, 2024, 360：121235.

[88] JIAO J L, HE P W, ZHA J R. Factors influencing illegal dumping of hazardous waste in China [J]. Journal of Environmental Management, 2024, 354：120366.

[89] LI J J, JIAO J L, TANG Y S. An evolutionary analysis on the effect of government policies on electric vehicle diffusion in complex network [J]. Energy Policy, 2019, 129：1-12.

[90] LI J J, L LI, YANG R R, et al. Assessment of the lifecycle carbon emission and energy consumption of lithiumion power batteries recycling：A systematic review and meta-analysis [J]. Journal of Energy Storage, 2023, 65：107306.

[91] LI J J, NIAN V, JIAO J L. Diffusion and benefits evaluation of electric vehicles under policy intervention：based on a multi-agent system dynamics model [J]. Applied Energy, 2022, 309：118430.

[92] 孙林岩，李刚，江志斌，等. 21 世纪的先进制造模式：服务型制造 [J]. 中国机械工程，2007，18 (19)：2307-2312.

[93] 江志斌，李娜，王利亚，等. 服务型制造运作管理 [M]. 北京：科学出版社，2016.

［94］ 江志斌. 以服务型制造促制造业和服务业协调发展［N］. 科学时报，2010-03-25（A01）.

［95］ LI H, JI Y J, CHEN L, et al. Bi-Level Coordinated configuration optimization for product-service system modular design［J］. IEEE Transactions on Systems, Man, and Cybernetics: Systems, 2017, 47（3）: 537-554.

［96］ LONG H J, WANG L Y, ZHAO S X, et al. An approach to rule extraction for product service system configuration that considers customer perception［J］. International Journal of Production Research, 2015, 54（18）: 5337-5360.

［97］ CHEN Z X, WANG L Y. Adaptable product configuration system based on neural network［J］. International Journal of Production Research, 2009, 47（18）: 5037-5066.

［98］ SHEN J, WANG L Y, SUN Y W. Configuration of product extension services in servitisation using an ontology-based approach［J］. International Journal of Production Research, 2012, 50（22）: 6469-6488.

［99］ SONG W Y, WU Z Y, LI X Z, et al. Modularizing product extension services: An approach based on modified service blueprint and fuzzy graph［J］. Computers and Industrial Engineering, 2015, 85: 186-195.

［100］ WANG C. Incorporating customer satisfaction into the decision-making process of product configuration: a fuzzy Kano perspective［J］. International Journal of Production Research, 2013, 51（22）: 6651-6662.

［101］ ABDELAZIZ F B. Solution approaches for the multiobjective stochastic programming［J］. European Journal of Operational Research, 2011, 216（1）: 1-16.

［102］ 王康周，江志斌，李娜，等. 服务型制造综合资源计划体系研究［J］. 工业工程与管理，2011, 16（3）: 113-120.

［103］ WANG K Z, CHEN S C, JIANG Z B, et al. Capacity allocation of an integrated production and service system［J］. Production and Operations Management, 2021, 30（8）: 2765-2781.

［104］ WANG X, XIE W, YE Z S, et al. Aggregate discounted warranty cost forecasting considering the failed-but-not-reported events［J］. Reliability Engineering and System Safety, 2017, 168: 355-364.

［105］ WANG X, YE Z S. Design of customized two-dimensional extended warranties considering use rate and heterogeneity［J］. IISE Transactions, 2020, 53（4）: 1-18.